Mathilde Schmitt
Landwirtinnen

Mathilde Schmitt

Landwirtinnen

Chancen und Risiken von Frauen in einem traditionellen Männerberuf

Leske + Budrich, Opladen 1997

Die Autorin: Dr. Mathilde Schmitt, Dipl.-Ing. agr. (Univ.), wissenschaftliche Mitarbeiterin am Institut für Rurale Entwicklung der Universität Göttingen.

Die Deutsche Bibliothek – CIP-Einheitsaufnahme

Schmitt, Mathilde:
Landwirtinnen : Chancen und Risiken von Frauen in einem traditionellen Männerberuf / Mathilde Schmitt. – Opladen : Leske und Budrich, 1997

ISBN 978-3-8100-1812-0 ISBN 978-3-322-97379-5 (eBook)
DOI 10.1007/978-3-322-97379-5

Zugl. Essen, Univ., Diss. 1996

für Wally

Danksagung

Einer langen Arbeit Reise geht zu Ende und ich möchte all jenen danken, ohne deren Unterstützung sie vielleicht nicht verwirklicht worden wäre. Da sind zunächst meine Eltern und Geschwister, die mir die Welt des Bauernhofes in seinen vielfältigen Facetten nahebrachten. Neue Blickwinkel und ein erweitertes Verständnis ermöglichten mir die Landwirtinnen, die sich bereitfanden, mich in irgendeiner Form an ihrem Leben teilhaben zu lassen und darüber Auskunft zu geben. Mein Dank an sie schließt die Hoffnung ein, daß sie sich in dem wiederfinden mögen, was ich aus ihren Geschichten gemacht habe.

Frau Prof. Dr. Doris Janshen danke ich für die wissenschaftliche Betreuung dieser Arbeit. Ihre Anregungen, ihre Kritik und ihre Unterstützung eröffneten mir nicht nur gewinnbringende Wege durch Theorie und Empirie der Sozialwissenschaften im allgemeinen und das Datenmaterial im besonderen, sondern auch zu wissenschaftlichen Gremien und durch das Dickicht der Bürokratie. Diskussionen mit Frau Prof. Dr. Heide Inhetveen verdanke ich zahlreiche Anstöße, die zur Klärung meiner Fragestellungen und Intentionen beitrugen.

Besonders herzlich danke ich Tamara Frankenberger, die mir neben vielen fruchtbaren Gesprächen und konstruktiver Kritik ihre Freundschaft in dieser nicht immer einfachen Zeit geschenkt hat. Darüber hinaus erhielt ich von ihr sowie Ute L. Fischer und Marita Kampshoff im Rahmen unserer Diss.gruppe wichtige Hinweise, Kommentare, Irritationen und moralische Unterstützung. Ein herzliches Dankeschön ihnen, aber auch allen anderen Kollegiatinnen und den Hochschullehrerinnen des DFG-Graduiertenkollegs "Geschlechterverhältnis und sozialer Wandel. Handlungsspielräume und Definitionsmacht von Frauen". Ihr großes Interesse an dem Thema motivierte mich immer wieder aufs Neue. Erhielt ich hier im wesentlichen ideelle Unterstützung, so bin ich für die zeitweilige materielle Absicherung der Vergabekommission für die Förderung des wissenschaftlichen und künstlerischen Nachwuchses der Universität Gesamthochschule Essen zu Dank verpflichtet. Ein Dank in diesem Zusammenhang auch an Frau Prof. Dr. Sigrid Metz-Göckel, die zur Erlangung eines Stipendiums beigetragen hat.

Die ersten Überlegungen zu dieser Arbeit konnte ich mit den Frauen des informellen Promovendinnentreffs PROVIP diskutieren. Ihnen allen, insbesondere Christine Bauhardt und Vera Neumann gilt mein freundschaftlicher Dank. Er richtet sich auch an Elvira Grub, die die Endfassung der Arbeit ebenso kritisch wie hilfreich kommentiert hat, und an Gudrun Wacker und Barbara Habig, die die Zitate im Dialekt überprüft haben. Hans Pongratz begleitete diese Studie auf verschiedenen Etappen. Ihm gebührt mein Dank aber vor allem dafür, daß er mich ermutigte, diesen Weg zu gehen. Ismail Dogan, der alle damit verbundenen Reifeprozesse solidarisch miterlebte und für reichhaltige Erweiterungen meines Horizontes trotz der langen Konzentration auf ein Thema sorgte, sei last but not least herzlich dafür gedankt.

Inhalt

"Es gibt also mein Freund keine Beschäftigung eigens für die Frau, nur weil sie eine Frau ist und auch keine eigens für den Mann, nur weil er ein Mann ist. Die Begabungen finden sich vielmehr gleichmäßig bei den Geschlechtern verteilt." (Platon)

1. Einleitung

Der Stellenwert, welcher der Landwirtschaft in unserer Gesellschaft zukommt, ist von einer eigentümlichen Spannung geprägt. Zum einen sinkt die Wertschöpfung und damit der Beitrag der Landwirtschaft zur deutschen Volkswirtschaft gegen Null. Die wirtschaftliche, politische und soziale Marginalisierung der Landwirtschaft wird zur öffentlich akzeptierten Tatsache. Zum anderen finden sich landwirtschaftliche Themen immer wieder in den Schlagzeilen der Medien. Das Spektrum, mehr sensationell als informativ präsentiert, reicht von der Umweltgefährdung durch die moderne Landwirtschaft über Chancen und Risiken gentechnologischer Veränderungen bei Pflanzen und Tieren sowie Hormon- und Pestizidrückständen in Nahrungsmitteln bis hin zu der heftig umstrittenen Ver(sch)wendung von Steuergeldern für die europäische Agrarpolitik. Kaum ins Blickfeld der Medienöffentlichkeit geraten die in der Landwirtschaft arbeitenden Menschen, die TrägerInnen dieses gesellschaftlich scheinbar nach wie vor relevanten Wirtschaftbereiches.

Es sind nicht mehr viele, die am Ende des 20. Jahrhunderts bereit sind, auf einem Bauernhof zu arbeiten. Machten 1980 noch 19.330 junge Menschen eine landwirtschaftliche und 4.575 eine ländlich-hauswirtschaftliche Ausbildung, so waren es 1995 nur noch 5.064 beziehungsweise 598 Auszubildende.[1] Da es mittlerweile selbstverständlich ist, einen landwirtschaftlichen Betrieb nur mit der entsprechenden Qualifikation zu übernehmen, deutet sich hier eine alarmierende Entwicklung an. Lediglich ein Drittel der heute existierenden Vollerwerbsbetriebe beziehungsweise ein Sechstel aller Betriebe könnte damit von einer fachlich qualifizierten Person

1 vgl. Tabelle 1 im Anhang und BMELF 1995. Das Untersuchungsgebiet der vorliegenden Arbeit wurde auf Westdeutschland begrenzt. Alle angeführten Zahlen beziehen sich darauf, falls nichts anderes angegeben ist. Die von der BRD unterschiedliche agrarwirtschaftliche und ländliche Entwicklung in der DDR, mit der sowohl eine andere Berufs- und Betriebsstruktur im landwirtschaftlichen Sektor als auch andere Handlungs- und Problemfelder für die dort tätigen Frauen einhergingen, hätte eine im Rahmen dieser Dissertation unverhältnismäßige Erweiterung der Fragestellung erforderlich gemacht.

weitergeführt werden.[2] Es ist zu erwarten, daß der Strukturwandel in der Landwirtschaft, dem englischen Sprachgebrauch vom 'rapid change' folgend, einen weiteren, gewaltigen Schub mit dem nächsten Generationswechsel erfährt. Die Zukunft der Landwirtschaft in Deutschland ist stärker als je zuvor in Frage gestellt.

1.1 Frauen in der Landwirtschaft

Es sind insbesondere die Frauen, welche die Landwirtschaft verlassen. Sie lehnen es ab, sich auf die damit verbundene Lebens- und Arbeitsweise einzulassen. "Evidence is growing that this patriarchal structure of gender relations in family farming is increasingly being contested by younger women leaving the land, unwilling to accept the limited opportunities for entering farming as a successor or business principal in their own right, or the conventional status of 'farmer's wife'." (Whatmore 1994:112) Das Phänomen findet sich der weiten Verbreitung der bäuerlichen Familienbetriebe entsprechend in vielen europäischen Ländern (vgl. Gasson 1987; Almås/Haugen 1988; Meuther 1987; Kowalczuk 1994).

Hatten früher die Töchter landbewirtschaftender Familien keine andere Wahl, als sich beruflich innerhalb des eigenen Milieus zu orientieren, so eröffnen sich ihnen in Deutschland seit der Bildungsreform der 60er Jahre und infolge der Frauenbewegung neue, alternative Lebenswege. Die Mädchen ergreifen ihre Chance. "Die weibliche Landjugend nimmt die Möglichkeit des Besuchs weiterführender Schulen überdurchschnittlich in Anspruch." (Agrarbericht 1982:77) Ähnlich wie für die jungen Landfrauen anderer europäischer Staaten erweist sich somit auch in Deutschland die Bildung "as an important avenue of escape for these women" (O'Hara 1994:61). Nicht wenige Bäuerinnen haben ihre Töchter zu dieser Flucht ermutigt, wofür die Unzufriedenheit mit der eigenen Rolle maßgeblich gewesen sein dürfte (vgl. Inhetveen/Blasche 1983; Janshen u.a. 1984; Karsten 1985; Wimer 1988). Indirekt bestätigt wird diese Vermutung von Hildenbrand u.a. (1992), die feststellen, daß die landbewirtschaftenden Familien sich nur auf die Sozialisation der eigenen Hofnachfolger, die in der Regel männlich sind, konzentrieren und es versäumen, Nachfolgerinnen für die traditionellen Aufgaben der Bäuerinnen heranzubilden.

Für die männlichen Hofnachfolger erweist es sich infolgedessen als immer schwieriger, eine Lebens- und Arbeitspartnerin aus dem landwirtschaftlichen Milieu zu finden. Dies spiegelt sich in der Einrichtung von speziellen Vermittlungsdiensten der Berufsvertretung und in Zeitungs-

2 Eigene Hochrechnungen in Anlehnung an Brückmann 1989.

artikeln wider (vgl. Frankfurter Rundschau vom 11.04.87:18 und 29.09.90:5). Das Ausmaß des Problems zeigt sich an den Ergebnissen einer Befragung unter Landjugendlichen aus landbewirtschaftenden sowie anderen Familien, der zufolge nur noch vier Prozent der befragten Frauen bereit sind, einen Landwirt zu heiraten. 41 Prozent möchten das auf gar keinen Fall (Planck 1982 und 1987). Die sich im Laufe dieses Jahrhunderts in den landwirtschaftlichen Familienbetrieben herausgebildete Frauenrolle ist für sie unter den gegebenen gesellschaftlichen und wirtschaftlichen Bedingungen nicht mehr attraktiv.

Im Zuge der Modernisierung der Landwirtschaft gingen die den Frauen eigenen Verantwortungsbereiche und Erwerbsmöglichkeiten wie die Verarbeitung und Vermarktung von Eiern und Milch und daraus gewonnener Produkte an den industriellen Sektor über. Durch die Umgestaltung der Landwirtschaft kamen den Bäuerinnen im Betrieb nur noch Zu- und Hilfsarbeiten zu, was sie in die fachliche und finanzielle Abhängigkeit der Bauern beziehungsweise Landwirte[3] brachte. Deren Position wurde aufgewertet, indem nun sie ausschließlich als die Produzenten, Verhandlungs- und Verkaufspartner seitens der staatlichen Ausbildungs- und Beratungsstellen sowie des industriellen Sektors angesprochen wurden. Damit wurde verschleiert, daß die flexible Arbeitskraft der Bäuerin auch unter patriarchal-kapitalistischen Bedingungen konstitutiv für das Überleben landwirtschaftlicher Familienbetriebe ist. Darüber hinaus ergeben sich einhergehend mit den gestiegenen Ansprüchen an den Lebensstandard verstärkt Haus-, Konsum-, Erziehungs- und Beziehungsarbeiten (vgl. Kaschuba/Reich 1994), wofür die Frauen unentgeltlich die alleinige Verantwortung zu übernehmen haben. Somit wurde auch hier entgegen der in Deutschland gesetzlich festgelegten partnerschaftlichen Gesellschaftsordnung eine geschlechtsspezifische im Sinne einer geschlechtshierarchischen Arbeitsteilung installiert. Die Nachordnung der Frauen spiegelt sich sowohl in der patrilinearen Vererbungspraxis wider, welche ihre Verfügungsgewalt über die Ressourcen Land und Kapital begrenzt, als auch in der sozialen Stellung der Bäuerinnen als mithelfende Familienangehörige ohne eigenes Einkommen (vgl. Wimer 1988; Kreil 1995). Eine Verbesserung ihrer Lage wurde mit der

3 Wunder (1986) weist darauf hin, daß die ständischen Begriffe Bauer und Bäuerin mit der politischen Verbürgerlichung in Stadt und Land im 19. Jahrhundert eigentlich obsolet wurden. "Der befreite Bauer wurde nicht nur zum unmittelbaren Staatsbürger, sondern auch zum vollwertigen Bürger im wirtschaftlichen Sinne, zum Wirtschaftsbürger der 'bürgerlichen Gesellschaft' des 19. Jahrhunderts. Unter diesem Gesichtspunkt wurde es üblich vom 'Landwirt' zu sprechen, ein Begriff der ständisch neutral war und daher auf bäuerliche wie adlige Landwirte angewandt werden konnte." (ebd.:128) Anders jedoch als im Englischen, wo peasant für abhängig steht, beziehen sich im Deutschen Bauer und Bäuerin in der Gegenwart nicht mehr auf den ständischen Begriff sondern auf die Familienwirtschaft und werden regionalbezogen als Synonyme für Landwirt/Landwirtin verwendet. Hin und wieder kommen ihnen auch politische Bedeutung zu (vgl. Kap. 3.5.3.1).

'Kampagne zur sozialrechtlichen Gleichstellung der Bäuerin' im Zusammenhang mit der Agrarsozialreform erreicht. Das entsprechende Gesetz ist zum 1.1.95 in Kraft getreten und begründet einen bis dahin nicht vorhandenen eigenständigen Rentenanspruch für Bäuerinnen. Ist damit auch ein weiterer Schritt von der Nachrangigkeit der Frauen hin zur Partnerschaft auf der gesetzlichen Ebene getan, so bedarf es noch weiterer Anstrengungen, dies auch im Selbstverständnis und den sozialen Praktiken der Männer und Frauen der ländlichen Gesellschaft zu verankern, wie sich einerseits an der vielfältigen Ablehnung dieser Gesetzesänderung (vgl. etwa Bayerisches Landwirtschaftliches Wochenblatt Nr. 25-30/95; Unabhängige Bauernstimme 2/95) und andererseits im fehlenden Verständnis vieler Junglandwirte für die sich wandelnden Ansprüche junger Frauen an ein selbstbestimmtes Leben und eine gleichberechtigte Partnerschaft zeigt (vgl. Bühler 1993c; 1994). Die jungen Frauen sind immer weniger bereit, sich auf Strukturen einzulassen, die ihnen zum Nachteil gereichen und ihre Diskriminierung erlauben.

Diese Tendenzen zeigen sich in allen gesellschaftlichen Gruppen, wenn auch mit einer gewissen Ungleichzeitigkeit und unterschiedlichen Ausprägungen. Mit der These "Vom 'Dasein für andere' zum Anspruch auf ein Stück 'eigenes Leben'" wies Beck-Gernsheim 1983 explizit auf die Individualisierungsbestrebungen von Frauen hin. Können Männer Frauen mittlerweile auch nicht mehr daran hindern, so verweigern sie ihnen doch häufig ihre Kooperation (vgl. Busch u.a. 1988; Notz 1991; Jurczyk/Rerrich 1993). Die Folgen sind eine Doppelt- oder Dreifachbelastung vieler Frauen in ihrem Alltag und das zunehmende Auseinanderweichen des Emanzipations- und Problembewußtseins sowie der Bewältigungskompetenzen von Frauen und Männern. Parallel dazu finden sich in vielen gesellschaftlichen Bereichen Frauenförderpläne und Quotierungsverfahren zugunsten von Frauen, doch gleichzeitig mußten viele von ihnen im Zuge der Wiedervereinigung und zunehmender Arbeitslosigkeit längst überholt geglaubte Diskriminierungen aufgrund ihres Geschlechts in Kauf nehmen (vgl. Steinrücke/Frerichs 1992; Beer/Chalupsky 1993). Es sind zwar Veränderungen im Geschlechterverhältnis festzustellen, doch reichen diese nicht so weit, daß von einer Ablösung der alten Hierarchie durch die gesellschaftliche Gleichrangigkeit von Frauen und Männern gesprochen werden könnte (vgl. Aulenbacher/Goldmann 1993; Becker-Schmidt/Knapp 1995). Jüngste Entwicklungen zeigen vielmehr die Ungewißheit der Errungenschaften hinsichtlich der Gleichstellung der Geschlechter und damit die Notwendigkeit, das Erreichte zu verteidigen - auf dem Erwerbsmarkt, in politischen Zusammenhängen und in privaten Bezügen. Nur so kann es Frauen gelingen, sich neue Terrains zu erobern.

In der Landwirtschaft sind dies die bisherigen Tätigkeitsbereiche der Männer. Frauen, die einem Leben in landwirtschaftlichen Bezügen nicht grundsätzlich sondern nur in der den Frauen bislang zugeschriebenen Rolle abgeneigt sind, sehen darin eine Lebensperspektive. Über ihre eigene Professionalisierung in diesen Bereichen beginnen sie, eine neue Rolle für Frauen in der Landwirtschaft zu entwickeln. Damit einhergehend fordern sie ihre Gleichstellung ein. Dies führt zu einem bemerkenswerten Trend, der allen anderen sozialen Veränderungen des Agrarsektors diametral entgegenläuft, bislang aber in den Statistiken, Nachrichten und Diskussionen zum Strukturwandel in der Landwirtschaft nicht auftaucht: der Frauenanteil an den landwirtschaftlichen Auszubildenden nimmt stetig zu. Da die Zahlen der Auszubildenden zwar nach Frauen und Männern erhoben, nicht aber nach Geschlecht ausdifferenziert veröffentlicht werden, weiß nur damit betrautes Fachpersonal von dieser überraschenden Entwicklung. Auf eine Anfrage hin konnte ich die internen Unterlagen der Jahre 1960 bis 1994 im Bundeslandwirtschaftsministerium einsehen.[4] Von 1960 an stieg der Frauenanteil an den landwirtschaftlichen Auszubildenden Westdeutschlands kontinuierlich und unabhängig von dem Rückgang der Auszubildendenzahlen von 0,1 auf 7,9 Prozent an. Anfang der 90er Jahre pendelte sich ihr Anteil bei etwa sieben Prozent ein (vgl. Tabelle 1 im Anhang). Die dargestellte Entwicklung spiegelt sich auch in der von mir erstellten Übersicht der Zahl der AbsolventInnen mit erfolgreich bestandener GehilfInnenprüfung in Westdeutschland wider (vgl. Tabelle 2 im Anhang). In den beruflich aufbauenden Höheren Fachschulen für Landwirtschaft wie der Höheren Landbauschule, der Technikerschule, der Fachakademie hat sich der Frauenanteil weniger stark erhöht. Er lag 1994 bei 5,4 Prozent (vgl. Tabelle 3 im Anhang). In den Meisterkursen sind die Frauen nach wie vor eine Seltenheit. Ähnlich wie bei den Auszubildendenzahlen stieg der Frauenanteil zwar noch an, als die Zahl der MeisteranwärterInnen insgesamt bereits wieder zurückging, seit 1990 ist jedoch auch die Zahl der Frauen, die diesen Titel anstreben, leicht zurückgegangen. Sie lag 1994 bei 1,8 Prozent (vgl. Tabelle 4 im Anhang). Auf der akademischen Ebene, dem Studium der Agrarwissenschaften, zeigt sich wieder der umgekehrte Trend. Der Frauenanteil ist über die letzten Jahre hinweg stetig gestiegen und liegt heute zwischen 27 Prozent an den Fachhochschulen und 36 Prozent an den Universitäten (vgl. Schmitt/Ziche 1989; Glitsch/Horstkotte/Inhetveen 1995).

Die Auswirkungen dieser Entwicklung sind noch unklar. Daß aber fachlich qualifizierten Frauen in der Landwirtschaft zukünftig mehr Bedeutung zukommt, kann darüberhinaus aus der Zahl der landwirtschaftlichen Betriebsinhaberinnen abgeleitet werden. Da Frauen auch in diesen Agrar-

4 An dieser Stelle möchte ich mich für die schnelle und unkonventionelle Handhabung meines Anliegens bei den betreffenden MitarbeiterInnen des BMELF bedanken.

statistiken nur marginal und scheinbar willkürlich berücksichtigt werden[5], kann wiederum nur ein Trend aufgezeigt werden. Der Frauenanteil unter den BetriebsinhaberInnen Westdeutschlands liegt bei etwa acht Prozent. Differenziert man diese Zahl nicht nur nach dem Geschlecht sondern auch nach dem Alter, dann zeigt sich, daß der Frauenanteil in der Altersgruppe bis 24 Jahre mit etwa 15 Prozent weitaus höher liegt als es dem Gesamtdurchschnitt entspricht (Agrarberichte der Bundesregierung 1986 bis 1993).

Angesichts dieser Entwicklungen liegt die Schlußfolgerung nahe, daß Frauen als Landwirtinnen sowie als Inhaberinnen landwirtschaftlicher Betriebe in den Zukunftsszenarien der Landwirtschaft stärker berücksichtigt werden sollten.[6] Dem steht das Argument von Agrarfachkräften entgegen, daß es sich in den meisten Fällen nur um 'landwirtschaftliche Betriebsinhaberinnen auf dem Papier' handeln würde. Die Frauen hätten den Hof ihrer Eltern lediglich geerbt beziehungsweise sei ihnen diese Funktion durch den Tod ihres Mannes oder aus steuerlichen Gründen zugekommen, doch sie würden den Betrieb nicht selbständig führen. Eine ernstzunehmende Tierhaltung und Landbewirtschaftung sei von diesen Frauen nicht zu erwarten. Angesichts dieser Geringschätzung verwundert es nicht, daß fachlich qualifizierte Betriebsleiterinnen in der agrarpolitischen Diskussion sowohl auf nationaler als auch auf europäischer Ebene bislang kein Thema sind. Mit meiner Arbeit möchte ich wissenschaftliche Argumente für eine realitätsbezogene Diskussion vorlegen.

1.2 Fragestellung der Arbeit

Wie sich in den obigen Ausführungen bereits andeutet, sind die verwendeten Bezeichnungen für Frauen in landwirtschaftlichen Arbeitszusammenhängen sehr vielfältig. Im deutschen Sprachgebrauch wird vor allem von der Bäuerin, der Landfrau und der Landwirtin, im englischen von farm wife, farming woman, woman farmer und im französischen von paysanne, femme d'agriculteur und agricultrice gesprochen. Nur mit Hilfe des jeweiligen Kontextes kann eine Bestimmung darüber erfolgen, inwieweit dieselbe Personengruppe gemeint ist und Untersuchungen miteinander zu vergleichen

5 Im Agrarbericht der Bundesregierung zeigt sich dies zum Beispiel an der Differenzierung der BetriebsinhaberInnen nach Geschlecht und Alter, welche 1986 erstmals mit aufgenommen und seit 1994 wieder fallengelassen wurde.

6 Wird außerdem die Situation in Ostdeutschland berücksichtigt, dann ist diese Forderung umso dringender. Sowohl bei den Auszubildenden (21 %), den FachschülerInnen (47 %), den MeisteranwärterInnen (11 %) als auch den BetriebsinhaberInnen (19 %) liegt der Frauenanteil wesentlich höher als in Westdeutschland (hier aufgeführt für das Jahr 1994; vgl. BMELF 1990-1995; Agrarberichte der Bundesregierung 1990-1994).

sind. Um den Fokus der vorliegenden Arbeit richtig einschätzen zu können, erfolgt an dieser Stelle eine Definition der Frauen, die im Mittelpunkt dieser Untersuchung stehen. In Anlehnung an die offizielle Berufsbezeichnung spreche ich von ihnen als Landwirtinnen und grenze sie insbesondere von der Bäuerin im traditionellen Sinne ab, der Frauenrolle in der Landwirtschaft, die in Westdeutschland am weitesten verbreitet ist.

Frauen, die den Beruf der Landwirtin ergreifen, wollen sich das erforderliche Wissen zur landwirtschaftlichen Betriebsführung, für den Umgang mit dem Boden, den Pflanzen und Tieren und zur Handhabung von landtechnischen Geräten und Maschinen aneignen. Sie entscheiden sich daher für eine landwirtschaftliche Ausbildung und nicht für eine Lehre in der ländlichen Hauswirtschaft, wie es für mitarbeitende Frauen in landwirtschaftlichen Betrieben offiziell vorgesehen ist. Sie entscheiden sich persönlich für den Beruf der Landwirtin und entwickeln ihre Lebensperspektive in der Landwirtschaft nicht erst in Reaktion auf die Heirat mit einem Landwirt, wie es für das Gros der traditionellen Bäuerinnen zutrifft. Ist der rechtliche Status jener Frauen noch häufig als mithelfende Familienangehörige über den Ehemann bestimmt, so zeichnen sich Landwirtinnen in der Regel durch den individuellen Status der (Mit-)Eigentümerin oder (Mit-)Pächterin eines landwirtschaftlichen Betriebes beziehungsweise der Teilhaberin einer GbR (Gesellschaft bürgerlichen Rechts) oder der Angestellten aus. Sie sind haupt- oder mitverantwortlich für betriebliche Entscheidungen und vertreten den Betrieb gegenüber GeschäftspartnerInnen, landwirtschaftlichen Verbänden und Institutionen. Landwirtinnen sind somit Frauen, die für sich Aufgaben und Verantwortung von landwirtschaftlichen Bereichen beanspruchen, die üblicherweise von Männern besetzt sind.
Die Entscheidung für die 'männliche', das heißt eine landwirtschaftliche Ausbildung beinhaltet die Entscheidung gegen die oben skizzierte Frauenrolle in landwirtschaftlichen Familienbetrieben. Landwirtinnen überschreiten die errichtete Geschlechtergrenze in der Landwirtschaft: sie ergreifen einen Männerberuf. Hier knüpft die Fragestellung der vorliegenden Arbeit an. Landwirtinnen akzeptieren die Zuschreibung bestimmter Tätigkeiten zu einem Geschlecht nicht. Ihre Lebens- und Arbeitsvorstellungen weichen von dem traditionellen Konzept ab. Sie werden zu Grenzüberschreiterinnen und erheben Anspruch darauf, ein Metier zu dem ihren zu machen, das in der Mehrzahl eines der Männer und von diesen geprägt ist. Bedeutet das, daß Geschlecht für sie nicht oder gerade höchst relevant ist? In welchen Lebensphasen und -situationen werden sie mit der Tatsache ihres 'anderen' Geschlechts konfrontiert? Welche Probleme, aber auch welche Chancen ergeben sich aus der Grenzüberschreitung und wie gehen die Landwirtinnen damit um?

Bei der Bearbeitung dieser Fragen folge ich der These von der Herstellung und damit der Veränderbarkeit der gesellschaftlichen Verhältnisse, hier der geschlechtsspezifischen Aufteilung von Arbeit und Verantwortung in der Landwirtschaft. Die Arbeitsteilung gestaltete sich nicht immer so, wie sie heute auf dem Gros der landwirtschaftlichen Familienbetriebe gehandhabt wird. Es standen immer wieder Entwicklungen und Entscheidungen an, mithilfe derer Einfluß darauf genommen werden konnte. Einschränkend gehe ich davon aus, daß das Geschlechterverhältnis ein Machtverhältnis zugunsten des Mannes ist und die Reproduktion der geschlechtsspezifischen Arbeitsteilung zwischen Mann und Frau der kontrollierten Verwertung der weiblichen Arbeitskraft in patriarchalischen Verhältnissen dient (vgl. Meillassoux 1976). Die Trennung der Geschlechter und die Zuordnung verschiedener Arbeits- und Lebensbereiche zu Frauen und Männern sind ein wesentliches, konstituierendes Moment dafür. Vor dem Hintergrund der Theorie der sozialen Konstruktion der Zweigeschlechtlichkeit werde ich am Beispiel der Ausbildung in der Landwirtschaft aufzeigen, welche Anstrengungen unternommen werden, die Geschlechtergrenze aufrechtzuerhalten und damit letztlich das Machtverhältnis zu stabilisieren.

Die Darlegung dient dazu, die Kühnheit und Brisanz zu verdeutlichen, die in der Überschreitung der Geschlechtergrenze seitens der Landwirtinnen liegen. Durch ihren Schritt wird die existierende Ordnung nicht nur infragegestellt, sondern ansatzweise versucht aufzulösen. Berücksichtigt man bei der Analyse, daß die Auswirkungen auf der individuellen und der gesellschaftlichen Ebene aufgrund der stark voneinander abweichenden Zeitperspektiven unterschiedlich weit reichen, dann können die Erfahrungen der Frauen als Gradmesser für die Aufgeschlossenheit einer sich wandelnden ländlichen Gesellschaft gegenüber Veränderungen der Geschlechterrollen angesehen werden. Es war zu erwarten, daß anhand der Reaktionen des sozialen Umfeldes, daran, wie stark an den existierenden Strukturen festgehalten und mit welcher Vehemenz die 'Männerbastion' verteidigt wird, etwas über die Machtverhältnisse ans Licht kommt; hier in bezug auf das Geschlechterverhältnis in landbewirtschaftenden Familien, den damit verbundenen Kreisen und Agrarinstitutionen. Dabei gilt es als Besonderheit der familienwirtschaftlich organisierten Landwirtschaft zu berücksichtigen, daß das Geschlechterverhältnis durch das stark aufeinanderbezogene Arbeits- und Privatleben einiger weniger Personen unmittelbar geprägt wird. Die räumliche Nähe von Produktion und Reproduktion und der Selbständigenstatus in der Landwirtschaft bieten einerseits Freiräume für eine weitreichendere gleichgestellte Arbeitsteilung zwischen Frauen und Männern als es für die meisten ArbeitnehmerInnen in unserer Gesellschaft der Fall ist. Andererseits können sich diese Freiräume als erschwerender Faktor bei der Abgrenzung individueller gegenüber partnerschaftlicher und familiärer Bedürfnisse und Belange erweisen.

Ziel meiner Untersuchung ist es, Einblicke in die Lebens- und Arbeitswelt der Grenzüberschreiterinnen in der Landwirtschaft, dieser weitgehend unbekannten Gruppe von Landfrauen, zu geben und zu dokumentieren. Dem explorativen Charakter der Studie entsprechend strebe ich neben der hermeneutischen Interpretation an, Hypothesen darüber zu entwickeln, inwieweit Landwirtinnen eine selbstbestimmte Lebenslaufgestaltung möglich ist, wo Chancen und Grenzen ihrer beruflichen Selbstverwirklichung liegen und wie das Geschlechterverhältnis in Bewegung gerät, wenn Frauen die konventionellen Geschlechtergrenzen nicht wahren, sondern Anspruch auf Ressourcen und Betätigungsmöglichkeiten des angestammten Männerterrains erheben. Daran anknüpfend werden Bedingungen aufgezeigt, unter denen Frauen auch heute bereit sind, den gesellschaftlich notwendigen Bereich der Landwirtschaft mitzutragen und mitzugestalten.

1.3 Stand der Forschung

Ausgehend von der Definition der Landwirtinnen in Abgrenzung zu den traditionellen Bäuerinnen zeigt sich in der Literaturrecherche zur Land- und Agrarsoziologie und zur sozialwissenschaftlichen Frauenforschung, daß es kaum wissenschaftlich fundiertes Wissen zu dieser Gruppe von Landfrauen in Deutschland gibt. Es fehlen sowohl konkretere Bestimmungen der Lebens- und Arbeitssituation dieser Frauen als auch Studien über ihre Stellung in der ländlichen Gesellschaft und die Folgen ihrer Überschreitung der Geschlechtergrenze. Auf dieses Manko wies bereits Karsten (1985:34) hin. Acht Jahre später stellen Vonderach u.a. (1993:8) immer noch fest: "Noch nicht untersucht wurde die Frage, mit welchen Möglichkeiten und Problemen Töchter aus bäuerlichen Familien heutzutage eine Rolle nicht nur als einheiratende und mitarbeitende Bäuerin, sondern auch als Hofnachfolgerin, Betriebsleiterin oder gleichberechtigt den Hof bewirtschaftende Partnerin übernehmen können." Erste Antworten darauf finden sich in der hier vorgelegten Studie.

Wie in den 90er Jahren finden sich auch in den Untersuchungen zu Frauen in der Landwirtschaft zu Beginn dieses Jahrhunderts nur einzelne Hinweise über Landwirtinnen im Sinne von selbständigen Frauen (vgl. Müller 1913; Baldauf 1932), obwohl ihr Anteil unter den erwerbstätigen Frauen in nicht-familialen Arbeitsverhältnissen im Jahr 1907 bei 5,2 Prozent lag (vgl. Willms 1980). Die Art und Weise, wie über sie geschrieben wird, läßt ihre Diskriminierung offenbar werden. Es wurde ihnen keine größere Aufmerksamkeit zuteil, weil sie dem gesellschaftlichen Frauenbild nicht entsprachen, welches sich an der vermeintlichen 'Natur' der Frauen orientierte. Darauf bezogen spricht Müller den Frauen die Fähigkeit ab, einen landwirtschaftlichen Betrieb zufriedenstellend führen zu können: "Im Vergleich zu Industrie und Handel und Verkehr ist die Teilnahme der Frau an der Selbständigkeit in der Landwirtschaft äußerst gering. (...) Es liegt dies aber auch in der Natur der Dinge begründet. Es ist für die Frau sehr viel leichter, sich in der Industrie - Hausgewerbetreibende - und im Handel - kleine offene Laden, Hausierhandel usw. - selbständig zu machen und mit Erfolg zu bleiben, als in der Landwirtschaft, die auch in ihrem kleinsten Betriebe einen viel komplizierteren wirtschaftlichen Organismus bildet und an den Betriebsleiter viel höhere Anforderungen stellt, als das bei kleinen Betrieben in der Industrie und im Handel, welche von den Frauen geleitet werden, der Fall ist." (Müller 1913:13f) Infolgedessen verwundert es nicht, daß darauffolgende Studien sich auf Frauen als Leiterinnen der Konsumtion und der auf unmittelbare Konsumtion gerichteten Produktion in der Landwirtschaft konzentrieren[7] und Baldauf (1932:7) zu der Feststellung gelangt: "Die Frau spielt naturgemäß unter den Selbständigen nur eine ganz geringe Rolle." Dies dürfte denn auch der Grund sein, weshalb die Autorin es nicht für wert erachtet, näher auf diese Gruppe einzugehen. Meines Erachtens läßt sich auf die gesellschaftlich gewünschte Norm und die damit verbundene Ignoranz zurückführen, daß ich keine Dokumente und Studien zur Lebens- und Arbeitsweise von den Frauen finden konnte, die sich bereits früher über die Geschlechtergrenzen der Arbeitsteilung in der Landwirtschaft hinwegsetzten.

Nach 1945 waren Frauen in der Landwirtschaft zunächst kein Thema agrarsoziologischer Publikationen in Deutschland. Daher galt es in den 70er Jahren, die Frauen im landwirtschaftlichen Betrieb überhaupt wieder sichtbar zu machen. Der Schwerpunkt der Untersuchungen wurde bei den Bäuerinnen gesetzt, der größten Gruppe von ihnen. Ersten quantitativen Erhebungen zu den Einstellungen der Bäuerinnen und der Beschreibung ihres Alltags (Büttner 1978; van Deenen/Kossen-Knirim 1981; van Deenen u.a. 1982) folgten bald darauf zahlreiche qualitativ-empirische Arbeiten, die die Bedeutung der Bäuerinnen für den betrieblichen Erfolg, aber auch ihre mehrfache Benachteiligung und deren strukturelle Hintergründe herausstellten[8].

Läßt das Schlagwort von der "Feminisierung der Landwirtschaft" (Inhetveen/Blasche 1983) zunächst vermuten, daß damit einhergehend nicht nur der Frauenanteil an den Arbeitskräften in der Landwirtschaft, sondern auch die Zahl der Betriebsleiterinnen und damit der Frauen mit mehr Verantwortung und Verfügungsrechten in den landwirtschaftlichen Familienbetrieben gestiegen ist, so erweist sich das bei genauer Betrachtung als nicht zutreffend. Zwar erschließen sich die Frauen 'männlich besetzte' Arbeitsbereiche oder sie sind aufgrund ökonomischer Schwierigkeiten

---

7 vgl. Wohlgemuth 1913; Putlitz 1914; Dyhrenfurth 1916; Bidlingmaier 1918.

8 vgl. Inhetveen/Blasche 1983; Janshen u.a. 1984; Behr/Wonneberger 1986; Birnthaler/Hagen 1989; Meyer-Mansour u.a. 1990; Kaschuba/Reich 1994; Lasch 1995; Modelmog 1995; Wonneberger 1995.

gezwungen, auch 'männliche' Arbeiten zu erlernen und zu verrichten, doch im Unterschied zu den von mir untersuchten Landwirtinnen reichen die Veränderungen nicht so weit, daß die Geschlechterrollen basierend auf einer Gleichstellung der Geschlechter neu konstituiert werden. Dies zeigt sich auch in der Untersuchung von Janshen u.a. (1984), die herausarbeiten, daß sich die Frauen die Männerarbeit angeeignet haben, ohne daß ihre Stellung dadurch aufgewertet wurde. Ebenso haben sie an Mitspracherecht gewonnen, wenn es um Investitionen im Betrieb geht, ohne daß ihnen mehr Entscheidungsbefugnis zukommt. Es scheint daher angemessen, diese Frauen von den Landwirtinnen abzugrenzen und sie weiterhin als Bäuerinnen zu bezeichnen, auch wenn sich ihre Rolle gewandelt hat.

Einen ersten Einblick in die Lebenswelt von Frauen, die als Landwirtin Anspruch auf die traditionellen Männerbereiche der Landwirtschaft erheben, gibt Riechel (1983) mit ihrer Diplomarbeit "Zur Situation von weiblichen Auszubildenden in den Agrarberufen Landwirt/Landwirtin, Winzer/Winzerin und Tierwirt/Tierwirtin", vorgelegt an der Universität Hohenheim. In ihrer Auswertung von 59 halbstandardisierten Fragebögen zeigte sich, daß 70 Prozent der befragten Auszubildenden aus landbewirtschaftenden Familien kamen und viele von ihnen die Möglichkeit zur Hofübernahme deshalb erhielten, weil sie keinen Bruder hatten, der sich dafür interessierte. Kann ich diese Tendenz anhand meiner Ergebnisse noch bestätigen, so zeigen sich doch Abweichungen hinsichtlich der Selbstverständlichkeit, die Aufhebung der geschlechtsspezifischen Arbeitsteilung auf den Höfen und die Mitarbeit der zukünftigen Partner in Haushalt und Familie einzufordern. Sie scheint bei Riechels Befragten, insbesondere den Hofnachfolgerinnen, weniger ausgeprägt zu sein als in den vorliegenden Fällen, in denen dadurch bedingt Konflikte auftreten (vgl. Kap. 3.7). Dabei ist allerdings zu berücksichtigen, daß Riechels Befragung bereits 13 Jahre zurückliegt. Außerdem handelt es sich bei den Befragten um Auszubildende und ihre Zukunftsorientierungen; es bleibt offen, was daraus geworden ist.

Doch elf Jahre später zeigt sich eine ähnliche Tendenz in der Untersuchung "Zur Lebenslage und sozialen Beratung von jungen Landwirten" von Rudolph (1994). Auch hier weisen sich die meisten der befragten Frauen, von denen 96 Prozent in einer landbewirtschaftenden Familie aufgewachsen sind, die zukünftigen Aufgaben in Haushalt und Familie zu. In der Untersuchung, wiederum beschränkt auf Auszubildende in der Landwirtschaft, liegt der Frauenanteil bei 4,3 Prozent und damit etwas unter dem Bundesdurchschnitt der landwirtschaftlichen Auszubildenden (vgl. Tabelle 1 im Anhang). Angesichts der zunehmenden Bedeutung von Frauen im Beruf 'LandwirtIn' ist es bedauerlich, daß Rudolph bei seiner repräsentativen quantitativen Befragung aller AbsolventInnen der Fachschulen für Landwirtschaft des Abschlußjahrgangs 1989 (494 Fragebögen konnten ausgewertet werden) und den anschließend durchgeführten 45 problemzentrierten

Interviews die Kategorie Geschlecht zwar mit erhoben, aber abgesehen von der obigen Aussage nicht explizit ausgewertet hat. Mag das Argument der zu geringen Zellenbesetzung für die Repräsentativität von Belang sein, so hätten auch sich abzeichnende Tendenzen von Unterschieden zwischen Männern und Frauen Anregungen für nachfolgende Forschungen gebracht.

Unter diesem Gesichtspunkt erweist sich die qualitativ-empirische Untersuchung "Milchbauern in der Wesermarsch" von Vonderach u.a. (1993) als weiterführend. Anhand von 16 Fallstudien wird die Betriebsentwicklung und der Wandel der bäuerlichen Familie im Strukturwandel aufgezeigt. Eine der herausgearbeiteten Modernisierungstendenzen in der Landwirtschaft bezieht sich auf das gewandelte Selbstbild der Frauen und ihre gestiegenen biographischen und beruflichen Optionsmöglichkeiten, die im Widerspruch zur traditionellen Rolle der Bäuerin stehen. Die eigenständige Betriebsführung durch junge Landwirtinnen im Sinne der weiter oben gegebenen Definition wird als "modernste" Individualisierungsvariante, wenn auch als seltene Ausnahme, dargestellt. Als bedeutenden Widerspruch stellen die AutorInnen heraus, daß diese Frauen versuchen, den elterlichen Hof selbständig weiterzuführen, ihre Eltern aber darauf hoffen, daß die Töchter einen für den landwirtschaftlichen Betrieb geeigneten Partner finden. Indirekt erschweren die Eltern mit ihren konservativen Geschlechtsrollenerwartungen den Landwirtinnen, ein stabiles berufliches Selbstverständnis zu entwickeln und den Betrieb erfolgreich zu führen. Der Ausgang ihrer berufsbiographischen Individualisierung bleibt in der Studie noch offen. Mit der vorliegenden Arbeit können weitere Schritte auf diesem Weg aufgezeigt werden (vgl. insbesondere Kap. 3.1.4; 3.4 und 3.5.3). Unübersehbare Aspekte der Individualisierung weisen aber auch die drei weiteren, von Vonderach u.a. dargestellten Varianten von Frauenleben in der heutigen Landwirtschaft auf. Die partnerschaftlich-gleichberechtigte Betriebsleiterin mit einer landwirtschaftlichen oder landwirtschaftsnahen Ausbildung ist aktiv und gleichberechtigt am Hofprojekt beteiligt. Die mitarbeitende Bäuerin mit Partnerschaftsanspruch und die Lebenspartnerin mit Anspruch auf eine eigenständige Lebenspraxis außerhalb der Landwirtschaft unterstützen zwar auch ihren Lebenspartner, der Landwirt ist, doch finden sie ihre Selbstverwirklichung anderweitig.

Zu einer ähnlichen Typisierung der Frauen in der Landwirtschaft gelangt Bühler (1993c; 1994) im Rahmen eines Modellprojektes zu innovativer berufsständischer Landjugendarbeit. Aus einem neuen Selbstverständnis heraus, das Bühler nicht näher charakterisiert, fordern die Frauen Spielräume für eine individuelle Lebensgestaltung und erheben Anspruch auf die Rolle der Betriebsleiterin, der Mitunternehmerin oder außerlandwirtschaftlich tätig zu sein. Daraus leiten sich seine Empfehlungen von speziellen Seminaren für Hofnachfolgerinnen, von einer landwirtschaftlichen Ausbildung für zukünftige Betriebsleiterinnen und regelmäßigen Gesprächskreisen für Frauen in der Landwirtschaft ab, um die Isolation der Frauen auf den Höfen aufzubrechen und die Landwirtschaft als Lebensperspektive für Frauen attraktiv zu erhalten. Was die von mir interviewten Landwirtinnen darüber denken, wird in Kapitel 3.5.2 ausgeführt.

In der internationalen Literatur zu Landwirtinnen und landwirtschaftlichen Betriebsleiterinnen zeigt sich, daß ausführlich zu diesem Thema nur in Norwegen seit Ende der 80er Jahre gearbeitet wurde. Die Beschäftigung damit wurde zum einen durch eine massive Landflucht der Frauen und zum anderen durch eine Erbgesetzänderung 1974 angeregt, die es den erstgeborenen Töchtern einer landbewirtschaftenden Familie fortan erlaubte, den elterlichen Hof zu erben. Der Besitz des Produktionsfaktors Boden ermöglicht es ihnen, sich unabhängig von einem Mann für die Landwirtschaft als Lebensform zu entscheiden. Die eigene Entscheidung für die Landwirtschaft als Beruf kennzeichnet neben einer landwirtschaftlichen Ausbildung, technologischem Wissen und der Mitgliedschaft beim Bauernverband diese neue Generation von Frauen, die Haugen (1990) als "professional female farmers" typisierte und von jenen Betriebsleiterinnen abgrenzte, denen ihre Rolle erst durch den Tod ihres Mannes oder ihrer Eltern zukam. Die "professional female farmers" kommen in ihrer Charakterisierung den von mir untersuchten Landwirtinnen sehr nahe und werden entsprechend häufig in den folgenden Ausführungen als Vergleichsgruppe zitiert. Insgesamt wurden von den norwegischen Forscherinnen 84 Betriebsleiterinnen zwischen 24 und 72 Jahren interviewt und anhand eines halbstandardisierten Fragebogens befragt. Außerdem wurde mit sieben sogenannten professionellen Landwirtinnen zweimal eine Gruppendiskussion und mit den Lebenspartnern der verheirateten Frauen von ihnen ein Interview geführt. Neben der Frage, wie die befragten Frauen ihren Alltag bewältigen, interessierte die Forscherinnen vor allem die Frage nach der "Geschlechtsidentität" der Landwirtinnen.

Brandth und Bolsø (1991) stellen dazu heraus, daß die jungen norwegischen Frauen nicht nur den Traktor und die landtechnischen Maschinen souverän handhaben und reparieren und damit die Handhabung von Technik als eine Quelle männlicher Identität infragestellen, sondern auch bei der Bewältigung der übrigen, alltäglich anfallenden Arbeiten der landwirtschaftlichen Betriebsführung nach einer Einarbeitungszeit keine Schwierigkeiten haben. Probleme bereitet ihnen, daß man ihnen häufig die Integration in die existierenden Netzwerke sowohl der Bauern als auch der Bäuerinnen und damit einen ihren Fähigkeiten adäquaten Platz in der ländlichen Gesellschaft verwehre. Auf der Suche nach fachlicher Anerkennung würden viele der Frauen dazu tendieren, ihre Geschlechtlichkeit herunterzuspielen und sich an die von den Männern gesetzten Standards vorbehaltlos anzupassen. Eine Veränderung des Systems der modernen Landwirtschaft sei damit durch diese Frauen ebenso wenig zu erwarten wie ein Aufbrechen des existierenden Geschlechtersystems. Ihre Geschlechtsidentität setze sich zwar aus Aspekten von Männlichkeit und traditioneller Weiblichkeit zusammen, doch werde dadurch die Hierarchie der Geschlechter nicht infragegestellt (Brandth 1994; Haugen/Brandth 1994). Welche Standpunkte die Landwirtinnen meiner Studie hinsichtlich der 'männlichen' Standards und der Gleichstellung der Geschlechter einnehmen, lege ich in in den Kapiteln 3.5.3.2; 3.6.2 und 3.7.3 dar. Brandth zeigt am Beispiel der Hausarbeit auf, wie professionelle Landwirtinnen dazu beitragen, das hierarchische System zu stützen. So distanzieren sie sich zwar von der Hausfrauenrolle, fühlen sich aber trotzdem für die Erledigung dieser Arbeiten verantwortlich und ziehen eine Bestätigung ihrer Weiblichkeit der allgemeinen Norm entsprechend daraus. Indirekt bauen sie damit ihre Lebenspartner in deren Männlichkeit auf, wonach Männer es zum Beispiel nicht nötig haben, sich um die Haus- und Familienbelange zu sorgen (Brandth 1994). Den Forscherinnen gelingt es, den sozialen Zusammenhang der Probleme der Landwirtinnen ins Licht zu rücken, letztendlich stellt sich jedoch die Frage, inwieweit sie selbst durch ihr Denken und Zuordnen im Rahmen des dualen Geschlechterkonzeptes dazu beitragen, das existierende System aufrechtzuhalten.

Ansatzweise wurde den selbständigen Frauen in der Landwirtschaft auch in anderen Ländern Aufmerksamkeit geschenkt. Dabei handelt es sich meistens um Frauen, die die Rolle der Betriebsleiterin übernehmen, nachdem sie den elterlichen Hof geerbt haben oder ihr Ehemann nicht mehr dazu in der Lage ist. Wenn auch der andere Zugang und das Fehlen einer landwirtschaftlichen Ausbildung diese Frauen wesentlich von den "professional female farmers" in Norwegen und der von mir untersuchten Gruppe von Landwirtinnen unterscheidet, so finden sich doch wertvolle Hinweise auf Besonderheiten der Arbeitsorganisation und Betriebsführung dieser Frauen und auf Probleme, die sich aus ihrer Minderheitensituation ergeben. Den Beobachtungen Ehlers (1987) zufolge, die zehn Monate lang bei Farmerinnen in Iowa, USA, Feldstudien durchführte, überwiegen die sozialen Probleme die fachlichen, mit denen sich diese Frauen konfrontiert sehen. Dieses Ergebnis wird durch die norwegischen Beobachtungen bestätigt. Wie es sich damit in Westdeutschland verhält, kann in Kapitel 3.3.4 nachgelesen werden. Die Schwierigkeiten, die sich ergeben, weil die Frauen in Iowa fachlich unvorbereitet die Rolle der Betriebsleiterin zu übernehmen haben, lernen sie auf eine ihnen eigene Art und Weise schnell zu meistern. "... female farmers are quick to develop systems of support within the community. (...) As they become more familiar with the particulars of farming, they also tend to redesign their operations to suit themselves, adjusting acreage, plantings, and herd sizes as they see fit. Interestingly, the women farmers I studied tended to be conservative in their planning, generally avoiding expansion and large machinery purchases." (ebd.:160f) Eine zurückhaltende Investitionsneigung wird Farmerinnen auch von Rosenfeld und Tigges (1988) zugeordnet. Sie arbeiteten anhand der Daten einer 1980 in den USA durchgeführten nationalen landwirtschaftlichen Erhebung heraus, wie sich eine unterschiedliche Betriebsführung von Männern und Frauen im Betriebsergebnis, der Entwicklung der landwirtschaftlichen Betriebe und in der persönlichen Arbeitszufriedenheit niederschlägt.

Im westeuropäischen Raum tauchen die Landwirtinnen als "women farmers" zunächst im Rahmen der Typisierung von Frauenrollen auf landwirtschaftlichen Familienbetrieben auf. Da es sich bei ihnen um eine Minderheit handelt, wird nicht sehr umfassend auf sie eingegangen. Von grundlegender Bedeutung ist Gassons Konzept von 1980, welches auf den unterschiedlichen Rollenbeziehungen zwischen Mann und Frau beruht. Sie können voneinander unabhängig im Falle der "farm housewife", sich ergänzend im Falle der "working farmwife" und gemeinschaftlich im Falle der "woman farmer" angelegt sein. Gasson verweist darauf, daß die Aufgabenteilung zwischen Mann und Frau bei den "women farmers", die stärker hof- als hausbezogen orientiert sind, nicht zwingend geschlechtsspezifisch im traditionellen Sinne verlaufen muß. Somit bieten sie sich als Vergleichsgruppe zu den Landwirtinnen an.

Im Zuge des fortschreitenden Strukturwandels der Landwirtschaft und der Individualisierung in den westeuropäischen Gesellschaften kommt es allgemein zu Veränderungen der Frauenrollen in den landbewirtschaftenden Familien. Eine bemerkenswerte Entwicklung zeichnet sich in Italien ab: "The results of the Umbrian research clearly show the arising of a new role of farm women as managers and co-managers of family farms." (Bock 1994:88) Von den Frauen kann dabei nicht durchgängig als Betriebsleiterinnen gesprochen werden. Abhängig vom Grad der Einflußnahme der Frauen auf betriebliche Entscheidungen und ihrer Verantwortung und Teilhabe an der Betriebsführung, unterscheidet Bock vier Typen von Frauenrollen in der Landwirtschaft: "the female boss", die den traditionell männlichen Part auf dem Hof einnimmt, "the woman partner", die sich Arbeit und Verantwortung mit ihrem Ehemann teilt, "the specialist", die sich ihren eigenen, unabhängigen Verantwortungsbereich auf dem Hof aufgebaut hat und damit entscheidend zur Existenzsicherung der Familie beiträgt und "the helping mate", die ihrem Ehemann die Betriebsführung weiterhin überläßt und lediglich ausführend auf dem Hof tätig ist. Es ist naheliegend, daß sich für die von mir untersuchten Landwirtinnen Parallelen dazu finden. Wie sie sich im einzelnen gestalten, kann anhand der Ausführungen in Kapitel 3.6 und 3.7 nachvollzogen werden.

Abgesehen vom letztgenannten Typus kommt den italienischen Frauen ein großes Innovations- und Entwicklungspotential zu. "Women farmers are in general more open to new farm activities and methods, such as agrotourism, direct-selling and processing, new products and new ecological methods." (ebd.:86) Um den Frauen einen langfristigen Erfolg zu gewährleisten, sind jedoch entsprechende Weiterbildungsangebote notwendig, weil es den meisten von ihnen an speziellen produktionstechnischen und betriebswirtschaftlichen Kenntnissen bislang fehlt. Darüber hinaus gilt es für diese Frauen, ebenso wie für die Landwirtinnen dieser Untersuchung, zu problematisieren, daß für sie mit der Eroberung neuer Betätigungsfelder eine erhöhte Belastung einhergeht. "Another problem felt by all farm women is how to cope with the new combination of roles being farm manager and being wife and mother. (...) the woman is pressed to demand more cooperation from the children or other family members. So the she-manager, being so multi-active, experiences a lot of stress by the combination of the various roles she has been called upon to play." (Ventura 1994:36)

In der Landwirtschaft tätige Frauen können sich nicht einfach der Aufgaben entledigen, die ihnen bislang zugewiesen werden. Sie erfahren Widerstand. Um zu verstehen, worauf sich dieser Widerstand stützen kann, sollen im folgenden die Strukturen, die den Frauen zum Nachteil gereichen, etwas näher beleuchtet werden. Mit der Geschlechterhierarchie in der Landwirtschaft sind alle dort tätigen Frauen Europas auf die eine oder andere Weise konfrontiert. Die nachteiligen Folgen bekommen diejenigen am stärksten zu spüren, die wie die Landwirtinnen die Normen durchbrechen, Geschlechtergrenzen überschreiten und Ansprüche auf Tätigkeits- und Verantwortungsbereiche erheben, die ihrem Geschlecht nicht zugeordnet sind. Es ist das Verdienst von Wimer (1988), die zugrundeliegenden patriarchalen Strukturen in landwirtschaftlichen Familien in Deutschland explizit zum Thema gemacht zu haben. Im Rahmen ihrer Diplomarbeit interviewte sie 15 Frauen, die auf einem Hof aufgewachsen sind und über ein Studium der Agrarwissenschaften versucht haben, sich über die Strukturen hinwegzusetzen und sich die traditionell männlichen Bereiche der Landwirtschaft zu erschließen. Anhand ihrer Schwierigkeiten, die sie dabei erleben, zeigt Wimer die Wirkungsmechanismen der patriarchalen Strukturen auf. Die erste zu erbringende Leistung besteht für die Frauen darin, sich über ihre Sozialisation zur geschlechtsspezifischen Arbeitsteilung hinwegzusetzen. Diese Herausforderung stellt sich nur für einen Teil der Landwirtinnen meiner Studie. Am Beispiel der Mütter weist Wimer darauf hin, wie die zugeordnete Arbeitsteilung die Frauen in ihrer Selbstentfaltung behindert und den Männern den besseren Platz in der Hierarchie sichert. Die Benachteiligung drückt sich unter anderem in der Nachrangigkeit der Töchter bei der Hofnachfolge und der alleinigen Zuständigkeit der Frauen für den Reproduktionsbereich des landwirtschaftlichen Familienbetriebes aus. "Die Vorstellung, daß der Mann neben seinem erlernten Beruf als Landwirt in gleicher Weise im Haus arbeitet wie die Frau draußen, ist undenkbar." (Wimer 1988:84) Viele der Mütter haben sich mit der erfahrenen Benachteiligung arrangiert und tragen damit zur Aufrechterhaltung der Verhältnisse selbst bei. Andererseits sind es aber gerade sie, die sich dafür einsetzen, daß ihre Töchter eine höhere Schule besuchen können. Über den Weg der Bildung gelingt es den jungen Frauen, die patriarchalen Strukturen hinter sich zu lassen. An den Strukturen ändert sich dadurch zunächst nichts.

Auf welche widersprüchliche Art und Weise Veränderungen der sozialen Verhältnisse in den landbewirtschaftenden Familien auftreten können, zeigt Modelmog (1994) mit ihrer Untersuchung von norddeutschen Bäuerinnen als Trägerinnen einer Gegenkultur. Sie interviewte die Frauen, bearbeitete die Transkripte in Anlehnung an Wittgensteins Formprinzip, das Fragment, und entwickelte daraus Bedeutungsmosaike. Dabei zeigt sich, daß das "tradierte Patriarchat" nurmehr als "stiller Ritus" von den Bäuerinnen gehandhabt wird. "Das Selbstverständnis der Frauen schwankt zwischen Selbstbewußtsein und Bescheidenheit. (...) Sie akzeptieren eine gewisse Überlegenheit des Ehemannes, handeln aber trotzdem so, als wenn es diese stille Übereinkunft nicht gäbe." (ebd.:39) Die Frauen spielen vielmehr mit der Vorrangstellung der Männer. Das verweist zum einen auf deren Bedeutungsverlust und zum anderen auf neugewonnene Handlungsspielräume der Frauen, was ihnen letztlich das "Gefühl der Gleichwertigkeit" vermittelt. "So wird eine kulturelle Setzung nicht unbedingt angezweifelt, aber immerhin (weitgehend) außer Kraft gesetzt." (ebd.:146) Nach meiner Einschätzung führt dieses Verhalten nicht zwingend zu einer Veränderung der patriarchalen Strukturen in der Landwirtschaft. Inwieweit die Landwirtinnen durch ihre Grenzüberschreitung zu entsprechenden Veränderungen beitragen, wird in den einzelnen Kapiteln der empirischen Ergebnisse unter verschiedenen Aspekten reflektiert.

Als scheinbar unumstößliches Relikt patriarchaler Verhältnisse bleibt bei Modelmog wie auch in allen weiteren gesichteten Veröffentlichungen zu Landfrauen europaweit die geschlechtsspezifische Arbeitsteilung bestehen, welche selbst in den 90er Jahren noch die alleinige Zuständigkeit der Frauen für die Haushalts- und Sorgearbeiten auf den Höfen beinhaltet. "On family farms all over Europe the gender division of labour is such that women have the responsibility to care fo the household and their families next to their professional work on or off the farm." (Endeveld 1994:VIII) Bereits 1983 stellten Inhetveen/Blasche fest: "Von der umgekehrten Form der Aufhebung der Arbeitsteilung, nämlich der, daß die Männer althergebrachte Frauenaufgaben im Haus übernähmen, ist die Bauernfamilie jedoch noch weit entfernt. Womöglich noch stärker als in anderen sozialen Schichten ist die Haushaltsführung ausschließlich Aufgabe und Pflicht der Bäuerinnen bzw. der weiblichen Familienangehörigen." (ebd.:195) Auch für Frankreich kann Berlan Darque (1988) keinen davon abweichenden Befund nachweisen: "The assignation of domestic work to women still remains pervasive in the agricultural world. (...) The smaller contribution of farmers to domestic work, in comparison with other self employed and salaried workers, is explained by observers by the time that they work, which is greater than for other social categories and for women." (ebd.:274f)

Insgesamt zeigt sich in der Landwirtschaft eine auf das Geschlecht bezogene heterogene Arbeitsteilung im produktiven Bereich und eine homogene Arbeitsteilung im reproduktiven Bereich. Dies stellen sowohl van Deenen u.a. (1982) in ihrer Untersuchung zur Arbeitssituation der Bäuerinnen in Frankreich, Österreich, Polen, Schweden, Ungarn und der Bundesrepublik Deutschland als auch Gasson (1988) in ihrem Resümee zum Europäischen Kongreß der Land- und AgrarsoziologInnen in Bologna fest. Schmitt (1988) bestätigt es für akademisch gebildete Frauen in der Landwirtschaft, Birnthaler/Hagen (1989) für alternative Betriebe, die ökologischen Landbau betreiben, und Jødahl (1994:26) für Skandinavien: "Nevertheless, the gender determined division of labour is the largest obstacle for a real equal status between the sexes in agriculture." Selbst Haugen/Brandth (1994:225) kommen in ihrer Untersuchung norwegischer Landwirtinnen zu der Schlußfolgerung: "This study has shown examples where male domination in farm production is in the process of breaking up, but in the family the process is much slower. Our young women farmers have made one important step toward equality with men; however, these changes in the traditional division of labor do not seem to threaten patriarchy as a system of male domination in the farm family." Erste Hinweise darauf, daß Frauen nicht mehr akzeptieren, die Reproduktionsarbeiten vollständig zu übernehmen, deuten sich bei denjenigen an, die nicht auf einem landwirtschaftlichen Hof aufgewachsen sind und/oder über eine höhere Schulbildung verfügen (vgl. Riechel 1983; Berlan Darque 1988 und die vorliegende Arbeit). Da immer mehr Landwirte eine Frau heiraten, die nicht in der Landwirtschaft aufgewachsen ist, bleibt abzuwarten, wie weit die Veränderungen durch diese Frauen reichen werden.

Ein weiteres Kennzeichen patriarchaler Strukturen in der Landwirtschaft ist die immer noch vorherrschende Tradition der patrilinearen Vererbung der landwirtschaftlichen Betriebe. Wie sich auch in dieser Studie zeigt, werden Landwirtinnen vor allem dann damit konfrontiert, wenn sie Brüder haben, die sich ebenfalls für den Hof interessieren. In der für Deutschland einzigen Untersuchung zur Hofnachfolge stellen Bendixen/Schulz (1989) fest: "Vielfach werden von Hofüberlassern männliche Erben bevorzugt, obwohl die gesetzliche Erbfolge bei gleicher Eignung der Erben das Geschlecht außer acht läßt und potentiellen weiblichen Erben aufgrund der grundgesetzlich verankerten Gleichberechtigung gleiche Rechte wie den männlichen Anwärtern einräumt." (ebd.:151) Diese Verhaltensweise fand sich mehrheitlich auch in der Bäuerinnenuntersuchung von Inhetveen/Blasche (1983): "Im Regelfall wurden patrilineare Erbformen praktiziert, d.h., daß in ca. 85 % aller Erbfälle der Hof in der Mannesfamilie an männliche Erben weitergegeben wird, obwohl prinzipiell eine weibliche

Erbfolge nicht ausgeschlossen ist." (ebd.:25) Die Benachteiligung der Frauen bei Besitz und Erbe ist ein weltweites Phänomen und zeigt die solide patriarchale Basis der Landwirtschaft. Angesichts der Bilanz der Vereinten Nationen für die vierte Weltfrauenkonferenz stellt Wichterich (1995:13) fest: "Obwohl immer mehr Gesetze Frauen gleiche Rechte zusichern, klagen die Vereinten Nationen, daß Anspruch und Wirklichkeit weit auseinanderfallen, zum Beispiel wenn es um Landbesitz und Erbe geht." Dies zeigt sich auch in den Untersuchungen über professionelle Landwirtinnen in Norwegen, wo sich 20 Jahre nach der Erbgesetzänderung kaum etwas an den Vorurteilen gegenüber Frauen als Hofnachfolgerinnen geändert hat (vgl. Haugen 1994). Sind die Auswirkungen der Grundeinstellung, die Männer als Hofnachfolger begünstigt, auch unterschiedlich, so wird immer damit beabsichtigt, die Frauen in einer nachgeordneten Position zu halten, wie es etwa O'Hara (1994) sehr treffend für Irland formuliert. Es stellt sich die Frage, ob es unter diesen Umständen den Landwirtinnen auf breiter Basis gelingen kann, über die Beanspruchung männlicher Tätigkeitsfelder hinaus auch ihre Verfügungsrechte über die Ressourcen Land und Kapital zu erweitern.

1.4 Aufbau der Arbeit

Die Ausgangssituation der vorliegenden Studie ist somit dargelegt. Es folgt der Zugang zum Thema 'Landwirtinnen als Grenzüberschreiterinnen' und die Darstellung der Ergebnisse meiner eigenen empirischen Untersuchung. Der Einstieg mit der sozialen Konstruktion der Zweigeschlechtlichkeit (Kapitel 2.1) dient dazu, den LeserInnen ein Vorverständnis zu erschließen, das als Hintergrundwissen für die im folgenden dargelegte Empirie zu begreifen ist. Mir selbst eröffnete sich diese Theorie erst im Laufe des Forschungsprozesses. Es blieb nicht aus, daß die Konfrontation damit meine darauffolgenden Wahrnehmungen mitstrukturiert und meine Interpretationen mitbeeinflußt hat. Die Darlegung ist zwar als theoretische Annäherung an die Fragestellung zu verstehen, aber nicht in dem Sinne, daß aus ihr heraus Hypothesen abgeleitet und anschließend überprüft werden. Sie steht somit nicht im Widerspruch zu den Prinzipien der Grounded Theory, der verwendeten Forschungsmethode, die in Kapitel 2.3 skizziert wird. Dort wird auch die Vorgehensweise während des Forschungsprozesses im Detail beschrieben.

Dazwischen findet sich eine sozio-historische Herleitung der beruflichen Ausbildung in der Landwirtschaft (Kapitel 2.2), die sich als eine fachspezifische Anwendung der Thesen von der sozialen Konstruktion der Zweigeschlechtlichkeit versteht. Es wird aufgezeigt, wie es zur Einführung einer getrennten Frauen- und Männerausbildung in der Landwirtschaft kam und welche Anstrengungen unternommen wurden und werden, die Geschlechtergrenze aufrechtzuerhalten. Es handelt sich dabei um ein grundlegendes Strukturmerkmal, das Berufswahl, -ausbildung und -weg der Landwirtinnen maßgeblich beeinflußt. Das Kapitel dient daher ebenfalls dem Verständnis der empirischen Ergebnisse im Hauptteil der Arbeit, der sich anschließt.

Die empirischen Ergebnisse beinhalten im wesentlichen die entwickelten Hypothesen bezogen auf die Fragestellung und darüberhinaus hermeneutisch-interpretative und soziologisch-deskriptive Elemente. Die verschiedenen Lebensstationen und -bereiche der Landwirtinnen gliedern den Hauptteil der Arbeit in acht Kapitel. Ausgehend von der Berufswahl wird der Bogen über die Ausbildung und den beruflichen Alltag der Landwirtinnen, ihre Vereinbarkeitsleistungen hinsichtlich der produktiven und reproduktiven Lebensbereiche bis hin zu ihren Beziehungen und ihrer Freizeitgestaltung gespannt. Bezogen auf die unterschiedlichen Bereiche stelle ich heraus, auf welche Art und Weise sich das Überschreiten der Geschlechtergrenze der Landwirtinnen jeweils auswirkt. Beim Zugang zu einem Beruf in der Landwirtschaft (3.1) kristallisiert sich dabei eine Differenzierung der Frauen danach aus, ob sie außerhalb oder innerhalb des landwirtschaftlichen Milieus aufgewachsen sind, und bei letzterem, ob von Kind auf ihre landwirtschaftlichen Neigungen gefördert wurden oder nicht. Nach diesen Voraussetzungen unterscheiden sich denn auch die Erfahrungen der Frauen während ihrer landwirtschaftlichen Sozialisation (3.2), die von unterschiedlichen Diskriminierungsarten geprägt sind. Anhand der Umsetzung des erlangten Wissens und einzelner Aspekte der beruflichen Praxis (3.3) zeigt sich, daß das Moment der Herkunft mit zunehmender Berufserfahrung an Bedeutung verliert. Wesentlich ist es dagegen in der Frage der Hofnachfolge und des Hofbesitzes (3.4). In diesem Zusammenhang werde ich auch auf die Besonderheiten einer Frauenhoftradition eingehen. Die Unterschiede, die sich für Landwirtinnen in der Zusammenarbeit und im Zusammensein mit Frauen oder Männern im fachlichen Kontext ergeben, führe ich schwerpunktmäßig in einem eigenen Kapitel aus (3.5). Die berufsbezogenen Erörterungen werden von dem Versuch abgerundet, das berufliche Selbstverständnis der Frauen zu erfassen.

Dem Verwobensein von beruflicher und privater Sphäre als Kennzeichen der familienwirtschaftlich orientierten Landbewirtschaftung folgend, wird das Blickfeld in den folgenden Kapiteln um die privaten Aspekte erweitert. Zunächst arbeite ich heraus, wie sich die berufsbezogene Überschreitung der Geschlechtergrenze der Landwirtinnen auf ihre persönlichen Beziehungen mit Männern auswirken (3.6). Der Beruf des Partners stellt sich als maßgebliche Größe dafür heraus, welche Vereinbarkeitsmodelle von Beruf und Familie sich von den Landwirtinnen in der Realität umsetzen lassen (3.7). Die Konfrontation mit den traditionellen Geschlechterrollen wirkt sich in diesem Zusammenhang am gravierendsten aus. Das Kapitel über die von den Landwirtinnen geäußerten Freizeit- und Urlaubsbedürfnisse (3.8) soll den Einblick in ihre Lebenssituation um Aspekte erweitern, die gesamtgesellschaftlich in den letzten Jahren an Bedeutung gewonnen haben. Eine Zusammenfassung der Ergebnisse und eine Einschätzung der Entwicklung erfolgt im Schlußkapitel.

2. Landwirtinnen als Grenzüberschreiterinnen. Zugang zum Thema

In den letzten zwanzig Jahren ist es immer mehr Frauen gelungen, in die traditionelle Männerdomäne der Landwirtschaft einzudringen und sich dort zu professionalisieren (vgl. Kap. 1.1). Der Prozeß vollzieht sich jedoch sehr langsam. Die Frauen haben gegen große Widerstände anzugehen. Ihr Überschreiten der Geschlechtergrenze wird nicht ohne weiteres akzeptiert, häufig wird es mißbilligt oder boykottiert. Unterstützung erfahren Landwirtinnen nur von Einzelnen. Und als Berufskolleginnen werden sie erst nach langen Anstrengungen akzeptiert. Ihr Geschlecht scheint das entscheidende Verhinderungsmoment zu sein.

2.1 Zweigeschlechtlichkeit als Voraussetzung für geschlechtsspezifische Berufe

Studien über andere geschlechtsbezogene Berufe haben gezeigt, daß die Geschlechtertrennung im Arbeitsleben weitverbreitet und äußerst resistent ist. Begleituntersuchungen von Modellprojekten zur Förderung von Frauen in Männerberufen haben zum Ergebnis, daß eine erfolgreiche Integration der Frauen nur punktuell gelingt (vgl. Wald u.a. 1986; Witten 1986; Backes/Lucke 1987). Auf der Suche nach einer weiterreichenden Erklärung, wodurch die Gleichheit zwischen den Geschlechtern verhindert wird, bin ich auf die Theorie der sozialen Konstruktion der Zweigeschlechtlichkeit gestoßen. Hagemann-White hat diesen Ansatz in Deutschland bekannt gemacht (vgl. Hagemann-White 1984, 1988, 1993). Auf breiter Basis ist er in der feministischen Frauenforschung nicht rezipiert worden. "Die von der feministischen Kulturanthropologie und dem symbolischen Interaktionismus geprägte Sichtweise auf 'gender' als kulturelles Regelsystem für Prozesse, in denen die Individuen die mit Geschlechtlichkeit verquickten gesellschaftlichen Strukturen alltäglich mitherstellen, finden wir in der bundesrepublikanischen wissenschaftlichen Diskussion weder innerhalb noch außerhalb der Frauenforschung vor. Erst eine solche Sichtweise vermag aber die Vielfalt in den Inhalten der Geschlechterrollen je nach sozialer Umgebung zu sehen, ohne auf Illusionen der Befreiung oder Hierarchien der 'Emanzipiertheit' hereinzufallen, weil sie den konkreten Kontext als konstitutiv für Geschlecht versteht." (Hagemann-White 1988:227) Die soziale Konstruktion der Geschlechter ist nun jüngst im Zuge der Diskussion um die Dekonstruktion derselben teilweise aufgegriffen worden, "allerdings finden wir im deutschsprachigen Raum kaum konkrete Untersuchungen, die mit dem Gedanken der Konstruktion von Zweigeschlechtlichkeit empirisch arbeiten." (Hagemann-White 1993:71) Auch die vorliegende Studie erfüllt nicht dieses Kriterium, doch entdeckte ich während der Auswertung der empirischen Ergebnisse Ansatzpunkte für eine Erklärung der brüchigen Biographien praktizierender Landwirtinnen in diesem Konzept. Ebenso ist die hier verwendete Methode der Grounded Theory der Ethnomethodologie und dem Symbolischen Interaktionismus nahestehend, in deren Tradition viele Arbeiten zur Aufdeckung der Konstruktion der Zweigeschlechtlichkeit entstanden sind. Es wird deshalb der Versuch unternommen, die soziale Konstruktion der Zweigeschlechtlichkeit auf die Entwicklung der Ausbildung in der Landwirtschaft und auf einige meiner empirischen Ergebnisse zu beziehen.

Im folgenden wird zunächst der theoretische Rahmen gespannt. Es wird dargelegt, von welchen Überlegungen VertreterInnen dieses Ansatzes ausgehen und wie sich daraus die Vergeschlechtlichung von Berufen und die Geschlechtertrennung in Arbeitsbereichen erklären lassen. Anhand regionaler Unterschiede und dem Geschlechterwechsel von Berufen wird anschließend beispielhaft aufgezeigt, daß die Zuordnung von Tätigkeiten zu einem bestimmten Geschlecht gesellschaftlich konstruiert ist und alltäglich reproduziert werden muß. Für die Landwirtschaft wird das am Beispiel der Melkarbeit (Kap. 2.1.3) und anhand der soziologisch-historischen Herleitung der beruflichen Ausbildung in der Landwirtschaft (Kap. 2.2) nachvollzogen. Die Konkretisierung, wo und wie das Konstruktionsprinzip der Zweigeschlechtlichkeit für professionelle Landwirtinnen relevant wird, erfolgt in den empirischen Ausführungen (Kap. 3).

2.1.1 Die soziale Konstruktion der Zweigeschlechtlichkeit

In unserem Alltag kommen wir nicht umhin, uns immer wieder als männlich oder weiblich, als einem der zwei anerkannten Geschlechter zugehörig, zu erkennen zu geben. Goffman (1977) hat sehr augenfällig gezeigt, daß körperlichen Unterschieden zwischen Frauen und Männern in unserer Gesellschaft weitaus größere Beachtung zukommt als es den jeweiligen Erfordernissen entspricht. Soziale Situationen und Institutionen dienen seinen Beobachtungen zufolge nicht dem Ausdruck natürlicher Unterschiede zwischen Männern und Frauen, sondern der Produktion eben dieser Unterschiede. Erst werden sie geschaffen, um danach zur Begründung sogenannter 'natürlicher' Geschlechtsunterschiede herangezogen werden zu können. Sehr überzeugend belegt er dies am Beispiel der Trennung öffentlicher Toiletten nach den zwei Geschlechtern: "But the sequestering arrangement as such cannot be tied to matters biological, only to folk conceptions about biological matters. The functioning of sex-differentiated organs is involved, but there is nothing in this functioning that biologically recommends segregation; that arrangement is totally a cultural matter." (Goffman 1977:316)

Kessler und McKenna (1978) haben aus ihren Beobachtungen im Rahmen ihrer ethnomethodologischen Forschungen über Transsexuelle abgeleitet, auf welche Art und Weise in sozialen Situationen die Geschlechterpolarisierung und -differenzierung nach zwei Geschlechtern vollzogen wird. Drei wesentliche Bestimmungsfaktoren werden von ihnen in diesem Prozeß herausgestellt: die Eindeutigkeit, die Naturhaftigkeit und die Unveränderbarkeit des Geschlechts. Sie zeigen auf, wie Menschen in Begegnungen ständig versuchen herauszufinden, ob sie es mit einem Mann oder einer Frau zu tun haben und darum bemüht sind, ein stimmiges Bild der Geschlechtszugehörigkeit herzustellen. Informationen, die nicht in das Bild passen, werden entsprechend umgedeutet oder außer acht gelassen. Auch wenn eine Frau 'unweiblich' erscheinen mag, wird sie noch nicht als 'nicht weiblich' kategorisiert - Ausnahmen bestätigen die Regel. Für die Herstellung von Geschlecht(lichkeit) ist es nicht von Belang, ob die Norm erfüllt oder davon abgewichen wird, entscheidend ist die Ausrichtung an ihr. Die Ergebnisse von Kessler und McKenna referierend, schreibt Hagemann-White: "Erfahrene Transsexuelle haben oft entdeckt, daß die Alltagstheorie der Zweigeschlechtlichkeit auch für sie arbeitet: Es kommt nur darauf an, bei der ersten Begegnung selbstverständlich dem 'richtigen' Geschlecht zugeordnet zu werden. (...) Die 'Arbeit' der Vereinbarung abweichender Informationen mit dem zuerst angenommenen Geschlecht wird zum weitaus größten Teil von den Interaktionspartnern geleistet, da sie nur so im gewohnten Sinnsystem bleiben können." (Hagemann-White 1984:81)

Mit der Geschlechtszuordnung, Kessler und McKenna sprechen von "the gender attribution process", werden sprachliche Hinweise und körperliche Merkmale in Verbindung gebracht. "Wenn ein Mensch im sozialen Umgang geschlechtlich zugeordnet worden ist, wird das Vorhandensein der dafür erforderlichen Genitalien unterstellt." (Hagemann-White 1988:232) In Versuchen stellte sich heraus, daß der Penis das ausschlaggebende Moment war, obwohl die primären Geschlechtsmerkmale in der Öffentlichkeit zumeist nicht wahrgenommen werden können. Es dürfte sich dabei um das kulturelle Symbol des Phallus handeln, welches hier zum Tragen kommt (vgl. Hagemann-White 1984:82). Auch wenn die Erklärung nicht hinreichend ist, so haben Kessler und McKenna doch deutlich gemacht, daß wir nicht weiblich oder männlich sind, sondern es immer wieder neu herstellen müssen. In der Darlegung dieser Erkenntnis für ihre eigenen Forschungen schreiben Gildemeister und Wetterer: Es ist ein "Mißverständnis, das Geschlecht sei irgendwo im Individuum zu verankern, als Merkmal oder Eigenschaft von Personen dingfest zu machen, die im Alltagshandeln nur ihren Ausdruck finden." (Gildemeister/Wetterer 1992:213) Unsere Geschlechtlichkeit und die Zweigeschlechtlichkeit unserer Gesellschaft erklären sich vielmehr als ein kulturelles Konstrukt."Das heißt auch, daß in einer Gesellschaft, die auf der Polarisierung der Geschlechter und der Generalisierung von deren Effekten beruht, sich die gesamte Lebensgeschichte einzelner vom ersten Tag an auf dieser Grundlage errichtet. Und insofern gibt es keine Möglichkeit des Identitätserwerbs jenseits eines Bezuges auf die Geschlechtskategorisierung." (Gildemeister/Wetterer 1992:236) Die dafür zu leistende Interaktionsarbeit wird mit dem ethnomethodologischen Begriff "doing gender" bezeichnet (vgl. Hagemann-White 1993:70).

Es ist notwendig, daß wir von Kindheit an in diesem Tun sozialisiert werden, wenn die Zweigeschlechtlichkeit unserer Gesellschaft aufrechterhalten werden soll. Hagemann-White hat festgestellt, daß Kinder zunächst keinen Unterschied darin sehen, wenn eine Frau oder ein Mann dasselbe tun. Sie müssen die Differenzierung erst einüben. In einem langwierigen Prozeß müssen sie lernen, was welchem Geschlecht in ihrer Gesellschaft angemessen ist. "Kinder erwerben mit der Sprache die Fähigkeit, sich korrekt dem Geschlecht nach zuzuordnen, müssen aber mehrere Jahre lang daran arbeiten, die von Erwachsenen benutzten Signale für die Geschlechtszuweisung sicher zu erkennen. Erst am Ende der Altersphase 0 - 6, zum Teil erst mit 7 oder 8, haben Kinder die Alltagstheorie der Zweigeschlechtlichkeit voll übernommen," (Hagemann-White 1984:84). Im Laufe dieser Zeit wird ihnen auch wichtig, selbst als Mädchen oder Junge identifiziert zu werden und damit Gewißheit über ihre Geschlechtsidentität zu erlangen. Sie kopieren die ihrem Geschlecht zugeschriebenen Attribute von ihrer Umgebung und reagieren, wenn diese von ihren Mitmenschen nicht 'richtig' gedeutet werden. "Man wird z.B. oft erleben, daß ein kleines Mädchen - vielleicht unmittelbar nachdem es von Dritten mehrmals als "Junge" angesprochen wird - heftig nach langen Haaren und Röcken verlangt;" (Hagemann-White 1984:86). Mit diesem Verhalten beginnen Kinder dabei mitzuwirken, das System der Zweigeschlechtlichkeit zu übernehmen und zu reproduzieren.

Hier zeigt sich, daß die Erwartungen der anderen es notwendig machen, sich als Frau oder als Mann im zugeschriebenen Sinne zu verhalten. Jede Person hat in der Regel ein Geschlecht zu repräsentieren und dabei mitzuwirken, es zu reproduzieren. Es handelt sich um einen "interaktiven Vorgang, worin wir ganz unabdingbar auf die Mitwirkung unserer Gegenüber und so auf die mit ihnen geteilte unbewußte Alltagstheorie des Geschlechts in unserer Kultur angewiesen sind." (Hagemann-White 1993:69f) Umgekehrt kommen wir dabei nicht umhin, ständig im Rahmen dieses unsere Gesellschaft bestimmenden Prinzips der zwei Geschlechter zu agieren und zu reagieren. Wir haben bei der Konstruktion der Zweigeschlechtlichkeit mitzuwirken, ob wir wollen oder nicht. Doing gender ist unvermeidbar (vgl. West/Zimmermann 1987:137).

Die sozialen Folgen sind weitreichend. Anhand der gezeigten Geschlechtszugehörigkeit werden Status und Eigenschaften zugeschrieben, die über die gesellschaftlichen Teilhabemöglichkeiten entscheiden, sei es im öffentlichen oder privaten Bereich, in Wirtschaft, Politik oder in zwischenmenschlichen Beziehungen (vgl. West/Zimmermann 1987:145). Entscheidend, weil den Frauen zum Nachteil gereichend, ist die Tatsache, daß damit die herrschende dominante Stellung des männlichen und die Unterordnung des weiblichen Geschlechts festgeschrieben werden. "Damit wirken wir alltäglich bei der Fortschreibung patriarchaler Ungleichheit mit." (Hagemann-White 1993:71) Indem diese Ungleichheit ständig von uns produziert und reproduziert wird, kann leicht der Eindruck entstehen, daß das kulturell hergestellte Ergebnis der jeweiligen Natur des weiblichen und männlichen Geschlechts entspreche. Die Täuschung ist gelungen, wenn alle Beteiligten sie als 'natürliche' Gegebenheit akzeptieren. "Das entscheidende stabilisierende Prinzip liegt damit in der Naturalisierung sozialer Klassifikationen - (...) [dadurch] werden zerbrechliche Konventionen Bestandteil der natürlichen Weltordnung und stehen dann als solche als Argumentationsgrundlage zur Verfügung - sofern sich nicht durch die 'Naturalisierung' der sozialen Klassifikation jede Argumentation erübrigt zu haben scheint" (Gildemeister/Wetterer 1992:241). Durch das alltägliche Praktizieren dieser 'Naturhaftigkeit' der Zweigeschlechtlichkeit mit all seinen gesellschaftlichen Konsequenzen gräbt sich dieses Wissen in unser Denken und Fühlen ein, geht unmerklich in unseren Habitus ein und wird zur Selbstverständlichkeit. "Der Modus der Herstellung der Zweigeschlechtlichkeit verschwindet im Ergebnis, nicht zuletzt darin manifestiert sich die geglückte Selbst-Naturalisierung dieser sozialen Konstruktion. Auf der Phänomen-Ebene tritt uns die soziale Umwelt als immer schon binär codifizierte entgegen und wir neigen dazu, sie auch dort noch als zweigeschlechtlich strukturierte wahrzunehmen, wo sie Anlaß zu diesbezüglichen Irritationen bieten könnte." (Gildemeister/Wetterer 1992:214)

Unter diesem Aspekt ist auch die geschlechtsspezifische Arbeitsteilung in der Gesellschaft und konkret in Familien zu betrachten. Anhand der Untersuchung von Berk (1985) zeigen West/Zimmermann (1987), daß die Erledigung der Haus- und Sorgearbeit nicht nur der Reproduktion der Arbeitskraft sondern auch der von Geschlecht dient. Immer wieder aufs neue werden die beiden Geschlechter damit hergestellt und ihr Verhältnis zueinander bestätigt. Dabei gibt es keine rationale Erklärung dafür, warum die Zuständigkeit der Frauen für die Reproduktionsarbeit aus einer natürlichen Wesenseigenschaft, ihrer Gebärfähigkeit, abgeleitet werden sollte (vgl. Becker-Schmidt 1987:188). Dennoch stellen selbst berufstätige Ehefrauen es als "faires Arrangement" dar, daß sie das Gros der Hausarbeit erledigen. Zum einen scheint sich ihre Identität wesentlich darauf zu stützen, zum anderen erleichtern die dadurch vermittelten Gewißheiten das Zusammenleben (vgl. West/Zimmermann 1987:144).

2.1.2 Wie aus Tätigkeiten Frauen- oder Männerberufe werden

Eine ähnliche Funktion kommt den Berufen zu, die einem Geschlecht zugeordnet werden, den sogenannten Frauen- und Männerberufen. Neben der Sicherung des Lebensunterhalts dienen diese Berufe der sozialen und geschlechtlichen Identität. Das Konzept des weiblichen Arbeitsvermögens nimmt die herrschenden Muster der Zuordnung von Tätigkeiten und Berufen zu einem bestimmten Geschlecht noch als Gegebenheit, stellt Ähnlichkeiten als inhaltlich bestimmbare Qualität heraus und plädiert für die Anerkennung des geschlechtsspezifischen Arbeitsvermögens aufgrund unterschiedlicher Sozialisation (vgl. Ostner 1978; Beck-Gernsheim/Ostner 1979; Ostner 1990). Dabei wird jedoch übersehen, daß Frauen- und Männerberufe auch die Zweigeschlechtlichkeit und die damit verbundene Hierarchie unserer Gesellschaft, wonach Männerarbeit höher bewertet wird als die von Frauen, vermitteln und stützen. Neuere Untersuchungen zeigen, daß die Geschlechtszuordnung von Berufen weniger an den Arbeitsinhalten und damit an angeborenen oder erworbenen Fähigkeiten, als vielmehr am sozialen Status orientiert ist. "Die Definitions- und Zuweisungsmuster von männlicher und weiblicher Arbeit sind nicht in erster Linie auf die Arbeitsinhalte bezogen bzw. daraus abgeleitet, sondern aus der Hierarchie zwischen Männer- und Frauenarbeit. (...) Ein hoher Frauenanteil korreliert danach mit einem geringen Sozialstatus." (Teubner 1989:34; vgl. auch Rabe-Kleberg 1987) Geschlechtsspezifische Tätigkeiten sind damit ein wichtiger Faktor der Statuszuweisung in unserer Gesellschaft. Die Aufrechterhaltung der Zweigeschlechtlichkeit ist infolgedessen eine notwendige Voraussetzung dafür, daß die Hierarchie zwischen Männern und Frauen weiterhin das gesellschaftlichen Leben prägen kann.

Die Bedeutung des Geschlechts als Statuskategorie zeigt sich prägnant anhand der Geschichte von Berufen, die sich durch einen Geschlechtswechsel auszeichnen. Dabei muß zwischen dem Wechsel vom Männer- zum Frauenberuf und umgekehrt unterschieden werden. Willms-Herget (1985) konnte mit ihrer Auswertung der Berufsstatistik ab 1880 nachweisen, daß von Männern besetzte, höherbewertete Berufe immer dann für Frauen geöffnet wurden, wenn männliche Arbeitskräfte fehlten, eine Ausweitung der Branche beabsichtigt war oder sich für die Männer bessere Bedingungen in einem verwandten Beruf ergaben. Sie spricht von einer "beschränkten Integration" der Frauen in diese Berufe, weil die Öffnung der Berufe für beide Geschlechter nicht politischer Konsens, sondern die Folge kapitalistisch-ökonomischer Überlegungen war. Die Gleichstellung von Frauen und Männern in einem Beruf erwies sich als nur vorübergehend. Auch Cockburn (1988) hat an vielen Beispielen nachgewiesen, daß Berufe immer nur für eine kurze Übergangszeit Frauen wie Männern zu den gleichen Bedingungen offenstehen. Sie verweist auf Oakley, die bereits 1972 mutmaßte, daß "die westliche Gesellschaft insgesamt um die Annahme organisiert ist, daß die Unterschiede zwischen den Geschlechtern wichtiger sind als ihre gemeinsamen Eigenschaften" (Oakley zitiert nach Cockburn 1988:170). Gildemeister/Wetterer (1992) spitzen es zwanzig Jahre später zu und sprechen vom "Gleichheitstabu", welches besagt, daß nicht die Gleichheit der Geschlechter, sondern ihre Differenz inhärentes Leitbild unserer Gesellschaft ist. Die Zweigeschlechtlichkeit als Konstitutionsprinzip muß dafür erhalten werden, entsprechend gibt es Frauen- und Männerberufe. Wenn nun einige Berufe dennoch von beiden Geschlechtern über lange Zeit ausgeübt werden, ist das nur möglich, weil es zu Binnendifferenzierungen bzw. einer Ghettoisierung durch Spezialisierung kommt. Oder es bildet sich die Geschlechtertrennung aufgrund der Betriebshierarchie heraus. Die Geschlechtertrennung im Arbeitsbereich bleibt Status quo. Es wird versucht, sie über alle Entwicklungen hinweg aufrecht zu erhalten. Den Frauen bleiben die Arbeitsbereiche mit dem geringeren Status.

Dementsprechend geht im umgekehrten Fall, mit der Umwandlung einer Frauentätigkeit in einen Männerberuf, eine Statuserhöhung einher. Wie bereits angedeutet, kann beobachtet werden, daß zwei Entwicklungen parallel verlaufen: eine von Frauen ausgeführte Tätigkeit wird zum Beruf, sie wird institutionalisiert oder kommerzialisiert, und Männer fangen an, sich dafür zu interessieren und den entstehenden Beruf zu ergreifen. Das zeigt sich zum Beispiel beim Putzen, welches heute im Lehrberuf des Gebäudereinigers erlernt werden kann. Der Vorgang wird dann zur eklatanten Diskriminierung, wenn im Zuge der Verberuflichung ein Ausschluß oder eine Unterordnung der Frauen damit vollzogen wird, wie Gildemeister/Wetterer (1992) anhand der Studie von Frevert (1982) eindrücklich darlegen: "Die Geschichte der Medizin ist hierfür ein besonders prägnantes Beispiel, in deren Verlauf aus den 'heilkundigen Frauen' der vorbürgerlichen Gesellschaft die männlich dominierte Profession des akademisch ausgebildeten Arztes, aber auch die weiblichen Teiltätigkeiten der Krankenschwester, Hebamme und Arzthelferin wurden" (Gildemeister/Wetterer 1992:223).

Von weitreichender Bedeutung für das Funktionieren der hierarchischen Zweigeschlechtlichkeit ist die Tatsache, daß solche Veränderungen im allgemeinen nicht als Geschichtswissen vermittelt werden und daher im Bewußtsein der Bevölkerung nicht präsent sind. Es wird dafür gesorgt, daß sie in Vergessenheit geraten, um zu garantieren, daß die heute herrschende Zuordnung von Tätigkeiten zu einem bestimmten Geschlecht und die daraus abgeleitete, die Männer begünstigende Hierarchie nicht in Zweifel gezogen werden kann. Bezugnehmend auf Douglas spricht Wetterer vom "sozial strukturierten Vergessen" (Douglas 1991, zitiert nach Wetterer 1991), welches der Herrschaftsstabilisierung dient. "Das sozial strukturierte Vergessen entzieht der sozialen Aufmerksamkeit mit anderen Worten möglichst alle Anhaltspunkte dafür, die Kongruenz zwischen Tätigkeitsinhalten und Eigenschaften, Bedürfnissen und Interessen der Geschlechter als soziale Konstruktion zu erkennen; es tilgt aus der sozialen Erinnerung alles, was Anlaß zu der Vermutung gäbe, daß das, was als Voraussetzung des Prozesses der Vergeschlechtlichung erscheint, möglicherweise weit eher erst dessen Ergebnis ist." (Wetterer 1991:28) Nicht das Geschlecht per se bedingt also, welche Tätigkeiten von wem besser ausgeführt werden können, sondern das Geschlecht wird als Unterscheidungskriterium erst aufgebaut.

Die von Frauen ausgeübten Tätigkeiten bleiben unter diesen Bedingungen letztlich immer nachgeordnet und sind weniger angesehen. Entsprechend unterschiedlich erfahren Frauen und Männer die Aufnahme einer geschlechtsuntypischen Tätigkeit, wie Williams (1989) mit ihrer Untersuchung über Frauen bei der Marine und Männer in der Krankenpflege herausgearbeitet hat. Während Frauen erfreut und hilfsbereit reagieren, wenn einzelne Männer in einem frauenspezifischen Bereich arbeiten, müssen sich einzelne Frauen in einer Männerdomäne ihren Platz erobern. "Women in the marines face barriers at work that place them at a disadvantage compared to male marines. (...) But men are welcomed - if not encouraged outright - to enter and practice nursing (...) Very little evidence suggests that male nurses as a group encounter any formal or institutionalized discrimination." (ebd.:132) So wie es einen Unterschied macht, ob ich als Frau oder als Mann einen geschlechtsuntypischen Beruf ergreife und ausübe, so unterschiedlich sind auch die gesellschaftlichen Konsequenzen. Da die Geschlechterhierarchie weiterhin existiert, sind Frauen, wie zum Beispiel die Landwirtinnen, aufgewertet, wenn sie sich einen Männerberuf erobern. Männer in einem Frauenberuf hingegen degradieren sich damit. Sie müssen - wie alle Frauen in diesem Beruf - einen niedrigen Status in Kauf nehmen.

In diesem Zusammenhang ist auf ein interessantes Phänomen aufmerksam zu machen. In Untersuchungen zeigt sich, daß sowohl Männer als auch Frauen in ihrer Selbstdarstellung die Geschlechtsbezogenheit der von ihnen ausgeübten Berufe nicht in Frage stellen. Sie interpretieren ihre Tätigkeit unter Maßgabe der herrschenden Geschlechtsstereotype und stellen dementsprechend passende Fähigkeiten und Eigenschaften ihres Geschlechts für ihren Beruf heraus bzw. passen die Berufsbeschreibung den Geschlechtsstereotypen an. Sehr offensichtlich wird dies in Dienstleistungsberufen, die sowohl von Frauen als auch von Männern ausgeübt werden. Leidner (1991) stellt in ihrer Untersuchung über VerkäuferInnen bei Versicherungen dar, wie dabei je nach Bedarf, das heißt je nach ausübendem Geschlecht, argumentiert wird. "Women who can successfully dominate interactions at work might well take pleasure in doing so, as did Combined's life insurance agents. However, it is unlikely that these women's capacity to control other people would be taken as evidence that the work was womanly, unless it were reinterpreted in less aggressive terms, such as 'skill in dealing with people'." (ebd.:169) Für Männer wurde hingegen die aggressive Seite des Berufs betont. "They assigned a heroic character to the job, framing interactions with customers as contests of will. To succeed, they emphasized, required determination, aggressiveness, persistence, and stoicism. (...) It was through this need for toughness that the work was constructed as manly." (ebd.:166) Bemerkenswert scheint mir dabei, daß selbst dann am Mythos der Geschlechterdifferenz und den daraus abgeleiteten Stereotypen festgehalten wurde, wenn die Befragten selbst gar nicht davon überzeugt waren. Sie scheinen stark darum bemüht zu sein, das wiederzugeben, was den Konventionen entspricht. Das bestätigt Hagemann-Whites Einschätzung: "Überall dort, wo geschlechtsspezifische Normen für angemessenes Verhalten existieren, muß damit gerechnet werden, daß Frauen und Männer die erwartete Rolle spielen, auch wenn ihnen anders zumute ist." (Hagemann-White 1984:26) In Anlehnung an Leidner (1991) möchte ich für das Paradox, daß je nach Geschlecht die Berufsrolle anders gedeutet und die Grenzen der Zuordnung erweitert und hinausgeschoben werden, den Begriff der Interpretationsflexibilität einführen. "I argue that despite the existence of culturally shaped gender designations of work activities, employers and workers retain the flexibility to reinterpret them in ways that support jobholders' gender identities." (ebd.:171)

Wie Untersuchungen zeigen, orientieren sich Frauen und Männer mit ihren Interpretationen auch dann an den herrschenden Geschlechtsstereotypen, wenn ihr Geschlecht zu dem mit dem Beruf assoziierten quer liegt. So betonen etwa Frauen als Unternehmerinnen in der Untersuchung von Aalten (1988; 1990) den Aspekt der Fürsorge, anderen zu Diensten zu sein, wenn sie das Bild ihres Berufes zeichnen. Sie erweitern die Grenzen symbolischer Zuschreibungen und Verantwortlichkeiten, bis das Unternehmertum mit den gängigen, Frauen zugeschriebenen Attitüden kompatibel ist. Analog dazu verfahren Männer, wenn sie traditionelle Frauenrollen ausüben, wie sich zum Beispiel bei der Untersuchung von Striptease-Tänzern von Tewksbury (1993, zitiert in Williams 1993) zeigt: "the role is transformed - not the men. New elements of masculinity are incorporated into the role that enable men to preserve a sense of themselves as masculine and powerful." (ebd.:7) Die Krankenpfleger in der Untersuchung von Williams (1989) unterscheiden sich zwar in ihrer Selbstdarstellung, doch bemühen auch sie die herrschenden Geschlechtsstereotype, um ein in ihren Augen stimmiges Berufsbild zu zeichnen. They "define their nursing practice in a way that makes it otherwise consistent with masculinity. (...) They either describe themselves as more aggressive, independent, and goal oriented than their female colleagues, or they account for their presence in nursing by referring to their character 'flaws' (e.g., their lack of commitment to the labor force)." (ebd.:135) Selbst in untypischen Berufen wirken also Frauen wie Männer daran mit, die traditionelle Geschlechtszuschreibung aufrechtzuerhalten und zu stabilisieren. In ihrem Tun überschreiten sie zwar die Geschlechtergrenze, doch mit ihrer Darstellung im Rahmen der herrschenden Norm nehmen sie ihr innovatives Potential wieder zurück. Dieses Phänomen findet sich teilweise auch bei den Landwirtinnen. Damit führen sie einerseits selbst vor, daß der Beruf nicht nur von Personen eines Geschlechts ausgeführt werden kann und die Vergeschlechtlichung des Berufes konstruiert ist. Andererseits reicht dieser Impuls aber nicht hin für eine Veränderung der Darstellung und der Konstruktion der Vergeschlechtlichung.

Daß es sich bei Männer- und Frauenberufen um soziale Konstrukte handelt und ihre Geschlechtsspezifität sich nicht auf je besondere, differierende Fähigkeiten zurückführen läßt, wird auch durch die Tatsache offenbar, daß einigen Tätigkeiten und Berufen je nach Region, Land oder Kulturkreis unterschiedliche Geschlechter zugeordnet werden. Selbst "zwischen Gesellschaften ähnlichen Entwicklungsniveaus bestehen neben den Übereinstimmungen deutliche Diskrepanzen in der Zuordnung von 'Frauenarbeit' und 'Männerarbeit'." (Hakim 1979:42; zitiert nach Willms-Herget 1985:31) Ein weithin bekanntes Beispiel ist der Arztberuf. In vielen westlichen Staaten ist ein hohes Ansehen damit verbunden. Dementsprechend ist die Medizin hier nach wie vor eine Männerdomäne, wenn auch Frauen den Männern dieses Terrain zunehmend streitig machen. Anders ist es in den Staaten der ehemaligen Sowjetunion, wo der Arztberuf überwiegend von Frauen ausgeübt wird. Es ist dort ein relativ geringes Ansehen und Einkommen mit diesem Beruf verknüpft, was die oben genannte These bestätigt, daß das Geschlecht und nicht berufliche Inhalte als Statuskategorie fungieren.

Ein weiteres Beispiel ist durch die Wiedervereinigung Deutschlands aufgekommen. Die Angestellten der 'Sparkassen' in der DDR waren auf allen Hierarchieebenen zu etwa 90 Prozent weiblichen Geschlechts. Mit der Einführung der Marktwirtschaft nach der Wiedervereinigung expandierte dieser Wirtschaftszweig, wurde aufgewertet und damit attraktiv. Die Vermittlung des Know-hows geschah vor allem durch männliches Leitungspersonal, welches aus dem Westen delegiert war, und mag mit dazu beigetragen haben, daß der Bankberuf nun verstärkt Männer anzieht. Denkbar ist auch, daß die Westdelegierten bevorzugt Männer einstellen. Tatsache ist, daß ihr Anteil heute bei etwa 25 Prozent liegt (vgl. Nickel 1995). Innerhalb kurzer Zeit wird ein Frauenberuf zu einem attraktiven Beruf für beide Geschlechter. Die Geschlechterdifferenzierung scheint sich entlang der Hierarchie einzuspielen. Frauen werden zunehmend aus den Führungspositionen verdrängt. Ähnlich der Geschichte der Medizin in der frühen Neuzeit werden die Frauen auf die unteren Plätze verwiesen und damit wieder einmal diskriminiert. Es gibt die seltene, äußerst deprimierende Chance zu beobachten, wie das "sozial strukturierte Vergessen" (vgl. Douglas 1991) wirksam wird.

Eine unterschiedliche Geschlechtszuordnung derselben Arbeit je nach Region und Tradition ist auch in der Landwirtschaft zu finden. In den verschiedenen Kulturkreisen der Welt finden wir Frauen und/oder Männer, die die anfallenden landwirtschaftlichen Arbeiten verrichten. Wenn beide Geschlechter zusammenarbeiten, gibt es in der Regel eine feste Arbeitsteilung, die von Frauen und Männern täglich gelebt und reproduziert wird, je nach Standort aber variieren kann. Daran zeigt sich, daß es sich auch hier um soziale Konstrukte handelt. Am Beispiel des Melkens wird gezeigt, welche Unterschiede bereits innerhalb Europas auftreten.

2.1.3 Das Melken - Frauen- oder Männerarbeit?

Für Westdeutschland haben Claupein/Günther in ihrer repräsentativen Untersuchung der Lebens- und Arbeitssituation von Bäuerinnen festgestellt: "Im landwirtschaftlichen Betrieb erweisen sich die Buchführung, die Direktvermarktung und das Melken als Domänen der Frauen." 75,4 % der befragten Bäuerinnen beteiligen sich an der Melkarbeit (Claupein/ Günther 1991:37/40). Ein besonders hoher Frauenanteil findet sich in Nebenerwerbs- und Gemischtbetrieben im Haupterwerb, die wiederum verstärkt in Süddeutschland vertreten sind. Diese Tendenz fanden auch Inhetveen/Blasche, die in ihrer qualitativen Untersuchung über Frauen in der kleinbäuerlichen Landwirtschaft schreiben: "Ihr obliegt zumeist die Versorgung der Kälber, Schweine und Rinder, ebenso wie das Melken der Kühe, das namentlich in Bayern eine typische Frauenarbeit darstellt." (Inhetveen/Blasche 1983:156) Diese Arbeitszuweisung hat eine lange Tradition in Deutschland, die nur für kurze Zeit mit der Einführung der Melkmaschine unterbrochen wurde, wie sich durch den Vergleich mehrerer Untersuchungen mit der von Claupein/Günther (1991) zeigt. Iffland stellte 1956 fest: "Am Melken waren die Frauen zu dem hohen Prozentsatz von 70 bis 84 % beteiligt. Auch hier ergaben sich Schwankungen, auch innerhalb der Betriebe mit Melkmaschinen. Es war nicht nachzuweisen, daß in den Melkmaschinenbetrieben die Melkarbeit allgemein in Männerhände überging. Beobachtungen vieler Betriebe, auch nach der Zeit der Arbeitstagebuchführung, ergaben, daß in den Gebieten, in denen gewohnheitsgemäß das Melken Frauenarbeit ist, die Melkarbeit nach Anschaffung einer Maschine wohl zuerst von den Männern getan wurde, nach einiger Zeit aber wieder in die Hände der Frauen überging." (Iffland 1956:645) Nach Schmiel (1970) wurde das Melken in den Jahren 1959/60 bereits in 57 % der untersuchten Betriebe wieder von den Frauen erledigt (vgl. ebd.:98). Die Interpretation dieser Ergebnisse variiert je nach Standpunkt und Grundhaltung der WissenschaftlerInnen und zeigt einmal mehr, daß eine geschlechtsspezifische Zuordnung von Tätigkeiten nicht in der Natur des Mannes oder der Frau liegt, sondern gesellschaftlichen und ideologischen Einflüssen unterliegt. Müller greift auf das weibliche Arbeitsvermögen vor, wenn er argumentiert: "denn die saubere und sorgfältige Arbeit mit der Melkmaschine ist der weiblichen Arbeitskraft in besonderem Maße angemessen" (Müller 1964:102), wohingegen Iffland auf der Suche nach einer Entlastung der Bäuerinnen aus arbeitsorganisatorischen Gründen nicht gänzlich ideologiefrei fordert: "Auch das Melken - gleichgültig ob mit oder ohne Maschine - wäre in anderen Händen besser aufgehoben. Es ist einmal nicht unbedingt Frauenarbeit und fügt sich außerdem zeitlich in den Rhythmus der Bäuerinnenarbeit nur schlecht ein." (Iffland 1956:641) Für österreichische Verhältnisse stellt Girtler die stärkere Belastung der Frauen durch die Melkarbeit in den Mittelpunkt: "Eine wesentliche Benachteiligung der Frauen am früheren bäuerlichen Hof scheint mir u.a. darin zu liegen, daß den Frauen das Melken der Kühe oblag, wovon sie sich nicht einmal am Sonntag ausruhen konnten. Während nicht wenige Männer den Sonntag dazu benützten, nach dem Gottesdienst das Gasthaus aufzusuchen, um in einer Männerrunde Probleme des Alltags zu diskutieren und sich zu unterhalten, waren die Frauen gezwungen, unmittelbar nach der Messe zum Hof zu gehen, um die Kühe zu melken." (Girtler 1989:273)

Trotz der Parallelen in der Agrarstruktur zu Österreich und Süddeutschland, zeigt sich in der Schweiz eine andere Tradition in bezug auf das Melken. Rossier weist in ihrer Untersuchung über Schweizer Bäuerinnen und ihre Arbeit im Betrieb darauf hin, "daß in der Schweiz relativ wenige Bäuerinnen regelmäßig melken." (Rossier 1992:81) Ihr Anteil variiert je nach Melksystem zwischen 5 und 22 %. In Anbetracht der Vorurteile gegenüber Frauen und Technik auch in der Landwirtschaft, dürfte überraschen: "Je besser die Melkarbeit mechanisiert ist, desto häufiger melken die Bäuerinnen." (Rossier 1992:81) In der angeführten Untersuchung wird nicht weiter auf diese Besonderheit eingegangen. Die Tatsache ist aber deshalb bemerkenswert, weil die Entwicklung in Norwegen gerade umgekehrt verlief: mit der Modernisierung der Landwirtschaft ging die vormalige Frauenarbeit des Melkens an die Männer über. "With the introduction of the commodity economy in Norwegian agriculture in the last part of the nineteenth century, the division of labour was changed to a substantial degree. One of the most remarkable shifts was the male takeover of parts of the animal production, especially the milking operation. This move came about in two phases. The first phase opened up for the male labour force in the cowshed, as marketing of products from animal husbandry became more important sources of cash income. The second phase came much later and was brought about by the introduction of the milking-machine in the middle of this century. This technological innovation forced the women into a secondary position in the once so important female task." (Almås/Haugen 1988:3) Hier wird die Arbeitsteilung zwischen Mann und Frau neben dem Grad der Technisierung mit dem damit verbundenen Status in Beziehung gesetzt. Vermittelt über die Markttätigkeit und die daran geknüpfte geschlechtsspezifische Arbeitsteilung wirkt das Geschlecht als Statuskategorie innerhalb des landwirtschaftlichen Betriebes. Dabei sind es die Erwartungen der anderen, die dazu führen, sich den Geschlechterzuschreibungen entsprechend zu verhalten und die herrschende Hierarchie zu reproduzieren. Welcher Status welchen Tätigkeiten, und damit welche Tätigkeiten welchem Geschlecht zukommen, ist je nach den gesellschaftlichen Verhältnissen anders bestimmt. Dabei kann die Technik als Veränderungsmoment fungieren, muß aber nicht zwangsläufig die Frauen ausschließen, wie der Vergleich der Melkarbeit zwischen Norwegen und der Schweiz zeigt. Je nachdem welche Praxis vorherrschte, fanden sich mit der Technisierung jeweils mehr gegengeschlechtliche ArbeitspartnerInnen ein.

Eine Tatsache jedoch scheint unumstößlich zu sein. In allen westlichen Staaten ist es das männliche Geschlecht, das den Standard setzt oder dem ein höherer Status zukommt. Eine "systematische Schlechterstellung des weiblichen Geschlechts" stellt auch Schunter-Kleemann (1992) in ihrer vergleichenden Bestandsaufnahme von zwanzig europäischen Ländern fest. "Die reichen europäischen Zentralländer demonstrieren vergleichsweise ein erstaunliches Beharrungsvermögen in bezug auf unterschiedliche Behandlung und Hierarchisierung der Geschlechter in den sozialen Sicherungssystemen." (ebd.:144) Es ist eine Veränderung der Diskriminierung von offenen hin zu verdeckten Formen erkennbar, doch eine Gleichbehandlung der Geschlechter ist ihren Studien zufolge noch in weiter Ferne.

Diesen Pessimismus teilen mit ihr viele, die über Frauen in Männerberufen forschen. "Taken as a group, the essays in this collection do not bode well for the future of gender equality. They convince me that occupational integration is no panacea to the economic problems of women. Without addressing the underlying problem - our cultural overvaluation of men and devaluation of women - gender inequality will persist despite the entry of men and women into gender-atypical occupations." (Williams 1993:7f) Sie ist der Überzeugung, solange wir nicht die Geschlechtszuschreibung in allen Berufen abgebaut haben, werden Frauen diskriminiert und Männer als Maßstab gesetzt werden (vgl. ebd.:49). ForscherInnen, die mit ihren Untersuchungen dazu beitragen, die Konstruktion der Zweigeschlechtlichkeit aufzudecken, nehmen dabei auch die starken Bemühungen wahr, die Differenzierung der Geschlechter nach Frau und Mann aufrecht zu erhalten. Mir wurden sie offenbar, als ich die Entwicklung der 'männlichen' und 'weiblichen' Berufsausbildung in der Landwirtschaft daraufhin untersuchte. Im folgenden Kapitel lege ich dar, daß immer wieder die Trennung der beiden Ausbildungen nach dem Geschlecht betont, angestrebt und reproduziert wird. Im Falle einer kurzzeitigen Zusammenführung gibt es Anstrengungen, die Trennung wieder herzustellen und als Norm zu bestätigen. GrenzüberschreiterInnen werden in den meisten Fällen abgedrängt. Die Schlußfolgerung liegt nahe, daß eine Gleichheit zwischen den Geschlechtern für die Berufsausbildung und die spätere Berufsausübung in der Landwirtschaft nicht erwünscht ist.

2.2 Berufliche Ausbildung für Frauen in der Landwirtschaft - ein sozio-historischer Rückblick

Einen Beruf zu haben, gilt in unserer Gesellschaft als selbstverständlich. Es stellt sich mittlerweile die Frage, welcher Stellenwert der beruflichen Lebenssphäre zukommt. Ist das Verhalten und Handeln der Menschen immer weniger von der Arbeits- und Berufswelt bestimmt oder stellen Arbeit und Beruf nach wie vor zentrale Erlebnis- und Handlungsfelder dar (vgl. Hörning/Knicker 1981; Kohli 1989; Baethge 1991)? In der Diskussion nehmen Frauen auf dem Arbeitsmarkt eine spezifische Position ein. "Während auf der einen Seite die synthetisierende Kraft von Erwerbsarbeit für die Lebensführung der Individuen in Frage gestellt wird, gehen Untersuchungen über Erwerbsorientierungen von Frauen von einer wachsenden subjektiven Bedeutung der Erwerbsarbeit für Frauen aus." (Oechsle 1993:2) Frauen erschlossen sich in den letzten Jahrzehnten verstärkt Ausbildungs- und damit qualifizierte Erwerbsmöglichkeiten. Ihre Berufsorientierung ist gestiegen. Der Anteil der Frauen an den Auszubildenden stieg von 37,8 % im Jahr 1979 auf 41,6 % im Jahr 1992 (BMBW, Berufsbildungsbericht 1994). Die Frauenerwerbsquote lag seit den ersten Berufszählungen Ende letzten Jahrhunderts relativ konstant bei einem Drittel. Sie ist in den letzten Jahren angestiegen und betrug 41,0 % im Jahr 1993 (Statistisches Jahrbuch 1995). Folgt man Willms (1983) in ihrer Analyse der Berufszählungen, dann zeigt sich allerdings eine entscheidende Veränderung in der Struktur der Frauenerwerbsarbeit. Sie ist zunehmend marktvermittelt, nicht mehr abhängig vom Familienstatus und immer weniger von ihrer Mutterschaft. Die Erwerbstätigkeit von Müttern steigt, bei ihnen finden sich die größten Zuwachsraten. Im Jahr 1993 haben von allen erwerbstätigen Frauen 47,0 % Kinder, 18,1 % haben Kinder unter sechs Jahren.[9] "Alle wesentlichen Veränderungen im Erwerbsverhalten von Frauen (Anstieg des Bildungsniveaus, bessere berufliche Qualifikation, weniger Unterbrechungen,

9 Eigene Berechnungen nach Angaben des Statistischen Jahrbuchs 1995.

geringerer Rückzug in die 'stille Reserve') deuten darauf hin, daß Frauen zunehmend Interesse an qualifizierter, kontinuierlicher Erwerbsarbeit haben." (Diezinger 1991:51) Sie sind daran interessiert, den eigenen Lebensunterhalt zu sichern, eine Bestätigung ihrer erworbenen Kompetenzen und ihre Selbstverwirklichung zu erfahren. Nicht zu unterschätzen sind aber auch die soziale Anerkennung, soziale Beziehungen und die kommunikativen Elemente, die Frauen im Erwerbsleben suchen und finden. Wie industrie- und arbeitssoziologische Studien zeigen, erfahren gerade diese Aspekte eine hohe Bewertung. Viele Frauen sind bereit, die damit verbundene Doppelbelastung durch Berufs- und Reproduktionsarbeit in Kauf zu nehmen (vgl. Becker-Schmidt u.a. 1984; Krüger u.a. 1987; Busch u.a. 1988; Geissler/Oechsle 1994) Doch wie stellt sich die berufliche Situation für Frauen in der Landwirtschaft dar?

2.2.1 Die Anfänge der Vermittlung landwirtschaftlichen Wissens

Die Landwirtschaft nimmt in der Entwicklung der Berufe eine Sonderstellung ein. Berufe haben sich erst mit der Industrialisierung infolge der Arbeitsteilung als "soziale Tatsache der Arbeit" (Luckmann/Sprondel 1972:12, vgl. auch Weber 1972) herausgebildet. Doch Landwirtschaft wurde schon vorher ständisch organisiert betrieben. Sie diente der eigenen Subsistenz, der Entrichtung des Zehnten als Schutzzoll und dem Verkauf überschüssiger Produkte auf dem Markt. Das erforderliche Erfahrungswissen wurde von den Eltern an die Kinder weitergegeben. Die Arbeitserziehung erfolgte in der Familie. "Dabei ist festzuhalten, daß es bis zum Ende des 18. Jahrhunderts nirgendwo in Deutschland eine landwirtschaftliche Schule gab." (Graefe zu Baringdorf 1982:164)

Die Einrichtung landwirtschaftlicher Schulen ging mit dem Aufbau der industriekapitalistischen Gesellschaft im 19. Jahrhundert einher, denn es wurde notwendig, Arbeitskräfte aus der Landwirtschaft freizusetzen, gleichzeitig aber genügend Nahrungsmittel zu produzieren, um alle Menschen in Stadt und Land ernähren zu können. Diesen Vorgaben entsprechend mußte die Landwirtschaft in das zu entwickelnde industriekapitalistische System einbezogen werden. Das bedeutete für die hier interessierenden Bereiche Beruf und Geschlecht zum einen die Rationalisierung der Landwirtschaft und die damit verbundene Anpassung der landwirtschaftlichen Ausbildung an das sich entwickelnde Wissens- und Berufssystem. Zum anderen verlief die Aufteilung von Produktions- und Reproduktionsarbeit dem bürgerlichen Ideal entsprechend entlang der Geschlechtergrenze, so daß sich eine getrennte männliche und weibliche Ausbildung in der Landwirtschaft etablierte.

Auf beiden Ebenen ist die Entwicklung getragen von einer Ambivalenz für die Beteiligten. Der Erwerb von Wissen diente sowohl der Arbeitserleichterung und konnte über seine aufklärenden Wirkungen Emanzipationsbestrebungen dienlich sein, er bedeutete aber auch ein Zugeständnis an das sich entwickelnde System in Form der Preisgabe alten Erfahrungswissens zugunsten neuen Bildungswissens, der Anpassung der Produktion an kommerzielle Gesichtspunkte und die Festlegung der Geschlechter auf Arbeitsbereiche, die sich durch die Trennung von Produktions- und Reproduktionsarbeit auszeichneten.

In Mittelalter und früher Neuzeit war das anders. Es gab unterschiedliche Formen der Arbeitsteilung zwischen Frau und Mann, "nur eine Form der Arbeitsteilung gab es nicht: die zwischen bezahlter außerhäuslicher Lohnarbeit des Mannes und unbezahlter Hausarbeit der Frau." (Bock/Duden 1977:126) Im Rahmen der Familienwirtschaft waren beide an Produktions- als auch Reproduktionsaufgaben beteiligt, die jeweiligen Arbeiten wirkten stark ineinander. "Am engsten verzahnt waren die Arbeitsbereiche der Eheleute in der bäuerlichen Wirtschaft. (...) Die in jeder Hinsicht den Haushalt mit konstituierende Arbeit der Bäuerinnen läßt sich daran erkennen, daß die grundherrlichen Forderungen immer die Arbeitskraft und die Arbeitsprodukte der Bäuerin einschlossen. (...) Eine Trennung der Arbeitsleistungen in Reproduktion und Produktion war diesem Denken ebenso fremd wie die Unterscheidung zwischen Gütern, die für den eigenen Verbrauch oder für den Markt hergestellt wurden. (...) Der Markt für Güter aber bestimmte entscheidend, was und wieviel produziert und wie die erforderliche Arbeit auf Männer und Frauen verteilt wurde." (Wunder 1993:24 u.31) Der Beitrag der Frauen zur Existenzsicherung wird in Überlieferungen oft verfälscht wiedergegeben. Es wird ein Bild von der Trennung der Geschlechter nach Tätigkeitsfeldern und der durchgehenden Höherbewertung der Männerarbeiten vermittelt. Wunder verweist auf neuere agrarhistorische Untersuchungen (Mathieu 1992), um zu zeigen, daß die vorgefundene Wirklichkeit in der Präsentation nicht selten den normativen Vorstellungen der Verfasser geschichtlicher Werke angepaßt wurde. In deren Darstellungen tritt ein bürgerlicher Bias zutage. "Dieses Modell von geschlechtsspezifischer Arbeitsteilung entstammt den Vorstellungen der bürgerlichen Modellbauer in der Tradition der Hausväterliteratur. (...) Das in der Forschung nicht selten analytisch eingesetzte Modell der hierarchisierten geschlechtsspezifischen Arbeitsteilung stellt also zunächst einmal nicht mehr und nicht weniger als ein normatives Modell der richtigen Ordnung der Geschlechter dar." (Wunder 1993:30f) Hier zeigt sich dieselbe Einflußnahme bürgerlicher Kreise auf die Überlieferung landwirtschaftlicher Belange und Entwicklungen wie sie auch hinsichtlich der Kommerzialisierung und der Rationalisierung der Landbewirtschaftung zu beobachten war.

Die Auswirkungen langjähriger Kriegswirren in der frühen Neuzeit und der Industrialisierung hatten dazu beigetragen, daß die Nahrungsmittel für die Versorgung der Bevölkerung nicht ausreichten. Das Land mußte effektiver bewirtschaftet werden, damit neben der Selbstversorgung auf dem Markt genügend Nahrungsmittel angeboten werden konnten. "Es bedurfte erst des Interesses einer anderen Klasse an der bäuerlichen Tätigkeit selbst, um die Art und Weise der landwirtschaftlichen Produktion zum Gegenstand von Erkenntnis und Lehre werden zu lassen. Dies war erst zu dem Zeitpunkt in Deutschland gegeben, als insbesondere in Preußen in der Überwindung des Merkantilismus die Steigerung der landwirtschaftlichen Produktion als Grundlage eines erwünschten wachsenden Wohlstandes der Nation erkannt wurde. (...) die Anstöße dazu (waren) doch wesentlich von bürgerlichen Kräften ausgegangen." (Graefe zu Baringdorf 1982:165)

Pionierarbeit auf dem Gebiet der rationellen Landbewirtschaftung leistete Albrecht Thaer. "Als Bürgerlicher war Thaer weitgehend unbelastet von dem Vorbild der herkömmlichen landwirtschaftlichen Arbeitsweise, dafür aber offen für alle neuen wissenschaftlichen Untersuchungen und Erkenntnisse." (Graefe zu Baringdorf 1982:186) Er übertrug sie auf landwirtschaftliche Vorgänge und vermittelte dieses Wissen über Lehrbücher und Unterricht. Die ersten landwirtschaftlichen Schulen und Akademien (zum Beispiel 1797 in Groß-Flottbeck bei Hamburg, 1809 in Möglin) waren Eliteschulen und sprachen zunächst Gutsbesitzer und ihre Söhne an. Auch wenn sie nicht in die Breite der bäuerlichen Bevölkerung wirkten oder Frauen als Lernende mit einbezogen: "Die wirtschaftlichen Erfolge der Schüler der ersten LW-Schulen wurden zum stärksten Motiv für weitere Kreise von Landwirten, sich selbst das Können anzueignen, das solche Fortschritte ermöglichte. Damit leistete das landwirtschaftliche Schulwesen selbst einen wichtigen Beitrag zur schnelleren Umwälzung der landwirtschaftlichen Verhältnisse in Deutschland." (ebd.:228)

2.2.2 Landwirtschaftliche Bildung auch für Frauen

Um die bäuerlichen Kreise zu erreichen, mußten die Lernbedingungen an deren Verhältnisse angepaßt werden. Sehr erfolgreich erwies sich die Gründung landwirtschaftlicher Winterschulen, in denen Wanderlehrer unterrichteten. 1864 wurde die erste in Heidelberg gegründet, bis zur Jahrhundertwende gab es 200 landwirtschaftliche Winterschulen in Deutschland. Ihre Wirksamkeit beruhte darauf, daß das Wissen in die Dörfer getragen wurde. Grundlagenarbeit wurde dafür in Württemberg und Baden mit der Einführung der Landwirtschaft als Schulfach in der Volksschule geleistet. Zahlreiche weitere neue Bildungsinhalte aus Wissenschaft, Technik und Wirtschaft konkurrierten jedoch mit dem Fach, so daß ihm auf Dauer kein Erfolg beschieden war (vgl. Hudde 1965). Erwähnenswert ist die Tatsache deshalb, weil hier Mädchen erstmalig Zugang zu landwirtschaftlicher Schulbildung erhielten.

Ansonsten wurde der beruflichen Bildung der Landfrauen nur langsam Aufmerksamkeit zuteil. Und ausgehend von den Städten, waren die Inhalte weniger an den bisherigen Frauenarbeiten in der Landwirtschaft als an der Hauswirtschaft orientiert. "Die gesamte Ausbildung ist mehr bürgerlich als bäuerlich im engeren landwirtschaftlichen Sinn." (Herstatt-Kamp 1894:89, zitiert nach Nelius 1961:47) Das beinhaltete, daß mit dem fachlichen Wissen auch das städtisch-bürgerliche Ideal der Hausfrau vermittelt wurde. Angesiedelt waren die ersten Haushaltungsschulen in Klöstern: 1852 in Freckenhorst im Walde, Westfalen, bei den Schwestern vom heiligen Franziskus, 1868 in Thuine bei der Kongregation der Franziskanerinnen vom heiligen Märtyrer Georg (vgl. Hudde 1965:99). Eine Ausweitung erfuhr das weibliche Bildungswesen und damit die ländlichen Fortbildungs- und Haushaltungsschulen durch die seit 1865 gegründeten vaterländischen Frauenvereine. Auf dem Lande argumentierten sie damit, "daß die Entwicklung des Haushalts hinter der des landwirtschaftlichen Betriebes zurückgeblieben sei" (ebd.:108), was sich durch die Verflechtung der Hauswirtschaft mit dem gesamten landwirtschaftlichen Betrieb auf die landwirtschaftliche Produktion und damit auf die Volkswirtschaft nachteilig auswirke. Die zukünftigen "bäuerlichen Wirtinnen" (Nelius 1961:46) sollten parallel zu, doch getrennt von den jungen Bauern ausgebildet werden.

An der Umsetzung dieses Zieles wurde rege gearbeitet. Um möglichst viele Mädchen auf dem Lande zu erreichen, wurden in Anlehnung an die landwirtschaftlichen Winterschulen ab 1885 auch für die Hauswirtschaft Wanderlehrgänge veranstaltet. Sie fanden weite Verbreitung, waren aber heftig umstritten. Es wurde ihnen vorgeworfen, "daß sie die Landmädchen, die bisher noch nicht dem Sog der Großstädte erlegen seien, ebenfalls forttreibe durch die Hoffnung, infolge der schulischen Unterweisung in städtischen Diensten ein günstiges Fortkommen zu finden. Daher werde eine für das flache Land scheinbar wohltätige Einrichtung dieses noch mehr entvölkern." (Hudde 1965:110) Abwehrversuche folgten den ersten Schritten einer Emanzipation der Frauen unmittelbar.

Von starken emanzipatorischen Bestrebungen getragen, wenn auch für eine andere Zielgruppe, war die Gründung der Wirtschaftlichen Frauenschule auf dem Lande durch Ida von Kortzfleisch 1897 in Niederofleiden/Oberhessen. Ihre Schülerinnen entstammten vor allem den höheren Ständen, die über ihre Ausbildung einen Zugang zur wirtschaftlichen oder sozialen Arbeit auf dem Lande finden sollten (vgl. Kortzfleisch 1895; Backhausen 1965). Von Kortzfleisch fühlte sich dem rechten Flügel der Frauenbewegung zugehörig und kämpfte für eine Gleichbehandlung von Töchtern und Söhnen und für die Selbstverständlichkeit einer Ausbildung für die

Töchter. Sie sollten nicht auf eine Heirat angewiesen sein, sondern selbständig ihren Lebensunterhalt durch eine sinnvolle Beschäftigung verdienen können (vgl. Kortzfleisch 1895:35). Neben der emanzipatorischen Wirkung für eine kleine Gruppe von Frauen sollte mit der Wirtschaftlichen Frauenschule auf dem Lande auch direkt sozialfürsorgerische und kulturelle Arbeit vor Ort geleistet und zum Beispiel Kindern der Umgebung Unterricht in hauswirtschaftlichen und handwerklichen Grundfertigkeiten erteilt oder Erwachsenen musikalische Darbietungen und Vorträge angeboten werden (vgl. Kortzfleisch 1909:5; Nelius 1961:69). Im Unterschied zu anderen befürchtete von Kortzfleisch durch die Weitergabe von Wissen keine Landflucht, sondern sah gerade darin eine Möglichkeit, die Leute vor Ort und damit eine "Verteilung der Bevölkerung über das weite Land" zu erhalten. "Die Herbeiführung eines hin und her flutenden Austausches zwischen Stadt und Land, ideell und materiell, durch das Mittel der denkenden, wirtschaftlich geschulten Frau hat mir in unserer Vereinsarbeit immer als einer der zu erfassenden Hauptgewinne vor Augen geschwebt." (Kortzfleisch 1909:7) Der von ihr gegründete Reifensteinverband errichtete in Folge mehrere solcher Schulen. Sie wandelten sich den Anforderungen der Zeit entsprechend in Lehrerinnenbildungsstätten für das weibliche landwirtschaftliche Schulwesen und trugen damit wesentlich zu einer Wissensverbreitung unter den Landfrauen bei.

Die Institutionalisierung trieb die polarisierende Entwicklung einer landwirtschaftlichen Ausbildung für die Jungen und einer ländlich-hauswirtschaftlichen Ausbildung für die Mädchen weiter. Eine Ausbildungs- und Prüfungsordnung für landwirtschaftliche Berufe wurde wiederum zuerst für die Jungen eingeführt, kurz nachdem sie im gewerblich-handwerklichen Bereich institutionalisiert war. Die Deutsche Landwirtschaftsgesellschaft (DLG), 1885 von Max Eyth zur technischen Entwicklung der Landwirtschaft gegründet (vgl. Planck/Ziche 1979:428), hatte bereits 1898 eine geregelte Ausbildung gefordert. Sie richtete eine Lehrlingsvermittlungsstelle und einen Sonderausschuß für das Lehrlingswesen ein und entwarf das Muster eines Lehrvertrages, um ihrer Forderung ein Stück näher zu kommen. 1909 wurde die erste Prüfungsordnung für die praktische landwirtschaftliche Ausbildung erlassen (vgl. Hudde 1965:102).[10]

"Dies alles sichert dem Manne schließlich eine tatsächliche Überlegenheit an Kenntnissen und Urteilsfähigkeit über die Frau, die sich auch auf ihre speziellen Arbeiten erstreckt, und die den Mann bestimmt, sich allein die Leitung beizumessen. Ganz im Grunde hängen auch diese Bildungsverhältnisse mit dem patriarchalischen Prinzip der notwendigen Unterord-

10 Der Forderung Aereboes von 1920, den großen Befähigungsnachweis, wie er bei den Handwerkern als Krönung der Ausbildung üblich war, auch bei den Landwirten einzuführen, wurde zunächst nicht entsprochen (vgl. Planck/Ziche 1979:425). Es dauerte weitere dreißig Jahre, bis die Meisterausbildung in der Landwirtschaft eingeführt wurde.

nung der Frau unter den Willen des Mannes zusammen, mit der Anschauung, daß dort, wo Mann und Frau zusammen arbeiten, der Mann natürlicherweise der Kopf der Sache sein muß." (Wohlgemuth 1913:133f) Was Wohlgemuth pointiert und couragiert zur Sprache brachte, erklärt auch die massiven Widerstände, die einer Ausbildungsordnung für die ländliche Hauswirtschaft, und damit für die Frauen, von offizieller Seite entgegengebracht wurden. Mit zeitlicher Verzögerung konnte sie dann in den zwanziger Jahren vom Reichsverband der landwirtschaftlichen Hausfrauenvereine durchgesetzt werden. Die Vorsitzende Elisabeth Boehm war maßgeblich dafür verantwortlich, daß ein Ausschuß für Berufsschulfragen gegründet wurde, damit neben der landwirtschaftlichen Lehre auch die ländlich-hauswirtschaftliche Lehre in den sogenannten Mädchenabteilungen an den Landwirtschaftsschulen institutionalisiert wurde. Förderlich wirkten sich auf diese Entwicklung "die durch die Erfahrungen des 1. Weltkrieges verstärkte Einsicht in die Bedeutung der ländlichen Hauswirtschaft, die Volksbildungsbestrebungen und hinzukommend die politischen Verhältnisse [aus]. (...) Der Umsturz des Jahres 1918 hatte den Frauen das Wahlrecht gebracht. Damit gewannen sie politischen Einfluß in Parteien und Parlamenten und konnten ihre bisher nur in Verbänden vertretenen Ziele wirksamer verfolgen. So wurde in Preußen ein vom landwirtschaftlichen Hausfrauenverein oft ausgesprochener Wunsch Wirklichkeit: die Berufung von Referentinnen für das ländlich-hauswirtschaftliche Schulwesen in das Preußische Landwirtschaftsministerium und in die Landwirtschaftskammern. In Parlament und Verwaltung konnten nun Frauen als Abgeordnete und Beamte ihre Belange wahrnehmen." (Nelius 1961:99)

Aus politischen Erwägungen begab sich der Reichsverband der landwirtschaftlichen Hausfrauenvereine auf eine Gratwanderung in der Durchsetzung seiner Interessen. Zum einen strebten sie die Anerkennung der Hausfrau als Beruf an - was "nicht in das Programm der damaligen allgemeinen Frauenbewegung aufgenommen worden ist" (ebd.:48), womit die Unterstützung auf breiter Basis fehlte -, zum anderen propagierten sie, alle Landfrauen seien weiterhin demselben Stand zugehörig, um den sozialen Zusammenhalt auf dem Land zu festigen und Klassenunterschiede zwischen den Landfrauen nicht aufkommen zu lassen. Der Erfolg dieser widersprüchlichen Politik war geteilt. Es strebten immer mehr weibliche Jugendliche in die angebotenen Kurse, nachdem das fachliche Bildungsbedürfnis bei ihnen durch die Wanderhaushaltungsschulen geweckt war. Auf politischer Ebene jedoch erfuhren die Frauen einen Rückschlag durch den Beschluß, daß die ländlich-hauswirtschaftliche Ausbildung zunächst nicht staatlich finanziert wurde (vgl. Bridenthal 1994:111). Mit der begrenzten Anerkennung mußten Frauen wieder einmal eine Diskriminierung hinnehmen. Später wurde dieser Beschluß aufgehoben. 1924 empfiehlt der preußische Landwirtschaftsminister in einem Runderlaß die Errichtung von Mädchenparallelklassen an landwirtschaftlichen Schulen und billigt ihnen staatliche Förderung zu (vgl. Nelius 1961:100).

Weitergehende Benachteiligungen erfuhren jedoch die Frauen, die bereits in den zwanziger Jahren versuchten, die durch die 'männliche' und 'weibliche' Zuordnung aufgebaute Geschlechtergrenze in der landwirtschaftlichen Ausbildung zu überschreiten. Durch die Öffnung der Universitäten für Frauen wurde es einzelnen von ihnen über den akademischen Weg möglich, sich als Diplomlandwirtinnen ausbilden zu lassen. Eine Erwerbsmöglichkeit in ihrem erlernten Beruf war aber nur für wenige gegeben. Viele Berufsfelder, wie zum Beispiel das Lehramt, blieben ihnen verschlossen: "Die Seminare für Landwirtschaftslehrer nehmen heute weibliche Anwärter nicht auf. Abgesehen von der Überfüllung der Seminare durch männliche Berufsanwärter wird dies damit begründet, daß sich der Diplomlandwirtin als Landwirtschaftslehrer keine Berufsaussichen bieten, was ja auch wirklich zutrifft; für den Unterricht an die jungen Landwirte in den Landwirtschaftsschulen wird nur der männliche Landwirtschaftslehrer Verwendung finden." (Wolff 1930:78) Im Bemühen, die Trennung zwischen Frauen- und Männerausbildung aufrechtzuerhalten, wurde versucht, diese Frauen in die ländliche Hauswirtschaft abzuschieben. "Viel Beachtung findet heute ein Lehrgang, welcher Diplomlandwirtinnen zu Lehrerinnen der landwirtschaftlichen Haushaltungskunde ausbilden soll." (ebd.:79)

Mit der Machtübernahme der NationalsozialistInnen fanden derartige Emanzipationsbestrebungen von Frauen ein Ende. Die Erziehung wurde wieder betont geschlechtsspezifisch. Der nationalsozialistischen Ideologie folgend hatte Bildung in der Landwirtschaft einen hohen Stellenwert. "Besonders in den Jahren 1935-45 erfährt das landwirtschaftliche Schulwesen, also auch das ländlich-hauswirtschaftliche Fachschulwesen entsprechend der großen Bedeutung, die dem Bauerntum in dieser Zeit beigelegt wird, besondere Förderung." (Nelius 1961:101) Durch das Reichsschulpflichtgesetz von 1938 wurden Landmädchen zum Besuch der Landwirtschaftlichen Berufsschule verpflichtet. Der Lehrplan enthielt allgemeinbildende, hauswirtschaftliche und landwirtschaftliche Fächer, doch war die fachliche Ausbildung weniger von Belang. Ausbildungsziel war die "Formung des nationalsozialistischen Menschen", die Festlegung der Frauen auf ihre Rolle als Mutter, als "Erhalterin der Art" (Lehrplan zitiert nach Jacobeit 1979:142f) und die Erziehung "der Landmädchen zur deutschen Bäuerin, die im echten Bauernstolz jede Verstädterung ablehnt (...) und aus nationalsozialistischer Weltanschauung heraus denkt und handelt." (Lehrplan zitiert nach Nelius 1961:106)

Kriegsbedingt verrichteten Frauen dennoch zeitweise Männerarbeiten. Daß es unerwünscht war, zeigt sich an den Anstrengungen nach 1945, die Trennung von Männer- und Frauenarbeiten, von Männer- und Frauenausbildung wiederherzustellen und als Norm zu setzen. "Der Einsatz von

Frauen auch in 'männlichen' Arbeitsfeldern kann jedoch nicht als eine Überwindung geschlechtsspezifischer Arbeitsteilung gesehen werden. Denn Versuche, für solche Tätigkeiten eine Ausbildung zu absolvieren, scheiterten oft am Widerstand der Berufsorganisationen, mit der Begründung, daß diese Berufe wegen der damit verbundenen körperlichen Anstrengungen für Frauen nicht geeignet seien." (Schubert 1984:165/282, zitiert nach Tölke 1987:391f) Ein weiteres kurzes Zwischenspiel einer gemeinsamen Ausbildung von Mädchen und Jungen in der Landwirtschaft ergab sich durch die schlechten beruflichen Ausbildungsmöglichkeiten. "Es fehlten die Schulräume, Lehrer und Lernmittel." (Keitel 1983:194) Die wenigen hauptamtlichen Lehrkräfte anfang der 50er Jahre zogen als Wanderlehrer durch das Land. Wie in den Volksschulen üblich, wurden auch in den Berufsschulen der Not gehorchend Mädchen und Jungen aus mehreren Jahrgängen gemeinsam unterrichtet. Beiden wurden zumindest teilweise die gleichen Ausbildungsinhalte vermittelt. Dies wurde wieder aufgehoben, sobald sich die Rahmenbedingungen verbessert hatten.

2.2.3 Die Entwicklung der landwirtschaftlichen Berufsausbildung nach 1945

In der Nachkriegszeit wurde eine Steigerung der landwirtschaftlichen Erzeugung in Deutschland unabdingbar. Die landwirtschaftliche Nutzfläche hatte sich durch den Wegfall großer Gebiete im Osten Deutschlands verringert, außerdem waren durch den Zuzug vieler Flüchtlinge mit der verbleibenden Fläche weitaus mehr Menschen zu versorgen als vorher. Gleichzeitig sollte die Rationalisierung der Landbewirtschaftung dazu dienen, nicht wieder so viele Arbeitskräfte in der Landwirtschaft zu binden, sondern für den Wiederaufbau der übrigen Wirtschaft freizuhalten. Den Erfordernissen einer in die allgemeine Wirtschaftspolitik eingebetteten Agrarpolitik entsprechend, werden im Zuge der Wiedereinrichtung die landwirtschaftlichen Ausbildungsinhalte angepaßt: der Anteil allgemeinbildender Fächer sinkt, produktionstechnische und betriebswirtschaftliche Inhalte nehmen zu.

Es werden die unterschiedlichsten Vorschläge zur Neugestaltung der Landwirtschaftlichen Berufsschule diskutiert. "Einig war man sich darin, daß möglichst aufsteigende Jahrgangsfachklassen, getrennt nach Geschlechtern angestrebt werden sollten." (Keitel 1983:195) Im Schuljahr 1952/53 wird für die männlichen Jugendlichen die dreijährige Lehrzeit im Rahmen des Dualen Systems etabliert, wodurch die landwirtschaftliche Berufsschule den gleichen Status wie die übrigen Berufsschulen erhält. Zur gleichen Zeit wird auch die Meisterausbildung in der Landwirtschaft gegen den Widerstand der Handwerkskreise durchgesetzt. Mißbilligung findet vor allem, daß die Ausbildung in Schule und Praxis zwar für eine erfolgreiche Landbewirtschaftung als notwendig erachtet wird, sie bis heute jedoch nicht wie im Handwerk Zugangsvoraussetzung zum Beruf ist.

Nur wenige Jugendliche gingen zunächst ein geordnetes Lehrverhältnis ein, was insbesondere auf die Verpflichtung zurückgeführt wird, einen Teil der Lehre als Fremdlehre ableisten zu müssen (vgl. ebd.:198). Das Gros des landwirtschaftlichen Nachwuchses kam von bäuerlichen Betrieben und war aufgrund der großen Arbeitsbelastung auf den elterlichen Höfen gezwungen, zuhause mitzuhelfen. Einmal wöchentlich besuchten die Jugendlichen die Berufsschule. Die Inhalte einer rationellen Landbewirtschaftung, neue Erkenntnisse und Techniken konnten auf diese Weise nur begrenzt weitergegeben und verbreitet werden. Ein Versuch, dies abzubauen, war die Einführung des "behördlich gelenkten Landjugendaustausches" von Hof zu Hof 1954 in Baden-Württemberg (vgl. Dihlmann 1965:215). Es konnte aber nur eine Ersatzlösung sein. "Um die landwirtschaftliche Lehrlingsausbildung parallel zum Berufsschulbesuch auf eine breite Basis zu stellen, setzte sich vor allem der Bayerische Landwirtschaftslehrerverband in Zusammenarbeit mit dem Bayerischen Bauernverband [1967, M.S.] für eine qualifizierte Familienlehre ein (...) In den folgenden Jahren stieg der Lehrlingsanteil in den Berufsschulklassen sprunghaft an." (Keitel 1983:198) Der darauf aufbauende Fachschulbesuch wurde immer häufiger von den jungen Bauern erwartet (vgl. van Deenen 1971), er wurde zu einem Differenzierungskriterium zwischen erfolgreichen und mittelmäßigen Landwirten aufgebaut (vgl. Planck/Ziche 1979:424). Dem Einzug des von AgrarwissenschaftlerInnen und AgrarökonomInnen entwickelten Bildungswissens und dem damit propagierten Fortschritt in der Landwirtschaft wurde weiter Vorschub geleistet. Die Einführung des Berufsgrundschuljahres Landwirtschaft 1978/79 verschob das Verhältnis von fachtheoretischem zu fachpraktischem Wissen noch weiter zugunsten des ersteren. "Bis Mitte der achtziger Jahre sind landwirtschaftliche Bildungsmaßnahmen von der bäuerlichen Bevölkerung zunehmend akzeptiert und immer stärker wahrgenommen worden." (Pongratz/Schmitt 1990:569)

Trotzdem bleibt festzuhalten, daß die Entwicklung vom Stand zum Beruf in der Landwirtschaft nie gänzlich vollzogen wurde. Dies beruht auf der nur unvollständigen Trennung von Arbeits- und Privatleben in der Landwirtschaft und ist Ausdruck einer nur bedingt möglichen Rationalisierbarkeit. Traditionelle, ständische Anteile, die sich noch heute im Berufsbild finden, sind die überwiegende Rekrutierung des beruflichen Nachwuchses aus den eigenen Reihen und die Verknüpfung beruflicher Qualifikation mit einer fortgesetzten familiären Sozialisation durch die Ausbildung in landbewirtschaftenden Familien (vgl. Stratmann 1988).

Dies ist für die ländliche Hauswirtschaft, die den Frauen zugeordnet wird, durch die Verlagerung von Produktionstätigkeiten aus dem landwirtschaftlichen Haushalt heraus noch stärker gegeben. Durch die Ansiedlung der 'Mädchenabteilung' an der Landwirtschaftsschule vollzog sich ihre Entwicklung, wenn auch mit Verzögerungen, in etwa parallel zur 'männlichen' Ausbildung. Auch hier war die dreijährige Lehre im Rahmen des Dualen Systems bis hin zur Meisterinnenausbildung eingeführt und angenommen worden. "Die Anzahl der Mädchen-Abteilungen an Landwirtschaftsschulen ist von 356 mit 9845 Schülerinnen im Schuljahr 1948/49 auf 477 mit 11563 Schülerinnen im Schuljahr 1957/58 gestiegen." (Nelius 1961:8) Mit der Reform der Berufsschulen 1974/75 wurde eine Gliederung nach fachlichen Gesichtspunkten eingeführt und die Schülerinnen der ländlichen Hauswirtschaft nicht mehr der Landwirtschaft, sondern der Hauswirtschaft zugeordnet (vgl. Keitel 1983:200). Konnte Feldmann in den 50er Jahren noch betonen, "Lehre und Anleitung sollen der Berufung der Frau und Mutter in der Familie sowie dem Berufe der Landwirtin entsprechen" (Feldmann 1956, zitiert nach Nelius 1961:14), so wurden die landwirtschaftlichen Elemente der Ausbildung nun immer mehr zurückgedrängt. Die am bürgerlichen Ideal orientierte geschlechtsspezifische Arbeitsteilung war damit auf der Ausbildungsebene vollständig manifestiert, entsprach aber auch der zunehmenden Abwendung der Mädchen von der Landwirtschaft.

Es bleibt die Frage, wie diese Abwendung zu beurteilen ist. Eine Zukunftsplanung war den jungen Frauen mit einer ländlich-hauswirtschaftlichen Ausbildung aufgrund der Benachteiligung der Frauen in der bäuerlichen Erbfolge nur bedingt möglich. War ein Bruder von ihnen als Hofnachfolger vorgesehen, so konnten sie mit ihrer Bäuerinnensozialisation nur auf die Möglichkeit der Einheirat in einen landwirtschaftlichen Betrieb hoffen. Waren sie als Hofnachfolgerinnen vorgesehen, so war die erfolgreiche Weiterführung des Hofes, für die ihre Ausbildung nicht ausreichend war, von der Heirat mit einem Landwirt abhängig. Eine Ausweitung der Berufsmöglichkeiten im hauswirtschaftlichen Bereich scheint somit wünschenswert. Doch sind auch hier die qualifizierten Arbeitsplätze begrenzt. Nach Einschätzung von kritischen Bildungswissenschaftlerinnen besteht "ein Widerspruch zwischen der bildungspolitischen Intention einer Berufsvorbereitung oder -grundbildung und dem Angebot selbst: Ausbildungsgänge in hauswirtschaftlichen oder sozialpflegerischen Fachrichtungen bereiten Mädchen nicht im Sinne einer beruflichen Orientierung oder gar Grundbildung auf einen Beruf vor oder bieten eine anrechnungsfähige Vorbildung an. Sie fördern das Gegenteil: die Mädchen zugeschriebene Familienorientierung und soziale Opferbereitschaft." (Krüger 1991:47) Diese Absicht wird insbesondere durch den Ausbau frauenspezifischer Ausbildungsgänge im Vollzeitschulsystem, den sogenannten Berufsfachschulen, offensichtlich. "Diese Schulformen verlängern die Ausbildungszeiten junger Frauen strukturell und entlassen sie häufig erst nach dem Absolvieren einer Reihe von Bildungsschleifen in diesem Schulsystem, die ihnen aufgrund ihrer Chancenlosigkeit auf dem Ausbildungsstellen- und

Arbeitsmarkt als Alternative zur Ausbildungslosigkeit bleiben, ins duale System." (ebd.:48) Sie haben lediglich Entlastungsfunktion für den dualen Ausbildungsstellenmarkt, denn es zeigt sich, daß ihre Abschlüsse auf dem Erwerbsarbeitsmarkt von geringem Wert sind. Sollte es also eher zuversichtlich stimmen, wenn die Zahlen der Auszubildenden in der ländlichen Hauswirtschaft in den letzten Jahren massiv zurückgehen und sich die Frauen um eine Ausbildung mit besseren Erwerbs- und Aufstiegsmöglichkeiten bemühen?

2.2.4 Die unvollständige Anpassung der landwirtschaftlichen Berufsausbildung an gesellschaftliche Entwicklungen

Einen starken Rückgang zeigen auch die Statistiken über die Auszubildenden in der Landwirtschaft. Unter Berücksichtigung der agrarpolitischen Situation liegt es nahe, diese Entwicklung aus Sicht der Jugendlichen als Entscheidung zu verstehen, "die angesichts der unsicheren Zukunft der Landwirtschaft für eine außerlandwirtschaftliche statt einer landwirtschaftlichen Ausbildung getroffen wird." (Pongratz/Schmitt 1990:569) Seitens des Berufsverbandes werden Befürchtungen geäußert, daß es in einigen Jahren an qualifiziertem Berufsnachwuchs fehlt und der Produktionszweig Landwirtschaft in Deutschland gefährdet sei. Mithilfe von Berufsorientierungskursen wird versucht, jungen Leuten Mut für eine landwirtschaftliche Ausbildung zu machen (vgl. Bühler 1993a:206). BerufsschullehrerInnen fürchten um ihre Arbeitsplätze, weil viele Berufsschulstandorte aufgegeben werden (vgl. Brückmann 1989:15; Friedl 1991:45:). Sollte nach einem etwa hundertjährigen Auf- und Umbau des Ausbildungssystems in der Landwirtschaft sein Ende gekommen sein? Sollte es sich selbst überflüssig gemacht haben, indem es durch die Schwerpunktsetzung auf agrarindustrielles und agrarökonomisches Wissen und die Mißachtung von kasuistischem Alltags- und Erfahrungswissen dem Konzentrationsprozeß in der Landwirtschaft und damit der Vernichtung bäuerlicher Strukturen und Lebensweisen zu sehr Vorschub geleistet hat? (Vgl. Graefe zu Baringdorf 1982:391f; Kittel u.a. 1991:170)

Die Neuordnung der landwirtschaftlichen Ausbildung in den 90er Jahren läßt zunächst keine Kursänderung erkennen. Mit der Möglichkeit zur Spezialisierung auf zwei Betriebszweige der landwirtschaftlichen Produktion im Rahmen der Berufsausbildung (vgl. Agrarbericht der Bundesregierung 1995:158; Bayerisches Landwirtschaftliches Wochenblatt 32/94 und 11/95) und neuen Ausbildungsinhalten wie Unternehmensführung, Agribusiness und elektronischer Datenverarbeitung (vgl. Bühler 1993a:207; Hansen 1993:208) wird die Rationalisierung und damit der Strukturwandel in der Landwirtschaft weiter vorangetrieben. Als Strategie im Rahmen dieser Entwicklung muß auch die Forderung nach einem flexiblen Berufsbildungskonzept gesehen werden (vgl. Pongratz/Schmitt 1990:576f). Damit wird einer unsicheren Zukunft der Landwirtschaft in Deutschland Rechnung getragen. Junge Menschen sollen nicht auf die Landwirtschaft als alleinigem Berufsfeld festgelegt werden, sondern die Möglichkeit erhalten, mit einem geringen zusätzlichen Aufwand nach einer landwirtschaftlichen Ausbildung eine qualifizierte Erwerbsarbeit auch in anderen Berufssparten ergreifen zu können. Umgekehrt sollen diejenigen mit einer außerlandwirtschaftlichen Ausbildung sich über den Quereinstieg innerhalb kurzer Zeit in der Landwirtschaft qualifizieren und einen Berufsabschluß erlangen können. Ziel ist es, auch unter unsicheren Existenzbedingungen das erreichte Qualifikationsniveau in den landwirtschaftlichen Berufen zu halten und auch denjenigen zu eröffnen, die einen landwirtschaftlichen Betrieb im Nebenerwerb bewirtschaften. So hatten etwa 1987 lediglich 15,7 % der NachfolgerInnen von Nebenerwerbsbetrieben eine landwirtschaftliche Ausbildung (vgl. ebd.:575).

Maßnahmen in diesem Sinne werden erkennbar. Ein Quereinstieg wird durch entsprechende Kursangebote unterstützt. Nach einigen Jahren haupt- bzw. nebenberuflicher landwirtschaftlicher Tätigkeit kann die landwirtschaftliche Abschlußprüfung abgelegt werden. Wenn auch einige die Gefahr der Entwertung der Ausbildung darin sehen, so wird doch anerkannt, daß damit einer nicht-fachgerechten und ressourcenschädlichen Landbewirtschaftung entgegengewirkt werden kann. Für einen potentiellen Ausstieg aus der Landwirtschaft wird durch eine Veränderung des Qualifikationsprofils Vorsorge getroffen. Neben beruflicher Handlungsfähigkeit und Selbständigkeit werden übertragbare Qualifikationen wie Sozialkompetenz, Projekt- und Transfervermögen eingeübt und gefördert. Der Erfolg dieser Entwicklungsrichtung zeigt sich zum Beispiel an der Entscheidung der Handwerkskammer Dortmund, Teile der landwirtschaftlichen Meisterausbildung für benachbarte Handwerksmeisterausbildungen offiziell anzuerkennen (vgl. Bayerisches Landwirtschaftliches Wochenblatt 11/95:9). Auf dem Weg zu mehr Flexibilität wird auch die Beteiligung der LandwirtInnen am sogenannten Meisterpreis der gewerblichen Wirtschaft angestrebt (vgl. Bayerisches Landwirtschaftliches Wochenblatt 4/95:9).

So rege die Reformbemühungen zu einer Anpassung der landwirtschaftlichen Ausbildung an diese Art gesellschaftlicher Entwicklungen sind, so zäh und widerwillig werden Ideen aufgenommen, die beabsichtigen, die strikte Trennung von 'männlicher' und 'weiblicher', von landwirtschaftlicher und ländlich-hauswirtschaftlicher Ausbildung aufzuheben. Entsprechende Forderungen werden auf der politischen Ebene durchaus formuliert: "Die Ausbildungsgänge in Landwirtschaft und ländlicher Haushaltsführung sollen daher schwerpunktmäßig zusammengeführt werden, damit in einer solchen praxisorientierten Berufsausbildung Bauern und Bäuerinnen gleichermaßen die Qualifikationen erwerben können, als landwirtschaftliche Unternehmer/innen bzw. Mitunternehmer/innen Haus und Hof zu bewirtschaften." (Deutscher Bundestag 1989; vgl. auch Koalitionsvereinbarung 1990) Daß diese Forderungen bislang nicht umgesetzt und auch in der jüngsten Ausbildungsreform nicht berücksichtigt wurden, bestätigt das Gleichheitstabu, wie es für weite Bereiche unserer Gesellschaft maßgeblich ist (vgl. Kap. 2.1). Nach wie vor bleibt es denjenigen überlassen, welche die Norm nicht akzeptieren und eine 'gegen-geschlechtliche' Ausbildung absolvieren, sich mit Vorurteilen und Diskriminierungen auseinanderzusetzen. Es wird außerdem der Eindruck vermittelt, daß es sich dabei um persönliche Schwierigkeiten handelt, die einer Thematisierung auf institutioneller Ebene nicht bedürfen. Die Probleme werden tabuisiert.

Anders wird mit Forderungen verfahren, im Rahmen von Kursangeboten Wissensinhalte der jeweils anderen Ausbildung anzubieten, zum Beispiel Hauswirtschaftskurse für ausgebildete LandwirtInnen oder Landtechnikkurse für AbsolventInnen der ländlichen Hauswirtschaft. Diese Themen werden immer wieder einmal in die Diskussion gebracht und ansatzweise auch umgesetzt. Bislang ist es aber nicht gelungen, sie zu institutionalisieren. Bereits 1981 wies Hedwig Keppelhoff-Wiechert, damalige Vizepräsidentin, heute Präsidentin des Deutschen Landfrauenverbandes, im Rahmen einer Tagung zu 'Frauen in der Landwirtschaft' auf diesen Bedarf hin. "Bäuerinnen sind auf den landwirtschaftlichen Betrieb orientiert, die Mehrheit verrichtet dort regelmäßig Arbeiten und deshalb sind Weiterbildungsangebote gefordert, die Kenntnisse des Außenbetriebs vermitteln." Und vice versa: "Zu den erstrebenswerten Berufsausbildungswegen möchte ich eine weitere Forderung hinzufügen: Auch jungen Landwirten sollten in ihrer Berufsausbildung hauswirtschaftliche Kenntnisse vermittelt werden, um eine echte Partnerschaft in den bäuerlichen Familien zu ermöglichen." (Keppelhoff-Wiechert 1981:65f) Wurde ersterem zunächst in Landjugend- und Agraroppositionskreisen, mittlerweile sogar seitens der offiziellen Berufsvertretung entsprochen (vgl. Gensberger 1995:68), so fehlt es immer noch an adäquaten Angeboten für die zweite Forderung, um die Zementierung der traditionellen Geschlechterrollen aufzubrechen. Auseinandersetzungen darüber werden auch in anderen Ländern geführt. Bei einem Austausch europäischer Bäuerinnen in Wien berichtete Rosemarie Ledermann, Vorsitzende des Schweizer Landfrauenvereins: "Wir kämpfen dafür, daß in die Ausbildung der Landwirte auch hauswirtschaftliche und familiäre Inhalte aufgenommen werden. (...) Es kann nur eine echte Partnerschaft geben, wenn Männer bereit sind, auch Frauenarbeit zu leisten und erst dann wird die Frauenarbeit richtig bewertet werden." (zitiert nach Knon 1995:64) Würde das gelingen, wären wir der Forderung nach einer Auflösung der Zuordnung bestimmter Tätigkeiten zu einem Geschlecht, und damit einer Gleichstellung der Geschlechter einen wesentlichen Schritt näher. Einige

Probleme, mit denen Landwirtinnen als Grenzüberschreiterinnen in ihrem Alltag konfrontiert sind, würden sich dann erübrigen.

2.3 Grundlagen der eigenen empirischen Untersuchung

Wenn es zu einem Thema wie den Grenzüberschreiterinnen in der westdeutschen Landwirtschaft kaum wissenschaftlich fundiertes Wissen gibt, hat es sich in der sozialwissenschaftlichen Forschung als fruchtbar erwiesen, das unbearbeitete Feld explorativ zu erkunden. Dabei haben sich insbesondere qualitative Forschungsansätze bewährt, die die Betroffenen als ExpertInnen anerkennen und ihr Handeln, ihre Wahrnehmung und ihre Interpretation in den Mittelpunkt rücken. Sie bieten die Möglichkeit zu erschließen, wie sich gesellschaftliche Strukturen in der individuellen Lebensgestaltung niederschlagen. Um gesellschaftliche Tendenzen sichtbar zu machen, bieten sich bei abfragbaren Fakten quantitative Methoden an. Schienen die beiden Forschungsrichtungen lange Zeit unvereinbar, so bemühen sich in letzter Zeit immer mehr SozialforscherInnen um Formen der Kombination und Integration von qualitativen und quantitativen Methoden in der Überzeugung, daß über die unterschiedlichen Zugangsweisen zur sozialen Wirklichkeit verschiedene, weiterführende Erkenntnisse gewonnen und die durch die Methode jeweils vorgegebenen Beschränkungen teilweise aufgehoben werden können (vgl. Flick u.a.1991; Sturm 1994).

In der vorliegenden Untersuchung habe ich mich für die Grounded Theory als qualitativer Sozialforschungsmethode entschieden. Es ist ein Forschungsansatz, in dessen Rahmen es möglich ist, sowohl qualitativ als auch quantitativ generierte Daten einer qualitativen Analyse zu unterziehen. Im Zentrum dieser Arbeit stehen die qualitativ erhobenen Daten. Die Hinzunahme quantitativer Elemente bei der Datenerhebung hat sich als hilfreich für den Forschungsprozeß herausgestellt, außerdem ergänzen sie die Interpretation der Ergebnisse.

2.3.1 Methodischer Ansatz: Grounded Theory nach Glaser und Strauss

Die von mir gewählte Methode der Grounded Theory nach Glaser und Strauss kann zusammenfassend als eine Strategie bezeichnet werden, die auf die Entdeckung gegenstandsbegründeter Theorien gerichtet ist, die nicht nur Befunde, sondern Einsichten vermitteln sollen (vgl. Glaser/Strauss 1979; Wiedemann 1991). Wesentliche Merkmale dieser theoriebildenden Gestaltung von sozialer Wirklichkeit sind die Kontinuität von alltagsweltlichem und wissenschaftlichem Denken, die Hypothesenentwicklung mithilfe von Fallrekonstruktion und Fallkontrastierung, der stete Wechsel von Datenerhebung und Datenanalyse im Forschungsprozeß und schließlich die Offenheit sozialwissenschaftlicher Begriffsbildung (vgl. Strauss 1994).

In Anlehnung an Alfred Schütz wird bei der Grounded Theory davon ausgegangen, daß sich das alltagsweltliche und das wissenschaftliche Verständnis vom menschlichen Handeln strukturell nicht unterscheiden. Dementsprechend stellt in der vorliegenden Untersuchung das alltägliche Erfahrungswissen von Landwirtinnen die entscheidende Ressource dar, die analytisch aufbereitet für agrarsoziologische, -politische und -pädagogische Arbeitszusammenhänge fruchtbar gemacht werden soll. Dabei wird davon ausgegangen, daß die Alltagswirklichkeit der Landwirtinnen interpretierte Wirklichkeit ist, die in Interaktionsprozessen entwickelt und modifiziert wird. "Soziale Sinnstrukturen sind damit Produkte menschlichen Handelns und kontinuierlichem Wandel unterworfen." (Hildenbrand 1994)

Um Wissen darüber zu generieren, werden einzelne Fälle zunächst in ihrer Eigenlogik rekonstruiert. Daraus werden theoretische Überlegungen hinsichtlich des Erkenntnisinteresses 'Landwirtinnen und Geschlecht' abgeleitet, die an weiterem Datenmaterial kontrolliert und darin begründet werden. Durch die stete Überprüfung wird insbesondere bei einem unbearbeiteten Forschungsfeld wie dem der praktizierenden Landwirtinnen verhindert, irrelevante Aspekte zu verfolgen oder zu viele unbrauchbare Daten anzuhäufen. Mithilfe der entwickelten Konzepte wird die Wahrnehmung zunehmend weiter strukturiert und die Gesichtspunkte für die Erhebung weiterer Daten auf einer analytischen Basis präzisiert.

Diese theoretisch und analytisch geleitete Datenerhebung, 'Theoretical Sampling' genannt, baut auf einem Vorgehen auf, bei dem Induktion, Deduktion als auch Verifikation zur Anwendung kommen. Strauss ist der Überzeugung, daß "die sozialwissenschaftliche Forschung, wenn sie effektiv sein soll, dem Beispiel der naturwissenschaftlichen Forschung folgen und die Formulierung vorläufiger Hypothesen, die mittels der Deduktion abgeleiteten Implikationen und die Überprüfung der Hypothesen miteinander verflechten [muß] - und zwar immer aus dem Datenmaterial heraus." (1994:40). Dies hat einen steten Wechsel von Datenerhebung und Datenanalyse während des Forschungsprozesses zur Folge.

Grundlage der Verallgemeinerung ist die systematische Vergleichsbildung. Um die untersuchten Phänomene möglichst vielfältig zu erforschen und das Feld weitgehend zu erschließen, wird dabei nach dem Prinzip der Fallkontrastierung so lange vorgegangen, bis sich keine neuen Aspekte mehr ergeben und sich abzeichnet, daß weitere Fälle die entwickelten Hypothesen nicht mehr wesentlich verändern. Dabei gilt es zu berücksichtigen, daß einem weiteren Prinzip der Grounded Theory, der Offenheit in der Begriffsbildung, entsprechend, die herausgearbeiteten theoretischen Aussagen den

Charakter des Vorläufigen beibehalten. Der Prozeßhaftigkeit der sozialen Wirklichkeit folgend müssen auch wissenschaftliche Erkenntnisse immer wieder neu variiert werden. "Die im Forschungsstil der *grounded theory* entwickelten Begriffe, Konzepte und Kategorien müssen ihre Tauglichkeit zum wissenschaftlichen Erschließen alltäglicher Wirklichkeit in jeder Untersuchung neu erweisen." (Hildenbrand 1994:14)

2.3.2 Kontaktaufnahme

Die Gruppe der Landwirtinnen stellt in der deutschen Agrarwirtschaft eine Minderheit dar, die zwar im gesamten Bundesgebiet, aber jeweils nur in kleiner Zahl vertreten ist. Es ist daher schwierig, sie aufzufinden. Um Zugang zum Forschungsfeld zu finden, habe ich Kontakt zu 25 landwirtschaftlichen Fachzeitschriften aufgenommen mit der Bitte, einen von mir verfaßten Aufruf zu veröffentlichen[11], in welchem auf meine geplante Untersuchung hingewiesen und landwirtschaftliche Betriebsleiterinnen und Angestellte aufgerufen wurden, sich bei mir für eine Befragung zu melden.

Die gute Resonanz kann als Erfolg dieser Vorgehensweise herausgestellt und als Zeichen dafür gedeutet werden, daß seitens der Landwirtinnen eine große Bereitschaft vorhanden war, meine Arbeit zu unterstützen. Aus den westdeutschen Bundesländern, dem vorab festgelegten Untersuchungsgebiet, meldeten sich 70 Frauen. Im Kontext der Rückmeldung habe ich anhand eines kurzen halbstandardisierten Fragebogens einige sozio-ökonomische Daten wie Alter, Ausbildung, Familienstand, betriebswirtschaftliche Daten, rechtliche Stellung im Betrieb abgefragt. Die Angaben vermittelten ein erstes Bild der Lebens- und Arbeitssituation von Landwirtinnen und dienten der gezielten Auswahl des engeren Untersuchungssamples für die teilnehmende Beobachtung und die Interviews. Von den Angaben aus der Befragung im Kontext der Rückmeldung stellten sich einige im weiteren Forschungsverlauf als relevant heraus. Sie wurden per Hand ausgezählt und in Kreuztabellen zueinander in bezug gesetzt. Die Ergebnisse dienen bei der Darstellung als Ergänzung und als zusätzliche Illustration einzelner Auswertungsaspekte. Das Grundsample von 70 Frauen, die sich auf die Anzeige gemeldet hatten, wurde von mir nach dem Kriterium 'landwirtschaftliche Ausbildung' auf 53 Frauen eingegrenzt[12] und wird im folgenden als das

---

11 Für ihre Unterstützung danke ich den RedakteurInnen und MitarbeiterInnen der betreffenden landwirtschaftlichen Wochenblätter und Fachzeitschriften.

12 Die Eingrenzung dient der besseren Vergleichbarkeit sowohl unter den Frauen als auch mit männlichen Landwirten. Es bedeutet nicht, daß ich den Frauen ohne landwirtschaftliche Ausbildung die Fähigkeit einer erfolgreichen Hofbewirtschaftung abspreche. Häufig entscheiden sich Bäuerinnen nach dem Tod ihres Ehepartners, der bis dato offizieller

Gesamtsample in Abgrenzung zum engeren Untersuchungssample bezeichnet, welches die teilnehmende Beobachtung und Interviews umfaßt.

2.3.3 Teilnehmende Beobachtung und themenzentrierte Interviews

Um weiterführende Erkenntnisse über die Lebens- und Arbeitssituation von praktizierenden Landwirtinnen zu erhalten, wurde es notwendig, sich in einzelnen Fällen intensiver auf ihre Lebenswelt einzulassen, um Handlungsspielräume und die relevanten Probleme zu erkunden, mit denen die Frauen konfrontiert sind, wenn sie Anspruch auf einen traditionell männlichen Tätigkeitsbereich erheben. Der positiven Rückmeldung auf meinen Aufruf entsprechend gab es keinerlei Schwierigkeiten, unter den Landwirtinnen des Gesamtsamples Frauen zu finden, die dazu bereit waren, daß ich zur teilnehmenden Beobachtung auf ihren Hof oder zu einem Interview zu ihnen kam. Dies bestätigte noch einmal die große Offenheit gegenüber meinem wissenschaftlichen Anliegen und bot beste Voraussetzungen für das Theoretical Sampling, so daß die Erschließung des Feldes tatsächlich anhand der analytischen und theoretischen Vorgaben erfolgen konnte und nicht durch eingeschränkte Zugangsmöglichkeiten von vorneherein gesteuert wurde. Dennoch gilt es zu bedenken, daß die Art der Kontaktaufnahme eine Selektion der Frauen, die sich gemeldet haben, nicht ausschließt. Wenn sich diese Vermutung abzeichnet, wird im entsprechenden Kapitel der empirischen Ausführungen darauf hingewiesen.

Für die methodische Umsetzung der Fragestellung während der Feldforschung wurde zum einen die teilnehmende Beobachtung und zum anderen das themenzentrierte Interview gewählt. Erstere bot sich an für die alltagsweltliche Analyse, insbesondere der persönlichen Bewältigung der beruflichen Anforderungen der Landwirtinnen und der sozialen Interaktionen. Die teilnehmende Beobachtung wurde nicht zur Überprüfung von Aussagen der Landwirtinnen genutzt, sondern diente als erster Schritt der Feldforschung ersten Fallrekonstruktionen, der Zuspitzung der Fragestellung und der Ausarbeitung eines angemessenen Frageleitfadens für die anschließenden Interviews. Diese gaben die unter forschungsökonomischen Gesichtspunkten günstige Möglichkeit, bei den zu interviewenden Frauen gezielt Handlungsorientierungen und -spielräume, die damit verbundenen Erfahrungshorizonte und biographischen Bezüge zu erkunden.

Zu Beginn der Feldforschung war ich für jeweils eine Woche auf den Höfen zweier Landwirtinnen, wo ich mitlebte, mitarbeitete und teilnehmende Beobachtung durchführte. Ich wohnte im Haus der jeweiligen Landwirtin und konnte sie vom Aufstehen bis zum Schlafengehen über

---

Betriebsleiter war, oder infolge einer Scheidung dafür, sich die mit der Betriebsübernahme verbundenen Aufgaben und Pflichten anzueignen oder nun alleine auszuüben.

weite Strecken begleiten. Da auf einem Bauernhof Arbeits- und Privatsphäre unmittelbar ineinandergreifen, umfaßt die teilnehmende Beobachtung beinahe alle Lebensaspekte der Probandin. Der familienwirtschaftlichen Organisation der Betriebe entsprechend schloß das nicht nur die direkte Interaktion mit den Landwirtinnen, sondern auch mit ihren Familienmitgliedern ein, die auf dem Hof leben, wodurch eine Vielzahl der Bestandteile ihrer Wirklichkeitskonstruktionen eruiert werden konnte. Mir selbst kamen dabei die unterschiedlichsten Rollen zu: von der sich identifizierenden Teilnehmerin über die Lernende, die Aushilfskraft, die Zuhörende, die Ratgeberin in fachlichen und privaten Angelegenheiten bis hin zur distanzierten, relativierenden Beobachterin. Ähnlich vielfältig sind die Beobachtungsdaten, die neben den Handlungsschemata deren Variationen in verschiedenen sozial-räumlichen Kontexten und in Abhängigkeit von wechselnden InteraktionspartnerInnen, Bewertungen und Meinungen der Landwirtinnen umfassen. Eingeflossen sind auch Schilderungen und Beurteilungen der im Haushalt der Landwirtin mitlebenden Personen, mit denen sich durch das enge Zusammenleben Gespräche bei den Mahlzeiten und in Erholungspausen ergaben. Durch ihre dargelegten Standpunkte erweiterte sich mein Verständnis der beobachteten Interaktionen und Abläufe im Feld.

Um möglichst viele Informationen festhalten zu können, war es notwendig, mich hin und wieder aus dem Beobachtungsfeld zurückzuziehen und Protokoll zu führen. Neben den Beobachtungsdaten wurden einzelne Zitate meiner Erinnerung entsprechend aufgenommen. Im Interesse der Erhebung möglichst vielfältiger Daten, die alle relevanten Situationen und Kontexte der Landwirtinnen während meiner einwöchigen Anwesenheit umfassen sollten, galt es immer wieder neu zu entscheiden, was ich wie lange beobachte und wann ich mich zum Protokollieren zurückziehe. Ausschlaggebend war dabei, ob es sich um die Teilnahme an wiederkehrenden Aktivitäten wie der Stallarbeit handelte, ob neue Variationen aufgrund veränderter Bedingungen oder weiterer InteraktionspartnerInnen zu erwarten waren oder ob die Landwirtin ihr Bedürfnis, allein zu sein, vermittelte.

Bei der Auswahl der Landwirtin für die erste teilnehmende Beobachtung achtete ich auf die bewußte Entscheidung für diesen Beruf, eine fundierte Berufsausbildung und eine mehrjährige Berufspraxis. Nach der Auswertung der Feldprotokolle der ersten teilnehmenden Beobachtung wählte ich anhand der herausgearbeiteten Konzepte und Kategorien einen unter relevanten Aspekten kontrastierenden Fall dazu aus, wobei die bei der Rückmeldung erhaltenen Befragungsdaten die Grundlage bildeten. Die beiden Fälle kontrastierten in den Faktoren der sozialen Herkunft, des Familienstandes, der beteiligten Arbeitskräfte nach Zahl und Geschlecht, den Eigentumsverhältnissen und der Bewirtschaftungsweise.

Für die anschließenden Interviews entwickelte ich einen Frageleitfaden, der den Stellenwert eines Frage- oder Gegenstandskatalogs besitzt und dem

Gesprächsverlauf entsprechend flexibel zu handhaben ist. Er basiert inhaltlich auf den Auswertungen der teilnehmenden Beobachtung, der abgefragten Daten der Frauen des Gesamtsamples, meiner Literaturrecherche und Zeitschriftenauswertung. Er ist aufgebaut nach den sich herauskristallisierten Themenschwerpunkten Herkunft, Ausbildung, Arbeit, berufliches Umfeld, landwirtschaftliche Produktionsmittel, Partnerschaft, Familie und Freizeit. Der Lebenssituation der befragten Landwirtin und der fortschreitenden Datengewinnung entsprechend wurde er für das jeweilige Interview leicht modifiziert.

Mit zwölf Frauen führte ich im weiteren Forschungsverlauf themenzentrierte Interviews. Die offene Gesprächssituation bot den Frauen die Möglichkeit, an für sie relevanten Stellen des Interviews Geschichten zu erzählen und biographische Bezüge herzustellen, aber auch nicht vorgesehene Themen selbst anzusprechen. Die Interviews fanden in den Wohnungen der Landwirtinnen statt und dauerten zwischen eineinhalb und vier Stunden. Bei der Hälfte der Frauen war mit dem Interview eine Betriebsführung verbunden, bei den anderen war dies aufgrund der Dunkelheit zum Gesprächszeitpunkt nicht möglich.

Bei zwei Frauen übernachtete ich, wodurch ich sie in ihrer Familie erleben konnte. Hier ergaben sich auch Gespräche mit ihren Lebens- und Arbeitspartnern. Bei einer Frau schloß sich an das Interview ein gemeinsames Kaffeetrinken mit der Tochter und dem Vater der Landwirtin an, die bei der landwirtschaftlichen Arbeit maßgeblich beteiligt sind. Bei drei Frauen kam gegen Ende des Interviews ihr Lebenspartner, bei einer die Eltern dazu und brachten hin und wieder Kommentare zu den angesprochenen Themen ein. Somit ergaben sich zusätzliche Beobachtungsdaten, die sich wie bei der teilnehmenden Beobachtung insbesondere auf die sozialen Interaktionen beziehen. Diese Angaben wurden entweder mit dem Tonband mitgeschnitten oder ins Verlaufsprotokoll mit aufgenommen, welches im unmittelbaren Anschluß an jedes Interview angefertigt wurde. Darin wurden außerdem der Ablauf des Interviews und Beobachtungen von Haus und Betrieb festgehalten. Die Angaben dienten bei der Interpretation der Interviews als Hintergrundinformation.

2.3.4 Auswertung der Daten

Die Datenanalyse stützte sich im wesentlichen auf die Feldprotokolle der teilnehmenden Beobachtungen und die Transkripte der Interviews. Vollständige Transkriptionen wurden von mir insbesondere zu Beginn der Interviewphase angefertigt, im weiteren Forschungsprozeß erstellte ich Themenverläufe mit ausführlichen Teiltranskriptionen der als relevant erachteten Interviewpassagen. Bei der Transkription wurde die gesprochene

Sprache in der jeweiligen Dialektausprägung festgehalten, um eine Vorabinterpretation durch die Übertragung ins Schriftdeutsch zu vermeiden. Auch in der Darstellung der empirischen Daten wurde auf eine Glättung der Zitate im Dialekt verzichtet, um die Eigenart der zitierten Landwirtinnen in der Lebendigkeit ihrer Sprache zur Geltung kommen zu lassen. Hingegen wurden Sprachauffälligkeiten wie die Betonung oder die Dehnung einzelner Worte und Sprachunebenheiten wie die ständig wiederkehrenden Partikel 'äh' und 'mhm' zwar bei der Transkription und der Interpretation berücksichtigt, in der vorliegenden Arbeit jedoch, in der die Zitate der Illustration und Vertiefung dienen, nicht mitaufgenommen. Die Namen der Interviewteilnehmerinnen und angesprochener Personen sowie Ortsnamen wurden anonymisiert.

Die Auswertung der teilnehmenden Beobachtung und der Interviews erfolgte zunächst als Einzelfallanalyse, um die Eigenlogik des jeweiligen Falles zu rekonstruieren. Es wurde zwischen den beiden Ebenen der Darstellung von Ereignissen und deren Kontextsetzung, Interpretation und Bewertung durch die Landwirtinnen selbst unterschieden. Zunächst wurden die biographischen, Familien- und Hofdaten aus dem Erzählzusammenhang herausgelöst und zusammen mit den bereits vorhandenen sozio-ökonomischen Daten aus der Befragung im Kontext der Rückmeldung in eine chronologische Reihenfolge gestellt und sequentiell analysiert. Dabei wurden bereits zeitliche Besonderheiten, Überschneidungen von Ereignissen und Brüche im Lebenslauf der jeweiligen Landwirtin sichtbar und damit die Eigenstrukturierung des jeweiligen Falles.

Anschließend wurde der verschriftete Text Zeile für Zeile kodiert, wobei in einem ersten Schritt der Abstraktion möglichst viele Kategorien aus den vorhandenen Daten gewonnen wurden. In einem zweiten Schritt wurden auf die Fragestellung bezogen einzelne Kategorien wie fachliche Kompetenz, Konkurrenz, Erwartungshaltungen, Abhängigkeiten oder Unterstützungsstrukturen stärker fokussiert und ausgearbeitet, um deren spezifische Differenzierung zu erreichen. Quer durch das einzelne Interview wurden alle darauf bezogenen Aspekte wie einflußnehmende Bedingungen, Interaktionen, Strategien und Konsequenzen des Phänomens für die betreffende Person berücksichtigt, wodurch spezifische Handlungs- und Orientierungsmuster, Ambivalenzen und eventuelle Widersprüche sichtbar wurden. In Form einer themenzentrierten Bündelung wurden die sich herauskristallisierenden zentralen Kategorien als Hauptkategorien bestimmt und weiterentwickelt, indem die anderen damit verknüpft oder integriert wurden. Sie spiegeln sich in den Kapitelüberschriften wider.

Davon ausgehend leitete sich das weitere Theoretical Sampling ab. Dabei erfolgte die Auswahl der darauffolgend untersuchten Personen anhand minimaler oder maximaler Kontraste der Hauptkategorien und ihrer Dimensionen; sie wurde im Laufe des Forschungsprozesses zunehmend gezielter und eindeutiger. Durch eine immer stärker fokussierte und systematische Kodierung wurden die Ergebnisse ausgebaut und verdichtet und fallübergreifende Strukturzusammenhänge erschlossen. Sie werden zusammen mit den entwickelten themenbezogenen Hypothesen über das Forschungsfeld in den folgenden Kapiteln der Arbeit vorgestellt.

Bei der Entwicklung der Hypothesen wurden auch Memos berücksichtigt, die im Forschungsverlauf zu Vorgehen, Spekulationen, Geistesblitzen und weiterführenden Gedanken geschrieben wurden und Bezüge zu den empirischen Daten enthalten. In Memos über Memos wurden Ergebnisse festgehalten, die durch das Sortieren und das In-Beziehung-setzen von Memos entwickelt wurden. Neben dem geschriebenen Wort enthalten sie graphische Umsetzungen und Tabellen, um einzelne Aspekte der Kategorien zu verdeutlichen.

Gegen Ende der Auswertung wurden Ergebnisse und Tendenzen der Untersuchung in einem Kreis von "landwirtschaftlichen Betriebsleiterinnen und solchen, die es werden wollen", im Rahmen eines bundesweiten Treffens zur Diskussion gestellt. Die dabei geäußerten Kommentare sind themenbezogen in die Forschungsergebnisse mit eingeflossen und tragen in den empirischen Kapiteln die Bezeichnung 'Gruppendiskussion'.

3. Chancen und Risiken von Grenzüberschreiterinnen in der Landwirtschaft. Empirische Ergebnisse

Landwirtinnen versuchen, sich über ihre für Frauen außergewöhnliche Berufsausbildung in der Landwirtschaft neue Räume zu erobern. Sie lehnen zunächst viele der Bereiche ab, die traditionellerweise den Frauen zugeschrieben werden. Sie wollen keine Bäuerin im herkömmlichen Sinne sein, sondern sind auf der Suche nach einem neuen Weg, einer neuen Rolle für sich. Etwas Neues zu etablieren erfordert Mut und ein starkes Selbstbewußtsein hinsichtlich der eigenen Kapazitäten und Vorstellungen. Pionierin zu sein bedeutet, vieles erstmals auszuprobieren. Es bleibt nicht aus, daß Unsicherheiten auftreten und einiges auch fehlschlägt. Die Frauen müssen lernen, damit umzugehen.

Pionierinnen sind immer wieder auf sich selbst gestellt. Es fehlt an adäquaten Vorbildern und Gleichgesinnten. Gleichzeitig sind sie aber auch Mitglied einer Gesellschaft mit festgelegten und alltäglich reproduzierten Wertemustern und Verhaltensregeln. Diese basieren auf dem System der Zweigeschlechtlichkeit im allgemeinen (vgl. Kap. 2.1) und für Landwirtinnen auf der Trennung in eine 'Männer'- und eine 'Frauenausbildung' sowie damit konformen Arbeits- und Zuständigkeitsbereichen in der Landwirtschaft im spezifischen (vgl. Kap. 2.2). Ihre davon abweichenden Ansprüche können die Landwirtinnen nur verwirklichen, indem sie die Geschlechtergrenze überschreiten. Stellen sie bereits durch ihren Anspruch auf das den Männern zugeordnete Terrain die bestehende Ordnung in Frage, so fordern sie mit dem Verwirklichen ihrer Ansprüche, dem Überschreiten der Geschlechtergrenze, die alltäglich reproduzierten Regeln und Gewohnheiten innerhalb der existierenden Ordnung der Geschlechter heraus und eine Umstrukturierung derselben ein. Aufgrund des oben dargelegten Gleichheitstabus steht zu erwarten, daß den Landwirtinnen dabei nicht nur Unterstützung verweigert, sondern ihnen der Zugang und die Ausübung des Berufs LandwirtIn erschwert wird. Dafür stehen nicht nur die bei vielen Menschen zu findenden konservativen Persönlichkeitsanteile wie das Festhalten an Bestehendem und Vertrautem. Es ist auch deshalb zu erwarten, weil die Frauen eine Teilhabe an bislang den Männern vorbehaltenen Rechten und Privilegien einfordern und diese wohl nur selten freiwillig welche abgeben. Doch stehen dieser Tatsache Familieninteressen und persönliche Gefühle gegenüber, so daß angenommen werden kann, daß sich daraus Möglichkeitsräume und Unterstützungsleistungen für die einzelnen Frauen ableiten lassen.

Im Rahmen der individuellen Lebensgestaltung ergeben sich in den verschiedenen Lebensphasen und -stationen unterschiedliche Konfrontationen, Auseinandersetzungen und Erleichterungen für die Landwirtinnen. In welches Verhältnis sie Chancen und Risiken der Grenzüberschreitung setzen können und wie diese im einzelnen wirken, wird in den folgenden Kapiteln explizit gemacht. Neben den Unterschieden zwischen den Landwirtinnen werden an relevanten Punkten Kontraste bzw. Parallelen zu männlichen Berufskollegen und traditionellen Bäuerinnen herausgearbeitet.

3.1 Der Zugang der Frauen zu einem Beruf in der Landwirtschaft

Angesichts der fehlenden Selbstverständlichkeit für Frauen, den Beruf der Landwirtin zu ergreifen, stellt sich die Frage, wie sie dazu kommen, eine Ausbildung für die traditionelle Männerrolle in der Landwirtschaft zu absolvieren. Anders als bei den Bäuerinnen basieren die Entscheidungen dieser Frauen nicht auf den Voraussetzungen, auf einem landwirtschaftlichen Hof geboren zu sein oder eingeheiratet zu haben. Beides kann damit einhergehen. Als entscheidendes Moment für angehende praktizierende Landwirtinnen deutet sich allerdings an, daß sie sich aus Interesse an landwirtschaftlichen Inhalten für die Landwirtschaft und nicht die ländliche Hauswirtschaft als Beruf entscheiden, daß sie "die geschlechtsspezifische Hürde [riskieren], um ihrerseits Landwirtin zu werden" (Janshen 1989:29). Inwieweit diese Entscheidung bewußt erfolgt, kann im Nachhinein nicht genau bestimmt werden. Aus Gesprächen und Interviews mit den Landwirtinnen werden Aspekte deutlich, die auf die Berufsfindung eingewirkt haben. Dabei finden sich sowohl emotionale als auch kognitive Aspekte in der persönlichen Motivation, es erweisen sich aber auch strukturelle Momente förderlich für die Berufswahl.

3.1.1 Interesse an der Landwirtschaft als das entscheidende Moment

Bei der Frage nach den Beweggründen, sich für die Landwirtschaft als Beruf zu entscheiden, tauchte durchgängig das Interesse an der Landwirtschaft und den damit verbundenen Tätigkeiten als Leitmotiv für die Berufswahl auf. Immer wieder stellten es die Landwirtinnen in den Mittelpunkt ihrer Antworten.[13] Es wurde von den Frauen geäußert, die in der Landwirtschaft

13 Die gleiche Beobachtung machten Haugen/Brandth (1994) unter jungen norwegischen Landwirtinnen: "Whereas older women said they were not in a position to make a choice, younger women said that the main reason they became farmers was an interest in farming or farm work." (ebd.:213) Die Betonung des Interesses an den Berufsinhalten findet sich auch bei Frauen, die ein Studium der Agrarwissenschaften absolvieren. Bei meiner Befragung von

aufgewachsen sind, aber auch von denen aus anderen sozialen Schichten. Im Sinne der etymologischen Bedeutung von Interesse wirkt die Landwirtschaft "anziehend" auf sie, sie suchen "geistig Anteil daran zu nehmen" (vgl. Duden 1974) und "das Wesentliche" darin zu finden. Die Landwirtschaft wird "von Wichtigkeit" für sie (vgl. Grimm 1877).

Für Töchter landbewirtschaftender Familien ist das Interesse angeregt durch ihr Mittun bei den anfallenden Arbeiten und die dadurch gewonnenen Erfahrungen. Sich für die Landwirtschaft zu interessieren, wird von ihnen oft nicht weiter begründet oder in Frage gestellt. Es wird selbst als Grund, als Voraussetzung für ihre Berufswahl angeführt:

> "Naja Gott, ich mein, das Interesse ist halt irgendwo vorhanden, von klein an eigentlich." (Gerda H. 1043)
>
> "Weil's für mich als Kind eigentlich schon immer klar war, daß ich das weitermachen möchte. (...) Es hat mich halt interessiert, und dann hab ich den Weg auch eingeschlagen." (Monika T. 1619/38)

Nicht alle der befragten Landwirtinnen, die auf einem Hof aufwuchsen, waren zur Mitarbeit in Hof, Stall und Feld verpflichtet. Sie waren dann freigestellt, wenn es genügend Arbeitskräfte auf dem Hof gab. Insbesondere wenn die Eltern Auszubildende einstellten, kamen viele Aufgaben für die Kinder nicht in Frage, weil sie der kontinuierlichen Unterweisung der Lehrlinge dienten. Den Töchtern kam das als vermehrte Freizeit zugute, manchmal fühlten sie sich dadurch aber auch hinausgedrängt aus dem familiären Arbeits- und Lebenszusammenhang. Im ungünstigsten Falle kann sich somit die allgemeine Förderung des Berufsstandes seitens der Eltern als Bumerang für den eigenen Betrieb erweisen, wenn die Sozialisation des landwirtschaftlichen Nachwuchses nicht rechtzeitig genügend Berücksichtigung findet. Doch auch das Aufwachsen auf einem Hof ohne Pflichten, das Miterleben der von der Landwirtschaft geprägten Jahres-, Wochen- und Tagesrhythmen und des tätigen Umgangs der Eltern damit, kann das Interesse der Töchter wachrufen.

Frauen ohne landwirtschaftlichen Familienhintergrund müssen das Interesse an der Landwirtschaft erst entdecken, vor allem im städtischen Umfeld ist es nicht naheliegend, sich damit zu beschäftigen. Eine intensive Suche geht der Berufswahl Landwirtin voraus. Sie kann emotional geleitet sein, zum Beispiel durch eine grundlegende Tierliebe, die Begeisterung für Pferde oder liebevolle Kontakte zu Personen im landwirtschaftlichen Milieu.

---

216 Diplom-Agraringenieurinnen war das Interesse an der Landwirtschaft mit 171 Nennungen der am häufigsten genannte Grund für die Aufnahme des Studiums (vgl. Schmitt 1988:87).

"Ich wollt immer meiner Oma helfen, meine Oma hat bei meinem Onkel auf dem Hof gelebt" (1034)

war für Elke J. ein wichtiger Impuls, sich für die Landwirtschaft zu entscheiden. Die Berufswahl kann aber auch kognitiv begründet sein wie im Falle der Notwendigkeit eines landwirtschaftlichen Praktikums für das Studium der Agrarwissenschaften. Frauen aus anderen sozialen Schichten sind in ihrer Wahl unabhängig von vorhandenen Betriebs- und Familienstrukturen und können sich stärker von beruflichen Inhalten leiten lassen. Der fehlende familiäre Bezug macht es ihnen aber auch schwer. Sie wissen nicht genau, was sie erwartet.

"Für mich war das immer so, die Ausbildung in der Landwirtschaft so der Weg hin zu dem Leben in oder mit der Landwirtschaft für mich, weil ich ja sonst keine Beziehung dazu hatte." (Sonja C. 1100)

Im Nachhinein wundert sich Sonja C., daß sie sich nicht darum bemüht hat, vorher auf einem landwirtschaftlichen Betrieb mitzuarbeiten, wie es zum Beispiel Heike B. getan hat. Für sie kristallisierte sich das Interessenfeld Landwirtschaft erst heraus, nachdem sie in unterschiedlichen Bereichen gejobbt hatte, um herauszufinden, welche Arbeit ihr als Beruf zusagen könnte. Ganz gezielt suchte sie ihren weiteren Lebensweg.

Wenn die Eltern dieser Frauen zuerst auch irritiert sind, so wird ihre Wahl doch akzeptiert und häufig unterstützt. Nicht selten suchen sich die Eltern im Nachhinein zu erklären, wie ihre Töchter zu diesem Berufswunsch kamen.

"Die fanden das eigentlich gut, muß ich sagen. Ja, die fingen dann auch direkt an, so Worte, als Kind haste ja schon immer gerne am Bauernhof und so, wenn man Urlaub machte, ne, und du hast immer gern mit Tieren und so, ne, also ich hatte schon den Eindruck, die waren immer dafür, die haben mir auch sehr geholfen, bei der Lehrstellensuche und so, ne, also die standen da schon voll hinter." (Anne R. 441)

Von den Frauen meines Gesamtsamples, also 53 Frauen, entschied sich ein Drittel für den Beruf der Landwirtin ohne den entsprechenden familiären Hintergrund, zwei Drittel sind in eine landbewirtschaftende Familie hineingeboren[14]. Für letztere zeigt sich, daß es heute immer noch nicht selbstverständlich ist, dann auch den Beruf der Landwirtin problemlos ergreifen zu können. In der Gruppe der landwirtschaftlichen Töchter lassen sich je nach Reaktion der Eltern auf das von den Töchtern geäußerte Interesse an der Landwirtschaft zwei Gruppen ausmachen: entweder die Tochter erfährt von Beginn an Unterstützung in ihrem Interesse oder aber es wird von den

14 Ihr Anteil liegt deutlich niedriger als es dem Durchschnitt aller Auszubildenden in der Landwirtschaft entspricht. Angaben des Bundesministeriums für Landwirtschaft, Ernährung und Forsten zufolge kommen in etwa gleichbleibend über die letzten Jahre 82 % der Auszubildenden aus einer landbewirtschaftenden Familie und 18 % sind in anderen sozialen Milieus aufgewachsen (vgl. BMELF 1994).

Eltern ignoriert. Wie die Haltung der Eltern ausfällt, ist dabei in erster Linie nicht davon abhängig, daß dem weiblichen Geschlecht der Tochter Fähigkeiten abgesprochen werden, sondern davon, daß das männliche als konkurrierendes Geschlecht unter den Kindern den Vorzug aufgrund von Traditionen erfährt. Unterstützende Eltern finden sich in 'reinen' Töchterfamilien[15], wenn Söhne sehr spät 'nach'geboren sind oder keine Ambitionen zur Landwirtschaft erkennen lassen. Auch kann ich mit meiner Untersuchung Haugen (1994) darin bestätigen, daß gewöhnlich die Söhne bevorzugt werden, wenn in einer landbewirtschaftenden Familie sowohl Töchter als auch Söhne Interesse an der Weiterführung des Betriebes haben. Die Mädchen haben sich hinsichtlich eines Arbeitsplatzes umzuorientieren, oft gehen sie beruflich zunächst andere Wege. Sie erhalten erst dann eine Chance zur qualifizierten Mitarbeit und späteren Führung des elterlichen Hofes, wenn ihre Brüder ausfallen[16]. Für sie gilt, was in Kapitel 2.2 für Frauen mit einer ländlich-hauswirtschaftlichen Ausbildung gesagt wurde: eine Zukunftsplanung ist ihnen nur unzureichend möglich.

Es zeigt sich somit, daß das Interesse an der Landwirtschaft abhängig von den strukturellen Bedingungen unterschiedlich wirksam werden und in den Beruf der Landwirtin münden kann. Dem Geschlecht kommt dabei eine wichtige Rolle zu. Eine Unterscheidung läßt sich danach treffen, ob die Befragten in der Landwirtschaft aufgewachsen sind und von früh auf in ihrem Interesse gefördert wurden, ob sie dort aufgewachsen sind, ihre landwirtschaftliche Neigung zunächst jedoch keine Beachtung fand oder ob sie außerhalb des landwirtschaftlichen Milieus aufgewachsen sind. Stehen für die letzteren stärker emotionale oder kognitive Aspekte bei ihrer Berufswahl im Vordergrund, so erweisen sich für Töchter aus landbewirtschaftenden Familien eher strukturelle Aspekte als bestimmendes Moment. Dies soll in den folgenden Darlegungen vertieft und begründet werden.

3.1.2 Landwirtinnen mit früher Förderung

Es gibt sie: Frauen, die auf einem Bauernhof aufgewachsen sind und deren Neugierde für Dinge in der Landwirtschaft von klein auf gefördert wurde. In

15 Diese Voraussetzung zeigt sich auch in Untersuchungen zu Frauen in anderen untypischen Berufsfeldern. Stiegler (1982) führt eine Studie aus Hessen an, wonach 20 % der Befragten aus Familien kommen, wo "der männliche Nachwuchs" zur Übernahme des elterlichen Betriebes fehlt (ebd.:81).

16 Diese Beobachtung machte auch Barbic (1988) bei Betriebsleiterinnen in Slovenien. "The role of the head was taken by a woman only in households where there was no adult male or when he was medically unable to perform such a role or when he was present only for short periods of time. Thus, a woman becomes the mistress only when a man has been prevented from performing such a role." (ebd.:294)

ihrer Kindheit haben sie sich häufig draußen auf dem Hof und auf den Feldern aufgehalten und ihren Vater begleitet.

> "Ich war mit meinem Vater sehr oft draußen, auch mit dem Schlepper[17], hat mich auch sehr interessiert, eigentlich schon von Kind an. Hab die Unkräuter mit, mit zehn Jahren hab ich alle Unkräuter gekannt, das hat mich interessiert." (Monika T. 774)
> "Ich hab also von Kind an immer mitgearbeitet, hab überall immer schon meine Nase reingesteckt, muß ich auch sagen, durfte das auch, sollte das auch." (Gerda H. 203)

Und der Vater einer Landwirtin meinte dazu: "Des hat die scho immer gern doa, scho als Kind. Des war einfach so." (Hanne P. 282) Die Mädchen sind dem Vater bei seiner Arbeit zur Hand gegangen und wuchsen so in das landwirtschaftliche Arbeiten hinein, selbstverständlich auch in die Tätigkeiten, die in der Regel den männlichen Mitgliedern der Familie vorbehalten sind. Auf diese Weise haben sie die Landwirtschaft als ihre Lebensform internalisiert.

Wie stark die Frauen dies verinnerlicht haben, zeigt sich in der Aussage, daß sie sich für ihre Zukunft gar nichts anderes vorstellen können, außer Landwirtschaft zu betreiben. Oft haben sie das bereits als Kind auf die Frage nach einem Beruf formuliert:

> "Also in der vierten Klass war das mal, wo a Lehrer gfragt hat so nach de Berufe, und da hob i gsagt, i werd Landwirtin." (Rita D. 17)

Wenn auch die eingeschlagenen Schulwege, zum Beispiel das Gymnasium, diese Entscheidung dann nicht nahelegen, bei ihrer Berufswahl ziehen sie keinen anderen Beruf in Erwägung. Keine ernsthafte Alternative rückt in ihr Blickfeld:

> "Also ich wüßt auch nicht, was ich sonst machen sollt, muß ich ehrlich sagen." (Gerda H. 200)

Es wird auch nicht nötig, weil ihr unmittelbares Umfeld, insbesondere die Eltern, sie bestärken, in die Landwirtschaft einzusteigen. Ihr Geschlecht scheint keine Rolle zu spielen.

Der elterliche Rückhalt wird wichtig, wenn die Tochter die landwirtschaftliche Ausbildung beginnen will, denn das landwirtschaftliche Schul- und Berufsumfeld sind geschlechtsspezifisch strukturiert. Demnach ist eine landwirtschaftliche Berufsausbildung für Männer und eine in ländlicher Hauswirtschaft für Frauen vorgesehen. In der Konfrontation mit der daran orientierten Berufsberatung zeigen sich unter den befragten Frauen Unterschiede im Verhalten, die sich auf die verschiedenen Zeitpunkte zurückführen lassen, wann die Frauen ihre Berufsausbildung begannen. Es wird eine gesellschaftliche Entwicklung deutlich, die sich auch im Selbstbewußt-

17 Hier in der Bedeutung von landwirtschaftlicher Zugmaschine; in den Zitaten finden sich dafür auch die Begriffe Traktor, Trecker und Bulldog.

sein der Mädchen niedergeschlagen hat. "'Die klassische Arbeitertochter vom Land' galt als Prototyp der vom Bildungssystem Benachteiligten. 'Gerade an ihrem Beispiel verdeutlichten sich sämtliche Ungleichheiten des Bildungswesens: die schicht- und geschlechtsspezifischen, konfessionellen und regionalen Hindernisse beim Zugang zu den höheren Bildungsgängen' (Plastrotmann 1987, S.58). Mitte der 60er Jahre begann dann die Umsetzung der 'Bildungsoffensive', die vor allem Veränderungen im ländlichen Schulwesen beinhaltete. (...) Mit der Schulreform hat sich nach und nach das Bildungsklima für Mädchen geändert. Die jüngeren Frauen der Jahrgänge 1953 bis 1960 berichteten, daß es bei ihnen bereits selbstverständlicher war, daß Mädchen auch eine gute Schul- und Ausbildung haben sollten." (Kaschuba/Reich 1994:39 und 45) An zwei Beispielen soll das für die Gruppe der Landwirtinnen verdeutlicht werden.

Für Monika T., 1962 geboren, begann der Einstieg in den Beruf der Landwirtin unmittelbar nach ihrem Schulabschluß, der Mittleren Reife. Obwohl es für eine Frau auch damals noch etwas Außergewöhnliches war, hat sie sich nicht durch die äußeren Umstände irritieren lassen, sondern ihr inhaltliches Interesse an der Landwirtschaft zum Maßstab ihrer Berufswahl gemacht.

> "Das war von vorneherein klar, weil was würd mir die ländliche Hauswirtschaft bringen und ich kann nit pflügen, kann nit säen und kann nit spritzen, und hab keine Ahnung vom Pflanzenschutz, und dann war das eigentlich schon klar." (Monika T. 42)

Auch für Gerda H., 1951 geboren, standen die landwirtschaftlichen Tätigkeiten im Mittelpunkt ihres Interesses, das von ihren Eltern schon früh gefördert wurde. Trotzdem hatte sie, elf Jahre früher als Monika T. und vor der allgemeinen Bildungsreform, noch nicht das Selbstbewußtsein, ihre Interessensinhalte auch gegen die Norm, verkörpert durch die Berufsberatung, durchzusetzen. Ihr beruflicher Umweg ist von gesellschaftlichen Strukturen bestimmt. Sie und ihre Eltern fügen sich zunächst, Gerda H. beginnt eine Lehre in der ländlichen Hauswirtschaft.

> "Warum, weiß kein Mensch zu sagen, hab also auch Meisterprüfung gemacht in der ländlichen Hauswirtschaft, größter Unsinn aller Zeiten (Lachen)." (214)

Noch während der Meisterausbildung beginnt sie dann aber ihrer Neigung entsprechend die Ausbildung zur Landwirtin[18]. Älter und mit mehr Lebenserfahrung, aber auch im Zuge gesellschaftlicher Veränderungen, schafft sie es Anfang der siebziger Jahre, ihr eigentliches Interesse durchzusetzen.[19]

---

18 Diese frühe Korrektur der Berufsentscheidung und die eindeutige Stellungnahme Gerda H.s lassen es mir gerechtfertigt erscheinen, sie hier und nicht unter der Rubrik 'Landwirtinnen mit beruflichen Umwegen' anzuführen.

19 Auch heute gibt es noch Versuche, landwirtschaftsbegeisterte Frauen dazu zu bewegen, beide Ausbildungen zu machen. Boss (1994) zitiert eine Landwirtin aus der Schweiz, die zunächst

Ein familieninterner, struktureller Aspekt, der allen von klein auf landwirtschaftlich geförderten Frauen meiner Untersuchung zugutekommt, ist die Tatsache, daß sie keine Brüder haben. Im engeren Untersuchungssample trifft das auf die Hälfte der interviewten Frauen zu. Nun war es in Deutschland auch früher möglich, daß in reinen Töchterfamilien eine Frau den Hof erbte. Damals wurde jedoch von weiblichen Hofnachfolgerinnen die Heirat mit einem Landwirt erwartet, heute wird es dagegen mehr und mehr üblich, daß die Mädchen selbst eine landwirtschaftliche Ausbildung absolvieren und in Eigenverantwortung den elterlichen Betrieb übernehmen, wenn sie Interesse an der Landwirtschaft haben. Die Schlußfolgerung liegt nahe, daß die besagten Frauen eine frühe Förderung deshalb erhielten, weil kein Sohn als Betriebsnachfolger zur Verfügung stand. Diese These wird auch dadurch gestützt, daß selbst Frauen, die von klein auf in der Landwirtschaft mitgeholfen haben, als Hofnachfolgerin zunächst nicht in Frage kamen, wenn sie ambitionierte Brüder hatten. Vielen Landwirtinnen ist bewußt, daß sich ihre beruflichen Möglichkeiten darauf zurückführen lassen, daß unter ihren Geschwistern das konkurrierende männliche Geschlecht nicht vertreten war. Es wird als solches nicht offen thematisiert, doch entweder betonen die Frauen, daß sie zuhause nur Schwestern waren oder es wird im Zusammenhang mit anderen landbewirtschaftenden Familien ausgedrückt. Auf die Frage, ob es im Dorf noch andere Landwirtinnen gibt, meint Gerda H, "eigentlich nit, nee, die hatten also alle Söhne" (195), und lacht. Ihr Lachen deute ich als Ausdruck ihres nicht ausgesprochenen Wissens, daß Männer in der Regel bei der Hofnachfolge bevorzugt werden und sie selbst wohl hätte zurückstecken müssen, hätte sie einen Bruder gehabt.

Ein ebenfalls förderlicher, familieninterner, struktureller Aspekt scheint die Stellung in der Geschwisterfolge zu sein. Unter den vierzehn interviewten Frauen befindet sich trotz des kontrastiven Vergleichs lediglich eine erstgeborene Tochter, die ein Einzelkind blieb, aber acht zweitgeborene Töchter mit einer älteren Schwester. Es gibt viele Hinweise darauf, daß die älteren Schwestern ihre Mütter in deren Tätigkeiten in Haus und Hof zu unterstützen hatten, hingegen die Zweitgeborenen ihrem Vater helfen sollten und durften.

> "Ich hab mit meinem Vater früher die Landwirtschaft immer gemacht und meine ältere Schwester, die mußte immer Haushalt machen." (Maria L. 483)

Diese Aufteilung wurde von den befragten Landwirtinnen nicht problematisiert. Es scheint darüber auch keine Auseinandersetzungen zwischen den Schwestern gegeben zu haben. Nach Darstellung der Befragten waren es die älteren Schwestern zufrieden, weil sie den Haushalt gern machten oder sich

---

die bäuerliche Haushaltslehre absolvierte: "Ich bereue das im Nachhinein nicht, aber die beiden Bauernlehrjahre in Meiringen und Wyningen waren doch interessanter." (ebd.:39) nicht für die Arbeit in der Landwirtschaft interessierten. Es dürfte nicht immer so eindeutig gewesen sein, wie sich beim folgenden Zitat zwischen den Zeilen herauslesen läßt:

> "Sie [die ältere Schwester] hat sich dann auch, sagen wir mal, nicht mit der Landwirtschaft beschäftigt, weil's für mich als Kind eigentlich schon immer klar war, daß ich das weitermachen möchte." (Monika T. 1619)

Es bleibt hier unklar, ob sich die Schwester nicht dafür interessierte oder nicht mit Monika T. konkurrieren wollte und sich deshalb frühzeitig zurückzog. Für den Fall, daß zwei Schwestern landwirtschaftliche Neigungen zeigen, scheinen Frauen aber durchaus kooperationsfähig zu sein, was sich sowohl in meinem Sample als auch in einem niederländischen Dokumentarfilm zeigte, wo die Schwestern den elterlichen Betrieb nun gemeinsam führen (vgl. WVL 1993).

In Familien ohne Söhne waren die Eltern auf jede Arbeitskraft angewiesen, wenn sie einen arbeitsintensiven Betrieb bewirtschafteten. Dies scheint ein entscheidender Grund dafür zu sein, daß sie zum Vorteil der zweitgeborenen Tochter ihre geschlechtsspezifischen Rollenerwartungen, falls vorhanden, zurückstellen konnten (siehe dazu Kap. 3.1.4). Daß dies nicht immer der Fall ist, zeigen die

3.1.3 Landwirtinnen mit beruflichen Umwegen

Es ist eine weithin praktizierte Tradition in Deutschland, daß in landbewirtschaftenden Familien der Hof von Mann zu Mann weitergegeben und der älteste oder jüngste Sohn Hofnachfolger wird. Zur Vorbereitung absolviert er eine landwirtschaftliche Ausbildung. Selbst in Realteilungsgebieten oder anderen Regionen, wo diese Tradition lediglich ungeschriebenes Gesetz ist, wird die elterliche Hofstelle bevorzugt an Söhne vererbt.

Auf diese Sitte geht es in den meisten Fällen zurück, wenn 15 der 53 befragten Landwirtinnen nach ihrem Schulabschluß keine landwirtschaftliche Ausbildung begannen, sondern sich auf berufliche Umwege begaben. Ihr Anteil ist mit den Generationen zurückgegangen: von den über 35jährigen sind fünf von acht Frauen davon betroffen, das entspricht noch mehr als der Hälfte, in der Gruppe der 25- bis 35jährigen sind es neun von 36 Frauen, also ein Viertel, und unter den jungen Frauen bis 25 Jahre hat lediglich eine von neun Frauen zunächst einen außerlandwirtschaftlichen Beruf erlernt. Auch hier dürfte sich wie im Falle von Gerda H. und Monika T. der gesellschaftliche Wandel niedergeschlagen haben. Die Selbstverständlichkeit von Bildung und Ausbildung für Frauen zusammen mit dem Kampf um die Gleichberechtigung der Frauen wird mittlerweile in allen Schichten diskutiert, wenn auch mit unterschiedlichen Folgen und Erfolgen.

Für die Landwirtinnen mit beruflichen Umwegen stellte das männliche Geschlecht der Brüder und deren geäußertes landwirtschaftliches Interesse ein biografisches Verhinderungsmoment dar. Sie hatten das 'falsche' Geschlecht und unterlagen deshalb von vorneherein in der Konkurrenz um die Hofnachfolge. Sie konnten ihr Leben nicht individuell entwerfen und danach planen, was ihrer Neigung am stärksten entsprach, sondern mußten sich anpassen und nach den Normen ihres sozialen Umfeldes ausrichten. Sie waren gezwungen, zunächst eine andere Lebensperspektive zu entwickeln. Die alternativ eingeschlagenen Wege konnten sich durchaus als bereichernd erweisen. Das Interesse an der Landwirtschaft scheint aber nicht verloren gegangen zu sein, gleichsam schlafend wirkte es im Persönlichkeitsinneren weiter und wartete nur darauf, geweckt zu werden, wie sich am folgenden Beispiel zeigt. Obwohl Maria L. sich für die Landwirtschaft interessierte und viel mit ihrem Vater zusammenarbeitete, wurde ihr nicht zugestanden, nach dem Schulabschluß in den elterlichen Betrieb einzusteigen, weil auch ihre zwei nachgeborenen Brüder landwirtschaftlich interessiert waren. Über Bekannte kam sie in eine Großstadt, wo sie über deren Vermittlung eine Lehre zur Schneiderin absolvierte. Als zehn Jahre später klar wurde, daß keiner der Brüder den Hof übernehmen würde, hat sie das Angebot ihres Vaters angenommen, zurückzukommen und Hofnachfolgerin zu werden.

> "Ich hab mit meinem Vater früher die Landwirtschaft immer gemacht, (...) es war für mich eigentlich keine große Überlegung, mich dafür zu entscheiden oder so. Ich hab mich halt gefragt, was ist jetzt einfach wichtig." (Maria L. 487)

Im Rückblick auf ihre Zeit in der Großstadt hat sie nicht nur negative, sondern durchaus auch positive Erinnerungen. Dazu zählt, in diesen Jahren Menschen mit anderen Lebensweisen in einem städtischen Umfeld kennen- und verstehengelernt zu haben, wodurch sie auch heute mehr Verständnis für andere Bevölkerungsgruppen hat.

> "Also ich hab's nit bereut, ich hab viele gute Sachen erlebt in C, ich hab viele schlechte Sachen kennengelernt, die ich vom Land her gar nicht kannte. (...) und wie ich das dann gesehn hab, um Gottes Willen. Naja, auf der anderen Seite, ich hab da ne gesunde Meinung meiner Meinung nach gekriegt. Ich kann en Mädchen, die auf der Straße ihr Geld verdient, genauso akzeptieren als wie ne andere mit nem seriösen Beruf, möcht ich mal sagen. Ich finde, es kommt immer auf en Menschen drauf an." (Maria L. 680)

Frauen, die wie Maria L. zu beruflichen Umwegen gezwungen waren, konnten Berufserfahrungen in einem anderen Milieu sammeln und die Vorteile einer klaren Trennung von Arbeit und Freizeit erleben. In einigen Fällen konnten sie, anders als ihre Berufskolleginnen mit direktem Zugang zur Landwirtschaft, mit anderen Lebensformen experimentieren und etwas anderes von der Welt kennenlernen. Das Wissen um die verschiedenen Lebensperspektiven festigt sie in ihrem Wunsch, selbst Landwirtschaft zu betreiben.[20] Mit dieser gewonnenen Sicherheit werden aber auch die Nachteile der Verhinderung stärker bewußt. Insbesondere dann, wenn sich die Umstände für die betroffenen Frauen mittlerweile nicht zum Positiven gewendet haben, das heißt, sie die Möglichkeit der Landbewirtschaftung (noch) nicht erhalten haben. Neben einem "biografischen Zeitverlust" (vgl. Burkart 1992:148) gilt es, ähnlich den nicht aus der Landwirtschaft kommenden Frauen, die fehlende Selbstverständlichkeit und Routine in landwirtschaftlichen Arbeiten auszugleichen. Dies gilt vor allem für den Umgang mit der Technik.

3.1.4 Das Hofdenken oder das kleinere Übel

Es ist in vielen Interviews auffällig, daß die Landwirtinnen Nachdruck auf ihre individuelle Entscheidung für den landwirtschaftlichen Beruf legen. Damit weisen sie zurück, daß sie Trägerinnen des traditionellen Hofdenkens[21] sind und mit ihrer Entscheidung für die Landwirtschaft elterliche Erwartungen erfüllen. Sie haben zwar die Absicht, den elterlichen Betrieb weiterzuführen, doch sehen sie sich dabei nicht als Erfüllungsgehilfinnen eines übergeordneten Prinzips. Den jüngeren Befragten der Untersuchung von Vonderach u.a. (1993) vergleichbar, betonen sie, daß sie die landwirtschaftliche Arbeit persönlich interessiert und sie Spaß daran haben. "Die jüngeren Landwirte hatten zwar teilweise das Gefühl, durch die Mitarbeit auf dem elterlichen Hof in ihre Rolle hineingewachsen zu sein, verdeutlich-

20 Sehr eindeutig bewertet Funk (1993) das Fehlen bzw. Vorhandensein dieser Lebensphase für junge Frauen aus dem bäuerlichen Milieu: "Was bei den Frauen mit landwirtschaftlicher Berufs- und Lebensperspektive am deutlichsten beklagt wird, das Fehlen einer beruflichen und jugendkulturellen Experimentierzeit, wird bei den jungen Frauen, die sich gegen die Landwirtschaft als Lebensperspektive entschieden haben, in den Mittelpunkt ihrer Argumentation gestellt. Erst über die außerlandwirtschaftliche Berufs- und Lebensorientierung hätten sie ihre Entwicklungs- und Experimentierzeit bekommen, auf dem Hofe dagegen sei man festgebunden, eine Offenheit der Lebensperspektive sei nicht gegeben." (ebd.:168)

21 Dabei steht der Hof im Vordergrund der Lebensplanung: "In der familial gebundenen Wirtschaftsverfassung kam dem Haushalt bzw. der Familie [oder dem Hof in der Landwirtschaft, M.S.] der Primat zu. (...) Der Primat des Haushalts bedeutete, daß es primär um seine Kontinuität ging. Die beteiligten Personen waren kaum als Individuen mit eigenständigen Lebensperspektiven bzw. Kontinuitätsansprüchen ausgebildet; (...) Die beruflichen und familialen Übergänge im Lebenslauf ergaben sich direkt aus den Notwendigkeiten der Produktion und Reproduktion im Haushalt." (Kohli 1985:16f) Bezogen auf die Bauern, gab es "nicht das individuelle Lebenswerk, das mit der Übergabe oder dem Tod zu Ende gegangen wäre. Es gab nur eine mehr oder weniger gute Verwalterschaft des den einzelnen überdauernden Gesamtwerkes, in dessen Dienst man sich stellte." (Imhof 1984:188) Saint-Exupéry (1949) verweist auf das Unfaßbare in diesem Zusammenhang: "In dem Bauernhof liegt jedoch etwas, das einer stofflichen Untersuchung entgeht; gibt es doch Besitzer, die aus Liebe zu ihrem Gut sich für seine Rettung zugrunde richten würden." (ebd.:202, zitiert nach Sachs 1972:81)

ten aber auch, daß es ihre individuelle Entscheidung gewesen sei, Landwirt zu werden. Sie hätten 'Lust zur Landwirtschaft' gehabt." (ebd.:150)

Es ist jedoch kaum von der Hand zu weisen, daß insbesondere Landwirtinnen, die von klein auf von ihren Eltern zu einem Leben in der Landwirtschaft ermuntert wurden, auch darin sozialisiert wurden, ihre Nachfolgerinnen zu werden und ihren Betrieb weiterzuführen[22]. Selbst wenn die Übernahme des Hofes nur zweitrangig ist, sie existiert als ein Aspekt der Motivation der Frauen, sich selbst das Know-how der Landwirtschaft anzueignen. In den Interviews finden sich Hinweise, die auf eine moralische Verpflichtung hindeuten, das Erbe der Eltern anzutreten:

> "Das dann einfach so im Sande verlaufen zu lassen, das war eigentlich zu schade dafür"

meint Monika T. (38). Rita D. ist der Überzeugung:

> "I moan, der Hof, der war halt aa, da wär's aa gar gween, wenn i gange wär." (1888)

Für die Eltern, die den Betrieb in seiner heutigen Form aufgebaut und/oder verwaltet haben, wird die Entscheidung ihrer Töchter zum erfolgreichen, 'krönenden' Abschluß ihres lebenslangen Arbeitseinsatzes. Damit einhergehend werden sie allerdings auch gefordert, ihre in Landwirtschaftskreisen häufig noch anzutreffenden traditionellen Geschlechtsrollenerwartungen aufzugeben, zu korrigieren. Der nun schon jahrzehntelang anhaltende Strukturwandel in der Landwirtschaft, den sie mitvollzogen haben, dürfte es ihnen erleichtern, diesbezüglich flexibel zu reagieren. Die Aufgabe vieler Betriebe in ihrem Umfeld mitangesehen zu haben, mag die Bereitschaft erhöht haben, die Weiterführung des eigenen Hofes auch in einer modifizierten Art und Weise zu akzeptieren. Es ist hervorzuheben, daß die Eltern mit der Aufgabe der einen traditionellen Grundhaltung, der geschlechtsspezifischen Rollenerwartung, einen anderen von ihnen tradierten Wert, das Hofdenken, verwirklichen können. Das eine wird zugunsten des anderen geopfert. Den Töchtern kommt dieses Wechselspiel der Wertehaltungen zugute.

In landbewirtschaftenden Familien, in denen 'nur' Töchter oder spätgeborene Söhne vorhanden sind, lassen die Eltern relativ früh ab von den normativen Geschlechtsrollenerwartungen. Sie beziehen sich oft schon im Grundschulalter auf die Tochter, die Interesse für die Landwirtschaft zeigt, als potentielle Hofnachfolgerin. Dieses Ergebnis widerspricht einer englischen Untersuchung von 1991, wonach dies für Jungen, nicht aber für

---

22 Wenn es auch nicht so 'naturwüchsig' erfolgt sein mag, wie es Sachs in seiner Untersuchung von 1972 zum Wirtschafts- und Sozialverhalten von Landwirten, diese zitierend, anführte: "Dann aber - und interessant ist, wie früh dieser Zeitpunkt angesetzt wird [im Alter von fünf, sechs Jahren] - geht das "immer weiter, immer weiter", man wächst hinein in den Betrieb, man wird auf dem Hof groß, einem wird die Rolle "anerzogen", und eines Tages "ist man fertiger Landwirt"." (Sachs 1972:83)

Mädchen zutrifft. "A recent survey of English farmers suggests that on farms where there is at least one son in the family, a quarter have identified a successor by the time the oldest son is ten years old. (...) On farms where there are only daughters the identification of a successor comes much later." (Gasson/Errington 1993:211) Ich führe den Unterschied darauf zurück, daß es sich bei den Töchterfamilien der englischen Untersuchung nicht um explizit jene Familien handelt, in denen eine Tochter eine landwirtschaftliche Ausbildung absolviert oder anstrebt, sondern Farmerfamilien allgemein erfaßt sind. Die frühe Festlegung auf die Hofnachfolge erfolgt meinen Ergebnissen zufolge unabhängig vom Geschlecht, wenn die Eltern bei dem betreffenden Kind landwirtschaftliches Interesse erkennen.

Abschließend stellt sich die Frage, ob die Entwicklung für Mädchen positiver verläuft, wenn die Geschlechtsrollenleitbilder bereits in der Elterngeneration durchbrochen sind. Gegeben war diese Situation bei den zwei Frauen im Interviewsample, deren Väter bereits in ihrer Kindheit gestorben waren. Ihre Mütter entschlossen sich, den Betrieb in eigener Verantwortung weiterzuführen, auch wenn sie nicht dafür ausgebildet waren. Die Zukunft der Betriebe war offen, denn im Gegensatz zu vielen anderen Fällen, in denen Witwen den landwirtschaftlichen Betrieb übergangsweise verwalten, war bei ihnen kein interessierter Hofnachfolger in Sicht. Unterstützung erfuhren die verwitweten Mütter durch nahe Verwandte und die heranwachsenden Kinder, trotzdem waren sie nach Darstellung ihrer Töchter oft auf sich allein gestellt und mußten um ihre Anerkennung kämpfen. Ihr Leben war geprägt von harter Arbeit, entsprechend war der Arbeitsdruck auf die interviewten Frauen in ihrer Kindheit und Jugend enorm groß. Jede Arbeitskraft wurde für die Arbeit in Haus und Hof benötigt, unabhängig von ihrem Geschlecht.

In dem einen näher untersuchten Fall ist es eine 'reine' Töchterfamilie, im anderen gibt es einen nachgeborenen, jüngsten Sohn, der ein Jahr alt war, als der Vater starb. Es fällt auf, daß sich auch hier das strukturelle Merkmal wiederfindet, daß nicht die jeweils älteste Tochter in die landwirtschaftlichen Tätigkeiten einbezogen wurde. Es ist die zweite bzw. die dritte Tochter, die diesen Zu-fall, im Sinne, daß ihnen diese Rolle zugefallen ist, damit erklären, daß die anderen Schwestern vom Typ her nicht paßten, zu labil und sensibel waren, auf eine weiterführende Schule gingen und/oder überhaupt nicht in der Landwirtschaft arbeiten wollten. Sie selbst halfen von klein auf in Stall und Feld mit:

> "I war bei uns scho immer d'r Bauer" (Tilly F. 13),

auch wenn eine der beiden in der nahegelegenen Stadt das Gymnasium besuchte und dann auf die Realschule wechselte.

Für beide Frauen war zum Zeitpunkt der Berufswahl klar, daß sie eine landwirtschaftliche Lehre machen wollten. Sie mußten keinen Widerstand seitens ihrer Mütter brechen, erfuhren aber auch keine aktive Unterstützung in ihrer Berufswahl.

> "Naa, des hat's eigentlich nia gsagt, daß sie sich gfreit hätt. Also, sie hat's scho akzeptiert, daß i's mach und hat aa immer nachgfragt, ob i's wirklich möcht." (Rita D. 941)

Ihre Mütter hatten diese Entscheidung nicht erwartet. Trotz oder gerade wegen der lebenslangen Erfahrung in der Führungsrolle eines landwirtschaftlichen Betriebes, bleibt dahingestellt. Sie selbst hatten, zwar der Not gehorchend, doch von ihnen über Jahrzehnte getragen, die traditionelle Frauenrolle aufgebrochen und lebten ein Stück weit die Männerrolle, was auch das Selbstverständnis ihrer Töchter geprägt haben dürfte. Zur Nachahmung empfohlen haben sie diesen Weg ihren Töchtern aber nicht. Sie scheinen ein ambivalentes Verhältnis dazu zu haben.

> "Auf der oanen Seiten jammert sie recht über die Landwirtschaft, weil mir's immer no ham, sagt's, wenn'st was anders gmacht hättst, hättn mer's vui schöner, aber auf der andern Seiten kann sie's halt selber net lassen." (Rita D. 936)

Die Töchter fühlen sich von ihren Müttern nicht unter Druck gesetzt, die kurze Frauenhoftradition fortzusetzen und den Hof zu erhalten, was für die ältere Generation noch einer ihrer Beweggründe gewesen sein mag. Im Vordergrund steht das Individuum, steht die persönliche Neigung der Töchter zur Landwirtschaft. Ich möchte daher akzentuieren, daß mit den Geschlechtsrollen auch das Hofdenken gebrochen zu sein scheint.

3.1.5 Die allgemeine Schulbildung

Es ist auffällig, daß viele der Frauen, die sich auf meine Anzeige gemeldet haben und in das Befragungssample eingingen, die Fachhochschul- bzw. allgemeine Hochschulreife besitzen. Es sind 20 von 53 Landwirtinnen, das entspricht einem guten Drittel. Dieser hohe Anteil[23] mag daher rühren, daß

23 Unter allen westdeutschen Auszubildenden in der Landwirtschaft hatten 1985 lediglich 14 % die (Fach-) bzw. allgemeine Hochschulreife. Dieser Anteil stieg bis 1990 auf 15 %. Der Anteil der Auszubildenden mit Hauptschulabschluß verringerte sich von 29 auf 22 %, ein Anstieg von 18 auf 25 % zeigt sich bei denjenigen, die das Berufsgrundschuljahr absolvierten. Parallel dazu verdoppelte sich allerdings auch der Anteil der Auszubildenden ohne Schulabschluß von 2 auf 4 %. Auszubildende mit Realschulabschluß waren konstant mit 24 % vertreten (vgl. BMELF 1985; 1990). In der von Rudolph 1989 durchgeführten Untersuchung von landwirtschaftlichen FachschulabsolventInnen in Baden-Württemberg liegt der Anteil der AbsolventInnen mit (Fach-)Hochschulreife bei 5 % und damit auch im bundesweiten Vergleich äußerst niedrig. Der Hauptschulabschluß ist mit 64 % sehr oft vertreten, der Realschulabschluß entspricht mit 30 % annähernd dem Durchschnitt (vgl. Rudolph 1994:107). Diese regionenspezifischen Abweichungen für Baden-Württemberg sind der Tendenz nach auch in meinem Sample zu finden. Die allgemein gestiegene Wertschätzung einer höheren Schulbildung in der landwirtschaftlichen Bevölkerung zeigt sich im Vergleich mit einer bundesweiten, repräsentativen Befragung zu Entwicklungschancen landwirtschaftlicher Haupterwerbsbetriebe von

sich diese Gruppe eher durch eine Anzeige angesprochen fühlt oder ein stärkeres Bedürfnis hat, über ihre Erfahrungen zu sprechen. Teilweise erklärt es sich durch den mit einem Drittel relativ hohen Anteil von Frauen, die außerhalb der Landwirtschaft aufgewachsen sind und häufig aus mittleren bzw. höheren Schichten kommen, denn nach wie vor lassen sich für Deutschland schichtspezifische Bildungsunterschiede nachweisen[24]. Unter ihnen haben gut die Hälfte die Fachhochschul- bzw. allgemeine Hochschulreife gegenüber einem Drittel unter den Töchtern aus landbewirtschaftenden Familien[25]. Auch diese Zahl ist überdurchschnittlich hoch, bestätigt der Tendenz nach aber die Aussage von Neldert u.a. (1981:2), wonach unter den Jugendlichen aus landwirtschaftlichen Familien Mädchen häufiger als Jungen eine weiterführende Schule besuchen. Sie begründen ihr Ergebnis damit, daß Mädchen seltener den Hof übernehmen und weichende Erben häufiger an höherer Bildung partizipieren als Hofnachfolger. "Weiterhin beeinflußt die Aussicht, einmal den Hof zu übernehmen, die Wahl der Schulform. Im Durchschnitt besuchen die Hofnachfolger vor allem von Haupterwerbsbetrieben, weniger häufig die Realschule oder das Gymnasium als Nicht-Hoferben. Sie absolvieren häufiger nur die Hauptschule." (ebd.:22) In Fortführung dieses Gedankens müßten die Landwirtinnen, die ursprünglich nicht als Hoferbinnen vorgesehen waren, oft eine höhere Schule besucht haben, was sich im Gesamtsample jedoch nicht bestätigt. Da sich das Ergebnis auch nicht nach dem Alter ausdifferenziert und damit die Bildungsreform widerspiegelt[26], bleibt festzuhalten, daß sich die befragten

---

1980. Unter 1.505 Betriebsleitern mit einem Durchschnittsalter von 47 Jahren hatten lediglich 10 % Mittlere Reife oder Abitur (vgl. Pascher 1981). Sie spiegelt sich auch in der Verteilung der Schulabschlüsse der Bäuerinnen nach Altersgruppen wider. Hatten in der Befragung von Claupein u.a. (1991:9) von den Frauen über 35 Jahren lediglich 2 % Abitur, etwa 18 % Mittlere Reife und 80 % Hauptschulabschluß, so findet sich in der Altersgruppe von 31-35 Jahren bereits eine Verteilung von 9 zu 33 zu 58 % und unter den Bäuerinnen bis 30 Jahren eine Verteilung von 15 zu 46 zu 39 %.

24 Hansen/Rolff (1990) stellen dazu fest: "So kann man resümieren, daß die abgeschwächte Auslese die Bildungschancen der Kinder aus fast allen Schichten erheblich erhöht hat. Zu einem Abbau der Ungleichheit der Bildungschancen zwischen den Sozialschichten ist es indes nicht gekommen. Wenn man die Differenzen zwischen den Beteiligungswerten der einzelnen Sozialschichten (am Gymnasium und an der Universität) als Maß für soziale Ungleichheit nimmt, dann ist vielmehr das Gegenteil der Fall: Die Chancen auf eine höhere Ausbildung an Gymnasien und Universitäten sind eher ungleicher geworden." (ebd.:60)

25 Der Tendenz nach zeigt sich diese Differenzierung auch bei Riechel (1983). Von den von ihr befragten Auszubildenden mit landwirtschaftlicher Herkunft hatten 12,9 %, von denen außerhalb der Landwirtschaft 50 % Abitur. Der Realschulabschluß ist bei beiden gleichverteilt mit 35 % vertreten, beim Hauptschulabschluß zeigen sich mit 51,6 % der Auszubildenden mit landwirtschaftlicher Herkunft gegenüber 14,3 % bei denen von außerhalb wieder große Bildungsunterschiede (vgl. ebd.:33).

26 Dazu wurden bevorzugt die Mütter befragt. Büttner untersuchte 1976 die Einstellungen von Landfrauen zur Ausbildung der jüngeren Generation und stellte fest: "Die Kinder der Landfrauen erhalten in der Mehrzahl eine qualifizierte Ausbildung, zumeist jedoch eine praktische

Landwirtinnen durch ein auffallend gutes allgemeines Bildungsniveau im Verhältnis zu Bäuerinnen einerseits (vgl. Claupein/Günther 1991; Kaschuba/Reich 1994) und zu männlichen Berufskollegen andererseits auszeichnen (vgl. Pascher 1991; BMELF 1985/1990; Rudolph 1994). Damit läßt sich für die Frauen auch dieser Berufsgruppe festhalten, daß sie bereits in bezug auf die allgemeine Schulbildung überqualifiziert sind.

Das hohe allgemeine Bildungsniveau kann aber auch als Anpassung der bäuerlichen Bevölkerung an den gesamtgesellschaftlich hohen Stellenwert von Bildung betrachtet werden. Wie in Kapitel 2.2 zur beruflichen Bildung ersichtlich wird, ist für die Entwicklung der Landwirtschaft nach 1945 kennzeichnend, daß sich das Verhältnis von Bildungs- zu Erfahrungswissen immer stärker zugunsten des ersteren verschoben hat. "Die Kinder werden freigestellt von der Tätigkeit im Betrieb. Dies gilt gleichermaßen für den potentiellen Nachfolger, was die Professionalisierungstendenzen in der Landwirtschaft verstärkt, wie für die weichenden Erben." (Herrmann 1993:139) Mit dem Einzug von chemischen und technischen Errungenschaften in die Landwirtschaft ist es für eine erfolgreiche Landbewirtschaftung und Tierhaltung nicht nur selbstverständlich sondern sogar notwendig geworden, sich das entsprechende Wissen in dafür eingerichteten Bildungsinstitutionen anzueignen. Eine gute Allgemeinbildung erleichtert die berufliche Qualifikation und wird daher von landwirtschaftlichen Beratungsstellen empfohlen.

Wird die Schulbildung allerdings als eine individuelle Ressource betrachtet, dann kann der hohe Wert, der ihr in den hier untersuchten, landwirtschaftlichen Kreisen zukommt, als weiteres Indiz für eine Orientierung weg vom Hofdenken hin zum einzelnen Individuum, zur individuellen Biografie angesehen werden. Das Einverständnis der Eltern, daß die Töchter

---

Berufsausbildung (oder den mittleren Bildungsabschluß). Der Besuch einer weiterführenden Schule ist wesentlich seltener. (...) Die Töchter der Bäuerinnen sind bezüglich der Dauer der Ausbildung in Jahren nicht mehr gegenüber den Söhnen benachteiligt." (Büttner 1978:145) Die bereits hier sichtbaren Fortschritte gegenüber den 60er Jahren setzten sich fort, wie sich bei Kaschuba/Reich in ihrer 1994 erschienenen Untersuchung zu Lebensentwürfen und Bildungsinteressen von Frauen in ländlichen Regionen zeigt: "Unsere Interviewpartnerinnen stellten übereinstimmend die verbesserten gesellschaftlichen Bedingungen für junge Frauen und Mädchen fest: Ihre Töchter verfügen über eine bessere Schulbildung und planen die Erwerbstätigkeit als festen Bestandteil ihres Lebensentwurfs; (...) Dabei erwiesen sich die Frauen stellenweise als Wegbereiterinnen ihrer Töchter. (...) Besonders bei der Berufs- und Bildungsplanung bekommen die Töchter Unterstützung durch unsere Interviewpartnerinnen." (Kaschuba/Reich 1994:126f) Diese Orientierung fand Herrmann (1993) allgemein für landbewirtschaftende Familien: "Am Beispiel der Nachfolgefrage wurde mehrfach gezeigt, daß sich die Werte- und Einstellungsmuster von traditionalen Vorstellungen gelöst haben. Die Ausrichtung an modernen Erfordernissen offenbarten sich auch bei anderen Aspekten des Lebens, so z.B. bei dem Bedeutungsgewinn von Bildung und Freizeit, der nahezu allen Interviews abzulesen war. (...) Der hohe Stellenwert von Ausbildung und Beruf bestimmt den (betrieblichen) Alltag ebenso wie die eigene Lebensplanung und die der Kinder." (ebd.:139) auf das Gymnasium oder die Realschule in der nächstgelegenen Stadt wechseln, ist der erste Schritt dazu. Gute Noten und die Fürsprache der LehrerInnen unterstützen dabei die Mädchen. In der Überzeugung, die Schulbildung ihrer Töchter müsse einen praktischen Lebensbezug haben, raten dann aber viele Eltern dazu oder drängen darauf, daß die Töchter nach der Mittleren Reife abgehen. Zu der daraus resultierenden Verunsicherung kommt hinzu, daß sich viele Landwirtinnen als Mädchen in der städtischen Schule nicht heimisch fühlten. Es bestätigt Wimers Beobachtung: "Unabhängig davon aber, ob der Übertritt auf eine höhere Schule durch den Willen der Eltern geschah oder nicht, erleben ihn die Kinder selbst auf eine Weise, die geprägt ist durch die Diskrepanz zwischen ihrer bisherigen Erfahrungswelt auf dem Hof und den neuen Ansprüchen und Maßstäben in der Schule und (Klein-)Stadt." (Wimer 1988:116) Etliche der betreffenden Landwirtinnen haben die Schule nach der Mittleren Reife gerne verlassen. Diejenigen, die dennoch das (Fach-)Abitur anstrebten und diese Entscheidung eventuell gegenüber den Eltern durchsetzten, führen dies unter anderem auf ihre damaligen SchulfreundInnen zurück.

> "Ich hab dann doch en bißchen Panik gekriegt und hab mir gedacht, ach meine ganzen Freunde, und hab dann Abi gemacht." (Sonja C. 680)

Daran zeigt sich, daß soziale Aspekte für den Verlauf des individuellen (Aus-)Bildungsweges ebenso eine Rolle spielen können wie persönliche und strukturelle Aspekte. Welche Einflüsse während der landwirtschaftlichen Berufsausbildung für die Frauen bestimmend waren, soll im folgenden näher beleuchtet werden.

3.2 Die landwirtschaftliche Sozialisation

"Dann aber (...) geht das 'immer weiter, immer weiter', man wächst hinein in den Betrieb, man wird auf dem Hof groß, einem wird die Rolle 'anerzogen', und eines Tages 'ist man fertiger Landwirt'." (Sachs 1972:83) So einfach, wie es ein Landwirt Sachs gegenüber Anfang der 70er Jahre ausdrückt, dürfte es heute selbst für Männer nicht mehr sein, Landwirt zu werden. Für Frauen trifft es allemal nicht zu. Wie oben aufgezeigt wurde, ist es auch in den 90er Jahren keine Selbstverständlichkeit, daß interessierte Töchter einer landbewirtschaftenden Familie den Beruf der Landwirtin ergreifen. Einige Frauen erfahren Unterstützung darin, andere haben Hindernisse zu überwinden, bis ihr Wunsch akzeptiert wird. Auch für Frauen von außerhalb der Landwirtschaft beginnt mit ihrem geäußerten Berufswunsch 'Landwirtin' oft die Auseinandersetzung mit Vorurteilen und Verwunderungen. Über die Familie hinaus erfahren viele der angehenden Landwirtinnen bereits vor, verstärkt während der Ausbildung, daß sie für eine Frau außergewöhnliche Ziele haben, für die sie kämpfen müssen, die sie anderen gegenüber rechtfertigen müssen. Immer wieder werden sie darauf angesprochen, daß sie mit ihrem Vorhaben die übliche Geschlechtergrenze überschreiten. Immer wieder begegnen sie Vorurteilen. Ihre Konfliktbereitschaft wird schon vor ihren ersten beruflichen Schritten gefordert und getestet. Gänzlich unbehelligt verläuft für keine der Befragten die Zeit der Berufswahl und der Ausbildung zur Landwirtin.

3.2.1 Erste Diskriminierungserfahrungen vor der Ausbildung

Die ersten Vorbehalte außerhalb der Familie erleben die jungen Frauen im Rahmen der Berufsfindung und bei der Suche nach einem Ausbildungsplatz[27]. Oft sind es spontane Reaktionen ihrer Mitmenschen, die zunächst zu Verunsicherung führen, durch das mehrmalige Erleben dann aber ein Protest- oder Widerstandsverhalten bei den Suchenden auslösen. Für Frauen im städtischen Umfeld sind die Reaktionen nicht nur bezogen auf die Wahl eines Männerberufes, sondern auch auf das Berufsfeld, das einerseits Neugierde hervorruft, andererseits aber wenig Ansehen genießt. Elke J. ist die Zeit der Berufsinformation und -beratung in ihrer Schulklasse im Ruhrgebiet noch lebhaft in Erinnerung:

> "In der Schule, weiß ich noch ganz genau, haben sie mich immer belächelt, weißt du, die anderen, die wollten dann Büro oder Verkäuferin, ja manche wollten auch noch weiter zur Schule oder so, ganz unterschiedlich, und ich hab immer gesagt, ich werd Landwirtin. 'Äääh Bäuerin, will die werden!'" (1053)

Die Art und Weise, wie Elke J. den Ausspruch ihrer MitschülerInnen intoniert, gibt sehr deutlich die beabsichtigte Geringschätzung wider. Obwohl auch ihre Eltern, beide im Pflegedienst tätig, zunächst versuchten, ihre Tochter von ihrem Berufswunsch abzubringen, ließ sie sich nicht abhalten und suchte sich eine Lehrstelle.

Die Suche nach einem Ausbildungsplatz gestaltet sich vor allem für die Frauen schwierig, die nicht im landwirtschaftlichen Milieu aufgewachsen sind und auf bestehende Netzwerke ihrer Eltern zurückgreifen können. Da sie meistens keine Kontakte zu potentiellen Ausbildungsbetrieben besitzen, wenden sie sich zunächst an die staatlichen Institutionen Arbeits- und Landwirtschaftsamt bzw. -kammer. Wie in Kapitel 2.2 angeführt, werden dort auch heute noch junge Frauen an die Abteilung Ländliche Hauswirtschaft verwiesen, wenn sie sich nach Ausbildungsmöglichkeiten im Bereich

---

27 Nach einer Untersuchung von Frauen in männertypischen Handwerksberufen spricht Witten (1986:173) davon, daß diese "Frauen bei Ausbildungsbeginn ihren 'Härtetest' schon hinter sich haben. (...) Die meisten haben einen längeren Hürdenlauf, manche auch ein Langstrecken-Hindernisrennen hinter sich, wenn sie mit der Ausbildung beginnen."

Landwirtschaft erkundigen. Mit Nachdruck müssen sie ihren Berufswunsch Landwirtin vertreten und entsprechende Informationen einfordern[28]. In dieser Situation zeigt sich, daß die BeraterInnen nicht nur als VertreterInnen ihrer Institutionen, sondern auch als ReproduzentInnen des existierenden Geschlechterverhältnisses und der damit verbundenen Hierarchie fungieren. Dazu gehört, daß sie ihre Beratung entlang der herrschenden Norm, das heißt entlang der traditionellen Geschlechterzuordnung - Frau gleich ländliche Hauswirtschafterin und Mann gleich Landwirt - ausrichten.

Bis Mitte der achtziger Jahre wurde diese Haltung durch die Schwierigkeiten gestützt, die es bedeutete, Frauen einen Ausbildungsplatz auf einem landwirtschaftlichen Betrieb zu verschaffen[29]. Daß es danach leichter wurde, dürfte nicht nur auf eine größere Aufgeschlossenheit unter den LandwirtschaftsmeisterInnen zurückzuführen sein, sondern auch auf die Tatsache, daß sich immer weniger Menschen für eine Ausbildung in der Landwirtschaft interessieren und viele Ausbildungsplätze nicht mehr besetzt werden können. Frauen haben folglich dann bessere Chancen, wenn es an männlichen Bewerbern mangelt. Das zeigte sich für die befragten Frauen ohne landwirtschaftlichen Hintergrund bereits früher. Ihre Ausbildungsbetriebe zeichneten sich durch Einseitigkeit oder eine benachteiligte Lage aus, Bedingungen, auf die sich viele männliche Auszubildende nicht einließen.

Anne R., die zwischen Abitur und Agrarstudium ein Praktikum absolvieren wollte, war zunächst froh über ihren Praktikumsplatz auf einem Versuchsgut für Geflügelwirtschaft. Die Nachteile wurden ihr erst bewußt, als sich herausstellte, daß ihr von einem Jahr nur drei Monate für ihr Studium anerkannt werden sollten, weil die Ausbildung zu einseitig war. Sie suchte sich einen vielseitigen landwirtschaftlichen Ausbildungsbetrieb und entschloß sich, ihr Praktikum zu einer Lehre auszubauen. Heike B. ging nach der 12. Klasse mit der Fachhochschulreife vom Gymnasium ab. Sie versuchte, über das Arbeitsamt einen landwirtschaftlichen Ausbildungsplatz zu finden, was sich in ihrer Heimatregion, dem Rhein-Main-Gebiet, als schwierig herausstellte. Über die Vermittlung des Arbeitsamtes fand sie ihren ersten Ausbildungsbetrieb im damaligen Zonenrandgebiet, im Nordosten der Bundesrepublik Deutschland.

> "Dort, wo niemand hinwollte (...) Wahrscheinlich waren wir deswegen sogar vier Frauen in der Berufsschulklasse." (Heike B. 35)

---

28 Von ähnlichen Schwierigkeiten berichten die von Witten (1986) untersuchten Frauen in männertypischen Handwerksberufen. Sie schreibt, es scheint "stark von der Person des zuständigen Sachbearbeiters des Arbeitsamts abzuhängen, ob die weiblichen Ratsuchenden bei der Realisierung ihres ausgefallenen Berufswunsches unterstützt wurden oder nicht" (ebd.:177).

29 Riechel (1983) gibt an, daß von 59 jungen Frauen 16 bei ihrer Suche nach einem Ausbildungsplatz Absagen aufgrund ihres Geschlechts bekamen.

Da mir Statistiken über die Zahl landwirtschaftlicher Auszubildender nicht aus einzelnen Regionen, sondern nur aus den einzelnen Bundesländern vorliegen, bleibt die Vermutung, die nur mit einem großen Befragungsaufwand überprüft werden könnte, daß Frauen vermehrt in benachteiligten Regionen ihre Ausbildung absolvierten, solange die Zahl der BewerberInnen der Zahl der Ausbildungsplätze entsprach.

3.2.2 Vielfältige Erfahrungen sammeln auf den Höfen

Beispiele zeigen, daß Frauen auch dann Chancen auf einen Ausbildungsplatz hatten, wenn ein landwirtschaftlicher Betrieb mehrere Auszubildende, das heißt Jungen und Mädchen gleichzeitig beschäftigte. Daß sich diese Situation als Diskriminierungsfalle erweisen kann, erlebte Sonja C. während ihrer Ausbildungszeit. Auf dem ersten Betrieb,

> "da war noch en anderer Lehrling, aber da konnt' ich, durfte ich auch schon Schlepper fahren, aber so die wichtigen Sachen, die hat dann meist der andere gemacht. (...) Dann bin ich eben auf den Betrieb, wo ich einziger Lehrling war, das war en richtiger, durchschnittlicher, bäuerlicher Betrieb mit 40 Hektar und 30 Kühen, der Bauer war 43, (...) der war en wirklich motivierter Meister, der hat auch seinen Meister noch nit so lang gehabt. (...) Und ja, der hat mir alles gezeigt und hat mich dann auch machen lassen, das war ganz gut. Und dann war ich's letzte Jahr, war ich auf nem Betrieb, auch auf nem Milchviehbetrieb mit 60 Kühen, aber in G., im G.'er Stadtgebiet, und der hatte auch nen Reiterhof dabei, der Junior hat die Pferde gemacht und der Senior die Kühe. (...) Da waren wir zwei, also en männlicher Lehrling, der selber von nem Hof kam, und ich. Da war's auch so, wenn der da war, dann hab ich Pferdeställe gemistet und gehackt, und wenn der mal frei, wenn der mal weg war, dann hieß es auf einmal, ja jetzt fahr mal Gülle, ne, und die haben aber nix erklärt. Das war fürchterlich." (Sonja C. 718)

Es ist zu betonen, daß Frauen wie Sonja C. nicht nur das Gefühl der Zurücksetzung auszuhalten haben, es wird ihnen auf diese Art und Weise auch eine fundierte Ausbildung vorenthalten. Im Gegensatz zu den männlichen Auszubildenden haben sie nur begrenzt die Chance, in einer weniger verantwortungsvollen Berufsphase Dinge auszuprobieren und aus eigenen Fehlern zu lernen[30]. Wenn sie dann zum Zuge kommen, stehen sie unter erhöhtem Erwartungsdruck, was leicht zu Mißgeschicken führen kann. Vorurteile der mitarbeitenden Männer über die begrenzten handwerklichen und technischen Fähigkeiten von Frauen werden damit bestätigt. Eine andere Form der vorenthaltenen Ausbildung und damit der Diskriminierung, die Frauen während ihrer landwirtschaftlichen Ausbildung, wohl kaum aber Männer erleben dürften, ist der Versuch, sie in Haushaltsarbeiten einzubeziehen. Im

30 In Riechels Studie zur Situation von Winzerinnen, Land- und Tierwirtinnen passierte dies sogar Zweidrittel der 59 untersuchten Auszubildenden (vgl. Riechel 1983:49). Es ist eine Erfahrung, die von vielen Frauen in gewerblich-technischen Berufen geteilt wird (vgl. Wald u.a. 1986).

alltäglichen Umgang erfahren sie auf diese Weise immer wieder neu, daß sie sich außerhalb der Norm bewegen. Daran zeigt sich, daß die traditionellen Geschlechtsrollenerwartungen noch häufig in den landwirtschaftlichen Betrieben wirksam sind, und Männer und Frauen daran mitwirken, daß sie auch erfüllt werden. Die weiblichen Auszubildenden sind gefordert, mit Vehemenz ihr eigentliches Ausbildungsinteresse zu vertreten. Sie werden vorsichtig, freundlich gemeinte, unterstützende Hilfeleistungen, zum Beispiel nach dem gemeinsamen Mittagessen, anzubieten, weil sie befürchten müssen, daß weiterreichende Forderungen daraus entstehen können. Der Umgang miteinander und die Stimmung auf dem Hof leiden darunter.

Dennoch bleibt festzuhalten, daß es auch frauenförderliche Betriebe, daß es Landwirtschaftsmeister gibt, die keine oder nur geringe Vorbehalte gegenüber weiblichen Auszubildenden haben, so daß das Geschlecht nicht durchweg und von vorneherein ein erschwerendes Moment darstellt. Positive Erfahrungen machte Heike B. mit ihrem ersten Ausbilder in der Landwirtschaft. Das Ausbildungs- und Arbeitskonzept auf dem Hof, wo nach dem Rotationsprinzip die einzelnen Auszubildenden alle 14 Tage einem anderen Arbeitsbereich zugeordnet waren, stellte sicher, daß sie genauso behandelt wurde wie der männliche Auszubildende. Sie wurde in alle Arbeitsgänge eingewiesen, wurde dann aber bevorzugt zu den Schlepper- und Maschinenarbeiten herangezogen, bei denen sie durch ihre Sorgfalt ein besseres Arbeitsergebnis erzielte als ihr männlicher Kollege.

In diesem Zusammenhang werden die Vorteile eines Betriebswechsels während der Ausbildung offensichtlich. Dies erweitert nicht nur das Spektrum der praktisch erfahrbaren Ausbildungsinhalte, sondern bietet den Auszubildenden die Chance der Zusammenarbeit mit unterschiedlichen Persönlichkeiten, was die eigene Flexibilität erhöht und im Falle von Schwierigkeiten bzw. Diskriminierungen den erfolgreichen Abschluß der Ausbildung dennoch gewährleistet.

3.2.3 Moralische Verpflichtung zur Heimlehre

Die dargestellten Probleme sind vielen Auszubildenden aus landbewirtschaftenden Familien fremd. Die angeführten Diskriminierungen bleiben ihnen erspart, wenn ihre Arbeitskraft zuhause nicht entbehrt werden kann und sie eine sogenannte Heimlehre absolvieren[31]. Die moralische Verpflichtung ist dann besonders hoch, wenn ein Elternteil chronisch krank oder früh gestorben ist. Diese Frauen formulieren andere Probleme, zum Beispiel bedauern

---

31 Nach Statistiken des Bundesministeriums für Ernährung, Landwirtschaft und Forsten absolvierten in den Jahren 1985 - 1992, aus denen diese Erhebung vorliegt, zwischen 23 und 32 % der landwirtschaftlichen Auszubildenden ihre Lehre vollständig auf dem elterlichen Betrieb (vgl. BMELF 1986 - 1993).

sie, "so wenig von der Welt gesehen zu haben". Sie beklagen die fehlende Horizonterweiterung durch eine Fremdlehre bzw. ein Auslandspraktikum sowohl auf der fachlichen als auch der sozialen Ebene[32]. Nicht selten unternehmen sie später den Versuch, dem abzuhelfen, indem sie einen Nebenjob als Betriebshelferin oder Milchprüferin annehmen, sobald es die Arbeitsorganisation und -belastung auf dem elterlichen Hof zulassen. Eine andere Möglichkeit bieten die Landjugendverbände mit ihren Austauschprogrammen, in deren Rahmen junge HofnachfolgerInnen für einige Wochen die Betriebe und damit ihr Lebensumfeld tauschen. Mag es zunächst auch scheinen, daß die Frauen ihre individuellen Interessen den betrieblichen unterordnen, doch deuten sich hier doch Aufbrüche an. Sobald die Landwirtinnen Freiräume erkennen, nutzen viele die Gelegenheit und versuchen, im Rahmen ihrer Möglichkeiten, ihr Leben nach ihren Wünschen und Vorstellungen zu gestalten. Es handelt sich nicht um einen zusammenhängenden Lebensabschnitt im Sinne einer "jugendkulturellen Experimentierzeit" (vgl. Kap. 3.1 und Funk 1993:168), doch vermitteln die Erfahrungen abseits vom eigenen Hof den Frauen das Gefühl, an solchen experimentellen Erlebnissen Gleichaltriger teilzuhaben. Die Handlungsmöglichkeiten mögen gering erscheinen, doch ist darauf hinzuweisen, daß diese 'kleinen Fluchten' wesentlich zur Zufriedenheit der Landwirtinnen mit einem hofzentrierten Leben beitragen.

Haben Frauen aus landbewirtschaftenden Familien noch während ihrer Ausbildungszeit die Gelegenheit, zumindest für ein Jahr eine sogenannte Fremdlehre zu machen, dann ist festzustellen, daß sie weniger Vorurteile erfahren als Frauen, die nicht in landwirtschaftlichen Milieus aufgewachsen sind, denn es wird davon ausgegangen, daß sie das Arbeiten in der Landwirtschaft kennen. Für Frauen, die zwar in der Landwirtschaft aufgewachsen sind, in die traditionell männlichen Arbeiten aber nicht fundiert eingewiesen wurden (siehe Kap. 3.1), kann hier zunächst von einer positiven Diskriminierung gesprochen werden. Da dann aber Erwartung und tatsächliches Können auseinanderfallen, sind diese Frauen einem permanenten

32 Diesem Manko möchten die Landwirtschaftlichen Berufsschullehrerverbände mit ihrer Forderung entgegenwirken: "Zur Förderung der Vielseitigkeit der Ausbildung ist auch die Forderung nach mindestens einem Jahr Fremdlehre nachhaltig zu unterstützen." (Brückmann 1989:14) Nach Rudolph (1994) wurde das zwar von vielen Auszubildenden befürwortet, doch nur von etwa der Hälfte seiner Befragten realisiert. Der Anteil lag bei den Frauen mit 75 Prozent weitaus höher, doch schränkt Rudolph ein, daß die kleine Gruppe der weiblichen Befragten keine repräsentativen Aussagen zulasse (ebd.:135). Der Tendenz nach scheint sich die Fremdlehre immer mehr durchzusetzen. In der Befragung von Sachs (1972) realisierten noch die wenigsten angehenden Landwirte einen Teil ihrer Ausbildung auf einem fremden Hof, obwohl bereits damals viele sie befürworteten. Die befragten Väter sahen die Fremdlehre unter anderem als "soziale Anpassungsübung, 'Respekt', 'Haltung', 'Gehorsam' u.ä.m. zu lernen" (ebd.:178). Während Anfang der 80er Jahre dann etwa 20 Prozent der AbsolventInnen im Beruf LandwirtIn in Bayern eine Fremdlehre nachweisen konnten, seien es 1995 bereits 94 Prozent gewesen (Bayerisches Landwirtschaftliches Wochenblatt 51/1995:14)

Belastungsdruck ausgesetzt, wenn sie die Situation nicht rechtzeitig klarstellen.

3.2.4 Die Rolle der Besonderen in der Berufs- und Fachschule

In den landwirtschaftlichen Berufsschulklassen finden sich Frauen mit dem Berufsziel Landwirtin heute zu dritt oder zu viert wieder, auf der Höheren Landbauschule oder während der Meisterausbildung sind sie dann aber oft alleine unter den verbliebenen Männern. Diese Sonderstellung trägt zu der besonderen Behandlung bei, die die Frauen erfahren. Sie erleben sie unterschiedlich, je nachdem, ob sie im Mittelpunkt stehen und bewundert werden oder ob sie unter Diskriminierungen zu leiden haben.

Als Vorteil können sich auch hier bestehende Netzwerke herausstellen, in deren Rahmen die Eltern dem Lehrpersonal bekannt sind.

> "Die ältern, da war's no a bißl was bsonders, oan Lehrer ham mer ghabt, bei dem is mei Papa scho in d'Schul ganga, und andere ham aa gmerkt, daß es mi interessiert und daß i's mag." (Rita D. 1413)

Nicht selten hinterfragen vorurteilsbeladene Lehrer jedoch, ob es den Frauen wirklich ernst mit ihren beruflichen Ambitionen für die Landwirtschaft ist. Unter diesen Umständen sind die Landwirtinnen gefordert, sich rege am Unterrichtsgeschehen zu beteiligen, um ihr Interesse unter Beweis zu stellen, auch wenn ihnen damit nicht immer die Anerkennung sicher ist. Umgekehrt erleichtert das Interesse an landwirtschaftlichen Inhalten es ihnen, Voreingenommenheiten aufgrund ihres Geschlechts zu begegnen. Den jungen Landwirtinnen bleibt keine andere Möglichkeit, als selbst aktiv zu werden, um eine den Männern gleichgestellte und würdige Behandlung zu erfahren, wie sich auch im folgenden Fall zeigt.

Eine beliebte Diskriminierung seitens männlicher Lehrer besteht darin, den Frauen zu unterstellen, sie absolvierten ihre Ausbildung nicht aus beruflichen Interessen sondern nur, um einen Mann kennenzulernen.

> "Ich hat also einmal beim Melkkurs, das war also auch noch in der Ausbildungszeit. Da war einer, der, also der hat echt die dummen Sprüche losgelassen, aber da hab ich mich dann gleich abends beschwert bei der obersten Stelle und da gings dann die nächste Woche, weil das waren zwei Wochen, und die erste Woche hat er mich schon so a weng schikaniert, 'Äh, nur wegen den Jungs da' und so ungefähr. Ich mein, das muß man sich nit sagen lassen." (Monika T. 1132)

Nicht alle finden den Mut wie Monika T., gegen solch ein diskriminierendes Verhalten aufzubegehren. Und selbst sie kommt nicht umhin, eine Woche lang die mit den demütigenden Äußerungen verbundene Reduzierung ihrer Person auf ihr unterstelltes sexuelles Interesse und die Mißachtung ihrer beruflichen Neigungen zu ertragen. Im Rückblick stellt sich mir die Frage, ob solche Erlebnisse dazu beigetragen haben, daß so auffallend viele Landwirtinnen mir gegenüber ihr Interesse an der Landwirtschaft betonten und in den Vordergrund stellten (siehe Kap. 3.1).

Andere Diskriminierungen, von denen berichtet wird, sind Unterstellungen, daß sich die Landwirtinnen als Frauen Erleichterungen in der Prüfung versprechen würden. Daß dem nicht so ist, können sie kaum beweisen. Eine mögliche Reaktion, von der Frauen erzählen, besteht darin, ihrem dadurch angestachelten Ehrgeiz freien Lauf zu lassen.

> "Ich wurde wirklich ärgerlich, als mir Lehrer sagten, daß ich mir nicht einbilden solle, als Frau hätte ich es leichter. Innerlich schwor ich mir, es ihnen zu zeigen, daß ich genauso gut wie ein Mann bin." (Heike B. 93)

Andere Frauen werden zu Höchstleistungen förmlich gezwungen. So ließen zwei Männer der Prüfungskommission Claudia S. im voraus wissen, wenn sie meine, diesen Beruf machen zu wollen, dann werde sie auch extra geprüft. Es scheint, daß die Lehrer ihre institutionalisierte Vormachtstellung bzw. ihre Stellung als Autoritätsperson nutzen, um ihre Macht zu demonstrieren.[33]

Es stellt sich die Frage, ob solche Erfahrungen einer der Gründe dafür sind, daß sich unter den Besten der AbsolventInnen häufig die wenigen Frauen befinden[34]. Im Fall von Claudia S. dürfte es dazu beigetragen haben, daß sie als Beste von 82 MeisteranwärterInnen ihres Bundeslandes abgeschnitten hat. Auch Heike B., Rita D., Olga M., Anne R. und Monika T. gehörten zu den Besten ihres Schuljahrgangs. Im Jahr 1995 war eine Frau sogar Bundessiegerin im Berufswettkampf der LandwirtInnen (vgl. Bayerisches Landwirtschaftliches Wochenblatt 25 und 35/1995). Es muß jedoch erwähnt werden, daß der überragende Erfolg keine Garantie dafür ist, die verdiente Anerkennung auch tatsächlich zu erhalten. So berichteten mir Landwirtinnen, daß ihr guter Abschluß damit abgetan wird, daß Mädchen eben fleißiger und disziplinierter in der Schule seien. Über die praktischen Fähigkeiten sage der bessere Schulabschluß hingegen gar nichts aus. Dies zeigt einmal mehr, daß die Anerkennung sich in der Institution Schule nicht allein an fachlichen oder theoretischen Kompetenzen festmacht, sondern

---

33 Auch Janshen/Rudolph (1987:186) weisen in ihrer Untersuchung zu Ingenieurinnen auf Diskriminierungen hin seitens der Hochschullehrer gegenüber den wenigen Ingenieurstudentinnen und die mit dem Abhängigkeitsverhältnis verbundene Unmöglichkeit der angemessenen Zurückweisung.

34 Witten (1986) bestätigt in ihrer Untersuchung von Frauen in männertypischen Handwerksberufen ebenfalls das gute Abschneiden der Frauen in Prüfungen, wenngleich sie es vor allem auf die vergleichsweise höhere Schulbildung der Frauen zurückführt: "Die Erfolgsquoten der Frauen bei den Gesellenprüfungen in den Männerberufen liegen insgesamt höher als bei den Männern." (ebd.:180) Nach Janshen/Rudolph (1987:193) ist das ein charakteristisches Merkmal für Pionierinnen. Auch die Studienleistungen der von ihnen untersuchten Ingenieurinnen liegen über dem Durchschnitt.

auch von anderen Aspekten abhängig ist; in diesem Zusammenhang, ob AbsolventInnen das passende Geschlecht haben oder nicht. Während ihrer Ausbildungszeit ist diese Tatsache vielen Landwirtinnen jedoch noch nicht bewußt. Anders als das Gros ihrer Lehrer, die sie als Frauen wahrnehmen und ansprechen, versuchen sie, ihr FrauSein nicht zum Thema zu machen. Auf unterschiedliche Art und Weise tragen beide Gruppen zur Aufrechterhaltung des Systems der Zweigeschlechtlichkeit bei: die Lehrer, indem sie es verteidigen, und die Schülerinnen durch ihre Verweigerungshaltung, es zur Kenntnis zu nehmen.

3.2.5 Widersprüche zwischen Geschlechts- und Berufsrolle?

Während einige der angehenden Landwirtinnen verdrängen, daß sie erstens einem anderen Geschlecht angehören als der Großteil ihrer Klasse, und dem zweitens mehr Bedeutung zugemessen wird, als sie wahrhaben wollen, sind viele während ihrer Ausbildungszeit noch davon überzeugt, daß das inhaltliche Interesse und das fachliche Können entscheidend dafür sind, ob sie beruflich anerkannt werden oder nicht. Also bemühen sie sich, zu beweisen, daß sie alle Aufgaben meistern können. Anders als Brandth/Bolsø (1991), die in ihrer Untersuchung über norwegische Landwirtinnen zu dem Schluß kommen: "Men are their models as farmers, and they feel they have to be like men to be accepted as farmers. They are proud to be like men. The agricultural school is socialization both to farming and to a masculine culture. (...) Therefore they consider being a woman as irrelevant to their work - at least they try not to make it relevant" (ebd.:6), würde ich diese Aussage in ihrer Totalität nur für einige der befragten Landwirtinnen bestätigen. Die meisten sind nicht darum bemüht und schon gar nicht stolz darauf, wie Männer zu sein. Lediglich in ihrem Tun sind sie an der herrschenden Norm orientiert, die von Männern geprägt ist, und das, um erfolgreich die landwirtschaftliche Ausbildung abzuschließen. Lediglich in ihrem Lernen und Arbeiten versuchen sie, es den Männern gleichzutun, gleichzeitig verhalten sie sich jedoch so, als bewegten sie sich in einem neutralen Raum, und einige spielen sogar mit der Tatsache des anderen Geschlechts. Widersprüche zwischen ihrer Geschlechts- und Berufsrolle scheinen die Auszubildenden also nicht wahrzunehmen oder gut aushalten zu können.

Welche Erfahrungen machten die befragten jungen Frauen unter ihresgleichen und unter ihren männlichen Mitstreitern? Es fällt auf, daß im Rückblick fast alle betonen, daß sie keine Probleme mit ihren männlichen Mitschülern gehabt haben[35].

---

35 Auch Riechels Befragte geben zum überwiegenden Teil an, einen guten oder sehr guten Kontakt zu ihren männlichen Mitschülern gehabt zu haben (vgl. Riechel 1983:59). Hierin scheinen sich Landwirtinnen und Ingenieurinnen, die ihre Beziehungen zu den männlichen Kommilito-

"Also mit den Leuten in der Berufsschul hab ich mich auch so ganz gut verstanden, das waren hauptsächlich ganz normale Bauernjungs." (Sonja C. 798)

Falls von Spannungen berichtet wird, dann werden sie nicht am Geschlecht, sondern am bestehenden Altersunterschied oder einer fehlenden Reife für den Ernst des Lebens bei den 'Jungs' festgemacht. So berichtet Claudia S. davon, daß die Jungen in der Fachschule noch "richtige Hampelmänner" waren, in der Meisterschule seien sie dann reifer gewesen, "jeder wußt', worauf's ankommt", und das habe ihr besser gefallen (Claudia S. 120).

Relevant wurde das Geschlecht für die Landwirtinnen, die mir berichteten, daß sie es genossen haben, in der Klasse die einzige Frau unter Männern gewesen zu sein und damit im Mittelpunkt gestanden zu haben:

"Ich war die einzigste. Das war schön. (Lachend) Ich bin mit de junge Männer gut zurechtgekommen." (Maria L. 1437)

Auch bei anderen lassen Andeutungen darauf schließen, daß ihnen diese Rolle gefallen hat:

"Es war sehr angenehm (Lachen), ich hatte dadurch immer Vorteile, also was heißt Vorteile, aber ich bin immer gut behandelt worden, sagen wir mal so." (Monika T. 56)

Das Wort von der "Henne im Korb" taucht in diesem Zusammenhang auf. Das ursprünglich auf Männer bezogene Sprichwort wird hier von den Frauen umgekehrt, sie passen die begriffliche Ebene ihrer individuellen Situation an, sie greifen aktiv in die Beschreibung ihrer Umwelt ein. Das aktive Mittun einerseits und die erfahrene Bestätigung andererseits mögen dazu beigetragen haben, eventuell aufgetretene oder wahrgenommene Widersprüche zwischen Geschlechts- und Berufsrolle aushalten zu können.

Und wenn sich mehrere Frauen in einer Klasse befanden? Wie wurde das erlebt?

"Da warn me dann in de Berufsschul a mit so drei, amal woarn me vier Dirndl bei de andern drinne, das war dann scho ganz sche." (Rita D. 51)

Zum einen haben die Frauen diese Zeit in guter Erinnerung, bleiben mit ihren Ausführungen aber auf einer sehr allgemeinen Ebene. Sie erzählen weder von einer Frauenfreundschaft noch von gegenseitiger Unterstützung oder Versuchen, sich unter den anwesenden Frauen in der Klasse über das eigene Geschlecht und seine Bedeutung in der Ausbildung zur LandwirtIn zu verständigen. Auch auf Nachfrage hat mir keine der interviewten Frauen aus ihrem Umfeld davon berichtet. Ein Grund könnte sein, daß es für die Frauen damals einfach nicht wichtig genug war, das zum Thema zu machen. Es könnte aber auch darin begründet sein, daß die Konkurrenz stärker als die Solidarität unter den Frauen gewesen war. Denn in einigen

---

nen ebenfalls als "insgesamt positiv" beurteilt haben, zu gleichen (vgl. Janshen/Rudolph 1987:184).

Fällen scheinen sich die wenigen Frauen in den Klassen sogar aus dem Weg gegangen zu sein. Darauf läßt auch Elke J.s folgende Erzählung schließen. Sie selbst wundert sich heute über ihr Verhalten gegenüber einer Mitschülerin, die heute zu ihren besten Freundinnen gehört:

> "Witzig, wir waren zusammen in der Schule, in der HöLa [Höheren Landbauschule, M.S.] zusammen in einer Klasse, haben aber nie miteinander geredet. (...) Wir konnten uns im Prinzip in der Schule nicht leiden. So, Schule war aus, wir die besten Freundinnen." (Elke J. 1244)

Als interessante Tatsache ist hervorzuheben, daß Frauensolidarität während der Ausbildung auch für diejenigen der Landwirtinnen nicht angesagt war, die sich im Interview als frauenbewegt darstellen und zum Beispiel heute weibliche Auszubildende vorziehen, weil sie um deren Benachteiligungen wissen oder die Zusammenarbeit mit ihnen angenehmer finden. Eine Erklärung dafür könnte sein, daß die Landwirtinnen mit vielen neuen Situationen während ihrer Ausbildung in einer Männerdomäne konfrontiert waren und sie versuchten, diese in ihrem Alltag zunächst einmal zu überstehen. Die Frauen waren zu sehr in ihre Erlebnisse verstrickt oder fanden keine Zeit, über die erfahrenen Benachteiligungen zu reflektieren[36]. Hinzu kommt, daß es leichter ist, in einer Gruppe gleichgesinnter Frauen den Mut zu entwikkeln, Frauendiskriminierung anzusprechen und dagegen zu kämpfen. Die Wahrscheinlichkeit, unter den wenigen Landwirtinnen Gleichgesinnte im gleichen Augenblick zu finden, ist gering. Die gemeinsam verbrachte Zeit in der Berufs- und Fachschule mag oft zu kurz sein, als daß sich Bündnisse bilden können. Es deutet sich aber auch an, daß andere Themen in dieser Zeit wichtiger sind und die Sensibilisierung für Frauendiskriminierung erst später und nach einer Vielzahl entsprechender Erlebnisse erfolgt. In welchen Zusammenhängen dies geschehen kann, darauf wird in Kapitel 3.5 eingegangen.

3.2.6 Die Bedeutung einer landwirtschaftlichen Berufsausbildung für die Frauen

Sowohl für die Frauen, die nicht auf einem landwirtschaftlichen Hof aufgewachsen sind als auch für die Töchter landbewirtschaftender Familien ist es undenkbar, ohne Ausbildung in der Landwirtschaft zu arbeiten. Ihnen liegt daran, zu verstehen, was sie machen. Sie sind hochmotiviert, etwas zu lernen. Ist es für diejenigen ohne fundierte praktische Erfahrung das landwirtschaftliche Handwerkszeug, welches sie sich in ihrer Ausbildung vorrangig aneignen wollen, so steht für die anderen im Vordergrund, ihr bereits

36 Nach Witten (1986:182) differenziert sich das Problembewußtsein nach dem Alter aus, was sich durch meine Ergebnisse nicht durchgängig bestätigen läßt.

vorhandenes Erfahrungswissen auszubauen und darüber hinaus, sich Wissen über neueste Entwicklungen in der Landwirtschaft anzueignen. Das über die Institutionen vermittelte Bildungswissen genießt einen hohen Stellenwert[37]. Nach einer anderen beruflichen Erstausbildung ist den Frauen wichtig, eine umfassende Ausbildung in der Landwirtschaft zu erhalten, um Sicherheit darin zu gewinnen. Frauen mit einer ersten Ausbildung in der ländlichen Hauswirtschaft wollen endlich auch 'draußen' Bescheid wissen und in landwirtschaftlichen Angelegenheiten gleichberechtigt mitreden.

Nach einigen Jahren praktischer Tätigkeit und Anschauung kann sich erneut ein landwirtschaftlicher Wissenshunger einstellen. Den Frauen bietet sich für diesen Fall an, eine weiterführende Fachschule und im Anschluß daran die Höhere Landbauschule bzw. den Meisterkurs zu besuchen[38]. Ähnlich wie beim Zugang zur Landwirtschaft erfahren einige Unterstützung darin, andere müssen ihre Bildungsambitionen rechtfertigen. Welche unterschiedlichen Ausbildungsverläufe sich durch verschiedene soziale Einflüsse ergeben können, wird im folgenden anhand zweier Beispiele aufgezeigt.

Für Monika T. steht im Vordergrund ihrer Ausbildung, landwirtschaftliches Wissen zu erlangen. Schon als Kind lernt sie, wie bereits erwähnt, die Unkräuter zu bestimmen und mit Namen zu kennen.

> "Mit zehn Jahren hab ich alle Unkräuter gekannt, das hat mich interessiert, und, das weiß ich noch, da hat mich dann der Leiter vom Lagerhaus[39], der hat mich dann das alles mal abgefragt, und die hab ich alle gewußt aus dieser Unkrautfibel (...), und die hat er mir dann geschenkt." (777)

In ihrem Wissenseifer wird sie von ihrer Umgebung bestärkt, was ihren Ehrgeiz anstachelt. Gleichsam getragen vom Verlangen nach mehr Wissen, nimmt sie jedes Bildungsangebot wahr, das sich ihr bietet. Nach der Lehre,

> "war auf nem sehr guten Lehrbetrieb, das hat dann auch die Motivation noch gefördert" (436),

besucht sie die Fachschule, die sie als Klassenbeste abschließt. Sie erhält ein Stipendium für die Höhere Landbauschule, und auch dort gehört sie zu den

---

37 Eine ähnlich hohe Bewertung des Schulwissens zeigt sich in Rudolphs Untersuchung von 504 landwirtschaftlichen FachschülerInnen: "Der Glaube an Wissen und Organisation sind die Basis des Selbstvertrauens in beruflicher Hinsicht. (...) Das moderne Weltbild der Jungen - Wissen, Wirtschaftlichkeit, Organisation - ist ein Bruch in der Berufsauffassung gegenüber den vorhergehenden Generationen - eine ideelle Modernisierung." (Rudolph 1994:122)

38 Unter den 53 Frauen meines Gesamtsamples fand sich folgende Verteilung der Berufsabschlüsse:

GehilfInnenprüfung	17
Höhere Landbauschule u.ä.	14
MeisterInnenausbildung	6
Universitäts- oder Fachhochschulabschluß	12
verwandte Ausbildung (z.B. Tierwirtin)	4

39 Alltagssprachlicher Begriff für den landwirtschaftlichen Fachhandel.

besten. Daneben erwirbt sie breitgefächerte Zusatzqualifikationen. Sie lernt, Medikamente zu spritzen und besucht einen Besamungslehrgang, einen Schweißlehrgang, Buchführungs- und Computer-Fortbildungsseminare. Eine Aktivierung all ihres Wissens erfolgt durch die Berufung in den Meisterprüfungsausschuß auf Regierungsbezirksebene, wo sie Arbeitsprojekte betreuen und praktische und theoretische Prüfungsaufgaben stellen und korrigieren muß. Dies erfordert, sich auf dem aktuellen Stand der landwirtschaftlichen Entwicklung zu halten, so daß auch heute noch ihr Wissenseifer befriedigt und gefördert wird. Im Interview führt sie oft und gerne ihr Wissen an.

Maria L. hat nicht das große Glück der Unterstützung erfahren. Sie ging zunächst in die Großstadt und lernte und arbeitete als Schneiderin. Als ihre beiden Brüder nicht mehr daran interessiert sind, den elterlichen Hof zu übernehmen, nimmt sie den Vorschlag ihres Vaters an, zurückzukommen und den landwirtschaftlichen Betrieb weiterzuführen. Daß sie es tut und dafür noch eine Ausbildung absolvieren will, stößt auf Unverständnis in ihrem Heimatort.

> "Die älteren Männer zuerst, die mich als Spinner bezeichnet ham, daß ich nochmals, ich damals, wie alt war ich denn? In die 30. Daß ich dann so spät nochmal meine Prüfungen gemacht hab, und daß ich überhaupt nochmal Landwirtschaft gemacht hab, weil ich mir gsagt hab, wenn ich die Landwirtschaft von meinem Vater übernehmen soll, dann möcht ich's entweder richtig mach oder überhaupt nit. Also Alternative, was bleibt mir, es bleibt me gar kei andere Möglichkeit, in die Schule nochmal zu gehen, und des nochmal mit dene junge Leut mitzulernen. Hat mir nichts geschadet, dümmer worn bin ich dadurch nicht. Aber da bin ich schon als sehr, sehr großer Spinner bezeichnet worn." (406)

Maria L. ist sich ihrer Pläne sicher und setzt sie um. "Entweder richtig oder gar nicht" ist das Motto, das sie leitet. Den praktischen Teil der Ausbildung absolviert sie auf dem elterlichen Hof, wo ihre Arbeitskraft gebraucht wird, daneben besucht sie die landwirtschaftliche Berufs- und anschließend die Fachschule.

> "Für mich war alles wichtig, was da gebracht wurde. Naja gut, für mich war's ungewöhnlich viel Theorie. Logisch, wenn me mal zehn Jahr draußen war, ist ganz logisch, ne. Aber ich mein, da kommt me auch wieder nei." (2194)

Später beginnt sie noch die Meisterausbildung, bricht sie jedoch ab, als ihr Mann schwer erkrankt und sie ihn pflegen muß. Maria L.s Wissenseifer wird durch familiäre Umstände gebremst. Ihre Ausbildung kann sich aufgrund ihrer Biographie und den sozialen Umständen nicht so optimal gestalten wie die von Monika T., doch zeigt sich, wie Maria L. immer wieder versucht, das Beste aus ihrer Situation zu machen.

Neben dem Wissen, das durch die Ausbildung vermittelt wird, ist den befragten Frauen unabhängig von ihrer sozialen Herkunft der offiziell anerkannte Berufsabschluß von Bedeutung.

"Au' wenn i dahoim bleib, wollt i a Ausbildung hau, so wie's heit üblich isch." (Tilly F. 19)

Sei es mit den Geschwistern oder mit den FreundInnen, die Landwirtinnen wollen gleichgestellt sein. Die Frauen streben einen anerkannten Berufsabschluß an, um den Anschluß an die Gesellschaft zu halten und damit ihrer Marginalisierung entgegenzuwirken. Einige sehen darin auch eine Art Zukunftssicherung für den Fall, daß ihr Betrieb Opfer des Strukturwandels werden sollte.

"I kann it sicher sei, daß i immer Landwirtschaft machen ka', und dann isch a abgschlossene Berufsausbildung auf'm Arbeitsmarkt sicher günschdiger." (Claudia S. 109)

An das Zeugnis und die Urkunde, die vom erfolgreichen Abschluß der landwirtschaftlichen Ausbildung künden, knüpfen sich darüber hinaus sehr persönliche Momente für die Frauen. Sie sind stolz auf ihre Leistung, was sie dadurch zeigen, daß sie die Urkunden im Büro, im Eß- oder Wohnzimmer an die Wand hängen. Es hebt ihr Selbstbewußtsein. Dazu trägt auch die gesellschaftliche Anerkennung bei, die den Landwirtinnen nach einem erfolgreichen Abschluß zuteil wird. Viele der Befragten gehören zu den Besten ihrer Klasse. Es ist üblich, daß in der lokalen Tagespresse und in den regionalen landwirtschaftlichen Wochenblättern darüber berichtet wird und die Klassenbesten namentlich erwähnt werden. Sie werden zum Tagesgespräch, was ihrer Popularität und ihrem Ansehen zugutekommt. Sie können sicher sein, in den darauffolgenden Wochen immer wieder darauf angesprochen zu werden, sei es in örtlichen Vereinen, im Lagerhaus oder in der Beratungsstelle. Gerade wenn es den Landwirtinnen in ihrer Ausbildung nicht leicht gemacht wurde, genießen sie den endlich erreichten Erfolg. Er trägt zur Steigerung ihres Selbstwertgefühls bei.

"Doch, ich muß schon sagen, das hat mir eigentlich sehr viel geholfen, so für meinen sozialen Stand hier, doch, glaub ich schon so, sonst wär' ich nicht so anerkannt hier, auch als Gesprächspartnerin." (Anne R. 588)

3.3 Berufserfahrung sammeln oder land-wirtschaften Frauen anders?

Auch wenn die Zeit der landwirtschaftlichen Ausbildung bereits durch viele praktische Erfahrungen gekennzeichnet ist, so erleben die Landwirtinnen es doch als etwas Neues, wenn sie nach der Ausbildung beginnen, ihr gewonnenes Wissen in die Tat umzusetzen, es in Beziehung zu ihrem alltäglichen Arbeitsfeld zu bringen und es in der Praxis zu erproben. Sie fühlen sich befreit und nicht mehr abgelenkt und gebunden durch die Aufgaben und die Rechenschaftspflicht gegenüber der Schule. Sie sind froh, sich nun auf die praktische Arbeit konzentrieren zu können. Für die meisten von ihnen steht die berufliche Selbstverwirklichung in dieser Lebensphase im Vordergrund.

So sehr die Landwirtinnen das in der Schule vermittelte Wissen sich auch zu eigen gemacht haben und es nun für sie handlungsleitend ist, so offenkundig ist es, daß die Theorie für sie nur der Hintergrund oder die Voraussetzung für ihr eigentliches Anliegen ist oder, um es mit den Worten Maria L.s auszudrücken:

> "die Praxis ist natürlich schon interessanter" (2197).

Bei dieser Grundhaltung wundert es nicht, daß sich die Frauen durchweg als Praktikerinnen bezeichnen. Das alltagspraktische Tun in der Landwirtschaft ist es, welches sie interessiert und anspricht und dementsprechend nicht nur Elke J.s weiteren Lebensweg bestimmt:

> "Ich wollte mal noch studieren, aber (...) ich hatte nachher sofort gesagt, mach ich nicht, ich bin mehr für's Praktische." (Elke J. 1141)

Selbst für die Frauen, die ein Agrarstudium absolviert haben, war oft von Anfang an klar, daß sie auf einem Hof arbeiten wollten.

> "Ich hat immer die Idee, praktische Landwirtschaft zu machen, deswegen hab ich mir sagen lassen, daß ich halt eher an der Fachhochschule studieren soll, weil das praxisbezogener wär, und daß halt ne Lehre auch nicht schlecht wär statt Praktikum." (Sonja C. 688)

Neben dem fachlichen Einblick diente Frauen wie Sonja C. das Studium zur persönlichen Weiterentwicklung, einigen auch zur Überbrückung der Zeit, in der die noch relativ jungen landbewirtschaftenden Eltern aktiv den Hof alleine bewirtschaften konnten. Keine von ihnen hat ihr Studium im nachhinein infragegestellt. Von den Frauen, die nicht vom Hof kommen, hatten viele noch während des Studiums keine konkrete Idee, was sie danach machen wollten. Als dann die Entscheidung für den weiteren Berufsweg anstand, war jedoch den meisten, ähnlich wie Sonja C. und ihrem Freund, klar:

> "Also, wir hatten keine Lust, uns auf irgend'nen Ingenieursposten bei einem Amt oder bei ner Firma zu bewerben. Wir wußten, wir wollten beide praktische Landwirtschaft machen. " (Sonja C. 170)

3.3.1 Der Stellenwert von Erfahrungs-, Bildungs- und Anwendungswissen

Mit dem Einstieg in die Praxis des landwirtschaftlichen Alltags wird den Frauen in vielen Bereichen Können abverlangt. Nicht nur den studierten Landwirtinnen zeigt sich in den ersten Monaten, daß sie zwar viel wissen, es ihnen aber an praktischer Erfahrung mangelt. Insbesondere in der Zusammenarbeit mit anderen drängt sich ihnen hin und wieder der Vergleich auf, bei dem sie in ihren Augen schlecht abschneiden.

> "Die landwirtschaftliche Ausbildung mit da Meisterprüfung, da denk i mer, hab i oiwei zweng Praxis, da tat i gern no a bißle dazulerne. I moan immer der Hans, der woas vui mehra, was die Praxis angeht, mit de Maschinen und so. Und dann sag i immer, mensch woher woast denn du des? Und da sagt er, naja, des hab i mer glernt, gell. Da denk i mer, da hab i vui übersehen aa." (Rita D. 1429)

Die Frauen scheinen sehr selbstkritisch zu sein, wie sich aus etlichen Interviews rekonstruieren läßt. Im vorliegenden Falle wird anhand weiterer Interviewpassagen deutlich, daß Rita D. durchaus auf eine Menge Praxiserfahrung zurückgreifen kann, doch hat sie sich vieles autodidaktisch und nach dem Prinzip des 'learning by doing' angeeignet, was in ihren Augen weniger wert scheint.

> "Mei, den Stall, den ham mer aa, den hab i damals mit de Praktikantinnen baut, also fast alloa, zum Betonieren hat uns dann amal a Moo gholfa, aber aa bloß an Fertigbeton wegradeln. Des andere ham mer eigentlich, Doris und i, fast ois gmacht. (...) Da ham mer uns dann aa umeinandgschaut vorher und dann, i moan es san scho a paar Sachen, die wo net optimal woarn san, aber im Großen und Ganzen is scho ganz guat woarn. (Lachen) (...) I bin da vielleicht oiwei a bißl, a bißl schnell dann, weil i merk dann halt oiwei hinterher ois, was mer eigentlich anders hätt machen solln. (...) Aber naa, i bin scho ganz zfrieden damit." (Rita D. 410)

Es stellt sich die Frage, inwieweit die niedrige Bewertung des selbst angeeigneten Wissens von Rita D. auf ihre Sozialisation in landwirtschaftlichen Berufs- und Fachschulen zurückzuführen ist. Dem Verhältnis von Erfahrungs- zu Bildungswissen soll daher im folgenden weiter nachgegangen werden.

Ähnlich wie Rita D. haben auch andere Töchter landbewirtschaftender Familien ihre zuhause gemachten Erfahrungen als Basiswissen, auf das sie das wissenschaftlich ausgerichtete, schulische Wissen aufbauen. Bei Frauen, die nicht in der Landwirtschaft aufgewachsen sind, wird das Bildungswissen wesentliches Fundament, zu dem das Erfahrungswissen hinzukommt. Entsprechend ist ihre Herangehensweise an neue Arbeitsgänge oder Probleme stärker kognitiv ausgerichtet. Einfache Handgriffe und handwerkliche Grundfertigkeiten wie die Handhabung einer Schaufel oder Mistgabel kennen die einen bereits seit Kindertagen, die anderen müssen sich während ihrer Ausbildung darin üben. Doch mit viel Elan eignen auch sie sich Routine darin an. Souveränität oder Unsicherheit im alltäglichen Umgang mit Geräten und Maschinen sind nicht allein nach dem Zugang, sondern auch durch andere biografische Aspekte, wie zum Beispiel das vorhandene oder fehlende Zutrauen des ausbildenden Landwirtschaftsmeisters, zu begründen (siehe Kap. 3.2). Ebenso scheint eine kritische Haltung gegenüber dem wissenschaftlich orientierten ExpertInnenwissen nicht auf ein vorhandenes fallspezifisches Alltags- und Erfahrungswissen zurückzuführen sein. Sie war vielmehr dann zu finden, wenn sich die Frauen für andere Formen der Landbewirtschaftung interessierten, unabhängig von ihrer Herkunft und ihrer Ausbildung. Bedingt durch die Ökologiebewegung ist es heute möglich, auch alternative Formen der Landbewirtschaftung in ihren Arbeitsweisen und spezifischen Erfordernissen mit dem dazugehörigen Wissen zu erlernen und so zu ihrem Fortdauern beizutragen. Schwieriger ist es, bäuerliche Elemente der Landwirtschaft kennenzulernen und sich anzueignen. "Denn das Einmischen der Naturwissenschaft in den bäuerlichen Alltag hatte dessen allmähliche Verdrängung zur Folge." (Kittel u.a. 1991:170) Darin liegt nach Schratz (1989) begründet, daß "jene qualitativen Züge ganzmenschlicher Entwicklung (Sozialkompetenz, Identität) leiden, welche der Lebenswelt und der Biographie des einzelnen noch gerecht werden" (ebd.:131, zitiert nach Kittel u.a. 1991:170). Darüber hinaus geht traditionelles Wissen über alte Arbeitstechniken sowie die Natur und eine an ihr ausgerichtete Produktion und Hofbewirtschaftung verloren.

Selbst für Landwirtinnen, die in einer bäuerlichen Familienwirtschaft aufgewachsen sind, stellt sich die Frage, inwieweit sie nach dem Durchlaufen der Institution Berufs- und Fachschule bewußt oder unbewußt deren Maßstäbe verinnerlicht haben und ihr Können vor allem daran ausrichten. Dementsprechend verliert das von den LandwirtInnen auf ihren Betrieben und Feldern gewonnene spezifische Erfahrungswissen an Bedeutung und das wissenschaftlich begründete Bildungswissen erlangt Priorität. In diesem Punkt stimme ich mit Graefe zu Baringdorf (1982) überein, doch teile ich nicht seine Totalität, mit der er den Einfluß der Institutionen beschreibt: "Die in den landwirtschaftlichen Fachschulen ausgebildeten jungen Bauern wurden und werden (...) zu Zerstörern des bäuerlichen Wissens ihrer Väter gemacht. Um diese Funktion erfüllen zu können, müssen die jungen Bauern zunächst einmal in die Ablehnung überkommener Erfahrung aus der praktischen Arbeit und Lebensweise ihrer Eltern geführt werden, sie müssen dieses Vorwissen verlernen. (...) Nicht qualitative Ausweitung und Veränderung des traditionellen bäuerlichen Wissens war und ist dabei Ziel des Lernens, sondern eine durch scheinbar objektive Kriterien geförderte Verhaltensänderung in Richtung auf die Zielsetzung moderner, nach wirtschaftswissenschaftlichen und naturwissenschaftlichen Maßstäben betriebenen Agrarproduktion, die als einzig mögliche und allein zukunftsweisende landwirtschaftliche Produktionsmethode ausgewiesen wird. (...) Leitbild ist nicht länger der Bauer, sondern der landwirtschaftliche Unternehmer." (ebd.:392) Im Gegensatz dazu erschließt sich aus meiner Untersuchung ein differenzierter Umgang der Landwirtinnen mit ihrem institutionell erworbenem Wissen, so daß daraus ein breites Spektrum an Landbewirtschaftung erwachsen kann. Es bleibt die Frage, ob die Frauen sich damit durchsetzen können und welche Relevanz sie erreichen.

Die von ihnen praktizierte Umsetzung des Wissens geschieht vor allem am 'grünen Tisch' bei der Zucht- oder Fruchtfolgeplanung, den Futter- oder Düngemittelberechnungen, der Kalkulation, der Buchführung und dem Ausfüllen der Anträge für Subventionen. Die Schreibtischarbeit steht für die meisten Befragten nicht obenan auf der Liste ihrer Lieblingsarbeiten, was noch einmal ihre Neigung zur praktischen Landwirtschaft unterstreicht und Widersprüche zu den von den Schulen vermittelten Kenntnissen andeutet. Im Gegensatz zur Generation ihrer Eltern ist ihnen aber die Bedeutung der Büroarbeit für eine erfolgreiche Landwirtschaft bewußt. In der Durchführung zeigen sich dann allerdings Unterschiede: die einen kalkulieren regelmäßig Zeit dafür ein, die anderen verschieben diese Arbeiten auf den Abend, das Wochenende oder auf Regentage. Der Umgang mit dem Computer ist den jüngeren Frauen durch den Unterricht in der Berufs- und Fachschule vertraut, doch ist er, neben Telefon und Telefax, mittlerweile auch vielen älteren Landwirtinnen selbstverständliches Arbeitsmittel, wenngleich er unterschiedlich oft in den verschiedenen Arbeitsbereichen eingesetzt wird.

Sowohl auf diesem als auch auf anderen Gebieten erfahren die Landwirtinnen in der alltäglichen Praxis die Grenzen ihres Erfahrungs-, interessanterweise aber auch des in der Ausbildung erworbenen Wissens. Und hierbei dürfte es ihren männlichen Berufskollegen nicht anders ergehen, es ist ein Generationsspezifikum. Neue Informationsträger und -vermittler gewinnen an Bedeutung. Durch die schnelle Entwicklung der in der Landwirtschaft angewandten Technologie fühlen sich die Frauen gezwungen, sich stets weiterzubilden und auf dem Laufenden zu halten. Alle Befragten haben dafür einige regelmäßig erscheinende Fachzeitschriften und -zeitungen abonniert, die die Fachbücher als Nachschlagewerke zurückdrängen.

> "Man kann also nit mehr, dieses Jahr ist's so und nächstes Jahr ist es ganz anders. Ich hab früher immer diese top agrar gesammelt, und jetzt, nach dem Monat schmeiß ich's weg, weil im nächsten Monat ist es nicht mehr gültig. Es ist nit mehr wie früher, daß man da was nachschauen könnte. Das hat keine Gültigkeit mehr, das ist alles sehr kurzlebig im Moment in der Landwirtschaft." (Monika T. 1405)

Die Informationen der Fachzeitschriften dienen nicht nur der Hilfestellung in der alltäglichen Arbeit, sie werden auch bei Neuanschaffungen und Investitionsentscheidungen zu Rate gezogen. Lokalbezogenes Erfahrungswissen wird immer mehr zurückgedrängt. Selbst der fachliche Austausch mit KollegInnen wird durch die Zeitschriften getragen, wie das Beispiel von Rita D. zeigt:

"Dann hab i an Hans überzeugt, daß mer an Blockschneider brauchn.
I.: Mit Argumenten oder wie? (gemeinsames Lachen)
R.D.: Mit am Zeitungsartikel aus der dlz. Den hat mer a Freindin gschickt, weil die hat mitkriegt, daß mer mir uns überlegen, was mer uns kaufen, also a Silozange oder an Blockschneider und dann war in der dlz a Vergleich drin, Silozange und Blockschneider. Und auf des hi, ham mer dann an Blockschneider kauft, weil mer mir Grassilo ham und Mais, und da is halt dringstanden, daß mit der Silozanga so aufglockert wird und daß mes dann nit lang lagern kann im Stoi, und bei uns is eigentlich so, daß mer bloß oa Moi in d'Wochn einefahrn möcht'n, und dann is' doch gschickter, an Block da zumham." (Rita D.1148)

An diesem Beispiel wird deutlich, daß die Medien zunehmend an Einfluß gewinnen. Zunächst einmal die Printmedien, über kurz oder lang werden aber auch audiovisuelle Medien und Datennetzwerke mehr Bedeutung in der Landwirtschaft gewinnen. Es ist noch nicht absehbar, zu welchen kulturellen Veränderungen diese Form des Wissenstransfers führen wird. Auch wenn die Anwendung der vermittelten Informationen im eigenen Betrieb mit seinen spezifischen Bedingungen den einzelnen LandwirtInnen bleibt - denn sie entscheiden, was sie wofür nutzen - es wird nicht ausbleiben, daß das Erfahrungswissen eine Umdeutung erfahren wird: nicht mehr das originäre Wissen aus dem selbständigen Umgang mit Boden, Pflanze, Tier und Maschine wird das Erfahrungswissen ausmachen, sondern dasjenige, welches die Landwirtinnen durch die Anwendung agrarwissenschaftlichen und -ökonomischen Wissens erwerben und abrufen sowie transferieren können.

Es passiert jedoch nicht reibungslos, die befragten Frauen erleben vielmehr den Zwiespalt zwischen beiden Wissenswelten. Sie erfahren in der Regel keine Unterstützung darin, diese Widersprüche auszuhalten oder herauszuarbeiten, um die beiden Wissenshorizonte konstruktiv aufeinander beziehen zu können. Erst ansatzweise gibt es erste Bildungsmaßnahmen, die sich daran orientieren (vgl. Kittel u.a. 1991). Die betreffenden Frauen müssen selbst einen Weg finden. Diese Aufgabe ist ein wichtiger Bestandteil ihrer Berufserfahrung in den ersten Jahren. Wie es scheint, gelingt es einem Teil der Landwirtinnen, selbst auf rationell-ökonomisch ausgerichteten Betrieben ihre eigenen Erfahrungen und darüber hinaus ihr intuitives Wissen in ihren Arbeitsalltag zu integrieren. So gibt Gerda H. neben ihren betriebs- und volkswirtschaftlichen Überlegungen zu bedenken:

"Wir gehen durch die Täler, wir gehen auch über die Höhen." (767)

Das erinnert an das biblische Zitat von den sieben fetten und den sieben mageren Jahren und kann als Zeichen dafür gedeutet werden, daß die Landwirtinnen in ihrer Betriebsführung nicht nur von rationalen Gesichtspunkten geleitet sind[40]. Bestätigt wird diese Vermutung von Aussagen wie

40 Dies entspricht den Schlußfolgerungen von Pongratz (1992), der in seiner Untersuchung zum Umweltbewußtsein von Bauern das bäuerliche Naturverhältnis als ein "Nebeneinander von unmittelbarem Naturerlebnis und instrumenteller Naturnutzung" charakterisierte (ebd.:191).

"Toi, toi, toi, wir hatten noch nix[41], aber man darf's ja nit beloben, sonst hat man ja morgen was, sag ich immer." (Monika T. 321)

Insbesondere drängt sie sich jedoch auf bei Bemerkungen, in denen Aspekte einer ökologischen Sensibilität oder eines empfindsamen Naturerlebens der Frauen anklingen. Und diese scheinen mehr oder weniger bei allen Frauen, unabhängig von der praktizierten Bewirtschaftungsform, vorhanden zu sein. Heike B. (14) erläutert mir das ortsübliche Entsorgungskonzept und meint zum Schluß:

"Dieser grüne Punkt ist doch wirklich ökologischer Humbug und eine Verschaukelung der Leute."

Maria L. (61) weist mich auf den Zusammenhang einer naturnah bewirtschafteten Wiese und gesunden Tieren hin:

"Das ist mageres Gras, aber dafür sehr viele Kräuter und Zeug drinne und des fressen die Kühe gerne, also die Kühe sind immer ganz begeistert. (...) Da zeigt sich das doch wieder, daß das gut ist."

Und selbst Gerda H., die sich abfällig über engagierte Personen in Tier- und Umweltschutz äußert, gibt zu bedenken:

"Ich wollt das schon immer mal probieren mit dem Frühkastrieren. Aber ich muß ganz ehrlich sagen, wenn ich denen jetzt Eisen spritz, Schwänze kupier und dann noch kastrieren, das ist vielleicht doch en kleines bißchen viel für die armen Viecher." (357)

Sollten Landwirtinnen wie diese also "Trägerinnen einer Gegenkultur" (Modelmog 1994) und damit einer zukünftigen Variante der Landwirtschaft sein? Hier interessiert zunächst, wie sie Wissen aus der fallbezogenen Erfahrung, der praktischen Anschauung und Anwendung gewinnen und gesellschaftlich nutzbringend einbringen. Im Hinblick auf die Umweltprobleme unserer Gesellschaft kommt Pongratz (1992) zu dem Schluß: "Gerade unter dem Gesichtspunkt der Naturerfahrung in der Arbeit sind moderne Industriegesellschaften auf einem sehr niedrigen Niveau angelangt. Die Unerfahrenheit der Menschen in der Bearbeitung der Natur scheint mir ein entscheidendes Hindernis für die Bewältigung der ökologischen Krise zu sein. (...) Aber Reste dieses Wissens und das Bewußtsein um seine Bedeutung haben sich in der bäuerlichen Bevölkerung erhalten. Würde dieses Wissen gesellschaftlich anerkannt, könnte es wesentlich zur Stabilisierung bäuerlicher Identität beitragen. (...) Es könnte grundlegendes Erfahrungswissen für die Verbindung der Bedürfnisse von Mensch und Natur, für den Weg zwischen Ökonomie und Ökologie in modernen Industriegesellschaften gewonnen werden. Die ökologische Frage könnte damit von einer Bedrohung des bäuerlichen Selbstbildes zur Quelle für eine neue gesellschaftliche Identität werden." (ebd.:276f) Die Reichweite dieses Aspektes ihrer Berufs-

41 Das heißt, keine ansteckenden Krankheiten oder Seuchen im Tierbestand.

erfahrung, des Arbeitens in und mit der Natur, scheint den meisten befragten Landwirtinnen allerdings nicht bewußt zu sein. Nur vereinzelt finden sich Hinweise, daß sie versuchen, ihr spezifisches Erfahrungswissen in den allgemeingesellschaftlichen Wissensbestand einfließen zu lassen und darüber in den Dialog mit Mitgliedern anderer Gesellschaftsschichten zu kommen. Maria L. ist eine der Frauen, denen es gelungen ist.

> "Am Anfang, muß ich dazusagen, war'n wir sehr anti eingestellt auf Naturschutz, weil wir sind hier Naturschutzgebiet, und als Landwirte ham wir's in den Anfängen der Jahre sehr, sehr schwer gehabt. (...) Und da sagte eine, 'ja wär's nicht besser, Sie würden die Landschaft wieder in ihren Urzustand zuwachsen lassen, wie sie's früher mal war (...) dann hätten die Tiere und die Vögel Freiheiten und wo kein Mensch hinkommt, da sind viele Tiere'. Und dann hab ich g'sagt, (...) wenn man draußen ist und mäht und arbeitet, ich hab's jetzt die paar Tag früh wieder beobachtet, ja, die Tiere, wenn die draußen sind, die gehn nit hin, wo ne alte, verwüstete Wiese ist, (...) die gehn nur dahin, wo immer gearbeitet wird. (...) Ich geh mit Grausen abends fort mähen, weil ich, abends liegen die Rehwild im Gras drinne. Da geh ich immer, früh um fünf steh ich auf und fahr und mäh. Da weiß ich, da sind die unterwegs mit de Mütter, dann brauch ich kaa Angst zu ham, daß ich ees oofahr (...) Ja, und da wollte die junge Reporterin mir das nicht glauben. Naja, dann hat sie's doch eingesehen." (Maria L. 1081)

Je häufiger solch ein Austausch zustande käme, desto öfters könnten die LandwirtInnen die Erfahrung machen, daß ihr Wissen sie in die Lage versetzt, den sich wandelnden gesellschaftlichen Erfordernissen, hier einem wachsenden Umweltbewußtsein, gerecht zu werden. Zum einen könnten sie daraus ihr berufliches Selbstbewußtsein stärken und zum anderen ihrer Marginalisierung in der Gesellschaft entgegenwirken.

3.3.2 Der Umgang mit der Technik nicht nur zur Arbeitserleichterung

Als nächsten Aspekt der Berufserfahrung möchte ich auf Körperkraft und Technik zu sprechen kommen. Nach wie vor gibt es viele Vorurteile, daß Frauen aufgrund ihrer begrenzten Körperkraft eine erfolgreiche Landbewirtschaftung nicht möglich wäre. In diesem Zusammenhang wird von den meisten nicht bedacht, daß sich in Wirklichkeit die körperliche Leistungskraft nicht strikt nach Geschlechtern differenzieren läßt und es sowohl kräftige Frauen als auch schwächere Männer gibt. Es stellt sich also die Frage, ob die Bewältigung körperlich schwerer Arbeit überhaupt etwas mit dem Geschlecht zu tun hat. Und warum sollte es in Zeiten hochentwickelter Technologien nicht möglich sein, Maschinen so zu bauen, daß sie flexibel von Menschen unterschiedlichster Körpergrößen und -kräfte handhabbar sind? Warum sollten nicht Frauen wie auch Männer froh über weitere Arbeitserleichterungen in der Landwirtschaft sein?

Galt es während der Ausbildungszeit noch für viele Landwirtinnen, ihre Fähigkeiten und vor allem ihre Körperkraft unter Beweis zu stellen, so machen sie sich zunehmend frei von der Meinung anderer, insbesondere Männer, und entscheiden unabhängig davon, welche Arbeiten sie wie verrichten. Gerade Frauen, die vorher körperlich schwere Arbeit nicht gewohnt waren, haben einen größeren Spielraum gewonnen. Ihre Körpermuskulatur hat sich im Laufe ihrer landwirtschaftlichen Tätigkeit aufgebaut und mit einem durchtrainierten Körper geht ihnen vieles leichter von der Hand. So erinnert sich Heike B.:

"Nach ein paar Monaten haben mir meine ganzen Blusen nicht mehr gepaßt, vor allem an den Unterarmen nicht." (35)

Und Sonja C., die sich ihren Arbeitsplatz als Angestellte eines Gutshofs im jährlichen Wechsel mit ihrem Mann teilt, macht alle zwei Jahre die Erfahrung auf's Neue, daß sich ihr Körper durch die Arbeit verändert.

"Als ich anfing im Januar zu arbeiten, schon im März hat ich irgendwie über fünf Kilo verloren (...) und hab mich auch körperlich einfach total gut und fit gefühlt. Das ist schon auch en ziemlicher Unterschied, wenn ich jetzt, also seit ich wieder rausbin, läßt's nach (Lachen)." (Sonja C. 316)

Einhergehend mit der gewachsenen Körpermuskulatur entwickeln die Landwirtinnen durch ihre vielfältigen landwirtschaftlichen Erfahrungen auch ein größeres Selbstbewußtsein. Das gibt ihnen die Freiheit der Entscheidung, ob sie körperlich schwere Arbeiten selbst erledigen oder aber an andere delegieren.

"Das mach ich nit, daß ich jetzt starke Frau markier (...) also ich geh halt nie bis an die Grenzen der Belastbarkeit (...) das muß also schon was ganz Besonderes sein, wenn ich das mal mach." (Gerda H. 795)

Die Frauen wissen aus eigener Erfahrung, welche Arbeiten sie ohne Überanstrengung schaffen und durch welche sie ihrem Körper zuviel zumuten. Das kann je nach Tagesform und körperlicher Verfassung variieren.

"Also am Anfang hab i aa denkt (Lachen) i kann alles von d'Welt einreißen, aber da merkt man doch, wias oam wehtuat. (...) Also, i tua des nimmer so stark. Also i sag liaber, daß mer jemand helft. (...) Des is halt dann aa vor allen Dingen in da Schwangerschaft kemma, daß i des scho versuacht hab, daß i des irgendwie vermeid." (Rita D. 1702)

Wie sich hier andeutet, ist es von den persönlichen Erlebnissen und damit der Biographie jeder einzelnen Frau abhängig, wieviel Rücksicht sie auf ihre Gesundheit nimmt bzw. nehmen muß. Es ist nicht meine Absicht, den üblichen Vorurteilen Vorschub zu leisten und die Frauen als das schwache Geschlecht darzustellen. Die befragten Frauen haben über Jahre hinweg bewiesen, daß sie in der Lage sind, Landwirtschaft zu betreiben. Doch müssen sie sich abhängig von der eigenen Kondition bei der Bedienung der landtechnischen Maschinen bewußt machen, daß diese als auch die Arbeitsorganisation in der Landwirtschaft bis dato auf eine wie auch immer bedingte Einschränkung der Körperkraft nicht ausgerichtet sind. Die Landwirtinnen haben dieses Faktum zur Kenntnis zu nehmen und für den Fall einer Einschränkung ihrer Körperkraft eine eigene Art der Umgehensweise mit vielen Geräten und Maschinen zu entwickeln, um erfolgreich und ohne Belastung ihrer Gesundheit landwirtschaften zu können. Nur selten haben sie dabei die Gelegenheit, Tricks und Kniffe von anderen Frauen abzuschauen, da es für sie kaum weibliche Vorbilder gibt (siehe Kap. 3.5.2.4).

Der Umgang mit der Technik ist für das Gros der Landwirtinnen selbstverständlich, so daß sie die vorhandenen arbeitserleichternden Mittel, die es für die Landwirtschaft gibt, problemlos anwenden können. Entgegen der landläufigen Meinung, Frauen und Technik würden sich ausschließen, haben professionelle Landwirtinnen kaum Probleme im Umgang mit Schlepper und Maschinen geäußert, im Gegenteil, es gehört zu ihrem beruflichen Selbstverständnis, wie in Kapitel 3.5.3 gezeigt wird, und unterscheidet sie damit von vielen traditionellen Bäuerinnen[42]. Ihren routinierten Umgang damit konnte ich oft beobachten. Sind die Frauen in der Landwirtschaft aufgewachsen und wegen nicht vorhandener Brüder früh als Betriebsnachfolgerin vorgesehen, wachsen sie langsam in diese Rolle hinein. Von Kind auf sammeln sie dabei Erfahrungen in der Handhabung von Schlepper und Maschinen. "Die isch scho mit 14 mit em große Kipper gfahre und hat rangiert" (285) erinnert sich der Vater von Hanne P., der zeitweise beim Interview mit ihr zugegen war. Auffallend häufig hatten viele von ihnen eine Sondergenehmigung, um den Schlepperführerschein schon vorzeitig machen zu können[43], zum Beispiel wegen Tod oder Krankheit eines Elternteils.

---

42 Da es keine explizite Studie darüber gibt, muß hier auf Andeutungen zurückgegriffen werden. So schreiben Inhetveen/Blasche (1983:116) zwar, "insgesamt fordert der normale Arbeitstag allen Bäuerinnen regelmäßig technische Leistungen und Kenntnisse ab", doch relativiert sich diese Aussage bezüglich der An- oder Abwesenheit eines Mannes, der Art der Maschinenarbeiten, der Häufigkeit und der Skepsis gegenüber der Technik. Janshen u.a. (1984:63) machen in ihrer Studie auf den Wandel in diesem Zusammenhang aufmerksam: "Was für die alte Bäuerin noch fremd war, wurde für die junge Bäuerin zur Selbstverständlichkeit: der Umgang mit Maschinen. Besonders die Nebenerwerbsbäuerin mußte jetzt in der Lage sein, die mechanisierte Ackerarbeit auch ohne männliche Hilfe zu leisten. Mechanisierte Ackerarbeit wird zur Frauenarbeit, wenn die Männer nicht da sind. (...) Im allgemeinen ist vollmechanisierte Arbeit immer noch Männerarbeit." Dies zeigt sich auch Jahre später bei Claupein/Günther (1991:37), die abfragten, wer welche Arbeitsaufgaben im landwirtschaftlichen Betrieb übernimmt. "Die geringste Häufigkeit der Durchführung von Arbeiten, sowohl allein als auch in Zusammenarbeit mit anderen, ergibt sich für die Bäuerinnen außer bei maschinellen Ackerarbeiten auch bei der Betriebsführung."

43 Die gesetzliche Altersgrenze für den Führerschein, mit dem ein Schlepper im öffentlichen Straßenverkehr gefahren werden darf, liegt bei 16 Jahren.

Der Umgang mit Schlepper und Maschinen gestaltet sich schwieriger für die Frauen, die erst als Betriebsleiterin akzeptiert werden, nachdem potentielle männliche Hofnachfolger ausgefallen sind sowie für diejenigen, die nicht auf einem Hof aufgewachsen sind. Wie im vorherigen Kapitel gezeigt wurde, müssen sie ihren Anspruch oft einfordern, ja sogar dafür kämpfen, wollen sie den Umgang mit der Landtechnik und dabei auch verantwortungsvollere Maschinenarbeiten wie Säen oder Spritzen erlernen. Dadurch gestaltet es sich für sie schwieriger, Routine darin zu entwickeln. Noch nach Jahren praktischer Tätigkeit auf einem Hof sind sie es, die zeitweilige Unsicherheiten in der Handhabung von Geräten und Maschinen äußern.

"Die Arbeit hier hat mir wieder gezeigt, wenn man sowas von außen sieht und sieht, ach der macht das, oje, das ist ja toll und ich könnt das nie, daß man das immer erstmal denkt (...) und wenn man das erstmal macht, grad so die Brennerei, wo ich immer nen Heidenrespekt gehabt hab, daß die das können, alle ne, und erst wirklich gedacht hab, oje, bei mir dauert das doppelt so lang als beim Martin, bis ich das kapiert hab, und das ist schwierig, obwohl ich eigentlich sonst nit davon ausgeh, daß ich schwerer von Begriff bin als der Martin (Lachen). Ja und dann, kurz, es waren zwei Wochen (...) und dann hab ich auch allein gebrannt. Das war halt für mich auch so en Erlebnis, daß ich so Sachen einfach mach, einfach angehen muß und daß das dann auch geht. Auch das mit den großen Maschinen mit dem Anhängen. Ich hab festgstellt, mit den großen Maschinen und so Sachen, die einfach in Schuß sind, ist es viel einfacher als mit den kleinen Dingern. (...) Mit den großen Maschinen kann man auch weniger falsch machen irgendwie (Lachen). Also daß diese Ehrfurcht, die man oft hat vorm Großen, oder auch, daß die Frauen sagen vom Dorf, mensch so große Maschinen läßt der dich fahren oder so ungefähr. Dann sag ich immer, okay, das ist zwar mehr Geld, was da dransteckt, in so ner Maschine, aber es ist einfacher, damit umzugehen als mit so nem kleinen Ding da (Lachen), was schon 20 Jahr alt ist oder so. (Sonja C. 1315)

Durch das Angehen der Probleme und die Überwindung ihres Kleinmuts schafft es Sonja C., die für sie heiklen Situationen zu meistern und selbstsicherer im Umgang mit der Technik zu werden. Ähnlich wie sie konnten sich bis auf eine letztlich alle interviewten Frauen Routine in der Handhabung von Schlepper und Maschinen aneignen. Und selbst Anne R., die nach dem Motto

"ich muß nicht alles können, sonst muß ich auch alles machen" (Anne R. 832)

für sich ablehnt, einige Maschinenarbeiten wie zum Beispiel die Ausbringung von Pflanzenschutzmitteln zu übernehmen, kann bei anderen Arbeiten wie dem Pflügen oder Grubbern ihren Mann, der ebenfalls Landwirt ist, vertreten. Sie war die einzige, die von sich behauptete,

"ich arbeite lieber mit der Hand, ich geh einfach nicht gern mit Maschinen um, ja, muß ich sagen." (Anne R. 788)

Aufgrund dieser Einstellung wird auch verständlich, daß sie als einzige der Meinung war, "da muß ich auch sagen, diese Illusion, ne Frau könnte ganz allein so nen Betrieb führen, die kann mir keiner weismachen. Die braucht zum mindesten einen Arbeiter dabei, männlicher Art. (...) Da fehlt einfach wirklich die körperliche Voraussetzung (...) Das hat nichts mit Organisation, das hat etwas mit dem Organismus zu tun." (Anne R. 808)

Daß sich Anne R.s Ansicht nicht verallgemeinern läßt, zeigen viele der anderen interviewten Landwirtinnen. Im folgenden möchte ich einige Strategien anführen, die sie zu ihrer Arbeitsunterstützung und -erleichterung entwickelt haben. Es ist herauszustellen, daß die Strategien durchaus auf einer unkonventionellen Organisation der Arbeit sowie auf einer möglichst weitreichenden Technisierung von Arbeitsgängen beruhen.

"Ich hab bei jeder Gelegenheit den Frontlader dabei und der kann dann helfen, oder die Sackkarre. Also so Heben oder so, da bin ich vorsichtig." (Gerda H. 796)

Ähnlich sieht es Monika T., für die es selbstverständlich ist, Saatgut und Düngemittel lose einzusetzen und auszubringen.

"Saatgut tun wir alles lose beziehen, weil ich ja die Säcke nit so heben packe. Das is auf em Hänger und dann ä Schnecke dran, und dann wird das in die Sämaschine eingeladen (...), halt auch a weng auf mich abgstimmt, weil en Zentnersack in die Sämaschine hieven, das schaff ich also, auch bei der besten Motivation (Lachen) ist mir das zu schwer. (...) Ich mein, ich häng den Schlauch da in die Sämaschin rein, und dann füllt es sich ab, und dann mach ich weiter (...) Das geht super." (Monika T. 467)

Auch in den Lagerräumen für Getreide und andere Futtermittel finden sich häufig Förderbänder und -rohre mit Gebläsen. Ein weiterer Punkt, worauf Landwirtinnen achten, ist, sich die Schwerkraft zunutze zu machen, wenn sie schwere Lasten zu bewältigen haben.

"Dann stellte ich den Hänger immer hängig an, um die Bordwand hochzubringen. (...) Heute haben wir welche, die sich unten rausklappen, das ist viel einfacher." (Heike B. 36)

Zusammen mit ihrem Freund hat sie außerdem eine mobile Laderampe gebaut, um Säcke mit einer Sackkarre darüber zu verladen und sie nicht mehr aus dem Stand auf die Anhänger zu heben. Wenn sie Einfluß auf das Gewicht des Transportguts nehmen kann, achtet sie darauf, daß es für sie handhabbare Größen hat. Es ist eine Frage des guten Willens, ob sich GeschäftspartnerInnen ohne Protest darauf einlassen. Elke J. führt den Kartoffelanbau als Beispiel an, um deutlich zu machen, daß Veränderungen möglich sind.

"Ist doch auch Quatsch gewesen, früher die Zentnersäcke mit Kartoffeln. Heutzutage macht das keiner mehr, die haben alle 25 kg Säcke, das ist doch von der Handhabung viel einfacher." (Elke J. 1131)

Da Elke J. als Betriebshelferin immer nur für kurze Zeit auf einem landwirtschaftlichen Betrieb eingesetzt ist, hat sie gewöhnlich keinen Einfluß auf deren Technisierung und Betriebsausstattung. Sie muß sich mit den jeweiligen betrieblichen Gegebenheiten arrangieren. Aber auch selbständige Landwirtinnen haben nicht immer die finanziellen Möglichkeiten, sich arbeitserleichternde Maschinen anzuschaffen oder den von den Eltern übernommenen Betrieb entsprechend umzubauen. Sie müssen sich mit 'kleinen Lösungen' zufrieden geben, etwa, daß sie Lasten, die getragen werden müssen, auf kleinere Einheiten aufteilen und dafür längere Wegstrecken in Kauf nehmen.

Im Laufe einiger Jahre verantwortlicher Betriebsführung entwickeln die Landwirtinnen einerseits das Selbstvertrauen, daß sie alle anfallenden Arbeiten im landwirtschaftlichen Betrieb meistern können, andererseits kann daraus das Gefühl der Unabkömmlichkeit erwachsen. Für Rita D. bedurfte es neben dem negativen Vorbild ihrer Mutter und ihren beiden Schwangerschaften noch eines längeren Krankenhausaufenthaltes, um zu dem Punkt zu gelangen, auch Arbeiten abgeben zu können. Es war für sie ein langer Prozeß zu begreifen, daß sie nicht alles selbst ausführen muß, sondern daß es häufig genügt, betriebliche Abläufe gut zu organisieren und Arbeiten zu delegieren.

> "Da war i dann amal sieben Woch'n total wega, da hab i mir an Nagel in an Fuaß tretn, (...) also sieben Woch'n hab i überhaupt nix doa kenna, und dann, das Jahr drauf im Mai, hams mer den Fuaß nomal operiert und dann hab i praktisch letzt Jahr im Mai vier Woche an Gips dran ghabt, da hams dann des erste Mal ohne mi (Lachen) siliert, und i woaß net, i hab mer da überhaupt so koane Sorg'n gmacht. (...) Also am Anfang is mer das scho schwar gfoin, wenn der Hans immer gsagt hat, also du kannst einigeh oder so, wir brauch'n di nimma oder so, also jetzat gehts mir eigentle scho ganz guat dabei (Lachen) oder jetzat denk i mir, naja, is ja guat eigentle, wann's mi net brauch'n, dann ko i was anders doa, oder kann mi um meine Kinder kümmern, weil es eh wenig hab. Also des denk i mir oft, hab i im Gegensatz zu meiner Mama glernt, daß i nimmer oise doa muaß und daß i denk, die andern können des bestimmt aa ohne mi dann." (Rita D. 208)

An diesem Beispiel zeigt sich sehr gut, wie sich das berufliche Selbstverständnis durch die Berufserfahrung unter immer wieder neuen betrieblichen und persönlichen Bedingungen vom Ausführen einzelner Tätigkeiten hin zum Führen des Betriebes verändern kann. Daß es sich bei diesen Betrieben um andere handelt als die, die laut Agrarbericht den Frauen als Betriebsinhaberinnen im allgemeinen zugesprochen werden, soll im folgenden kurz aufgezeigt werden.

3.3.3 Kennzeichen der Betriebe selbständiger Landwirtinnen

Die Betriebe, die die befragten Landwirtinnen eigen- oder mitverantwortlich bewirtschaften, sind sehr unterschiedlich und decken ein breites Spektrum ab. Die landwirtschaftliche Nutzfläche reicht von 11 bis 200 ha. Die Verteilung der Betriebsgrößen ist wie folgt:

Betriebsgröße	unter 15 ha	16-50 ha	51-100 ha	über 100 ha
Anzahl der Betriebe[44]	5	27	10	8

Dies entspricht in etwa dem Durchschnitt aller westdeutschen Betriebe. Es ist kein Spiegelbild der Betriebe, die laut Agrarbericht im Besitz von Frauen sind. "Überdurchschnittlich hoch ist der Anteil der Betriebsinhaberinnen im früheren Bundesgebiet in den kleinen Betrieben mit weniger als 5 ha LF [landwirtschaftlicher Nutzfläche, M.S.]. Bei den größeren Betrieben nimmt dieser Anteil mit zunehmender Betriebsgröße ab." (Agrarbericht 1995:10) Diese Einschätzung mag für die Frauen zutreffen, die pro forma oder im Ruhestand einen Hof verwalten, an der Realität der hier befragten, ausgebildeten Landwirtinnen geht sie vorbei. Es ist ein wichtiger Hinweis darauf, daß die Professionalisierung der arbeitenden Menschen in der Landwirtschaft bei der Bewertung von Agrardaten und -statistiken stärker als bisher berücksichtigt werden sollte.

Nur die wenigsten der befragten Frauen bewirtschaften einen Hof alleine bzw. mit geringfügiger Zuarbeit durch andere, das Gros wirtschaftet mit jemandem zusammen. Es findet sich folgende Verteilung der Zusammenarbeit:

- mit den Eltern	21
- mit LebenspartnerIn	19
- alleine	6
- in Betriebsgemeinschaften	4

Wenngleich auch sehr unterschiedliche Verhältnisse bei der Gebäudeausstattung und dem Maschinenbesatz in den Betrieben der befragten Landwirtinnen herrschen, so scheint mir doch ein Charakteristikum für viele zu sein, daß sie Investitionen sehr gründlich bedenken und nur überschaubare Risiken eingehen. So hat etwa Rita D. sehr lange gezögert, ihren Betrieb auf die Wirtschaftsweise des ökologischen Landbaus umzustellen. Erst als die finanzielle Entwicklung abgesichert schien, hat sie es getan.

> "Dann hat a des, da ham mer no die Pachtfläche kriegt dazu und das Extensivierungsprogramm hats geben, und da hab i dann irgendwo die Möglichkeit gsehn, daß bei uns aa geht." (1377)

Ähnlich äußert sich Gerda H., die Dinge, die sich in ihrem Betrieb bewährt haben, nur zögerlich durch neuere technische Entwicklungen ersetzt.

> "Ich handle, wenn ich handeln muß, aber nit, wenn das nit so überschaubar ist." (861)

Sie muß erst von etwas überzeugt sein, um dafür Kraft, Konzentration und Geld aufzubringen. Das Abwägen der eigenen Ressourcen mit den Betriebs-

44 Von den 53 befragten Landwirtinnen arbeiten drei als Angestellte und sind nicht im Besitz eines landwirtschaftlichen Betriebes.

entwicklungsplänen sichert ihr als auch anderen Landwirtinnen ihre Eigenständigkeit. Das Motto von Gerda H. scheint kennzeichnend für viele:

> "Ich richt immer die Ausgaben nach den Einnahmen, dann stellt man sich da ganz gut." (1351)[45]

Gewirtschaftet wird nach dem Maßstab der Rentabilität, den die Frauen aus ihren Berufs- und Fachschulzeiten alle verinnerlicht haben. Für einen Teil der Befragten bedeutet dies die Vermeidung unnötiger Investitionen:

> "Man muß nit alle Maschinen hab, das ist unnötiges Geld." (Maria L. 1254)
> "Die ganzen Drescharbeiten, das geht alles im Lohn[46], weil mit 100 ha ist en Mähdrescher nicht ausgelastet, von der Abschreibung her und alles, und wir ham keine Zeit, im Lohn noch was für andere Landwirte zu machen." (Monika T. 834)

Unter anderen Bedingungen kann Rentabilität auch mit entgegengesetzten Strategien erreicht werden:

> "Wir haben en recht hohen Maschinenbesatz und auch nit so klapprige Maschinen, also da sind wir en bißchen großzügig (...) Ich denke mir, ehe wir das Geld dem Finanzamt geben, dann können wir es in Maschinen investieren, uns die Arbeit erleichtern, daß das dann immer gut funktioniert." (Gerda H. 659)

Im Großen und Ganzen vermitteln die Landwirtinnen den Eindruck, daß sie mit ihrer finanziellen Situation zufrieden sind. Sie sprachen zwar von einem steten Auf und ab und der Aufgabe, immer wieder neue finanzielle Herausforderungen meistern zu müssen, doch von keiner hörte ich Klagen, es gehe den Arbeitenden in der Landwirtschaft schlecht. Zu den aktuellen Herausforderungen zählt, wie bereits oben erwähnt, die Bewältigung der ökologischen Krise. Ein entsprechendes Problembewußtsein findet sich bei allen Landwirtinnen, wenn auch unterschiedlich stark ausgeprägt. Es stellt sich die Frage, wie konkret es sich in einem umweltschonenden Verhalten niederschlägt. Da dies in einem Gespräch nur abgefragt werden kann und teilnehmende Beobachtung nur in zwei Fällen erfolgte, soll der ökologische Landbau stellvertretend ins Blickfeld gerückt werden.

---

45 Der Tendenz nach fand auch Ehlers (1987) dieses Ergebnis bei Landwirtinnen in Iowa. "Interestingly, the women farmers I studied tended to be conservative in their planning, generally avoiding expansion and large machinery purchases." (ebd.:161) Kromka/Kreul benutzen den Aspekt 'Bereitschaft zum Risiko' als Unterscheidungskriterium zwischen 'landwirtschaftlichen' und 'bäuerlichen' Familienbetrieben (zitiert in Dirscherl 1989:52), was für die Landwirtinnen so nicht zutrifft.

46 Das heißt, sie lassen das Getreide von einem Lohnunternehmer ernten.

3.3.4 Die Bedeutung des ökologischen Landbaus

Ein auffallend hoher Anteil, 13 von 53 befragten Landwirtinnen, wirtschaftet nach den Prinzipien des ökologischen Landbaus oder ist dabei, den Betrieb darauf umzustellen. Ein Anteil von 25 % ökologisch wirtschaftender Landwirtinnen steht einem Anteil von 1 % ökologisch ausgerichteter Betriebe unter allen westdeutschen Betrieben gegenüber (AGÖL 1996:2). Dieses Ergebnis genügt keinerlei repräsentativen Ansprüchen, was durch den Zugang zum Forschungsfeld begründet sein könnte, doch läßt die Tendenz von Landwirtinnen, ökologischem Landbau den Vorzug zu geben, wenn sie für die Landbewirtschaftung verantwortlich sind, aufhorchen. Es soll hier nicht die Meinung vertreten werden, Frauen seien dem ökologischen Landbau stärker zugeneigt als Männer[47], dem würde auch das Wirtschaftsverhalten der übrigen Landwirtinnen widersprechen. Doch soll nach Auffälligkeiten der Frauen gesucht werden, die dem ökologischen Landbau den Vorzug geben.

Auffallend ist zunächst einmal die Altersverteilung der ökologisch wirtschaftenden Frauen. Unter den 26-35jährigen ist ihr Anteil wesentlich höher als in den Altersklassen darüber oder darunter:

Alter der Frauen	bis 25 Jahre		26 - 35 Jahre		über 35 Jahre	
Wirtschaftsweise	*konv.*	*ökol.*	*konv.*	*ökol.*	*konv.*	*ökol.*
Zahl der Betriebe	8	1	25	11	7	1

In den 70er und 80er Jahren wurde der ökologische Landbau infolge der Umweltschutzbewegung in allen Gesellschaftsschichten immer mehr zum Thema. Die Zahl der ökologisch wirtschaftenden Betriebe stieg in diesen Jahren um ein Vielfaches[48]. Menschen begannen, sich für die Landwirtschaft

47 Aufgrund ihrer Erfahrung vermutet Bücking (1994), daß das durchaus der Fall sein könnte: "Meiner Wahrnehmung nach fällt es Frauen überdurchschnittlich leicht, Beziehungsgefüge mit ihren unterschiedlichen Wirkungen und Folgen zu erfassen und als Ganzes im Blick zu halten. (...) Ich erlebe mehr Frauen als Männer, die Meisterinnen im Erzählen komplexer Geschichten sind, und mehr Männer als Frauen, die auf einen mir offensichtlichen Zusammenhang nicht von selbst gekommen wären, ihn manchmal auch nicht nachvollziehen wollen, weil sie sich ganz ausdrücklich auf einen Ausschnitt der komplexen Realität beschränken. Die Schranken sind dabei so gewählt, daß das eingegrenzte Gebiet mit einem einheitlichen Set von Methoden bearbeitet und dargestellt werden kann. Die unterschiedliche Art und Weise, wie Sprache und Darstellungsform die Wirklichkeit abbilden, hat übrigens ihre Parallele in unterschiedlichen Konzepten von Landwirtschaft: Auch Intensivlandwirtschaft mit hohem Technikeinsatz nimmt nur einen Teil der Realität zur Kenntnis und beschränkt sich auf bestimmte Standardmethoden." (ebd.:55f) Ich möchte zu bedenken geben, daß sich hier vielleicht nur die gesellschaftsüblichen Zuordnungen und Sozialisationen widerspiegeln und ein Insistieren auf der Differenz zwischen Frauen und Männern dem Gleichheitstabu (vgl. Kap. 2.1) Vorschub leistet.

48 Die Arbeitsgemeinschaft Ökologischer Landbau (AGÖL 1995; 1996) nennt folgende Zahlen (siehe Seite 116):

zu interessieren, weil sie aktiv Umweltschutz betreiben wollten. Viele der dadurch motivierten Auszubildenden kamen von außerhalb der Landwirtschaft, einzelne auch aus bäuerlichen Familien. Sie brachten die Themen Umweltschutz und ökologischer Landbau in die Unterrichtsgespräche der Berufs- und Fachschulen ein, so daß auch die übrigen MitschülerInnen nicht unberührt davon blieben. Von den interviewten Frauen gehörte Sonja C. zu denjenigen, die diese Themen einforderten.

"Das waren hauptsächlich ganz normale Bauernjungs, nur einer, der noch so wie ich en bißchen Bio war, und wir haben dann immer mit unserm Lehrer diskutiert (Lachen)." (Sonja C. 800)

Rita D. wurde durch einen Klassenkameraden, ihrem späteren Lebenspartner, motiviert, sich stärker für den ökologischen Landbau zu interessieren.

"I woas es no guat, der Hans, der is in d'Parallelklass ganga in da Berufsschui, da is a Lehrer bei uns gween und dann hama amoi, i glaub, oan Unterrichtstag is Pflicht über so Sachen, und da hat der uns zwoa Filme zoagt über biologisch-dynamisch und dann hat er da gsagt, ja in der annern Klass, da is so a bio-damischer (Lachen), (...) des is damals immer belächelt worn. Es war no net gesellschaftsfähig. (...) Und in der Winterschul, da hab i dann an Hans eigentlich kennenglernt. (...) Ja, durch an Hans bin i eigentlich a bißl einegrutscht in so Sachen, so mit dem ganzen Bioanbau." (Rita D. 1349)

Mithilfe der Medien wurden ökologische Fragen immer mehr zum gesellschaftlichen Gespräch[49]. Nach und nach wurde der ökologische Landbau in den Unterrichtsstoff aufgenommen, wenngleich sich das Ausmaß bis heute in Grenzen hält. Die 26-35jährigen der befragten Landwirtinnen machten alle ihre Ausbildung in dieser Zeit, womit eine Einflußgröße bestimmt ist.

Von den jungen Landwirtinnen bis 25 Jahren betreibt nur eine auf ihrem Betrieb ökologischen Landbau. Es könnte unter anderem in dem nachlassenden Interesse dieser Generation begründet sein. Waren die Ausbildungsplätze der ökologisch wirtschaftenden Betriebe in den 80er Jahren auf Jahre hinaus ausgebucht, so haben heute auch diese Betriebe den Mangel an Auszubildenden zu beklagen. Wesentlicheres Argument scheint mir

---

Jahr	ökologische Betriebe	ökol. bewirtschaftete Fläche
1980	579	11.000 ha
1985	1 452	25.000 ha
1996	6 006	310.482 ha (Ost- und Westdeutschland)

Nicht erfaßt sind Betriebe, die im Rahmen des Extensivierungsprogrammes wirtschaften und Dünge- und Pflanzenschutzmittel in verminderten Mengen einsetzen.

49 Zu diesem Prozeß gibt Pongratz (1992:104) zu bedenken: "Mit der Verbreitung des ökologischen Diskurses über die Ökologie-Bewegung als einer Bürgerinitiativbewegung hinaus haben die Medien eine entscheidende Vermittlungsfunktion erlangt. Das Bewußtsein ökologischer Gefährdungen in der Bundesrepublik beruht weniger auf konkreten Erfahrungen und Wahrnehmungen von Umweltbelastungen im Alltag, sondern eher auf der Information der Medien über die ökologische Gesamtsituation."

jedoch zu sein, daß die jungen Frauen noch nicht genügend Entscheidungsbefugnisse haben, um über die Entwicklungsrichtung der Betriebe zu entscheiden. Wie aus den Gesprächen mit den Landwirtinnen ersichtlich wurde, geschah die Umstellung der elterlichen Betriebe erst dann, als die Frauen den Hof gepachtet oder geerbt hatten, weil diesem Schritt oft viele Meinungsverschiedenheiten mit den Eltern vorausgingen.

"I moan die ganze Umstellung auf biologischen Landbau, da ham mer aa viel gstritten und da hab i's dann aa oinfach gmacht. (...) I woas net, hab i da scho Pacht ghabt oder übernomma, aber irgendwas war da scho, also i hab's einfach doa kenna, ohne daß i gfragt hätt." (Rita D. 802)

Der hohe Anteil ökologisch wirtschaftender Landwirtinnen in der Gruppe der 26-35jährigen, die nicht aus der Landwirtschaft kommen, erklärt sich durch ihre Berufsbiografie. Sie wollten zunächst einige Jahre Berufserfahrung sammeln, bis sie im Rahmen einer Betriebspartnerschaft oder -gemeinschaft einen ökologischen Betrieb starteten oder dort einstiegen.

Bei den ökologisch bewirtschafteten Betrieben handelt es sich größtenteils um mittlere Betriebe mit einer Größe zwischen 15 und 50 Hektar. Dies entspricht der Durchschnittsgröße solcher Betriebe in Westdeutschland (vgl. Agrarbericht 1995:35).

Betriebsgröße	unter 15 ha	15-50 ha	51-100 ha	über 100 ha
Betriebe insgesamt	5	27	10	8
davon ökologisch bewirtschaftet	2	10	-	1

An den Richtlinien eines ökologischen Anbauverbandes orientieren sich die vier vorgefundenen Betriebsgemeinschaften. Desweiteren bewirtschaften eine Landwirtin alleine, eine mit ihren Eltern und sieben mit LebenspartnerIn zusammen einen ökologischen Betrieb. Vier der letztgenannten Frauen und die vier Frauen in den Betriebsgemeinschaften sind nicht im landwirtschaftlichen Milieu aufgewachsen, was die Tendenz bestätigt, daß verhältnismäßig viele Männer und Frauen, die biologischen Landbau betreiben, nicht in der Landwirtschaft aufgewachsen sind.

Auch wenn die Zahl der ökologisch bewirtschafteten, landwirtschaftlichen Betriebe in Deutschland in den letzten Jahren stetig gestiegen ist, so befinden sich diese LandwirtInnen mit einem bundesweiten Anteil von einem Prozent nach wie vor in der absoluten Minderheit. Die AußenseiterInnenposition[50] ist eine auffällige Parallele zwischen ihnen und den Frauen,

50 Vgl. Kölsch (1990:116f): "So ist es nicht überraschend, daß man von den 18 befragten ökologisch wirtschaftenden Landwirten höchstens drei als voll in die Dorfgemeinschaft integriert bezeichnen kann. Die anderen nehmen mehr oder weniger eine Außenseiterrolle ein; elf bezeichnen sich selber als Außenseiter im Dorf." Er verweist aber auch auf davon abweichende Ergebnisse, u.a. von Fischer (1982), der "insgesamt nicht so große soziale Konflikte feststellt" und Planck (1984), der "ökologisch wirtschaftende Landwirte als im sozialen Umfeld akzeptiert ansieht." (Kölsch 1990:117)

die die traditionelle Männerrolle der Landwirtschaft für sich beanspruchen. Ein verbindendes Charakteristikum ist die Tatsache, daß sowohl für ÖkolandwirtInnen als auch für praktizierende Landwirtinnen die sozialen Schwierigkeiten größer sind als die ökonomischen und produktionstechnischen Probleme. So schreibt Werner (1994), selbst praktizierende Landwirtin, in einem Resümee: "Grenzen der körperlichen Belastbarkeit können durch Ideenreichtum überschritten werden. Frauen müssen zuerst ihren Kopf einsetzen, bevor sie ihre Muskeln spielen lassen. Es sind andere Dinge, die uns Schwierigkeiten bereiten." (ebd.:50) Für Ökolandwirte finden sich mehrere diesbezügliche Verweise. Kölsch (1988) schreibt im Zusammenhang mit der Umstellung landwirtschaftlicher Betriebe auf ökologischen Landbau: "Dabei ist die soziale Problematik der Sanktionen im Dorf sicherlich für viele das größte Problem bei der Umstellung." (ebd.:149) Bichler (1988), der aus eigener Erfahrung spricht, behauptet, "daß wir uns eigentlich vieles sparen könnten und vieles anders machen könnten, wenn wir so manche Blockaden im sozialen Bereich auflösen könnten" (ebd.:143). Er verweist vor allem auf die patriarchalischen Verhältnisse in der Landwirtschaft und die negativen Folgen der sozialen Kontrolle im Dorf.

Wie sich in meiner Befragung einerseits und in der Literatur über ökologisch wirtschaftende LandwirtInnen andererseits zeigt, gibt es auf beiden Seiten Stimmen zu hören, die die AußenseiterInnenposition im Dorf und die dadurch bedingte, fehlende kollektive Identität vor Ort beklagen. Sie leiden besonders dann darunter, wenn sie den Wunsch nach gemeinschaftlich organisierter Arbeit hegen. Einige von ihnen konnten aber auch die Erfahrung einer positiven Entwicklung machen. Die anfänglich starken Vorbehalte gegenüber der von der Norm abweichenden Art der Landbewirtschaftung gehen über in einen Prozeß der Gewöhnung. Das Sich-kennen erleichtert den BerufskollegInnen, die andere Wirtschaftsweise oder die andere Arbeitsteilung zu akzeptieren. Die AußenseiterInnenposition bleibt ansatzweise jedoch bestehen. Sie zeigte sich bereits während der Ausbildung, als beide Gruppen eine verstärkte Auseinandersetzung in den Ausbildungsinstitutionen erfahren, deren Normen nicht mit ihren jeweiligen Idealen übereinstimmen[51], wenngleich die Reibungspunkte auf verschiedenen Ebenen liegen.

Es stellt sich die Frage, inwieweit diese gemeinsam erfahrenen Aspekte auch als verbindend wahrgenommen werden. Doch bieten sich hier Anknüpfungspunkte für ein Gefühl der Solidarität, das als Basis einer Vergemeinschaftung fungieren könnte, die über das Dorf hinausgeht und regional ausgerichtet ist. Sollten sich Landwirtinnen von Ökolandwirten aufgrund dieser

51 Kölsch (1988:149) schreibt in diesem Zusammenhang: "Vor allem Landwirtschaftsschulen und die Beratung wurde bei Ökolandwirten als Institution genannt, die mit der ökonomischen Ausrichtung die Jugendlichen so sozialisieren, daß ökologische Zusammenhänge für sie einen geringen Wert besitzen und der Ökologische Landbau als nicht machbar hingestellt wird."

Gemeinsamkeit besser verstanden und akzeptiert fühlen als von konventionellen Berufskollegen? Sollte der geteilte AußenseiterInnenstatus eine Erklärung dafür sein, daß relativ viele Landwirtinnen den Kontakt zu Mitgliedern ökologischer Anbauverbände suchen und ihren Betrieb dann ökologisch bewirtschaften? Ich möchte diese Fragen als Hypothesen verstanden wissen, die es weiter zu überprüfen gilt. Sie sollten keineswegs zu dem Umkehrschluß verleiten, daß das Gleichheitstabu in ökologischen Kreisen gebrochen sei. Auch dort finden sich konservative VertreterInnen, welche die Hierarchie der traditionellen Geschlechterordnung verteidigen und zum Beispiel strikt die traditionelle, geschlechtsbezogene Arbeitsteilung auf den Höfen wahren. So bleiben den Landwirtinnen auch in diesen Zusammenhängen nur Einzelne oder Teilgruppen als Gleichgesinnte. Da die Frauen in den einschlägigen Organisationen nicht wesentlich stärker vertreten sind als in den konventionellen Interessenvertretungen der LandwirtInnen, bleiben ihre Einflußmöglichkeiten dort ebenfalls begrenzt (vgl. Bioland 1989).

3.4 Landwirtinnen auf der 'Leiter der Verantwortung' im elterlichen Betrieb

Die Ausübung des Berufs der Landwirtin ist an einen landwirtschaftlichen Betrieb gekoppelt. Ob den Landwirtinnen ein Hof früher oder später zur Verfügung steht oder nicht, beeinflußt ihre Berufswege. Frauen, die nicht in der Landwirtschaft aufgewachsen sind und keinen elterlichen Betrieb übernehmen können, sind darauf angewiesen, einen geeigneten Arbeitsplatz zu finden. Viele von ihnen arbeiten im Anschluß an ihre Ausbildung zunächst als Angestellte, einige wenige heiraten - ähnlich vielen traditionellen Bäuerinnen - in einen landwirtschaftlichen Betrieb ein. Eine sofortige Betriebsübernahme im Rahmen einer Betriebsgemeinschaft oder -partnerschaft war unter den befragten Frauen nicht zu finden. Bevor die Frauen eine solche Verantwortung übernehmen, sammeln sie Berufserfahrung. Bei Töchtern aus landbewirtschaftenden Familien differiert die Situation unter den Befragten je nach den vorhandenen Arbeitskräften und Betriebsplanungen auf dem elterlichen Hof. Die einen werden schon ungeduldig erwartet, damit sie ihre volle Arbeitskraft dort zum Einsatz bringen, die anderen werden gebraucht, können aber in ruhigeren Zeiten des Vegetations- bzw. Wirtschaftsjahres ihr erworbenes Wissen anderweitig umsetzen und zum Beispiel beim Betriebshilfsdienst arbeiten. Nur wenige von ihnen haben die Möglichkeit, für einige Zeit 'auf Wanderschaft zu gehen', um weitere Betriebe kennenzulernen und ihren Wissens- und Erfahrungshorizont zu erweitern.

Sobald die Frauen auf den elterlichen Höfen Vollzeit mitarbeiten, werden sie nach und nach in die Betriebsverantwortung einbezogen. Die Arbeitsbereiche, die sie übernehmen, sind zum Teil durch ihre schulische Ausbildung und das vermittelte, aktuelle Wissen vorgegeben, wie sich zum Beispiel bei Hanne P. zeigt:

> "Die Buchführung muß i mache. Jetzt, wo i in die Winterschul gange bin, da muß mer jo oi Jahr vollständig Buchführung mache, seit dem Zeitpunkt (...) Der Vadder, der isch froh drum. I moin, en Antrag ausfülle oder so, mache me scho zamme." (68)

Der nachgeschobene Hinweis auf die gemeinsame Beantragung von Subventionen verweist auf einen Bereich, über dessen Formalitäten die Tochter aufgrund ihres aktuellen schulischen Wissens besser informiert ist, über dessen Inhalte aber der Vater durch sein lokales Wissen besser Bescheid weiß. Es ist ein Beispiel dafür, wie sich das kasuale Erfahrungswissen des Vaters und die aktuellen agrarbürokratischen Kenntnisse der Tochter ergänzen können. Dafür ist es notwendig, daß beide das Wissen der/des anderen anerkennen. Nicht immer geschieht dies reibungslos. Insbesondere wenn es sich um konkurrierende Einstellungen zu derselben Sache handelt, gilt es für die Beteiligten, sich darüber auseinanderzusetzen. Diese Erfahrung macht auch Hanne P.:

> "Meinungsverschiedeheite ham mer scho, aber mer send uns am Schluß immer einig. Manchmal sieht er's halt ein, daß i des glernt hab, und daß es doch so stimmt wie ich's gsagt hab." (67)

Wie sich in der Aussage Hanne P.s andeutet, sind die Beteiligten gefordert, Einsicht zu zeigen und Kompromisse einzugehen, um die weitere Zusammenarbeit und damit die Sicherung ihrer Existenz nicht zu gefährden. Claudia S. bringt diesen Aspekt auf den Punkt:

> "Streit bringt bei uns nix, mir send aufeinander ang'wiesen." (175)

Die Verbundenheit zwischen Eltern und Töchtern zeigt sich in den Interviews auch an der häufigen Verwendung des Personalpronomens 'wir', wenn die Landwirtinnen von der Betriebsorganisation sprechen. Wie aus den Nachfragen ersichtlich wird, differenzieren die Frauen dabei nicht eindeutig zwischen individuellen und gemeinsamen Aktivitäten und Zuständigkeiten, was bei der Interpretation zu berücksichtigen ist. Das Etablieren eines eigenen Platzes und das Hineinwachsen in die betriebliche Verantwortung nimmt in den einzelnen Erzählungen der Frauen nur wenig Raum ein. Sie konzentrieren sich auf herausragende Betriebsveränderungen und ihre aktuelle persönliche Situation. Durch die kontrastive Vorgehensweise bei der Erhebung der Daten sowie die Beteiligung von Landwirtinnen verschiedenen Alters und damit unterschiedlicher Entwicklungsphasen lassen sich die verschiedenen Aussagen zu einer idealtypischen 'Leiter der Verantwortung' zusammenfügen. Ausgehend von einzelnen Teilbereichen oder

Arbeitsgängen wie der Bodenbearbeitung, Transportarbeiten oder dem Melken der Kühe werden den Nachfolgerinnen nach und nach eigene Verantwortungsbereiche überlassen bzw. fordern sie Eigenverantwortlichkeit für einzelne Betriebszweige ein. Auffallend früh und häufig ist es die Buchführung, die die Eltern gerne abgeben und die Töchter mal mehr, mal weniger freudig übernehmen:

> "Buchführung mach ich schon so lange, wie ich im Betrieb bin." (Gerda H. 36)

Ansonsten finden sich keine Betriebszweige, die von den Frauen verstärkt favorisiert werden. Die Bereiche, für welche die Befragten zuständig sind, reichen von den Zuchtsauen, den Milchkühen über die Grünlandbearbeitung, den Ackerbau bis hin zur Tiervermarktung oder dem Einkauf von Saatgut, Dünge- und Pflanzenschutzmittel. Es kann somit akzentuiert werden, daß es nicht eine Frage des Geschlechts sondern vielmehr der betrieblichen Organisation und der Neigung der Beteiligten ist, welche Arbeiten die Frauen zunehmend verantworten. Dieses Prinzip scheint solange Gültigkeit zu haben, bis die Frauen in Familienpflichten eingebunden sind (siehe dazu Kap. 3.7).

Das Bild der 'Leiter der Verantwortung' ist angelehnt an die "succession ladder", die erstmalig in einer irischen Studie zu Hofnachfolgern von Commins/Kelleher (1973) entworfen wurde und anschließend in mehreren Untersuchungen im englischsprachigen Raum[52] Verwendung gefunden hat. Wenn dort auch unterschiedlich viele Stadien identifiziert werden, so zeichnen sich alle Konzepte neben der Bezugnahme auf Männer (was sich in den Begriffen "father" und "son" manifestiert) durch eine Konzentration auf den sich wandelnden Anteil an Verantwortung auf Seiten des nachfolgenden Sohnes und reziprok des übergebenden Vaters aus. "The work of Hastings (1984) and Errington and Tranter (1991) suggests that in some decision areas, such as machinery purchase, sons moving up the succession ladder may 'graduate' from simply providing information and advice to using their own judgement to take the decision themselves. It may be that the process of succession in the farm family business is increasingly associated with role reversal, so that father now becomes the adviser to his decision-taking son." (Gasson/ Errington 1993:218) Der Tendenz nach kann diese Entwicklung auch für die befragten Landwirtinnen bestätigt werden.

Bezogen auf den rechtlichen Status läßt sich aus den vorliegenden Ergebnissen eine Entwicklung von der Angestellten über die Betriebspartnerin zur Betriebsleiterin konstruieren. Der Status der mithelfenden Familienangehörigen, nach wie vor weit verbreitet unter Bäuerinnen im traditionellen Sinne, ist unter den Landwirtinnen, die den Betrieb mit ihren Eltern zusammen bewirtschaften, nicht zu finden und scheint von einigen

---

52 vgl. Hastings 1984; Hutson 1987; Keating/Little 1991; Errington/Tranter 1991.

nur vorübergehend akzeptiert gewesen zu sein. Er wird von ihnen als unzureichend für die eigene sozialrechtliche Absicherung angesehen und abgelehnt. Die gewünschte langfristige wirtschaftliche Unabhängigkeit kann als Folge der Professionalisierung der Frauen gedeutet werden. Unter den 21 Befragten, die den Betrieb mit ihren Eltern zusammen bewirtschaften, sind sieben von ihnen Angestellte des Vaters. Lediglich zwei von ihnen führen den Betrieb formal gleichberechtigt mit ihrem Vater im Rahmen einer Gesellschaft bürgerlichen Rechts (GbR)[53].

> "Ja, wir ham GbR, mein Vater und ich zusammen, eigentlich aus steuerlichen Gründen und, ganz einfach, daß ich halt damals, das war 86, daß ich halt im Betrieb auch ne Eigenverantwortung hatte. Will man ja auch irgendwo, daß man halt weiß, man arbeitet auch für sich irgendwo. Und das führn wir seitdem, also halt, bis mein Vater zur Rente, und dann übernehm ich den Betrieb ganz." (Monika T. 1342)

Andererseits sind in zwölf Fällen, in denen die Eltern noch aktiv mitarbeiten, die Töchter bereits formale Betriebsleiterin. In diesen Fällen hat ein Rollenwechsel mit dem Vater bzw. der Mutter schon stattgefunden.

Unter den besonderen Umständen, daß ein Elternteil jung verstorben ist, was auffallend häufig vorkam, fand ein wesentlich früherer Einbezug in betriebliche Entscheidungen über Investitionen und Kreditaufnahmen statt als bei den Landwirtinnen, deren Eltern beide noch leben. Die Frauen gelangen dabei sehr früh in eine verantwortungsvolle Führungsposition, deren Möglichkeiten sie einerseits voller Elan ergreifen, von deren möglichen Folgen sie sich aber andererseits streckenweise überfordert fühlen. So führt Rita D. auf eine derartige frühe Überforderung zurück, daß sie heute froh darüber ist, einen Teil der betrieblichen Verantwortung an ihren Mann abgeben zu können und in bestimmten Bereichen 'nur' zuzuarbeiten.

> "I moan auf der andern Seiten isses so a bißl bequem, bequemer eigentlich für mi, weil, wenn es selber mach, dann bin i halt selber verantwortlich aa dafür und so, und jetzt is der Hans verantwortlich für viel Sachen und i kann dann halt (Lachen) schimpfa, wenns daneben geht. Des is vielleicht a bißl blöd gsagt, aber ja, also von der Verantwortung her, i hab scho eigentlich a bißl zu vui glaub i schomal ghabt, so, weil i einfach no jung war und dann so vui bestimmt und dann so vui gmacht und so vui doa hob." (Rita D. 1741)

Es deutet sich an, daß die Übernahme von Verantwortung zu einem verfrühten Zeitpunkt langfristig nicht zu einem stabilen beruflichen Selbstverständnis beiträgt und ein allmähliches Hineinwachsen in die Betriebsverantwortung sich dafür als günstiger erweist.

---

53 Es soll hier nicht unerwähnt bleiben, daß sich diese Gesellschaftsform in der Landwirtschaft in den letzten Jahren auch in Deutschland zunehmender Beliebtheit erfreut (vgl. Agrarberichte 1985-1997). Das dürfte jedoch weniger auf einen Bewußtseinswandel als auf steuerliche und Subventionsvorteile zurückzuführen sein.

Einhergehend mit der wachsenden Verantwortung der Landwirtinnen geht ihre Unterordnung unter die Bestimmungen des betriebsführenden Elternteils zurück. Im Anschluß an die Ausbildung fügen sich die Frauen noch häufig den Vorstellungen des Vaters bzw. der Mutter wie sich am Beispiel der 21jährigen Hanne P. von ihrer als auch der Seite ihres Vaters zeigen läßt:

> "Holz mache mer en haufe. Der Vadder übertreibt's immer. Mach i aber eigentlich scho gern." (Hanne P. 163)

Hätte sie selbst zu entscheiden, würde sie eine kleinere Menge abholzen. Noch aber ordnet sie sich in diesem Punkt ihrem Vater unter. Ihre Akzeptanz speist sich daraus, daß sie das Lustmoment in den Vordergrund stellt, das sich für sie mit dem Holzschlagen verbindet. Auch im Falle des Grasmähens ordnet sie sich unter und akzeptiert, daß ihr Vater mit seiner Kenntnis der Grundstücksgrenzen und Markierungssteine ihr noch überlegen ist. Der Vater, der streckenweise beim Interview zugegen war, meint: "Des isch halt des Problem. I woiß d'Marke, aber sie woiß es halt no it. Meischtens mäh i halt oi Mol außerum und dann kann sie fahre (...) Die Grenzstoi, des muß ma auswendig wisse (...) mit d'r Zeit kommt des au." (Hanne P. 305) Indem er ihr die Möglichkeit des Lernens zugesteht und nicht ihre Fähigkeiten infragestellt, erleichtert er es ihr, seine diesbezügliche Autorität anzuerkennen.

Ein weiterer Schritt auf der 'Leiter der Verantwortung' besteht für Frauen darin, in die Entscheidung einbezogen zu werden, wann und in welche Richtung der Betrieb zukünftig entwickelt wird. Von Respekt gegenüber den Gefühlen seiner Tochter zeugt es, wenn Gerda H.s Vater vorübergehend darauf verzichtet, den Betrieb nach Rentabilitätsgesichtspunkten umzustrukturieren.

> "Wir hatten also Kühe und haben die Ferkel dann immer gekauft für den Maststall. Und der Vadder wollte also schon immer die Kühe abschaffen, weil die Kühe, wir haben ja hier auch eigentlich kein Grünland, und, ich hing da aber so dran. Und, da war ich also en bißchen schuld, daß wir die Kühe also doch recht lang behalten ham, und das war dann in 72, da haben wir sie dann abgeschafft, nee, 75, und ham dann also gleich umgebaut und eben 60 Zuchtsauen auch gehalten und haben uns dann die Ferkel selbst produziert. (...) Ich bin ja nun auch nit blind, das Geld ham wir eigentlich immer mit den Schweinen verdient, damals schon." (Gerda H. 95)

Wenn den Frauen einzelne Arbeitsbereiche überlassen werden und der damit einhergehende Wissens- und Erfahrungsvorsprung von dem betriebsleitenden Elternteil anerkannt wird, ist das ein weiterer Schritt dahin, die Tochter als gleichberechtigte Partnerin in den Betrieb zu integrieren. Letztlich kommt es für diesen Teilbereich einer Unterordnung unter die Tochter gleich, wie sich am Beispiel von Monika T. zeigen läßt. Sie ist mittlerweile für den Ackerbau zuständig, entsprechend arbeitet ihr der Vater dort lediglich zu.

> "Wenn ich dann nit da bin, schreib ich's ihm auf, wie er was machen soll. Also das möcht er dann auch, weil er sich da nit weiter mit beschäftigt, sagen wir mal so, weil ich das übernommen hab und er hat genug am Hals, also körperlich und auch mit dem Sauenmanagement hat er echt genug am Hals. Er hilft mir da halt dazu, ne. Und da tut er sich aber nit, daß er sich auch mit belastet, sondern das mach ich und ich geb ihm dann halt die Anweisungen und er führt sie aus, wenn ich nit alles schaff." (Monika T. 1593)

Die letzte Stufe entspricht der alleinigen Verantwortung der Tochter für den Betrieb und ihrer nicht mehr notwendigen Bereitschaft zur Unterordnung. Sehr deutlich kommt die von der Mutter, der früheren Betriebsleiterin, unabhängige Entscheidungsgewalt bei Rita D. zum Ausdruck.

> "I woas net, hab i da scho pacht ghabt oder übernummen, aber irgendwas war da scho, also i hab's einfach tua können, ohne daß i gfragt hätt." (Rita D. 805)

Trotzdem bespricht sie wie auch andere Landwirtinnen in ihrer Position weiterhin ihre Pläne mit den mitarbeitenden Eltern, den Interviews zufolge solange, wie kein mitarbeitender Partner hinzukommt. Darin zeigt sich eine gewisse Rücksichtnahme auf die Eltern. Sie kann auf dem Respekt für das übernommene Erbe beruhen, aber auch darauf, daß sich die Landwirtinnen die Unterstützung der Eltern erhalten wollen. Das schließt mit ein, daß die befragten Landwirtinnen Kompromisse eingehen. Nicht selten erwähnen die Frauen, daß sie selbst in ihrer Rolle als Betriebseigentümerin noch Kritik seitens des übergebenden Vaters bzw. der übergebenden Mutter zu hören bekommen. Es scheint, als könnten sie ihrer Tochterrolle nie entkommen. Dies hat zur Folge, daß sie sich von ihren Eltern weiterhin kontrolliert fühlen und ihnen gegenüber in eine Rechtfertigungshaltung geraten. Das zeigte sich zum Beispiel an Tilly F.s schlechtem Gewissen, als sie zusammen mit mir länger als vorgesehen für den Einkauf von Kraftfutter brauchte, weil sie unterwegs einige Bekannte getroffen und mit ihnen geplaudert hatte. Prompt wurde sie von ihrer Mutter gerügt und Tilly F. fühlte sich in der untergeordneten Position, die sie von sich aus einnimmt, bestätigt:

> "I hab's ja gleich gewißt." (Tilly F. 22)

Dafür spricht auch Monika T.s Antwort auf die Frage, wann das Tochtergefühl aufkommt:

> "Wenn ich was falsch mache (Lachen), wenn mir was mißlingt, ja dann kommt's wahrscheinlich am häufigsten vor." (Monika T. 1611)

Die Problematik, die sich daraus ergibt, daß persönliche und berufliche Beziehungen räumlich, zeitlich und inhaltlich ineinanderwirken, ist hier offensichtlich.

Es stellt sich die Frage, inwieweit das Gefühl des Unmündigseins bei Töchtern stärker ausgeprägt ist als bei Söhnen, die die Hofnachfolge antreten. Es finden sich keine Vergleichsmöglichkeiten, weil dieses Thema bislang in der Literatur vernachlässigt wurde, vielleicht weil es nicht ins Männlichkeitsbild unserer Gesellschaft paßt, das solche Gefühle bzw. Gefühlsäußerungen bei Männern nicht zuläßt. Allerdings kann hier darauf hingewiesen werden, daß keine der befragten Frauen die Erfahrung machen mußte, daß ihre Eltern in Auseinandersetzungen das Geschlecht der Tochter als Argument einbrachten. Welcher Art sich die Beziehungen zwischen Vater bzw. Mutter und Tochter entwickeln, wenn die Tochter das Lebenswerk der Eltern fortsetzt, soll im folgenden beleuchtet werden. Drei sogenannten Vatertöchtern werden die beiden Frauen gegenübergestellt, deren Mütter bedingt durch den Tod ihres Mannes neun bzw. siebzehn Jahre lang den landwirtschaftlichen Betrieb alleine führten. Welche Folgen hat diese 'Frauenhoftradition' auf die Entwicklung des beruflichen Selbstverständnisses? Welche Vor- und Nachteile haben diese Frauen im Vergleich zu Landwirtinnen, die sich an ihrem Vater orientieren?

3.4.1 Vatertöchter als Hofnachfolgerinnen

Es ist naheliegend, von Vatertöchtern zu sprechen, wenn Frauen den Beruf ihres Vaters für sich als Lebensperspektive anstreben, und die enge Verquickung von Lebens- und Arbeitssphäre, wie sie durch die Familienwirtschaft in der Landwirtschaft bedingt ist, zu einer sehr umfassenden Bezugnahme der Frauen auf den Vater führt, der neben seiner familiären auch als berufliche Autorität fungiert. Abgesehen von den Landwirtinnen, deren Väter nicht mehr leben und denjenigen, deren Väter einen anderen Beruf ausüben, möchte ich die Bezeichnung 'Vatertochter' trotzdem nicht auf alle weiteren befragten Frauen anwenden. Von den vierzehn interviewten Frauen sollen lediglich drei diesem Typus zugeordnet werden. Wodurch zeichnen sie sich aus? In welcher Hinsicht unterscheiden sie sich von den anderen Töchtern landbewirtschaftender Familien?

Angefangen bei den Erzählungen über ihre Kindheit kreisen auffallend viele Geschichten der sogenannten Vatertöchter um den Vater und nur einzelne um die Mutter[54]. Das Ungleichgewicht wird dann besonders deutlich, wenn in einer Erzählung, die beide Eltern betrifft, auf den Vater individuell Bezug genommen und die Mutter als Randfigur dargestellt wird, obwohl die

---

54 Die Bevorzugung der Väter zeigt sich bei den von Janshen/Rudolph (1987) befragten Ingenieurinnen an der Einschätzung ihrer Beziehung zu den Eltern: "Daß die Väter besser im Rennen liegen bzw. die Töchter sich eher auf die Seite der Väter schlagen, dokumentiert sich auch bei der quantitativen Sichtung des Materials. Doppelt so häufig wie in bezug zur Mutter - nämlich in zwei Drittel der Aussagen - wird das Verhältnis zum Vater als gut bis sehr gut eingeschätzt." (ebd.:68)

Situation auch eine andere Interpretation zuließe, wie sich am Beispiel von Maria L. zeigen läßt:

> "Die Mama wohnt da unten, ne, und des Häuschen hat amal der Papa gebaut früher, und da wohnt die Mama halt jetzt logischerweise no drinne." (1960)

Hierbei wird die Mutter lediglich als Nutznießerin der Arbeit des Vaters dargestellt, obwohl anzunehmen ist, daß sie ebenso zum Hausbau beigetragen hat. Die Leistung der Mutter wird von sogenannten Vatertöchtern nicht oder kaum bedacht und gewürdigt wie auch das Beispiel von Gerda H. zeigt, die die Taten ihrer Mutter selbst dann nicht erwähnt, wenn es ihrer Bedeutung gemäß wäre. So bleibt nur zu vermuten, daß in der Zeit nach dem Zweiten Weltkrieg die Verantwortung für den Hof und die Arbeitsbewältigung maßgeblich in den Händen ihrer Mutter lag, was Gerda H. beim Erzählen der Hofgeschichte jedoch nur kurz erwähnt:

> "Mein Vadder war lange in Gefangenschaft, bis 49, und naja, mein Opa, der hatte dann Schlaganfall und dann mußte sie halt auch über die Jahre, die halt auch rumkriegen, bis der Vadder dann wieder da war." (512)

Sie weiß nur zu sagen, daß die Mutter 'die Jahre rumkriegen mußte', Geschichten darüber scheinen für Gerda H., vielleicht für ihre ganze Familie, nicht zu existieren.

Dementsprechend drehen sich auch viele aktuelle Geschichten in den Interviews der besagten Landwirtinnen um ihre Väter und kaum welche um ihre Mütter, selbst wenn sie heute noch aktiv in der Landwirtschaft mitarbeiten und sich dadurch Anknüpfungspunkte zum erzählten Alltag der befragten Frauen anbieten. Sicher gilt es zu berücksichtigen, daß die Frauen mit ihrem Anspruch auf die traditionelle Männerrolle in der Landwirtschaft die Rolle des Vaters übernehmen wollen und sich deshalb auf ihn beziehen. Die Ausschließlichkeit, mit der sie es tun, legt nahe, daß es ihnen nur gelingt, wenn sie sich massiv von der Mutter abgrenzen oder deren Bedeutung für ihre Entwicklung und ihren Alltag ausblenden[55]. Die Vehemenz, die in den wenigen Äußerungen Gerda H.s liegt, die sich auf ihre Mutter beziehen, läßt darauf schließen, daß es sich um eine schwierige Mutter-Tochter-Problematik handelt, die sich nicht so einfach ausblenden läßt. Da sie im Rahmen der Familienwirtschaft auf ihrem Betrieb auf die Arbeitskraft und Hilfsbereitschaft der Mutter angewiesen ist, dürfte das Verhalten Gerda H.s von sehr widerstreitenden Gefühlen begleitet sein. Der Betriebsorganisation geschuldet haben ihre eigene Familie und ihre Eltern lange Zeit einen

---

55 Janshen/Rudolph (1987:81) verweisen auf ein vergleichbares, kindheitsbezogenes Ergebnis ihrer Ingenieurinnen-Studie: "(...) daß Mütter im Gegensatz zu den Vätern heftig abgewehrt werden, dokumentiert sich vielfach in analoger Weise im Spielverhalten." Auch Gätjen-Rund (1988:62) verweist in ihrer Typisierung von Tochter-Vater-Beziehungen auf ein ähnliches Verhalten: "Der andere Aspekt dieser Art Tochter-Vater-Beziehung ist die oft mit der väterlichen Idealisierung einhergehende Verachtung der Mutter, des 'mütterlichen Bereiches'."

gemeinsamen Haushalt geführt. Mit 40 Jahren schließlich, läßt sich Gerda H. eine eigene Küche einrichten. Sie erlebt das als große Erleichterung:

> "Das Stückchen Freiheit, das hatte mir noch gefehlt. (...) Meine Mutter, die ist so unheimlich vergeßlich und so, ist auch en bißchen en schwieriger Mensch, und wir zwei, wir harmonieren auch nit so zusammen. Und das wurde also, ich hab das richtig gemerkt, irgendwie kriegt man dann Haßgefühle, wenn man dann zu eng aufeinanderhockt." (1377)

Ihr Rückgriff auf das verallgemeinernde 'man' zeigt an, daß sie sich von ihren heftigen Gefühlen etwas distanzieren muß, um sie aussprechen zu können. Interessanterweise äußert sie ihre negativen Gefühle im Interview auf der symbolischen Ebene anhand der Küche, und in einem zweiten Hinweis anhand des Gartens - beides traditionellerweise den Bäuerinnen zugeordnete Arbeitsfelder -, was die Vermutung unterstreicht, daß es sich bei der Ablehnung der Mutter weniger um ihre Person als vielmehr um die Rolle handelt, die diese vertritt und von der sich Gerda H. massiv abgrenzen muß, wie sich in den folgenden Äußerungen zeigt:

> "Ja, wir haben noch en Garten, das ist unser Problemkind, den hat immer die Oma gemacht und das klappt aber nimmer so. Naja, der kommt also eines Tages mal weg. (...) Ich denk mal, wenn meine Tochter dann zuhause bleibt, und dann müßten wir sowieso nochmal en Haus bauen, und das kommt dann mitten in den Garten rein, und dann ist der Garten weg (Lachen) (...) Auf solche Art kann man gut Probleme lösen." (589)

Auch hier zeigen die Verwendung der Begriffe 'Oma' für die Mutter und 'man' für sich selbst eine Distanzierung Gerda H.s vom Inhalt der Erzählung, was als Zeichen ihrer zwiespältigen Gefühle gedeutet werden kann.

Im Gegensatz dazu stehen die vielen Passagen der Bewunderung und Verehrung des Vaters in den Interviews der sogenannten Vatertöchter. Monika T. schwärmt mit 32 Jahren noch wie ein Kind:

> "Ich hab en ganz lieben Papa, der war eigentlich schon immer unser Freund." (1612)

Bei Gerda H. bezieht sich die Bewunderung auf die nach wie vor gute Kondition ihres Vaters:

> "Er ist zwar schon 77, aber er ist ja noch topfit." (166) Und Maria L. bezieht sich auf die große Aufgeschlossenheit ihres Vaters, die sie sich durch seine Biographie erklärt: "Mein Vater, wie er jung war, war damals im Arbeitsdienst, da mußten sie en paar Jahre weg, dann ist der Krieg angegangen, dann mußt er in en Krieg, und da war er immer draußen in der Welt und hat sich für alles interessiert (...) Er war sehr tolerant und immer aufgeschlossen." (777)

Im Zentrum der Ausrichtung der Landwirtinnen auf ihren Vater steht die Landwirtschaft. Für Monika T. ist der Vater ihr großes Vorbild:

> "Ich hab meinen Vater als Vorbild eigentlich, so en Landwirt wollt ich auch werden wie er, weil er eigentlich schon immer en guter Landwirt war. Und ich hab von ihm auch sehr viel gelernt und sehr viel angenommen auch." (433)

Gerda H. stellt selbst nach 26 Jahren eigener Berufserfahrung noch das Geschick ihres Vaters heraus:

> "Beim Pflügen, wenn's schwierig wird, dann muß der Opa dran."(1597)

Doch er weist das Lob zurück: "Neenee, die können das schon" (1598), was deutlich macht, daß er nicht nur Gerda H.s Können anerkennt, sondern auch das seiner Enkeltochter, die sich ebenfalls für die Landwirtschaft begeistert.[56]

Im beruflichen Alltag bemühen sich die sogenannten Vatertöchter darum, den landwirtschaftlichen Betrieb genauso zu führen und zu bewirtschaften wie es ihr Vater tut oder getan hat. Monika T., die den Hof als GbR zusammen mit ihrem Vater führt[57], spricht es direkt an:

> "Weil ich halt gsehn hab, er macht's gut wie er's macht. Und es war eigentlich immer ordentlich und das hat mir gefallen und so wollt ich's auch weitermachen. So will ich's auch weitermachen." (1758)

Bei Maria L. drückt es sich darin aus, daß sie noch Jahre nach dem Tod ihres Vaters beibehält, was er auf dem Betrieb eingeführt hat.

> "Ich bin der einzigste Betrieb hier, der Jerseykühe hat. Der Chef vom Jerseyzuchtverband oben in Norddeutschland, der war schon immer bei meim Vater ein- und ausgegangen, und das hab ich einfach übernommen. Wir sind nit schlecht dabei gefahren, ne." (1289)

Die Fortführung der vom Vater aufgebauten Geschäftsverbindungen ist ein Merkmal, das sich auch bei Monika T. im Interview findet:

> "Beim Verkauf, da ham wir eigentlich, seit Jahrzehnten kann man sagen, dieselben Mäster." (699)

Bei dem angeführten Zeitraum kann bereits von einer Tradition gesprochen werden, die die Landwirtin aufrechterhält. Die Hoftradition war schon immer Bestandteil der familienwirtschaftlich orientierten Landwirtschaft. Wenngleich auch beide Haltungen nicht immer klar zu trennen sind, so möchte ich dennoch behaupten, daß sich die Landwirtinnen neben der Hoftradition in der Tradition des Vaters sehen. Es kommt zum Ausdruck, wenn Maria L. darauf hinweist, daß sie das Erbe ihres Vaters und nicht das ihrer Eltern gut verwalten möchte:

> "Weil ich mir gsagt hab, wenn ich die Landwirtschaft von meinem Vater übernehmen soll, dann möcht ich's entweder richtig mach oder überhaupt nit." (409)

---

56 Die Zitate stammen aus dem Gespräch zwischen Gerda H., ihrem Vater, ihrer Tochter und mir während des Kaffeetrinkens, das sich an das Interview anschloß.

57 Dies kann als ein weiteres Indiz für die Nachrangigkeit der Mutter gedeutet werden. Eine GbR wäre auch zwischen Vater, Mutter und Tochter denkbar.

Es zeigt sich auch an Monika T.s Hinweis im Telefongespräch vor dem Interview, als sie mir den Weg zum Hof beschreibt und zum Schluß meint, falls ich nicht klarkomme, solle ich nach dem Hof von Heinz T. fragen, dem Namen ihres Vaters.

Eine Fortführung der Tradition des Vaters findet sich auch für andere als landwirtschaftliche Aktivitäten und Gepflogenheiten, zum Beispiel das gleiche öffentliche Engagement. Maria L. verweist in diesem Zusammenhang auf den Sozialisationseffekt:

> "Ich bin so groß geworden, mein Vater, der war immer so en bißchen, daheim gab's immer nur Politik, ne, (...) schade, daß er schon tot ist, daß er's nicht mehr erleben kann [ihr politisches Engagement, M.S.]." (98)

Gerda H. hat das gleiche Amt wie ihr Vater inne, wenngleich es durch die Gemeindereform an Bedeutung verloren hat:

> "Der Vadder war schon früher immer in der Gemeindevertretung und interessiert mich eigentlich auch (...) kommt man irgendwie so automatisch dazu. (...) Wenn jetzt die Periode rum ist, dann bin ich also 13 Jahre im Ortsbeirat, und ich denk, das reicht dann auch irgendwann mal." (294)

Die Parallelität wird bei Monika T. zu einem besonderen Datum, weil ihr Ehrenamt nicht aktiv erworben werden kann, sondern die Ausübenden dazu berufen werden.

> "Dann bin ich noch im Meisterprüfungsausschuß (...) bin ich berufen worden von der Regierung, also da kann man sich nit bewerben oder sowas (...) das ist en Ehrenamt. (...) Mein Vater war ja auch immer in der Lehrlingsausbildung, auch schon im Meisterprüfungsausschuß." (1002)

Bei ihren Bemühungen, in die Fußstapfen ihres Vaters zu treten, verkennen die sogenannten Vatertöchter aber auch andere Landwirtinnen häufig, daß es einen Unterschied macht, wenn sie als Frau die traditionelle Männerrolle innehaben[58]. So können sie von ihrem Vater zwar ihre Berufsrolle erlernen und dementsprechend ausfüllen, doch werden an sie als Frauen andere gesellschaftliche Erwartungen gerichtet als an ihre Väter. Und als Frauen in einem traditionellen Männerberuf werden sie mit Reaktionen konfrontiert, die ihren Vätern gänzlich fremd sein dürften. Auch erfahren sie durch die Väter zum Beispiel keine Anschauung und keine Unterstützung in ihrem

58 Allgemeiner formuliert verweist Metz-Göckel (1993:15f) darauf: "Qualifizierte und beruflich engagierte Frauen können sich Männer nicht zum 'Vorbild' nehmen, wenn sie nicht auf einen Teil ihres Lebens verzichten wollen. Auch wenn sie es wollten, können sie sich nicht total angleichen, sie sind darauf angewiesen, sich eigene Modelle zu schaffen. Frauen können sich nur in 'anderen' Frauen oder in noch zu entwerfenden neuen Männern spiegeln." Und Eckart (1988:179) betont die Grenzen, die sich durch die unterschiedliche Geschlechtsidentität ergeben: "Anders als seine Brüder kann das Mädchen sich zwar an der sozialen Rolle des Vaters orientieren. Es kann jedoch nie wie dessen Söhne die gesamte Geschlechterrolle des Vaters, die auch dessen Geschlechtsidentität umfaßt, ausfüllen."

Bemühen, die Anforderungen von landwirtschaftlicher Arbeit, Hausarbeit und Kinderbetreuung, denen sich die meisten von ihnen über kurz oder lang stellen wollen, in Einklang zu bringen (siehe dazu Kap. 3.7). Dieser Aspekt unterscheidet sie von den beiden Landwirtinnen, deren Mütter bereits für lange Zeit den Betrieb alleine geführt haben. Hat die berufliche Sozialisation durch die Mutter und ihr Beispiel als Anschauung Auswirkungen auf ihr berufliches Selbstverständnis? Welche Unterschiede zu den anderen Landwirtinnen zeigen sich in der Biographie der beiden 'Muttertöchter'?

3.4.2 Landwirtschaftliche Betriebe in Frauenhand

"I moan für uns da auf'm Hof san d'Männer immer ungewohnt gween" (Rita D.76)

Rita D., die ihren Vater mit einem und Tilly F., die ihn mit 13 Jahren verloren hat, sind in einer Umgebung aufgewachsen, in der es unmittelbar nur wenige Männer gab. Ihre Väter sind früh gestorben, Großväter lebten nicht mehr und unter ihren Geschwistern hat nur Tilly F. einen spätgeborenen Bruder, der neun Jahre jünger ist als sie. Auch der spätere Freund von Rita D.s Mutter war nur sporadisch auf dem Hof anwesend. Somit wuchs Rita D. damit auf und Tilly F. gewöhnte sich daran, daß alle anfallenden Arbeiten auf dem Hof von Frauen, nämlich der Mutter, der Großmutter, der Tante oder den Schwestern gemacht wurde. Es wurde für beide selbstverständlich, daß Frauen sämtliche Arbeiten bewältigen und das alltägliche Geschehen auf dem Hof maßgeblich bestimmen und verantworten.

Wie konnte das funktionieren in einer Zeit, in der seitens der Agrarberatung und -ausbildung versucht wurde, die Führung der landwirtschaftlichen Betriebe allein in die Hände der Bauern zu legen und die Orientierung der Bäuerinnen stärker auf Familie und Haushalt zu lenken (vgl. Kap. 2.2)? Beide Mütter müssen wohl eine große Lust an der landwirtschaftlichen Arbeit und einen starken Willen gehabt haben, um nach dem Tod ihrer Ehemänner den Hof auch unter der fehlenden bzw. unsicheren Perspektive eines männlichen Nachfolgers, der dieses Verhalten offiziell gerechtfertigt hätte, weiterzubewirtschaften. Wie aus dem Gespräch mit einer der Frauen[59] und den Erzählungen der Landwirtinnen hervorgeht, waren ihre Mütter auf ihre Aufgaben vorbereitet. Nachdem sie in der Landwirtschaft aufgewachsen waren, hatten sie zusammen mit ihren Ehemännern deren landwirtschaftliche Betriebe bewirtschaftet und bereits damals viel in der Außenwirtschaft mitgearbeitet. Sie seien gezwungen gewesen, sich um die Verwaltung und die Organisation der Betriebe zu

59 Da ich eine Woche lang teilnehmende Beobachtung auf Tilly F.s Betrieb durchführte, ergaben sich mehrere Gelegenheiten eines persönlichen Gesprächs mit ihrer Mutter.

kümmern, als ihre Männer ernsthaft erkrankten. Nach deren Tod berieten sich die verwitweten Frauen mit anderen Landwirten über die anstehende Arbeit und ließen sich von ihnen sagen oder zeigen, wie ihnen unvertraute Maschinen funktionieren und zu bedienen sind. Bei der Anwendung des erlangten Grundwissens waren sie dann auf sich selbst gestellt. Dabei entwickelten sie die Fähigkeit des autodidaktischen Lernens, was ich als ein wesentliches Kennzeichen dieser Frauen herausstellen möchte. Die beiden Mütter erschlossen sich nach dem Prinzip 'learning by doing' neu hinzukommende Arbeitstechniken - was Tilly F.s Mutter in ihrer Bescheidenheit mit den Worten abtut "damals hat ma' jo it so viele und so große Maschinen g'hätt" (30) - und bewältigten damit erfolgreich die anfallenden Arbeiten. Über Jahrzehnte hinweg verstanden sie es, ihren Hof weiterzuführen und den Lebensunterhalt ihrer Familie zu sichern.

Das autodidaktische Moment scheint auch Tilly F.s und Rita D.s berufliches Selbstverständnis entscheidend geprägt zu haben. Ähnlich wie ihre Mütter haben sie sich weitgehend autodidaktisch das für neu angeschaffte Schlepper und Maschinen erforderliche Wissen und Können angeeignet. Rita D. setzt diese Eigenschaft in direkten Bezug zu ihrer Mutter:

> "So Sachen, die hab i mer dann scho zutraut. I moan, des hab i dann a von meine Mama a bißl geerbt." (418)

Neben der elementaren Fähigkeit des autodidaktischen Lernens haben beide Mütter auch ihr fachliches Wissen an ihre Töchter, die sich für die Landwirtschaft interessierten, weitergegeben. Sowohl Rita D. als auch Tilly F. haben die wesentlichen Fertigkeiten zur Landbewirtschaftung und Tierhaltung von ihrer Mutter gelernt. Sie besuchten zwar die Berufsschule, später die Fachschule, wo sie über den eigenen Hof hinausgehendes theoretisches Wissen erlangten, und in daran gekoppelten Lehrgängen bekamen sie Einblicke in die Fachpraxis der wissenschaftlich ausgerichteten, rationellen Landwirtschaft. Die Übertragung auf die hofeigenen Verhältnisse haben sie jedoch bereits als Jugendliche selbst geleistet. Es fiel ihnen leicht, weil sie schon relativ früh die Möglichkeit hatten, selbständig Arbeitstechniken und den Umgang mit Maschinen auszuprobieren. Zum einen mußten sie von Kind auf in der Landwirtschaft mithelfen und ihre Mutter unterstützen, zum anderen ist zu betonen, daß durch die besonderen Umstände fehlender männlicher Arbeitskräfte ein Freiraum zum Experimentieren für die Frauen gegeben war.

Allerdings erlaubte die angespannte Arbeitssituation auf dem heimatlichen Hof den beiden nicht, zumindest einen Teil ihrer Lehre in einem anderen Betrieb zu absolvieren, was beide bedauern. Insbesondere Rita D. verweist auf den dadurch begrenzten Wissenshorizont, daß bereits ihre Mutter sich vieles autodidaktisch angeeignet hat. Im Rückblick beurteilt sie diese Tatsache kritisch:

"I moan, bei mir wars a net so einfach, weil d'Mama hat scho koa Ausbildung ghabt und i hab dann dahoam die Ausbildung gmacht, jetzt hab i mer also vui selber dazulerna müssn. Und i merks etz beim Hans, da san so vui Sacha, die wo er viel leichter glernt hat als i, weil des er vom Vadder glernt hat und der hats eigentlich wieder besser kenna als mei Mama. Und also des, von der Ausbildung her is des scho irgendwo a Nachteil gween aa." (98)

Dennoch kann herausgestellt werden, daß sich im Interview keine Vorwürfe gegenüber der Mutter finden, Rita D. zeigt vielmehr Verständnis für deren Situation:

"Sie hat se des selber beibringt, also die hat's scho a, die hat's no viel schwarer g'habt als i." (97)

Die Leistung ihrer Mutter, nach dem Tod des Vaters den Hof alleinverantwortlich weiterzuführen und zusammen mit der Großmutter fünf Kinder zu erziehen, stellt auch Tilly F. heraus. Es ist ein Zeichen dafür, daß sie sich ebenso wie Rita D. positiv auf ihre Mutter bezieht[60] und eben nicht negativ von ihr abgrenzt, wie es bei den Vatertöchtern der Fall war. Ich möchte daher akzentuieren, daß beide Töchter die Fähigkeiten und Leistungen ihrer Mütter anerkennen und sich damit in eine weibliche Genealogie mit ihnen stellen.

Trotz der Anerkennung, die sie ihren Müttern zollen, sind sie nicht immer derselben Meinung wie diese. Es gehört zu ihrem gemeinsamen Alltag, Auseinandersetzungen über das Zusammenleben und -arbeiten zu führen und sich gegenseitig zu kritisieren. Rita D. meint dazu:

"Mit da Mama, des war a gar net so einfach, weil i oft andre Sach'n mach'n wollt oder g'macht hab." (310)

Zum einen haben sie als Vertreterinnen zweier Generationen unterschiedliche Vorstellungen vom Arbeiten und Wirtschaften, zum anderen erheben die Mütter den Anspruch, die größere Erfahrung zu haben. Tilly F. ahnt bereits beim Kartoffelpflanzen, daß ihre Mutter ihre Arbeit wieder kritisieren wird.

"Beim Rausmache wird unser Mutter eh wieder meckern. Wo sie beim Pflanzen it dabei isch, da kann es it so gut laufe." (33)

Dennoch wissen beide sowohl die Arbeitskraft als auch die Meinung ihrer Mütter zum betrieblichen Geschehen zu schätzen, was zu einer erfolgreichen Zusammenarbeit beitragen dürfte. Rita D. weist mit Stolz darauf hin:

60 Metz-Göckel (1993:17) weist auf die große Bedeutung dieser Verhaltensweise hin. Sie spricht der Bezugnahme von Frauen auf andere Frauen eine wichtige Rolle für das weibliche Selbstvertrauen zu. Darüber hinaus stellt sie die Hypothese auf, "daß erst über eine dezidierte Bezugnahme auf andere Frauen aus Pionierinnen Gruppen und Netzwerke von Frauen entstehen, die dann auch zur Strukturveränderung beitragen können."

"Waldarbeiten hab i eigentlich immer ganz gern g'macht (...) Da ham mer aa zum Teil, Mama und i, ziemlich vui g'macht, also so große Baam g'worfa (Lachen) und so Sachen, des ham me ganz guat kenna." (1685)

Das hier angedeutete Bündnis zwischen Mutter und Tochter findet sich auch bei Tilly F., die nach dem Motto 'gemeinsam sind wir stark' ihre Mutter um Unterstützung bittet, wenn ihre Körperkraft für etwas nicht ausreicht. Lapidar meint sie dazu:

"Zwoi Fraua send au oi Ma'" (15),

womit sie zum einen ausdrückt, daß sie sich in schwierigen Situationen zu helfen wissen, zum anderen kommt dabei aber zum Vorschein, daß sie Männer letztlich doch für geeigneter hält, die körperlich anstrengenden Arbeiten in der Landwirtschaft zu verrichten, vielleicht sogar den Hof zu führen. Angesichts der Tatsache, daß Tilly F. bereits 15 Jahre lang bewiesen hat, daß sie zusammen mit ihrer Mutter den Hof erfolgreich bewirtschaften kann, finde ich diese Haltung erstaunlich. Dem widerspricht auch ihr Verständnis für berufstätige Frauen, die nach einer langen Ausbildungszeit zunächst ihre beruflichen Interessen verfolgen und evt. auf Kinder verzichten.[61]

Anders verhält es sich bei Rita D., die das Auseinanderweichen von Emanzipationsbewußtsein und -verhalten bei ihrer Mutter feststellt und diese darauf hinweist:

"Es is lustig, weil's selbst über so Frauen schimpft, also wo sie sagt, 'des san ja Emanzen, die macha ihrn Moo so nieder, die sollten doch dahoam bleib'n bei ihre Kinner' und so Sachen. Dann sag i immer, mei Mama, was hätt'st denn du g'macht, wennst an Moo ghabt hätt'st, du hätt'st doch aa net anders kenna, warst aa net herinblieb'n. Die bleibt ja jetzt no net herin, wenn's net muß." (925)

Wie sich auch in anderen Aussagen Rita D.s andeutet, hat sie ein starkes berufliches Selbstbewußtsein. Offensiv vertritt sie ihren Anspruch auf die traditionelle Männerrolle in der Landwirtschaft und ist davon überzeugt, diese Rolle auch gut ausfüllen zu können.

Wenn Tilly F. und Rita D. von ihren Müttern erzählen, dann kreisen diese Geschichten - ähnlich den Vatertöchtern - nicht nur um landwirtschaftliche Themen. Unterschiede zeigen sich in den Erzählinhalten: führten die Vatertöchter ihre Bewunderung für den Vater und das verbindende öffentliche Engagement aus, so stehen hier die Attraktivität als Frau, die Beziehung zu Männern sowie das Familienleben im Vordergrund. Sowohl Rita D. als auch Tilly F. nehmen die Attraktivität ihrer Mutter wahr und

61 Eine ähnlich widersprüchliche Haltung fand auch Modelmog (1994:146) bei den Bäuerinnen ihrer Untersuchung zu den Aspekten Geschlechtszirkel und Gegenkultur. Sie schreibt: "Während eine 'natürliche' Priorität des Männlichen gegeben zu sein scheint, vermittelt die Handlungspraxis die Erfahrung der Gleichwertigkeit. (...) So wird eine kulturelle Setzung nicht unbedingt angezweifelt, aber immerhin (weitgehend) außer Kraft gesetzt."

bringen sie zur Sprache. Rita D. bezieht sich dabei auf das Verhalten ihrer Mutter,

> "mei Mama, des is eigentlich a Lustige und a gemütlicher Typ" (1467),

und Tilly F. führt das Aussehen ihrer Mutter an:

> "Mama hat früher au gut getanzt, und wenn se sich herricht, schaut's heit no schea aus (...) selbst heit hat's ja no a gute Figur." (61)

Der unkomplizierte Umgang zwischen Mutter und Tochter, auch bezüglich ihrer Sexualität, wird durch ein Erlebnis bestätigt, welches ich mit Tilly F. und ihrer Mutter während der teilnehmenden Beobachtung hatte. Tilly F. erzählte mir während des Melkens von ihrem Unfall, bei dem ihr eine Kuh mit dem Fuß derart gegen den Kopf schlug, daß sie nicht mehr wußte, ob sie "Männle oder Weible" sei. Da bemerkte ihre Mutter ironisch: "Ja, für's Bett hascht en Mo, aber für de Stall it" (63) und grinste mich dabei an.

So offen der Kontakt zu Männern thematisiert wird, so offensichtlich ist es, daß sich sowohl Tilly F. als auch Rita D. nur sehr zögernd auf eine Beziehung mit einem Mann einlassen und sich an ihn binden[62]. Tilly F. und ihr Freund, die seit zwölf Jahren eine Beziehung haben, ziehen es auch heute noch vor, getrennt zu wohnen und zu wirtschaften, und Rita D. ist erst dann mit ihrem Freund zusammengezogen, als sie mit dem zweiten gemeinsamen Kind schwanger war. Die fehlende stete Präsenz von Männern am Hof, bedingt durch den frühen Tod der Väter und die Entscheidung der Mütter, nicht wieder zu heiraten, mag zu diesem Verhalten beitragen. Die Frauen scheinen sich erst daran gewöhnen zu müssen, einen Mann an ihrem Leben teilhaben zu lassen, doch streben beide ihren Aussagen zufolge eine gemeinsame Lebensplanung mit ihm an.

Daneben scheint für die beiden Landwirtinnen von Frauenbetrieben nicht unbedeutend zu sein, daß sie durch ihre Mütter die Schwierigkeiten der Vereinbarkeit von beruflichen und familiären Interessen kennenlernten, ohne eine befriedigende Lösung zu erleben. Es deutet sich an, wenn Tilly F., 32 Jahre, einerseits mir gegenüber erwähnt

> "I woiß gar it, wie das geah soll, wenn ma als Bäurin mehrere Kinder hat" (51)

und andererseits ihre Freude im Zusammensein mit ihrer dreijährigen Nichte immer wieder zum Ausdruck bringt:

> "So was Nettes gibt mer doch nimmer her." (16)

---

62 Anders als bei Pohle-Hauss (1977:130), die schreibt: "Die Töchter, deren Väter gestorben waren, mieden dagegen die Begegnung mit dem anderen Geschlecht, verhielten sich auffallend rigide und gehemmt", stehen die beiden Landwirtinnen seit ihrer Jugendzeit in Kontakt mit Männern, doch meiden sie es, sich fest an sie zu binden.

Bei Rita D. bestätigt es sich durch ihre Unzufriedenheit darüber, daß sie derzeit für Kinder und Haushalt hauptverantwortlich und damit nicht nur glücklich ist. Ich möchte die Hypothese ableiten, daß die frühe Anschauung der Vereinbarkeitsproblematik am Beispiel ihrer betriebsleitenden Mütter Landwirtinnen zwar zögern läßt, sich auf Beziehung und Familie einzulassen, sie mit diesem Wissen jedoch auch keine zufriedenstellendere Alternative als andere Landwirtinnen zunächst entwickeln können, wenn sie ihren bestehenden Kinderwunsch verwirklichen wollen. Von Bedeutung für diese Familienphase erweisen sich vielmehr Einstellung und Verhalten des jeweiligen Beziehungspartners, was in Kapitel 3.7 ausgeführt wird.

3.4.3 Landwirtinnen als Hofbesitzerinnen

HofbesitzerInnen im rechtlichen Sinne sind alle LandwirtInnen, die einen landwirtschaftlichen Betrieb zu ihrer Verfügung und/oder Besitzrechte daran haben. Über die HofeigentümerInnen hinaus sind das somit auch die Frauen und Männer, die einen Betrieb gepachtet oder auf Rentenbasis übernommen haben; Modelle, die sich vor allem für diejenigen, die keinen elterlichen Betrieb übernehmen können, als Möglichkeit erwiesen haben, selbständig Landwirtschaft betreiben zu können. Bei den Frauen, die den Hof ihrer Eltern übernommen haben bzw. übernehmen werden, fand sich in den meisten Fällen das Muster, zunächst den Betrieb zu pachten und später zu erben.[63] Diese Art der Übernahme kommt einer 'Leiter der Verantwortung' gleich, die es den Frauen ermöglicht, in die Rolle der Hofeigentümerin hineinzuwachsen. Sind sie auch nicht als solche Pionierinnen, so doch in der Variante, als ausgebildete Landwirtin die Rolle der Hofeigentümerin zu gestalten und den Betrieb selbständig zu bewirtschaften. Die wenigsten von ihnen haben eine solche Frau in ihrem Umfeld erlebt. In ihren Familien

63 Dieses Übernahmemuster scheint unter männlichen Hofnachfolgern weniger beliebt zu sein. Bendixen/Schulz (1989:183) stellen fest: "Übergabeverträge werden bevorzugt, d.h. die Nutzungs- und Eigentumsrechte will man gleichzeitig übertragen bzw. übernehmen. Pachtverträge für die Anfangsphase der Betriebsführung durch die nachwachsende Generation werden nur etwa von jedem dritten Befragten angestrebt und Gesellschaftsverträge bilden die Ausnahme." Auch Vonderach u.a. (1993:145) fanden im Rahmen ihrer Untersuchung viele aktuelle Abweichungen von dem für die Oldenburger Wesermarsch tradierten Grundmuster: "Dieses familieninterne Verpachtungsverfahren ist keine moderne Variante, sondern schon älteren Ursprungs; Schreiber (1928, S. 13) benennt es als einen Bestandteil der regionalen Erbsitte." Grundsätzlich wird zunehmend in Frage gestellt, inwieweit das Erben eines Hofes heute noch einen Wert darstellt. Ein Witz zum Strukturwandel in der Landwirtschaft bringt es sehr deutlich auf den Punkt: "Ein deutscher Bauer liegt im Sterben und diktiert sein Testament. 'Mein Ältester bekommt die Entschädigungen der EG, mein Zweitältester soll die staatlichen Subventionen bekommen, meinem Zweitjüngsten vermache ich die Wiedergutmachungen nach Manöverschäden, und für den Jüngsten bleibt leider nur noch der Hof." (Arnreiter u.a. 1987:24)

durchbrechen die zehn interviewten Landwirtinnen mit elterlichen Betrieben bis auf eine Ausnahme erstmals die patrilineare Vererbung. Bis dato waren die neun Höfe der väterlichen Linie folgend und von Mann zu Mann vererbt worden (vgl. dazu Kap. 1.3).[64]

Lediglich bei Rita D. war der Hof eine Generation lang in Frauenhand, was auch damals nur möglich wurde, weil kein Sohn als Hofnachfolger zur Verfügung stand und ihre Großmutter die älteste von acht Schwestern war.

> "Die Oma, also die Mutter von meim Vater, (...) die hat aa, was i immer mitkriegt hab, an Hof übertragen kriegt, zwoa Tag bevor's gheirat hat. Also für a Frau war's scho was bsonders damals." (1542)

Im Interview hebt Rita D. die Rolle der Hofeigentümerin für ihre Großmutter als etwas Besonderes hervor. Setzt man ihre Aussage mit der von Ennen (1985) und Beer (1990a) ins Verhältnis (vgl. Fußnote 13), dann zeigt sich daran sehr deutlich das "sozial strukturierte Vergessen" (Douglas 1991, siehe Kap. 2.1.1). Daß es für Rita D. selbstverständlicher scheint, Hofeigentümerin zu sein, könnte darin begründet sein, daß sie bereits auf eine 'Frauenhoftradition' zurückblicken und sich in einer weiblichen Erbfolge verorten kann: die Großmutter als Hofeigentümerin, die Mutter, die nach

64 Ennen (1985:22) zeigt, daß dies für Frauen schon einmal günstiger war und auch sie Besitzrechte hatten: "Daß Frauen sich im Besitz großer Ländereien befanden, dafür gibt es schon seit dem 6. Jahrhundert urkundliche und historiographische Zeugnisse. Zwar ist der 'Vorrang der Söhne vor den Töchtern innerhalb der ersten Erbenklasse' ein durchgängiger Zug der Leges, der sog. germanischen Volksrechte, (...) aber die Quellen lassen ab dem 7. Jahrhundert mitunter deutlich erkennen, daß einer Frau Grundbesitz auch als väterliches Erbteil eignete. (...) Über Elternerbe wird so oft verfügt, daß man nicht immer das Fehlen von Brüdern als Voraussetzung annehmen kann." Beer (1990a:191) relativiert das Erbrecht der Frauen in der agrarischen Produktionsweise und arbeitet heraus: "Die Funktionsbestimmung als Subjekt von Macht- und Herrschaftsausübung ist Frauen grundsätzlich versperrt. Wenn sie als Subjekt agieren und figurieren, dann innerhalb der ihnen zugewiesenen Funktionsbestimmung als Objekte von Macht und Herrschaft." Dies bedeutete für Frauen in der Landwirtschaft: "Über ihre Person wird Eigentum vererbt, sofern keine männlichen Erben vorhanden sind. In diesem Fall wiegt der verwandtschaftliche Status schwerer als die Geschlechtszugehörigkeit. In ihrer Eigenschaft als Ehefrau relativiert sich wiederum dieser Vorteil; sie kann über dieses Erbe nur in beschränktem Maße Verfügungen treffen, Verwaltung und Nießbrauch fallen einem Mann zu. Zugleich unterliegt sie der Verpflichtung, ohne einen anderen Gegenwert als den eines 'standesmäßigen Unterhalts' zur Mehrung dieses Eigentums beizutragen, das im Regelfall an die männliche Nachkommenschaft übergeht." (ebd.:188) Einen noch massiveren Eingriff in die Besitzrechte von Frauen in der Landwirtschaft stellte das Reichserbhofgesetz von 1933 dar. Winkel (1985:99f) führt dazu aus: "Mit dem Reichserbhofgesetz von 1933 wurde entscheidend auch in die rechtliche Stellung der Bäuerin eingegriffen. Die Testierfreiheit des Erblassers wurde gegenüber Bäuerin und Töchtern aufgehoben, die Nachfolge weitgehend auf den Mannesstamm beschränkt. Auch wenn in der Vergangenheit die Frau vielfach eine untergeordnete Stellung auf dem Hof einnehmen mußte, so hatte sie doch durch ihr Miteigentum am Gesamtgut innerhalb der Familiengemeinschaft eine geachtete Position und blieb in der Regel nicht ohne Einfluß auf die Erbmasse der Töchter. Das neue Erbhofrecht gab in eindeutiger Weise dem Mannesstamm alle Vorrechte und warf damit die Frau auf eine Position zurück, die zumindest mit dem Bürgerlichen Gesetzbuch von 1900 schon überwunden worden war."

dem frühen Tod des Ehemannes 17 Jahre lang den Betrieb alleine führte und nun sie, die als ausgebildete Landwirtin Hofeigentümerin ist.

Die interviewten Frauen sind zwischen 17 und 33, durchschnittlich 26 Jahre alt, wenn sie den elterlichen Betrieb pachten und zwischen 25 und 33, durchschnittlich 29 Jahre, wenn sie ihn erben. Dies entspricht dem männlichen Durchschnitt.[65] Es ist auffällig, daß einige Frauen bereits sehr früh den elterlichen Betrieb pachten, was sich durch das hohe Alter von deren Eltern und die gesetzlichen Auflagen für den Bezug der Alters- bzw. Hinterbliebenenrente erklärt. Nicht in jedem Fall ist die frühe Pacht mit der Übernahme der Betriebsführung identisch, wie das Beispiel von Olga M. zeigt:

> "Ich hab den elterlichen Hof gepachtet, als er [der Vater, M.S.] 65 wurde, da war ich 17. Aber das war am Anfang mehr ne Formsache, um den Alterskassenauflagen Genüge zu tun. Während in seinen letzten Jahren ich eigentlich schon mehr so Dinge auch verwirklicht habe, die ich so machen wollte." (95)

Ein weiteres Beispiel dafür, wie staatliche Regelungen Einfluß auf die Übergabe und die Übernahme von Besitz nehmen, ist im Fall von Gerda H. gegeben, die mit einem selbständigen Handwerksmeister verheiratet ist und sich mit 43 Jahren überlegt, ihren Hof möglichst bald ihrer Tochter zu überschreiben, um die Steuerbelastung der Familie zu senken.

> "Ich sag Ihnen das ganz ehrlich, mein Mann und ich, wir werden zusammen veranlagt in der Einkommenssteuer, und wir bezahlen uns also dumm und dämlich Steuern, (...) Deshalb hab ich ja gesagt schon, ich muß sehen, daß ich dann beizeiten den Betrieb an die Tochter abgeb und daß das dann auseinanderkommt." (680)

In diesem Falle zeigt sich sehr deutlich, wie die familienwirtschaftliche Einstellung der Landwirtin ihre betrieblichen Überlegungen lenkt. Im Vordergrund stehen weder ihr persönliches, berufliches Image noch das Hofdenken im herkömmlichen Sinne, vielmehr die materielle Absicherung der Familie, was als Variante des traditionellen Hofdenkens akzentuiert werden kann.

Eine weitere, der heutigen Zeit angepaßte Verhaltensabweichung in diesem Sinne sehe ich dann gegeben, wenn die Eltern sich nicht nur um die Regelung des Hoferbes kümmern, solange sie noch die verantwortlich Wirtschaftenden des Betriebes sind, sondern in dieser Zeit bereits die Aufteilung ihres Vermögens vornehmen. Anders als die Generation ihrer Eltern - und aller Voraussicht nach anders als die Jüngeren der heutigen HofeigentümerInnen - konnten viele von ihnen Rücklagen bilden. Im Zuge von Dorferweiterungen durch Wohn- und Gewerbegebiete wurde Acker- in Bauland umgewandelt. Waren auch die Erschließungskosten zu übernehmen, so resul-

---

65 Vgl. Bühler (1993b:22), der einige Forschungen bezüglich der Hofnachfolgesituation in Deutschland zusammenfaßt: "Die Übernahme landwirtschaftlicher Betriebe steht überwiegend in der Altersgruppe der 25-34jährigen an."

tierten daraus immerhin Baugrundstücke für die eigenen Kinder oder für den Verkauf. Abgesehen von den psychischen Anpassungsleistungen, die von den Männern und Frauen dieser Generation erbracht werden mußten, wenn sie noch dem traditionellen Hofdenken verhaftet waren, ermöglicht diese Entwicklung ihnen, die sogenannten weichenden ErbInnen mit Rücksicht auf die Existenzfähigkeit des Betriebes selbst auszubezahlen wie im Falle von Monika T.s Schwester:

> "Die ist abgfunden. Das ham meine Eltern alles gemacht, (...) weil die ham gsagt, das ist unsre Sache und nit deine Sache, das ist geregelt." (1348)

Da viele Fälle bekannt sind, in denen die Regelung des elterlichen Erbes nach deren Tod zu Auseinandersetzungen zwischen den Geschwistern führen, ist nicht zu unterschätzen, welche potentiellen Konflikte vermieden werden können, wenn die Eltern rechtzeitig ihr Vermögen unter ihren Kindern aufteilen.[66] Dies entlastet die zukünftigen HofbesitzerInnen sowohl in betriebswirtschaftlicher als auch sozialer Hinsicht. Zum einen gestaltet sich die Übernahme des Betriebes für sie einfacher und zum anderen können sie ihre finanziellen Überlegungen auf die Betriebsentwicklung konzentrieren.

Eine solche Handhabung kann auch als Zeichen der zunehmenden Individualisierung in unserer Gesellschaft gesehen werden. Die Eltern sehen sich dann weniger als die VerwalterInnen des landwirtschaftlichen Betriebes im Sinne des traditionellen Hofdenkens, sondern als diejenigen, die die 'Früchte ihrer Arbeit' verteilen, die sie im Rahmen ihres Hofprojektes erwirtschaftet haben. Allerdings ist darauf hinzuweisen, daß sich unter ungünstigen Umständen ein derartiges Nachlassen des traditionellen Hofdenkens dahingehend entwickeln kann, daß die Eltern die Betriebsentwicklung aus den Augen verlieren, wie im Fall von Doris und Ute K., zwei Schwestern, die beide ausgebildete Landwirtin sind. Deren Erzählungen zufolge sind gravierende Meinungsverschiedenheiten zwischen ihnen und ihrem Vater bezüglich der Landbewirtschaftung die Ursache dafür, daß betriebliche Investitionen bislang aufgeschoben werden und die Wettbewerbsfähigkeit des Betriebes damit zurückgeht. Die nicht investierten Rücklagen legt der Vater zum einen in Immobilien an, um die eigene Zukunft, die seiner Frau und der beiden Töchter finanziell abzusichern. Zum anderen verwendet er sie für die

---

66 Auch Rudolph (1994:136) verweist auf die damit verbundenen Probleme: "Die Hofübergabe ist für alle Beteiligten ein Fixpunkt im Leben, bei dem sowohl finanzielle Regelungen getroffen sein müssen, als auch der Generationenwechsel stattfindet. Da von dieser Entscheidung neben dem Hofnachfolger und dessen Eltern auch die Geschwister betroffen sind, handelt es sich bei den rechtlichen und finanziellen Absprachen um ein Konfliktpotential, das kaum zu überschätzen sein dürfte." Nach einer Erhebung zu Problemen bei der Hofübergabe - Hofübernahme in der Steiermark, Österreich, befürchten 13 % der hofübernehmenden Frauen und Männer hohe Auszahlungsbelastungen. Andererseits fühlen sich 18 % der weiblichen und 29 % der männlichen weichenden Erben benachteiligt. (Österreichische Bergbauernvereinigung 1991:12)

Auszahlung des Erbes an den Sohn, der kein Interesse an der Hofnachfolge hat:

> "Der hat schon mal einiges gekriegt. Für meinen Vater war das so ne Last immer mit seinem Geld. Da war er froh, daß er dem schon mal was ausbezahlen konnte. Ja, wir haben nicht so wenig Geld, weil wir schon lange nichts mehr investiert haben." (Ute K. 183)

Es bleibt offen, inwieweit die Verhaltensweise der Eltern damit zu begründen ist, daß sich 'nur' ihre Töchter für die weitere Hofbewirtschaftung interessieren.

Ein weiteres Indiz für die Entwicklung weg vom Hofdenken hin zum eigenen Hofprojekt zeigt sich in den Aussagen der Landwirtinnen zur zukünftigen Perspektive ihres Hofes. Den befragten Frauen mit Kindern ist sehr wichtig, diese in ihrer Zukunftsplanung nicht auf den Hof festzulegen. Nur wenn sich die Kinder wirklich für die Landwirtschaft interessieren, sollen sie eine entsprechende Berufsausbildung machen. Falls nicht, sind für die Frauen auch andere Hofpläne denkbar, wie am Beispiel von Monika T. zu sehen ist. Auf meine Frage, ob sie sich vorstellen könne, daß der Hof einmal aufgegeben wird, antwortet sie:

> "Kann ich mir vorstellen, irgendwas andres draus zu machen. (...) Er [ihr Sohn] behauptet, er wird Tierarzt und macht ä Tierklinik, wenn mit der Landwirtschaft nichts mehr geht. Also, so was könnte man sich vorstellen, aber man weiß ja nit, man weiß es nit. Das dauert auch noch lang, aber [Pause] sowas könnt' man sich also vorstellen, sagen wir mal so." (1335)

Sowohl hier als auch in anderen Interviews fällt die Ambivalenz der Frauen auf, die darauf schließen läßt, daß ihre dargestellte, offene Haltung unter anderem der zunehmend schwierigen Lage der Landwirtschaft geschuldet ist. Da sie sich selbst für die Landwirtschaft begeistern und mit Leidenschaft ihre Betriebe führen, ist die Vorstellung, daß der Betrieb einmal nicht weitergeführt werden wird, auch mit negativen Gefühlen konnotiert. Versucht Monika T. noch, die Vorstellung beiseite zu schieben, was am Wechsel vom 'ich' zum 'man' in ihren obigen Ausführungen deutlich wird, so versucht Maria L., bei der es sich zunehmend konkretisiert, daß ihr Sohn nicht in die Landwirtschaft einsteigt, ihr landwirtschaftliches Engagement auf die politische Ebene zu verlagern, wo sie sich um die Erhaltung der Landwirtschaft im allgemeinen einsetzt.

Auch Olga M. und ihr Mann, die kinderlos sind, wünschen sich, daß ihr Hofprojekt einmal weitergeführt werden wird. Olga M.s ausführlichen Bemerkungen dazu kann entnommen werden, daß sie dieses Thema stark beschäftigt, obwohl sie mit 44 Jahren den Betrieb noch längst nicht abgeben will und die dafür vorgesehenen Neffen und Nichten erst zwischen einem und 13 Jahren alt sind:

"Wir gucken schon mal so (Lachen), ja doch, das stimmt schon. Wir haben da unsere leichten Prioritäten bei dem einen Jungen von dem jüngeren Bruder von Jupp, den wir beide sehr gern mögen. Der auch so vom Typ, der ist aber jetzt sieben, das kann sich also noch so ändern, denke ich, da ist also noch gar nichts festgelegt. Den mögen wir beide sehr gern und würden ihn, so wie er sich im Moment gibt, auch für fähig halten, weil er sehr ausdauernd ist, er kann also sehr lange irgendwas mitmachen, da ist auch so ne gewisse Zähigkeit. Und wir mögen ihn eben beide, haben ihn beide eben sehr lieb. (...) Also ich denke, in zehn Jahren spätestens müßten wir diese Entscheidung treffen, daß man dann nochmal so zehn Jahre hat für den Übergang." (340)

Bei der vielfach beschriebenen Individualisierung und Schnellebigkeit unserer Gesellschaft stellt sich die Frage, ob es sich um Elemente des Egos oder doch des traditionellen Hofdenkens handelt, wenn Menschen, die in der Landwirtschaft arbeiten, die Zukunft ihres Hofprojektes nach wie vor derart stark bewegt[67].

Können die meisten der bis hierher ausgeführten Aspekte zum Hofbesitz auch auf Männer bezogen werden, so möchte ich zum Schluß des Kapitels noch auf Diskriminierungen zu sprechen kommen, die HofbesitzerInnen nur als Frauen widerfahren können. Die vorliegenden Beispiele beziehen sich auf die Pacht oder die Teilhabe an einer GbR. Anne R. erzählt, daß bislang der Pachtvertrag ihres gemeinsam geführten Betriebes auf den Namen ihres Mannes läuft. Im Rahmen der Verlängerung des Pachtvertrages machte der Verpächter Anne R. deutlich, daß er nicht bereit ist, mit ihr einen Vertrag abzuschließen:

"Er hat mir jetzt schon gesagt, er würde mit mir keinen Pachtvertrag machen, weil er nicht wüßte, wenn mein Mann mal sterben würde, wen ich ihm dann vor die Nase setzen würde." (274)

Der Verpächter geht ganz selbstverständlich davon aus, daß im Falle des Todes von Anne R.s Mann sie den Betrieb nicht alleine weiterführen, sondern sie sich dafür einen anderen Mann suchen würde, den er dann zu akzeptieren hätte. Er traut ihr keine eigenständige landwirtschaftliche Betriebsführung zu.

In den beiden anderen Fällen von Diskriminierung soll verhindert werden, daß Frauen zu viel Macht erlangen. Interessanterweise kann in beiden Fällen der Ehemann Einfluß auf das Geschehen nehmen. Er hat die Möglichkeit, die Position seiner Ehefrau zu stärken oder sich mit Männern zu verbünden und damit die Geschlechterhierarchie unserer Gesellschaft zu reproduzieren, welche die Nachrangigkeit der Frauen und damit auch seiner Ehefrau beinhaltet. Im Falle von Elke J. geschieht die Diskriminierung

67 Vonderach u.a. (1993:154), die erstmals auf die Entwicklung vom traditionellen Hofdenken zum individuellen Hofprojekt aufmerksam machen, vermuten: "Möglicherweise werden diese Landwirte später zwar weniger aus der Verpflichtung der Hoftradition heraus, aber aufgrund des Wunsches nach Fortsetzung ihres eigenen Lebenswerkes Interesse an einer Hofkontinuität haben."

innerhalb der Familie. Ihre Schwiegereltern, die einen kleinen landwirtschaftlichen Hof bewirtschaften, sind dabei, diesen nach und nach aufzugeben. Elke J., die als Betriebshelferin angestellt ist, möchte in ihrer Freizeit einige Tiere zur Direktvermarktung halten, bekommt dafür jedoch keinerlei Unterstützung seitens ihrer Schwiegereltern. Aus der Erzählung Elke J.s kann vielmehr der Schluß gezogen werden, daß insbesondere der Schwiegervater, auf den sie sich mehrmals bezieht, die Pläne seiner Schwiegertochter vereiteln will.

> "Er suchte immer welche, die die Weide pachten, ne, nicht die Weide direkt pachten, sondern so Pensionsrinder bringen. (...) Und dann sag ich, ob ich die Weide pachten könnte. Sagt er 'wofür'? Sag ich, ich wolle Ammenkühe machen. Sagt er zu mir, ich sollt mir mal erst ausrechnen, was dabei rumkäm'. Im Prinzip sollte es ihm ja egal sein, wofür ich mein Geld ausgebe. (...) Ich mein, viel haste ja auch nicht dran verdient, aber eben Spaß an der Freud, ne. Find ich eigentlich ganz schön. Und ich krieg auch, also nächstes Jahr kauf ich mir welche, egal auf welcher Weide sie dann stehen." (55)

Kann sich Elke J. noch über das Verhalten ihres Schwiegervaters amüsieren und relativ einfach darüber hinwegsetzen, so bleibt Olga M. nur, sich über die erfahrene Diskriminierung zu ärgern und zu hoffen, daß die Solidarität ihres Mannes mit ihr auch zukünftig stärker sein wird als mit seinen Geschlechtsgenossen. Wie Männerbünde funktionieren, bekam sie, die einen landwirtschaftlichen Betrieb zusammen mit ihrem Mann im Rahmen einer GbR bewirtschaftet, sehr massiv zu spüren und versetzt sie noch heute in Aufregung:

> "Das war damals (...) so ein Hammer. Wir haben also bislang immer relativ gute Gewinne gemacht und die wurden ja dann auf uns aufgeteilt (...), so daß also mein Anteil am Vermögen jedes Jahr gestiegen ist. Und dann hat irgendwann mal der Steuerberater gesagt, (...) der Jupp müsse da aber aufpassen, mein Anteil steigt ja laufend jedes Jahr und eines Tages würde mir da (Lachen) was weiß ich, der Hof gehören (...) Naja, wenn dann mal was passieren würde, sprich Scheidung, dann hätte ich zu hohe Ansprüche. Das fand ich unheimlich mies." (296)

Die Sicherung von Männerprivilegien ist offensichtlich und wird noch dadurch bestätigt, daß der Steuerberater aus dem Blick verliert, daß der Anteil des Mannes am Vermögen ebenfalls steigt. Es zeigt die Notwendigkeit eines Gegengewichts zu den Männerbünden, soll die Grenzüberschreitung der Landwirtinnen auch zu einer gleichgestellten Teilhabe an den Ressourcen führen, die zur Landbewirtschaftung und Tierhaltung nötig sind.

3.5 Die Anderen und das Ich. Die Landwirtin unter BerufskollegInnen

Die praktischen Arbeiten in der Landwirtschaft werden heute zu einem Großteil von einzelnen Personen ausgeführt. So sagen denn auch einige, der Beruf LandwirtIn sei ein einsamer Job. Der Vorteil dieser Tatsache liegt darin, daß in diesen Momenten niemand hinterfragt, ob die Landwirtin als Frau diese Arbeit erfolgreich bewältigen kann. Dies geschieht erst aufgrund einer herrschenden gesellschaftlichen Norm, die besagt, welche Arbeiten von Männern und welche von Frauen auszuführen sind. Und es braucht die Anderen, Mitmenschen, die auf die Einhaltung der Norm achten. Für Landwirtinnen sind das zum einen die unmittelbaren MitarbeiterInnen auf dem eigenen Betrieb. Es sind meistens Familienmitglieder, so daß die Arbeits- von einer persönlichen Beziehung überlagert wird, was die Auseinandersetzungen kompliziert (siehe Kap. 3.3 und 3.6). Zum anderen begegnen die Landwirtinnen im Rahmen ihrer beruflichen Tätigkeit, die neben den praktischen Arbeiten in Stall und Feld heute auch vielerlei Organisationsarbeiten umfaßt, Frauen und Männern außerhalb ihres Betriebes: BerufskollegInnen, GeschäftspartnerInnen, BeraterInnen, Agrarverwaltungskräften und KundInnen.

In unseren Begegnungen und Alltagshandlungen reproduzieren und bestätigen wir stets auch das Geschlecht und das existierende Geschlechterverhältnis (vgl. Kap. 2.1). In den Begegnungen der Landwirtinnen, die den Anspruch auf die traditionelle Männerrolle erheben und sich damit nicht entsprechend der herrschenden Norm verhalten, besteht die Möglichkeit der Variation. Wenn dies oft auch nur in einem einzigen Aspekt und in nur geringem Ausmaß geschieht, so sehe ich hier die Chance, die übliche Differenzierung der Geschlechter nach Frau und Mann und die damit verbundenen Arbeits- und Statuszuschreibungen und -zuweisungen zu durchbrechen. Es stellt sich die Frage, ob die Beteiligten diese Chance nutzen oder selbst unter den veränderten Rahmenbedingungen die gesellschaftsüblichen Normen der Männer- und Frauenrolle, und damit der Zweigeschlechtlichkeit reproduzieren. Zur Beantwortung dieser Frage rücke ich ins Blickfeld, inwieweit und auf welche Art und Weise die beteiligten Männer die hierarchische Geschlechterordnung sowie die für sie damit verbundenenVorteile verteidigen und wie die Landwirtinnen darauf reagieren. Weiterhin zeige ich, wie Frauen, die den Anspruch auf die traditionelle Männerrolle erheben, miteinander umgehen, welche Aspekte ihres Alltags sie untereinander thematisieren und welches berufliche Selbstverständnis sie von sich als Landwirtinnen haben.

3.5.1 Das Miteinander von Frauen und Männern im fachlichen Kontext

Für Frauen, die einen sogenannten Männerberuf ausüben, ist der Kontakt zu Männern selbstverständlicher Bestandteil ihres beruflichen Alltags. Aus der teilnehmenden Beobachtung und den Gesprächen mit Landwirtinnen erschlossen sich mir drei Varianten von Beziehungen zwischen den beiden Geschlechtern, die sich nach den geäußerten Dominanzansprüchen unterscheiden lassen. Im ersten Fall versuchen die Männer mithilfe von Diskriminierungen das bestehende Normensystem zu bewahren und ihre Privilegien zu verteidigen. Im umgekehrten Fall haben die Frauen als Chefin oder Auftraggeberin eine Macht, die sie gegenüber Männern ausspielen. Damit variieren sie das übliche Muster zwischen den Geschlechtern. In diesen beiden Varianten begegnen sich einzelne Frauen und Männer. Ein anderes Verhaltensmuster findet sich in Gruppen, in denen die Frau allein oder eine von wenigen unter vielen Männern ist. Im Unterschied zur Schulzeit oder zu Zweiergesprächen scheinen die Frauen als Einzelne in fachbezogenen Männergruppen nicht mit ihrem Geschlecht zu kokettieren. Die befragten Landwirtinnen akzentuieren fachliche Inhalte und Interessen, der Aspekt ihres 'anderen' Geschlechts tritt für sie in den Hintergrund.

3.5.1.1 Diskriminierung der Frauen zur Verteidigung männlicher Privilegien

Für die Frauen bedeutet es einen fortwährenden Kampf um ihre Daseinsberechtigung als Landwirtin, wenn Männer sie nicht als gleichberechtigte Geschäftspartnerin oder Berufskollegin anerkennen und ihr das auf die unterschiedlichste Weise immer wieder zeigen. Die Spielarten reichen von Versuchen, die Verantwortung an sich zu ziehen, über die Frauen zu bestimmen oder den eigenen Maßstab durchzusetzen bis hin zur Abwertung des fachlichen Wissens und Könnens der Landwirtinnen.

Elke J. ist Angestellte bei einem Betriebshilfsring und wird von landwirtschaftlichen Betrieben angefordert, wo die hauptverantwortliche Person für die Landwirtschaft durch Krankheit oder Tod ausgefallen ist. Bereits in den Vertragsverhandlungen macht sie die Erfahrung, als Frau in diesem Umfeld diskriminiert zu werden.

> "Jetzt muß ich sagen, mein Chef selber, der war gar nicht so dagegen, aber der erste Vorsitzende vom Verein, der war dagegen. En Junggeselle, ja und dann hat er bei meinem ersten Lehrbetrieb angerufen, da haben die natürlich positiv erzählt, dann hat er so noch rumgehört, ja, ja dann hat er gesagt, der erste Vorsitzende besteht darauf, ein halbes Jahr Probezeit. Theoretisch, wenn ich dagegen angegangen wäre, hätten sie es gar nicht machen können, aber, da ist, war im Grunde dann egal. Ich sag, ich wär damit einverstanden, wär in Ordnung." (Elke J. 1189)

Da sie zum einen unerfahren in solchen Verhandlungen ist, zum anderen schon länger einen Arbeitsplatz sucht, nimmt sie die Herausforderung an und akzeptiert die von einem Mann gestellte Sonderbedingung der doppelt so langen Probezeit, um in der von Männern kontrollierten Domäne arbeiten zu können. Der Hinweis auf den Familienstand des Vorsitzenden läßt vermuten, daß Elke J. für sich darin eine Erklärung gefunden hat, um ihre Benachteiligung zu akzeptieren.

Bedingt durch den häufigen Wechsel der Einsatzbetriebe und ArbeitspartnerInnen, ist das Sich-beweisen alltäglicher Bestandteil ihrer Arbeit. Mit den wachsenden Erfahrungen und dem dadurch gestiegenen Selbstbewußtsein geht das Sich-beweisen nach und nach in ein Demonstrieren der eigenen Fähigkeiten und die Weitergabe von Wissen über. Das kritische, nicht selten skeptische Beäugt- und Kontrolliertwerden seitens der Menschen, die auf den Höfen, wo sie eingesetzt ist, leben und arbeiten, bleibt bestehen. Hauptaugenmerk ist dabei ihre Körperkraft, der unter dem Aspekt der Außenwahrnehmung eine größere Bedeutung zukommt als aus der Perspektive der Landwirtinnen (vgl. Kap. 3.3.2). Verhalten sich Frauen eher zurückhaltend und warten erste Beweise ab, so wird Elke J. von Männern oft herausfordernd unterstellt, daß ihre Körperkraft nicht ausreiche, um ihre Arbeit in der Landwirtschaft erfolgreich zu meistern. Die den Männern qua Geschlecht zugesprochene größere Körperkraft ist der Maßstab, an dem sich auch die Frauen, die den Beruf LandwirtIn ausüben wollen, zu messen haben. Es wird weder berücksichtigt, daß die körperliche Konstitution auch unter den Männern sehr unterschiedlich ist, noch werden die heute angebotenen, arbeitserleichternden Hilfsmittel der Technik und Technologie gesehen und genutzt. Körperkraft soll auch weiterhin als Beweis für die Männlichkeit fungieren, und die von Männern gesetzten Bedingungen sollen auch die Frauen, die in einem traditionellen Männerberuf arbeiten, akzeptieren und erfüllen.

Elke J. ist als Betriebshelferin diesen Bedingungen noch stärker ausgesetzt als ihre selbständigen Berufskolleginnen. Da sie jeweils nur einige Tage oder Wochen auf einem Betrieb weilt, hat sie keinen Einfluß auf die verwendeten Arbeitsgeräte und muß sich mit den vorhandenen arrangieren. Oft ist die Maschinenausstattung veraltet und damit nicht so bedienungsfreundlich wie sie mit dem neuesten Stand der Technik sein könnte. Elke J. handhabt das 'Manko' der fehlenden Körperkraft, indem sie die betreffenden Arbeiten anders organisiert (vgl. auch Kap. 3.3.2). Als noch entscheidender stellt sich jedoch heraus, daß sie den immer wieder geäußerten Vorurteilen diskursiv und schlagfertig etwas entgegensetzen kann. So weiß sie auch die provozierende Frage zu erwidern, ob sie denn das gleiche wie ein Mann verdienen würde, schließlich könne sie doch keinen Zentnersack heben:

> "Okay, sag ich, wenn ich den 50 kg Sack auf dem Dachboden hab und ich soll jetzt den 50 kg Sack runtertragen, dann sag ich, dann halbier ich mir den und geh halt zweimal.

Da sagt der glattweg zu mir, ja dann würd ich ja dafür ne halbe Stunde länger brauchen. Ja, sag ich, ne halbe Stunde länger ist das aber nicht, sag ich, ne, und dann, ja, sagt er, es würde aber länger dauern, und dann sag ich, dann lauf ich halt zwei Schritte schneller übern Hof, dann gleicht sich das schon wieder aus. Dann hat er nachher nichts mehr gesagt." (Elke J. 347)

An diesem Beispiel zeigt sich, daß Landwirtinnen gefordert sind, eine Diskussions- und Argumentationskompetenz zum Thema Körperkraft zu entwickeln, weil sie von Männern oft damit konfrontiert werden. Als Hypothese läßt sich formulieren, daß für Frauen neben dem fachlichen Können und Wissen zusätzliche Qualifikationen hilfreich, wenn nicht gar notwendig sind, um sich als Landwirtin erfolgreich gegenüber Männern behaupten zu können.

Wenn Elke J. in den obigen Situationen noch die Chance hat, im selben Augenblick aktiv zu reagieren und mitzubestimmen, was sich zwischen Mann und Frau ereignet, so bleibt den Landwirtinnen in den folgenden Fällen von Diskriminierungserfahrungen nur, sich zu ärgern, weil Versuche des Aufbegehrens nur begrenzte und später wirkende Verhaltensänderungen der beteiligten Männer bedingen können.

Sonja C. arbeitet im jährlichen Wechsel mit ihrem Mann als Angestellte auf einem Gutshof. Ihr ausgefallenes Lebens- und Arbeitskonzept mit den wechselnden Zuständigkeiten für Erwerbs-, Haushalts- und Familienarbeit wird weitgehend von den benachbarten DorfbewohnerInnnen als Besonderheit akzeptiert. Sie und ihre Familie fühlen sich wohl im Dorf und scheinen weitgehend integriert zu sein. Wird der stete Wechsel zwischen der traditionellen Männer- und Frauenrolle toleriert, so wird im Falle der Nachbarschaftshilfe doch auf die üblichen Geschlechtsmuster zurückgegriffen. Für Unterstützung im Haushalt oder bei der Kinderbetreuung wird Sonja C., bei Maschinenarbeiten in der Landwirtschaft hingegen ihr Mann nachgefragt. Erst wenn dieser ausdrücklich keine Zeit dazu findet, wird auch ihre berufliche Kompetenz in Anspruch genommen.

"Naja die Bauern, da bin ich manchmal so en bißchen beleidigt, daß die das zwar immer wieder, zwar wissen, daß ich die Sachen genauso mache wie der Martin, aber trotzdem, immer wenn sie jemand brauchen, immer erst mal en Martin fragen, ne. Ob der jetzt arbeitet oder nicht, ne. Und das ärgert mich manchmal. Ich sag das auch manchmal, je nachdem wer das dann ist, aber, bei manchen ist's mir auch wurscht, weil die kann man halt nimmer ändern, ne. (...) Obwohl die Eltern vom Richard jetzt zum Beispiel, das hat sich auch schon geändert, also jetzt ist es auch schon selbstverständlich, da helfen wir halt beim Silieren jedes Jahr, und jeweils wer halt auf em Betrieb jetzt schafft, der schafft, und der andere hilft mit, und die Kinder sind entweder bei ner Freundin oder dieses Jahr warn sie dabei am Silo. Und dieses Jahr war das für die gar keine Frage glaub ich, keine große, daß sie mich gefragt ham, daß ich dann hin bin und das gemacht hab, ne. Das ist dann auch okay, ne." (Sonja C. 1660)

Einige Mitmenschen von Sonja C. sind lernwillig und fordern sie nicht immer wieder dazu heraus, ihre Kompetenz in landwirtschaftlichen

Zusammenhängen zu betonen, andere versuchen aber stets aufs Neue, die alte Geschlechterordnung aufrechtzuerhalten. So erlebe ich noch während des Interviews, wie ein Bauer kommt und sie nach ihrem Mann fragt, weil er ihn bitten wolle, seinen liegengebliebenen Traktor abzuschleppen. Er scheint gar nicht auf die Idee zu kommen, daß auch Sonja C. ihm helfen könnte.

Auch Maria L. mußte lange dafür kämpfen, bis sie als selbständige Landwirtin unter ihren Berufskollegen akzeptiert wurde. Als ihr die Landwirte im Dorf dann sogar das Vertrauen als Berufsvertreterin aussprachen, mußte sie sich jedoch von ganz anderer Seite eine Diskriminierung gefallen lassen:

> "Wie's dann in der Presse bekannt gegeben wurde, Sensation, logisch, im Dorf eine Frau als Ortsobmann, und der Reporter schreibt noch in die Zeitung rein, des hat mich ja geärgert, 'obwohl gestandene Mannsbilder da warn, ist ja nur eine Frau Ortsobmann geworden'. Das tut weh, ne, des bohrt, (kurzes Lachen) eigentlich bescheuert, ne." (Maria L. 996)

Das läßt darauf schließen, daß sie sich auch heute noch, nach zwei Jahren, durch diese Bemerkung verletzt fühlt, obwohl sie schon mehr als einmal den Beweis erbracht hat, daß sie sich in ihrem Amt für die Interessen der LandwirtInnen einzusetzen weiß und dies auch von der Presse dokumentieren läßt. Das Verhalten des Reporters zeigt einmal mehr, wie sich Männer durch kompetente Frauen bedroht fühlen. Es läßt erkennen, wie sie ihre Bastion und damit das hierarchische System der Zweigeschlechtlichkeit verteidigen.

3.5.1.2 Landwirtinnen mit Macht

Die Beziehungen zwischen den Geschlechtern sind von Auseinandersetzungen geprägt, insbesondere dann, wenn Frauen Männern ihre (Vor-)Rechte streitig machen. Diese Erfahrung veranlaßt viele Landwirtinnen, jede Chance zu nutzen, um ihre Position zu festigen und Vorteile gegebenenfalls auszuspielen. Letztere können sich durch ihr Wissen oder ihre Rolle als Auftraggeberin, aber auch durch ihr weibliches Geschlecht ergeben. Die betreffenden Landwirtinnen haben mit ihrem von der traditionellen Geschlechterrolle abweichenden Verhalten Erfolg bei der Durchsetzung ihrer Interessen. Es stellt sich die Frage, ob sie damit auch zu neuen Zuschreibungen der Geschlechter beitragen oder aber das bestehende System der Zweigeschlechtlichkeit stützen.

Nur wenige Landwirtinnen haben von Anfang an genügend Selbstvertrauen in ihre Macht, daß sie diese in ihren Geschäftsbeziehungen ausspielen und nach dem Motto handeln: "der will mir ja was verkaufen" (Elke J. 1456). Für die meisten von ihnen ist der Umgang mit männlichen Geschäftspartnern ein Lernprozeß, in dessen Verlauf sie auch Niederlagen einstecken. Das bestärkt sie dann jedoch umso mehr, auf klare Bedingungen zu achten und für die eigenen Interessen zu kämpfen. Am Beispiel von Monika T. soll aufgezeigt werden, welche Entwicklungsmöglichkeiten denkbar sind.

> "Nee, ich laß mich also auch nit unterbuttern. Da braucht man schon, also als Frau da zu bestehen in diesem Feld, braucht man schon, ich hab's mir auch angeeignet, ich war auch nit so, aber, nachdem ich ä paarmal auf die Nase gfallen bin, und da muß man sich irgendwo, ä weng Frechheit muß man sich da anerziehen selbst. Und, ich hab auch gsagt, ich bin eigentlich vom Typ her nicht so, aber man kommt da nur mit Frechheit durch, also schon a weng Ellenbogen muß man da einsetzen. Und dann klappt's erstaunlicherweise bei den Männern besser.
> I.: Und womit sind Sie auf die Schnauze gefallen?
> M.T.: Also was weiß ich, z.B. hab ich mich mal a weng übers Ohr hauen lassen, grad bei Pflanzenschutzmitteleinkauf. Und dann, die wissen jetzt genau, sie können mir echt nur das, den niedrigsten Preis anbieten, ich fugger da nit mehr. Da sagte dann der andere, 'ja hätt'st halt nomal angerufen, das hätt ich dir auch machen können, den Preis'. Sag ich, 'das mach ich nicht, also entweder, du kannst es gleich von vorneherein machen, oder der, der mir's am günstigsten anbietet, der verkauft's'. (...) Ich meld mich dann aber schon, und sag, 'nee, also das Gschäft klappt nit, du bist zu teuer' oder so. (...) Wen ich da angschrieben hab, sag ich da schon, das wird nix, und das hat erzieherischen Effekt." (Monika T. 644)

Monika T. ist sich nach mehreren Mißgeschicken ihrer Rolle als Auftraggeberin bewußt und legt mittlerweile Wert darauf, die Geschäftsbedingungen mitzubestimmen. Da, wo sie Macht besitzt, will sie sie auch nutzen. Mit dem Hinweis auf den "erzieherischen Effekt" zeigt sie, daß ihr zum einen daran gelegen ist, sich in Erinnerung zu halten. Man soll sie kennen (siehe auch Kap. 3.5.1.3) Außerdem legt sie Wert auf langfristige Geschäftsbeziehungen, in denen die Positionen nicht immer wieder neu verhandelt werden müssen. Sie versucht, mit ihren Kräften zu haushalten. Ihr ist nicht am Konflikt als solchem gelegen, sondern an der Durchsetzung ihrer Interessen. Und dafür betrachtet sie einmal eine Beziehung rein sachlich und hält ihre Emotionen außen vor:

> "Die Kontakte bleiben gut, weil ich bin ja dann nit, sagen wir mal, bös oder irgendwas, das Gschäft ist halt nit zustande gekommen, das nächste mal müssen sie sich halt mehr anstrengen, wenn sie die Menge verkaufen wollen" (ebd. 670).

Ein anderes Mal greift sie auf ihre Attraktivität als Frau zurück und spielt den Reiz ihres Geschlechts aus, wenn ihr Gegenüber dafür empfänglich ist:

> "Da gehören halt für mich solche Verbindungen zu solchen Leuten auch dazu, daß man den auch mal daheim anrufen kann, (...) oder abends oder was, wenn man was fürn nächsten Tag jetzt plant und weiß nit genau, ist das jetzt richtig oder nit, und da scheu ich mich auch nit, die [Berater] anzurufen, also die tu ich dann anbaggern, wenn's sein muß." (ebd. 1702)

Monika T. spielt mit ihren unterschiedlichen Eigenschaften und Fähigkeiten, dabei versucht sie stets, die Fäden in ihrer Hand zu halten. Sie will die Situation aktiv gestalten und damit das übliche Geschlechterverhältnis variieren. Daß sie sich dabei der traditionellen Klischees bedient, macht das Spiel zweischneidig. So schafft sie es zwar, ihre Interessen durchzusetzen, indem sie aber den beteiligten Männern zu erkennen gibt, daß sie die üblichen Spielregeln akzeptiert, stützt sie deren Vormachtstellung. Am herrschenden System ändert sich letztlich nichts.

Dies ist anders, wenn die Landwirtinnen ihr fachliches Wissen ausspielen. Monika T. gelingt es sehr effektvoll beim gemütlichen Zusammensitzen mit FreundInnen.

> "Wie gesagt, so im Freundeskreis, war letzt en Internist, und der hat da behauptet, 'Charolais, also das ist das beste Fleisch' und was mit Sicherheit auch irgendwo stimmt, und da behauptet er also, 'Charolais heißt auf der Weide gemästet, das wär französisch und würde heißen, auf der Weide gemästet'. Dann hab ich ihn erstmal aufgeklärt, daß das ne Rinderrasse ist und sonst überhaupt nix, ne. Also das hat er natürlich nit gewußt, sondern 'es heißt auf der Weide gemästet', und dann hat also alles gelacht, und dann war er still fürn Rest des Abends, hat nimmer gscheit gsprochen. (Lachen)" (ebd. 1789)

Ihr Lachen zeigt an, daß sich Monika T. der Reichweite dieser Situation bewußt ist. Indem sie vor anderen Männern und Frauen das letzte Wort und der Mann das Nachsehen hat, bricht sie mit der üblichen Norm des Geschlechterverhältnisses und stellt diese damit in Frage. Wenn sich für sie in diesem Fall auch keine geschäftlichen Vorteile ergeben, so trägt dieses Erlebnis doch dazu bei, Monika T.s Selbstbewußtsein und ihr Selbstverständnis als professionelle Landwirtin zu stärken.

Indirekt erfahren die Frauen diese Stabilisierung ihres Selbstbewußtseins und ihres Selbstverständnisses als Landwirtin auch, wenn sie Lehrlinge und PraktikantInnen ausbilden. Unter Frauen scheint sich dabei zwischen den relativ jungen Meisterinnen und ihren Azubis häufig ein freundschaftliches Verhältnis einzustellen. Männern gegenüber scheint der Lustgewinn auf einer anderen Ebene zu liegen: das traditionelle hierarchische Verhältnis zwischen Mann und Frau kehrt sich in dieser Beziehung um, und die Frauen nutzen es zur Stärkung ihrer Persönlichkeit. Rita D., die von Kind auf den Umgang mit landwirtschaftlichen Maschinen gewohnt und damit sehr routiniert ist, gibt unumwunden zu:

> "Da is halt a oft heit no so, (Lachen) daß i dann irgendwie an Studenten, an Moo, daß i das dem dann net so zuatrau, daß i mir scho denk, des kann i eigentlich besser als wie er's kann. (...) Aja, des is manchmal schee (Lachen) aber i moan, i kanns a sehgn, wenns andere besser kenna, daß ma was lerna kann davo aa." (Rita D. 347)

Ihrem Lachen entnehme ich, daß ihr zweierlei bewußt ist: sie hat sich für eine Frau ein nicht selbstverständliches Privileg erworben, damit bewegt sie sich außerhalb der Norm. Das Abrücken vom üblichen Geschlechterverhältnis macht ihr Spaß und sie genießt die Folgen dieser Umkehrung. Gleichzeitig gibt sie zu verstehen, daß sie bereit ist, Männer anzuerkennen, allerdings nicht qua Geschlecht, sondern dann, wenn diese mehr Erfahrung oder Wissen haben als sie. Die Erfahrungen von Monika T. und Rita D. machen deutlich, daß die Konstruktion der Geschlechter nicht auf die herkömmliche Art und Weise reproduziert werden muß. Veränderungen zugunsten der Frauen sind durchaus möglich. Allerdings müssen sie selbst mit Mut jede Chance ergreifen, die sich ihnen dafür bietet.

3.5.1.3 Allein unter Männern

Daß das Verhältnis der Landwirtinnen zu Männern und Männergruppen nicht immer von Kampf und Macht, sondern auch von einem friedlichen Nebeneinander oder gegenseitiger Akzeptanz geprägt sein kann, zeigt sich an den folgenden Beispielen. "Die kennen mich da schon" ist das Schlüsselwort, womit sich die Beziehungen charakterisieren lassen. In diesem Stadium haben die Landwirtinnen die erste Hemmschwelle überschritten und die Fremdheit zwischen den einzelnen Landwirtinnen und den Männern ist bereits überwunden. Die Frauen müssen sich nicht mehr legitimieren und ihre landwirtschaftlichen Fähigkeiten beweisen, außerdem wissen sie um die zu erwartenden Reaktionen, so daß ihnen das Auftreten dort keine Probleme mehr bereitet. Die Männer ihrerseits lehnen die Frauen als Kollegin oder Geschäftspartnerin nicht (mehr) ab. Ein Teil ihrer biographischen Hintergründe ist ihnen gegenseitig bekannt. Sie haben eine Form gefunden, mit der unvertrauten Art ihrer Beziehung umzugehen, in der die Frauen Anspruch auf die übliche Männerrolle erheben und darin auch von Männern anerkannt werden wollen. Bedingung für ein zufriedenstellendes Miteinander ist, daß die Männer ebenfalls von ihren traditionellen Vorstellungen und Ansprüchen abgehen und sich auf die neue Situation einlassen.[68]

Das Kennen und Gekanntwerden erweist sich als eine wesentliche Voraussetzung für die Anerkennung und die Integration der Landwirtinnen sowohl in Geschäftsbeziehungen, fachbezogene Gruppen als auch ihr soziales Umfeld. Es gelingt den Frauen schneller, die am Ort ihrer Kindheit und Jugend den außergewöhnlichen Beruf der Landwirtin ergreifen. Die Geschichte ihrer Familie ist bekannt und die anderen können sich darauf beziehen. Unter ungünstigen Umständen können daraus aber auch Momente der Ablehnung erwachsen. Für Landwirtinnen, die neu an einen Ort kom-

---

68 Janshen/Rudolph u.a. (1987) weisen auf die fehlende Routine und die Grenzen eines gleichberechtigten Miteinanders in solchen Situationen hin. Sie betonen, daß in Gruppen mit stark asymmetrischer Struktur wie im vorliegenden Fall "das Verhalten der Individuen - weitgehend unabhängig von ihren persönlichen Eigenschaften - durch die schiefe Verteilung geprägt ist. Da die Mehrheit über keine Verhaltensroutinen im Umgang mit der Minderheit verfügt, greift sie auf Stereotype zurück, die ihr aus anderen Zusammenhängen vertraut sind." (ebd.:230)

men, um dort Landwirtschaft zu betreiben, kommt das Moment der Zugezogenen erschwerend zur außergewöhnlichen Berufswahl hinzu. Hier kann der eigenen Integration förderlich sein, sich für die Geschichte des Ortes, der dort lebenden Menschen sowie ihrer Netzwerke zu interessieren und zu versuchen, an diese Geschichte anzuknüpfen.

Sich zu kennen hat sich bei den untersuchten Landwirtinnen auf vielen Gebieten bewährt. Für Monika T. beruht die gute Zusammenarbeit mit einem ihrer Großabnehmer darauf, daß sie wie auch ihre beiden Eltern schon sehr lange Geschäftskontakte haben:

> "Ich mein, wir kennen uns ja schon, die Eltern ham praktisch schon Geschäfte miteinander gemacht, und also, es ist auch irgendwo ne große Vertrauensbasis da." (Monika T. 718)

Hier erweist sich die von der Tochter fortgeführte Tradition als tragend für ihre Anerkennung als Landwirtin und Geschäftspartnerin.

Das Sich-kennen erleichtert Gerda H. den Aufenthalt in Versammlungen des Bauernverbandes oder in Fortbildungsveranstaltungen, wo sie oft als einzige Frau anwesend ist[69]. Da sie die Informationen interessieren und sie den fachlichen Austausch darüber sucht, läßt sie sich von dieser für sie unangenehmen Situation nicht abschrecken. Entscheidendes Moment ist jedoch

> "och, man kennt mich, die kennen mich (Lachen), kein Problem. (...) Das ist ganz normal, also wirklich jetzt, hat noch nie einer ne dumme Bemerkung gemacht." (Gerda H. 270)

Um auch angehenden Landwirtinnen diese Ressource des Sich-kennens zugänglich zu machen, ist es günstig, wenn sie zunächst mit ihrer Berufs- oder Fachschulklasse die entsprechenden Versammlungen und Veranstaltungen besuchen. In der ihnen vertrauten Gruppe finden sie Schutz und Rückhalt. Wenn ihnen die Situation und die anwesenden Personen vertraut geworden sind, können sie aus dem Schatten der Gruppe heraustreten. Leichter fällt dies den Frauen, wenn die Gruppen sich aus Gleichaltrigen oder Gleichgesinnten neu bilden und sich auch die anderen noch nicht gut kennen. Eine geringere Hemmschwelle scheint außerdem dann vorzuliegen, wenn sich die LandwirtInnen für ein gemeinsames politisches Ziel engagieren wollen. Das politische Interesse gibt den Frauen die Kraft, sich unter Männern zu behaupten und in die vorhandenen Funktionen hineinzuwachsen, wie es das Beispiel von Maria L. eindrücklich beweist. Wurde sie zunächst als Ortsobfrau noch offen diskriminiert (siehe Kap. 3.5.1.1), so hat

---

69 Diese Situation teilt sie mit vielen Berufskolleginnen, unter anderem in Italien: "One of the aspects farm women are most seriously concerned about is their isolated position due to their limited participation and representation outside the farm and outside the family. They are insufficiently represented in economic, trade-union's and political structures (...)." (Ventura 1994:36)

sie es trotz der anfänglichen Abwehr im Laufe der Jahre geschafft, sich Medienöffentlichkeit für die von ihr vertretenen landwirtschaftlichen Anliegen zu organisieren, was ihr die Ausübung ihres Amtes wesentlich erleichtert und bei ihr Energien für neue Projekte freisetzt.

> "Mittlerweile kennen sie mich schon alle, da brauch ich nur en Fax hinzuschicken, brauch ich mich gar nimmer drum zu kümmern. Termin, Uhrzeit, und da kommen die. (...) Wenn ich anrufe, dann ist es selbstverständlich, daß die kommen." (Maria L. 1887)

Wenn es auch ihrem eigenen Selbstbewußtsein zuträglich sein dürfte, so kommt es schließlich doch allen LandwirtInnen ihres Dorfes zugute, daß die Zusammenarbeit mit der Presse gut funktioniert. Und so scheint es häufiger nicht nur den Landwirtinnen, sondern auch ihren Berufskollegen zum Vorteil zu gereichen, wenn es mithilfe der Strategie "die kennen mich da schon" gelingt, die Landwirtin in die Gruppe oder in das soziale Umfeld zu integrieren. Sei es, daß der fachliche Austausch um eine weitere Erfahrung bereichert wird oder eine konstruktive, evt. betriebliche Zusammenarbeit daraus erwächst. Zu betonen bleibt, daß es sich letztlich als Frage des Mutes und des guten Willens herausstellt, ob sich Männer und Frauen in ungewöhnlichen Situationen und Konstellationen aufeinander einlassen oder nicht. Ob sie es schaffen, außerhalb der tradierten Wege der Geschlechter Fuß zu fassen und adäquate Formen des Umgangs miteinander zu entwickeln.

3.5.2 Landwirtinnen unter sich

Wie an den fachlich orientierten Gruppenversammlungen deutlich wird, finden sich im unmittelbaren Umfeld der Landwirtinnen nur wenige und oft keine gleichgesinnten Frauen. Sie sind darauf angewiesen, über weite Entfernungen Kontakte zu knüpfen. Sie zu pflegen, gelingt ihnen in ihrem Berufsalltag nur teilweise. Als Gruppe sind 'Landwirtinnen unter sich' äußerst selten anzutreffen.

3.5.2.1 Fehlende Berufskolleginnen

Konfrontiert mit den Belangen und unerwarteten Problemen des Berufsalltags erkennen viele der befragten Landwirtinnen nun, im Unterschied zu ihren Berufs- und Fachschulzeiten, daß ihnen gleichgesinnte Frauen abgehen. Trotz der ansatzweisen Verständigung mit männlichen Kollegen fühlen sie sich allein mit den Gedanken und Problemen, die ihnen aus ihrer besonderen Situation als Frau in einem Männerberuf erwachsen. Sie wünschen sich zum Austausch eine landwirtschaftlich interessierte Freundin in alltäglich erreichbarer Nähe. Wenn es sie gibt, kommt ihr ein hoher Stellenwert zu, wie sich am Beispiel von Anne R. zeigt:

"Ich hab eigentlich nur eine Freundin, die hat auch Landwirtschaft studiert, da sag ich immer, das ist die einzige, wirklich, wenn die kommt, da hab ich wirklich das Gefühl, die ist hier und die hat Verständnis, und da ist es, ist alles klar, ne. So bei andern hab ich immer das Gefühl, mich zu entschuldigen, ja ich muß jetzt aber und so, ne. Das ist die einzige, die, wo man nicht so das Gefühl hat, ne." (976)

Einige der Landwirtinnen hatten das Glück, auf Weiterbildungsveranstaltungen, in Winterkursen zur Erwachsenenbildung oder während des Agrarstudiums, welches sie an ihre praktische Ausbildung anschlossen, Frauen kennengelernt zu haben, die sich in einer ähnlichen Situation wie sie befinden. Von ihnen fühlen sie sich verstanden.

"Ne Freundin von uns, die eben bei Martin im Semester war, hat nen Bauern geheiratet, und die sitzt jetzt in der Schweiz, und da fahrn wir eigentlich jedes Jahr mal hin, holen dann unsern Käse (Lachen). Also von daher war das Studium genau das richtige für mich, weil ich da viele Leute so kennengelernt hab, die ne ähnliche Wellenlänge hatten, und auch ähnliche Ideen." (Sonja C. 1118)

Da diese meist weiter entfernt wohnen und arbeiten, können sie sich nur sporadisch treffen und sind zum Austausch auf das Telefon angewiesen, was für sie nicht immer befriedigend ist. Sich zu sehen, kann dann auf wenige Male im Jahr begrenzt sein. Es ist auch nicht abzusehen, daß sich diese Situation in naher Zukunft ändern wird. Selbst wenn sich zunehmend mehr Frauen den Beruf der Landwirtin erwählen, steht einer besseren Erreichbarkeit der Strukturwandel und die Standortgebundenheit der Landwirtschaft entgegen. Da immer weniger Menschen größere Flächen bearbeiten, wird sich die Verteilung gleichgesinnter Landwirtinnen kaum günstiger entwickeln. Alle interviewten Frauen verfügen heute zwar über ein Auto und fühlen sich mobil, doch nach langen, ausgelasteten Arbeitstagen können bereits 30 oder 40 Kilometer am Abend zu weit sein, um die Freundin oder Kollegin zu treffen, insbesondere wenn auch noch die Versorgung und Betreuung kleiner Kinder zu organisieren sind.

"Die Bekanntschaften, die mer mir ghabt ham von die Freindinnen her oder so, des san vui gween, die weiter weg san. Durch das, daß man mobil is mit 'm Auto und dann einfach Bekanntschaften von da Winterschul her [hat]. (...) Und die Freindin, mit der geh i dann halt ab und zu amal fort, des is eigentlich die, wo am besten blieben, also am meisten blieben is, die Freindschaft jetzt mit der. Mit die Kinder, da is des jetzt doch weg-g'fallen, daß man nimmer überall dabei is und mitkann." (Rita D. 891; 980)

Nicht selten werden die Treffen immer sporadischer, weil Zeit und Energien der Frauen anderweitig gebunden sind. So ist gut zu verstehen, daß sich die Landwirtinnen schon Wochen im voraus freuen und lange Wege auf sich nehmen, wenn ein Seminar oder ein Gruppentreffen von Betriebsleiterinnen bzw. Landwirtinnen im Rahmen der Erwachsenenbildung angeboten wird[70].

70 Das konnte ich sowohl beim Studienseminar 'Frauen im biologischen Landbau' vom 4. bis 6. Februar 1991 an der Evangelischen Landjugendakademie Altenkirchen als auch beim

Wesentliches Moment für die Frauen ist dabei der Austausch unter ihresgleichen, von dem sie dann wieder lange Zeit zehren - zehren müssen, weil solche Angebote nur selten zu finden sind. Versuche, solche Treffen regionenbezogen und regelmäßig durchzuführen, gelang in den meisten Fällen nur für kurze Zeit. Sie gehen auf die Initiative und die Hartnäckigkeit einzelner Frauen zurück. Sobald diese dann ausfallen, bricht oft der ganze Kreis auseinander. Von der Institutionalisierung einer Interessenvertretung von Landwirtinnen kann bisher nicht gesprochen werden.[71]

3.5.2.2 Landwirtinnen und der deutsche Landfrauenverband

Auf der Suche nach Gesprächspartnerinnen zu ihrer besonderen Rolle im landwirtschaftlichen Betrieb suchen nur wenige der interviewten Frauen den Kontakt zur Ortsgruppe des Deutschen Landfrauenvereins, der offiziellen Interessenvertretung für Frauen in der Landwirtschaft[72]. Die Frauen, die in

---

'1. Bundesweiten Treffen landwirtschaftlicher Betriebsleiterinnen - und solchen, die es werden wollen' vom 1. und 2. März 1995 in der Ländlichen Heimvolkshochschule Waldenburg-Hohebuch erleben. Auch Bühler (1994) beobachtet im Rahmen eines Selbsthilfeprojektes zu innovativer berufsständischer Landjugendarbeit, daß es bei "jungen Frauen in der Landwirtschaft, die sich als Mitunternehmerin verstehen" ein großes Bedürfnis gibt, "gesellige Kontakte, Erfahrungsaustausch und Fortbildung zu koordinieren." (ebd.:23) Er plädiert für regionale Gesprächskreise. Funk/Kaschuba (1994) zeigen in einem Beitrag zum Perspektivewechsel in der Regionalforschung die sozialen Bedingungen dafür auf, daß diese Bedürfnisse heute formuliert werden können: "Die Herstellung einer eigenständigen politischen Öffentlichkeit unter Frauen rückt erst jetzt verstärkt als Problem ins Bewußtsein, seitdem sich Frauen in politischen Positionen innerhalb und außerhalb von Institutionen austauschen. Der Mangel, wie Frauen symbolisch aufeinander Bezug nehmen können bzw. daß ihnen dies verwehrt ist, war lange Zeit überhaupt nicht spürbar. Der Kreis derer, die bestimmen, was öffentlicher Anerkennung wert ist, war immer wieder allein auf Männer begrenzt." (ebd.:10)

71 Bei meiner Recherche konnte ich nur wenige Frauenorganisationen ausfindig machen, die die Interessen von Landwirtinnen vertreten. Teather (1994) verweist auf das Ontario Farm Women's Network, Canada (OFWN). "Members of such organisations as the OFWN see farm women as businesswomen whose priority is to run profitable enterprises using the most up-todate techniques. However, the commitment of members of these newer organisations to the survival of the family farm and to the farming way of life is nor in question. The challenge they make is to the gender-role ideologies that have traditionally underpinned that way of life. Such organisations are undertaking the mediating role between rural women and wider developments, in terms of women's emancipation, that has been eschewed by traditional rural women's organisations." (ebd.:43) Ventura (1994) zeigt für Italien, wie dort zwei traditionelle Landfrauenorganisationen die Zeichen der Zeit erkannt und zwei Studien in Auftrag gegeben haben, um die neuen Interessen und Organisationsbedürfnisse der jungen Frauen in der Landwirtschaft zu erkunden: "(...) both were centred on the shifting of women's roles from helping mates to farm managers." (ebd.:33)

72 Ein ähnliches Ergebnis fanden Haugen/Brandth (1994) in ihrer Untersuchung norwegischer Landwirtinnen: "Only 20 percent of the women farmers belonged to the Farm Women's Union, whereas 60 percent of the women farmers belonged to one of the farmer's unions." (ebd.:216) Wie in Deutschland üblich, ist der Großteil der Landwirtinnen der vorliegenden Untersuchung Mitglied beim Deutschen Bauernverband.

landbewirtschaftenden Familien aufgewachsen sind, haben Einblick in die Aktivitäten des Verbandes durch ihre Mütter. Sei es dieses Wissen oder die Abgrenzung von den Müttern, zumeist ziehen sie überhaupt nicht in Erwägung, dieser Gruppe beizutreten. Anders die Frauen von außerhalb der Landwirtschaft, die oft als Zugezogene und im Bemühen nach sozialer Integration auch die Gruppe des Landfrauenverbandes aufsuchen. Vor Ort stellen sie dann jedoch fest, daß in dieser Runde zwar das Geschlecht und das Milieu mit den Anwesenden übereinstimmen, das Alter und die Interessen jedoch weit auseinandergehen. Anne R. ließ sich zunächst nicht abschrecken und versucht nun, soweit es ihr zugestanden wird, auf die Gruppenaktivitäten Einfluß zu nehmen. Ihre Hoffnung ist davon getragen, daß veränderte Inhalte auch junge Frauen ansprechen und sie dadurch Bündnispartnerinnen gewinnen kann. Mit ihren Veränderungswünschen stößt sie zunächst auf großen Widerstand.

> "Ja, ich wollte jetzt mal abwarten, wie sich die Orts-, diese Landfrauenvereinigung da weiter verhält hier bei uns im Ort. (...) Wenn ich da jetzt nicht weiterkomme, dann werde ich die Präsidentin auch mal anrufen, weil da stand immer wieder in der landwirtschaftlichen Zeitung, die suchen diese engagierten jungen Landfrauen, und die werde ich dann auch ganz konkret und direkt anrufen, nicht über wieder irgendeine Kreisvorsitzende oder so. So daß ich schon denke, wenn sie eine suchen, hier können sie eine haben und keiner will sie, (...) was soll das eigentlich? (Anne R. 1880)

Solange die zumeist älteren Frauen in den Landfrauenvereinen mit den bestehenden Traditionen und Strukturen sich gegen Veränderungen und Anpassungen an die sozialen Entwicklungen in der Landwirtschaft verschließen, werden sie junge, engagierte Frauen fernhalten. Es ist dann nur eine Frage der Zeit, bis wann der Verein sich überlebt hat.

In zwei Fällen hatten Landwirtinnen eine Chance, auf die neue Gestaltung des Landfrauenverbandes einzuwirken: Im Dorf von Maria L. gab es bereits einige Jahre keine Ortsgruppe mehr. Sie initiierte eine Neugründung und kann damit maßgeblich auf die gemeinsamen Aktivitäten Einfluß nehmen. Doch auch bei ihnen sind die jungen Frauen in der Minderheit. Anders im Fall von Elke J., die in einem Kreis junger Landfrauen auf Landkreisebene aktiv ist. Sie haben sich zusammengefunden, weil sie ihre Belange unabhängig von den älteren Landfrauen diskutieren wollten.

> "Wir machen so, ich sag mal so Themen mehr für die jüngeren. Die älteren können auch kommen, aber, was hamse, jetzt Gentechnologie, demnächst kommt ne Frauenärztin, hatten sie jetzt eingeladen, dann machten sie mal Blaudrucken, Seidenmalerei, also ganz unterschiedliche Themen." (Elke J. 1288)

Nicht alle beteiligten Frauen haben eine landwirtschaftliche Ausbildung, alle arbeiten jedoch auf einem landwirtschaftlichen Betrieb. Darüber findet Elke J. genügend Anknüpfungspunkte für interessante Gespräche mit ihnen, in die sie auch ihre speziellen Probleme einbringen kann. Nachdem der

Kreis junger Landfrauen einige Zeit parallel zum Landfrauenverein existierte, fand nun eine Annäherung statt.

"Dann gab's hier extra nen Frauenclub und auf einmal haben die alten gemerkt, das wird ja gar nicht fortgesetzt, wenn wir keine jungen mehr kriegen. Und dann sind sie an den Frauenclub rangetreten und haben die gefragt, ob sie denn nicht Mitglied werden wollen. Und da sind die Mitglied geworden. Und eine von uns ist jetzt dieses Jahr zum ersten Mal erste Vorsitzende. (...) Ich denke, wenn jetzt Cilly die erste Vorsitzende ist, dann wird schon mehr organisiert. Daß auch mal was auf dem Programm steht oder so, ne. Jeder macht dann schon mal Vorschläge." (Elke J. 1350)

Über die Fusion zwischen einer alternativen Gruppierung von Frauen mit dem traditionellen Landfrauenverein ist es also jungen Frauen gelungen, ihre Interessen in den offiziellen Verband einzubringen. Nachdem sie nun auch die erste Vorsitzende stellen, kann von einem weitreichenden Einfluß gesprochen werden. Es ist zu betonen, daß die Integration junger Landwirtinnen und Bäuerinnen die Einsicht der älteren Frauen zur Voraussetzung hat. Wissen auch die meisten von ihnen, daß sie für neue Entwicklungen offen sein müssen, wenn sie ein lebendiges Verbandsleben führen wollen, so gelingt es oft nur wenigen. In Anpassung an die zunehmend geringere Zahl arbeitender Menschen in der Landwirtschaft wird es notwendig, die Vereinsaktivitäten mehr und mehr auf Landkreisebene zu organisieren, damit sich genügend Interessierte für die einzelnen Themen zusammenfinden. Da kommen auch die Landwirtinnen nicht umhin, Kompromisse einzugehen und Veranstaltungen mitzutragen, die sie nur bedingt interessieren.

3.5.2.3 Fachsimpeln unter Frauen

Zu den spannenden Themen zählen für die interviewten Landwirtinnen neben ihrer besonderen Situation als Frauen in einer Männerdomäne Themen aus dem produktionstechnischen und betriebswirtschaftlichen Alltag in der Landwirtschaft[73]. Sie suchen den Erfahrungsaustausch auf der fachlichen Ebene, ohne sich stets darin beweisen zu müssen. Sie wünschen sich die Möglichkeit des Fachsimpelns mit ihresgleichen in ungezwungener Atmosphäre. Nur wenige Landwirtinnen meines Gesamtsamples hatten das Glück wie Elke J., bereits auf ihrem Ausbildungsbetrieb mit einer ausgebildeten und erfahrenen Landwirtin zusammenzuarbeiten und von ihr als Gesprächspartnerin anerkannt zu werden.

---

73 Auch Brandth/Bolsø (1991:5) verweisen auf diesen Unterschied zwischen traditionellen Bäuerinnen und Landwirtinnen. "Compared to the traditional group, the 'new' women farmers express a more undivided and total interest in questions about farming and machinery. Their conversation very easily centers around these issues, and it is not easily diverted by family- and household issues."

> "Ich bin ja, bei ihrem Schwiegersohn hab ich ja auch gearbeitet. Dann kam sie an, 'du Elke, das ist dir doch auch schon passiert, daß der Packer nicht mitgegangen ist mit dem Pflug', sag ich, 'ja, das ist Mist.' 'Ja, sagt sie, da muß man erstmal den Packer wieder mitkriegen' und da kann man total fachsimpeln mit ihr." (Elke J. 1542)

Ungezwungen entwickelte sich zwischen den beiden ein Erfahrungsaustausch zu den unterschiedlichsten landwirtschaftlichen Themen und darüber hinaus ein freundschaftliches Verhältnis. Das gemeinsame Interesse an der Landwirtschaft führt sie auch in ihrer Freizeit in Gesprächszusammenhänge mit anderen LandwirtInnen, was ihren Horizont nochmals erweitert.

> "Dann hat ich mir mit Hanna en Pferd angeguckt, und da hatte der Bauer Ammenkühe. (...) Dann sind Hanna und ich guckengegangen. Und dann haben wir nachher mit dem drüber geredet. Ah, da hatte ich gesehen, da hatte eine was um die Beine. Die Beine zusammengebunden, aber sie konnte noch laufen. Sag ich, weshalb er das so gemacht hätte? Ja, die hätte immer so das Kalb geschlagen. War gar keine schlechte Idee, ne. Die konnte aufstehen, die konnte laufen, alles. Erzähl ich das zum Beispiel auf meinem Betrieb, weil wir ja auch diese schlagende Kuh haben." (Elke J. 662)

Wie sich zeigt, ist das Erfahrungswissen, das sich Elke J. durch das Fachsimpeln angeeignet hat, ihr auch bei ihrem Einsatz als Betriebshelferin dienlich. Für selbständige Landwirtinnen ist hervorzuheben, daß es bei diesen informellen Fachgesprächen nicht nur darum geht, das eigene Wissen zu präsentieren und zu erweitern, sie dienen auch dazu, die eigene Arbeit zu überprüfen und sich selbst im landwirtschaftlichen Umfeld zu verorten. In Verknüpfung mit den fachlichen Inhalten werden Wertmaßstäbe abgefragt, in Frage gestellt oder bekräftigt. Die eigene traditionslose Rolle der Frau im Männerterrain der Landwirtschaft wird erkundet und anhand der ausgetauschten Vorstellungen und Erfahrungen gefüllt. Die Frauen können sich ihrer selbst als Landwirtin versichern und damit gegenseitig zu einer Stärkung ihres Selbstbewußtseins beitragen. Ich möchte daher noch einmal akzentuieren, daß die Landwirtinnen das Fachsimpeln untereinander benötigen, um über eine eigene Fachgesprächskultur ihre Rolle und ein professionelles Selbstverständnis zu entwickeln.

3.5.2.4 Frauen als Vorbild - ein seltenes Glück

In den Interviews wurde deutlich, daß viele während ihrer Ausbildungszeit nicht wußten, an wem und was sie sich orientieren sollen. Mit den Männern, die sie in landwirtschaftlichen Zusammenhängen erlebten, konnten sie sich nur bedingt identifizieren, von den Frauen blieb ihnen oft nur, sich abzugrenzen. Nur wenige fanden ein weibliches Vorbild, eine Frau, die in der traditionell männlichen Rolle, die sie anstrebten, bereits zu einem eigenen

Selbstverständnis und ihren eigenen Standort gefunden hatte[74]. Bei der Gruppendiskussion konnte ich das große Interesse der jüngeren Landwirtinnen an den Erfahrungen und Erlebnissen der älteren Frauen beobachten. Selbst wenn sie ihnen keine unmittelbare Hilfestellung geben und nur in einzelnen Aspekten gehbare Wege aufzeigen können, ist nicht zu unterschätzen, daß die jungen Frauen sich in ihrer Entscheidung für die Landwirtschaft bestärkt fühlen und neuen Mut gewinnen, sich in ihrem Berufsalltag zu behaupten.

Auf die Frage nach einem beruflichen Vorbild erinnert sich Sonja C.:

> "Ich hab mal eine kennengelernt auf dem Ponyhof, die fällt mir immer wieder mal ein. Aber die, also die hab ich nur en paar Mal gesehen, die hat halt viel erzählt und deswegen hat mich das so beeindruckt. Die hat halt den Hof übernommen von ihrem Vater. Ich weiß nicht, ob sie Brüder hat, ich weiß nur, daß nie in Frage gestellt war, daß sie den Hof übernimmt. Das war immer klar, und ich hab das halt total bewundert. Die hat erzählt, daß es en ziemlich großer, also ich weiß nicht mehr so genau, das ist schon ziemlich lang her, aber daß es ein ziemlich großer Betrieb ist mit viel Fläche in Norddeutschland, so en bißchen ne Gutsherrin kam sie mir vor, aber sie hat das alles gemacht und gamanagt. Ich glaub, zwei Mitarbeiter hat sie schon gehabt, aber es war ihr Hof und sie hat das alles gemacht. Das war für mich schon klasse. (Sonja C. 1512)

So wie sich Sonja C. während ihrer Ausbildung an dieser aktiven Landwirtin orientierte, so fühlt sie sich auch heute noch durch entsprechende Frauen in ihrer Entscheidung für die traditionell männliche Rolle in der Landwirtschaft bestärkt. Auch wenn sie für sich andere Zukunftspläne als die Führung eines landwirtschaftlichen Betriebes hat, freut sie sich dennoch über Frauen, die den Mut dazu finden. Indirekt gewinnt sie daraus Selbstvertrauen für ihre eigenen Pläne.

> "Die Betty ist auch eher so ne Frau, wo ich, also, die ist schon sehr selbstbewußt, ähm die auch irgendwie weiß, was sie will und sich nicht so leicht unterkriegen läßt, aber wo ich gedacht hätt, daß die sich auch nit traut, sowas zu machen, so Betriebsleitung direkt. Und die ist da so übern Halbtagsjob da reingerutscht und managt halt den ganzen Ackerbau und alles, und die ist total happy damit jetzt. (...) Das find ich auch gut, weil ich halt mal seh, wie ne Frau, die ich gut kenn, wie das so läuft. (...) und ich finds grad gut, daß es endlich auchmal ne Frau ist, die sowas macht, ne." (1578)

Für Sonja C. ist es wichtig, Frauen zu erleben, die sich zutrauen, einen landwirtschaftlichen Betrieb eigenverantwortlich zu leiten. Neben den Führungsqualitäten imponiert den interviewten Landwirtinnen der versierte Umgang anderer Frauen mit Schlepper und Maschinen. Die persönliche Zusammenarbeit mit einer solchen Frau bestätigte Elke J. darin, daß eine

74 Zu demselben Ergebnis kommt Haugen (1994:95) für junge norwegische Frauen, die sich zur Landwirtin ausbilden lassen. "(...) girls have few 'new' role models for their future careers as farmers. (...) In spite of the fact that 10 per cent of Norwegian farmers are women - meaning solely or mainly responsible for the running of the farm (...) - very few of the girls knew any women farmers."

Frau die traditionell männlichen Arbeiten in der Landwirtschaft ebensogut wie ein Mann erledigen kann. Noch während des Interviews ist ihre Begeisterung zu spüren, die diese Erlebnisse in ihr auslösten:

> "Du mußt mal überlegen, die wird 70, die hat Führerschein, die hat ne hauswirtschaftliche Lehre gemacht, Meisterin, und ne landwirtschaftliche Lehre (...) damals schon. Nur, sie konnte nicht zur Prüfung, weil da der Krieg ausbrach. Aber sie hat diese Lehre gemacht, und das muß man mal überlegen, zu der damaligen Zeit, ne. (...) Und heute fährt die nen 125 MB Truck, macht das gesamte Pflügen mit Packer und die gesamte Stoppelbearbeitung, und fährt den Trecker beim Erdbeerpflanzen." (Elke J. 1539)

Machten Sonja C. und Elke J. als Frauen, die nicht in der Landwirtschaft aufgewachsen sind, erst während der Ausbildung die Bekanntschaft mit selbstbewußten Landwirtinnen, so ergibt sich für Töchter landbewirtschaftender Familien oft schon früher diese Gelegenheit, wenngleich die Frauen nicht offiziell als Landwirtin bezeichnet wurden. Gerda H. erinnert sich noch heute gerne an ihre Großmutter, die sie als eine aktive, selbstbestimmte Frau erlebte. Wie es scheint, wurde ihr diese Tatsache jedoch erst später bewußt. Obwohl Gerda H. sie nicht direkt als Vorbild benennt, wird ihre Identifikation mit dieser Frau deutlich.

> "Meine Oma war ne Frau, der ich, also von der ich auch sehr viel gelernt habe. Die hatte aber so en bißchen so, will mal sagen, so meine Lebenseinstellung mehr wohl, ja, die Zeiten waren auch anders damals, gell." (Gerda H. 1392)

Rita D. hatte zwar nicht die Möglichkeit, ihre aktive und selbstbewußte Großmutter selbst als Vorbild zu erleben, Erzählungen über sie mögen aber dazu beigetragen haben, daß sie mit großer Selbstverständlichkeit den Beruf der Landwirtin erlernt und die Rolle der Betriebsführung übernommen hat.

> "Ah mei Oma, also des war total a resolute Frau. (...) Die hat dann aa an Hof übernomma, die war aa, als Frau hats an Hof übernomma. Die warn acht Schwestern, und die muß ziemlich herrisch gween sei. Ah so über ihrn Moo so bestimmt oiwei, damals scho, und die hat aa, was i immer mitkriegt hab, en Hof übertragen kriegt, zwoa Tag bevors gheirat hat, also für a Frau wars scho was bsonders damals. (...) Mit der hat d'Mama ziemlich z'schaffa ghabt dann aa, aa dann nachgeb'n müssen, weil d'Oma einfach auf d'Kinda dann gschaut hat und sie se einfach braucht hat und so." (Rita D. 1542)

Wie diese Beispiele zeigen, hat es bereits früher Frauen gegeben, denen es, zum Teil bedingt durch Ausnahmesituationen wie Kriegszeiten oder Krankheiten der Männer, gelungen ist, sich über die Geschlechtergrenzen der Arbeitsteilung in der Landwirtschaft hinwegzusetzen. Auf vielfache Weise wurden sie durch ihr soziales Umfeld in die Schranken ihres Geschlechts und dessen zugeschriebenen Fähigkeiten verwiesen. Zumindest hatten sie sich neben ihren eigenen Ambitionen auch um die den Frauen zugeordneten Tätigkeiten in Haus und Hof zu kümmern. Nach meiner Einschätzung wurde es infolge der gesellschaftlich gewünschten Norm und der damit verbundenen Ignoranz bewußt versäumt, solche Lebensweisen von Frauen zwischen den Rollen zu untersuchen. Die Geschichten über Grenzüberschreiterinnen in der Landwirtschaft wurden der Dokumentation nicht wert erachtet und gehen somit verloren. Sie fallen dem "sozial strukturierten Vergessen" (nach Douglas 1991, siehe Kap. 2.1.2) zum Opfer. So bleibt den Landwirtinnen heute nichts anderes, als selbst nach solchen Frauen zu suchen, entsprechende Momente bei traditionellen Bäuerinnen zu entdecken und anzuerkennen sowie ihre Rolle neu zu bestimmen und zu gestalten. Im folgenden wird gezeigt, welches berufliche Selbstverständnis die interviewten Landwirtinnen bis dato entwickelt haben.

3.5.3 Berufliches Selbstverständnis

Es ist ein schwieriges Unterfangen, das Selbstverständnis einer Person anhand von Gesprächen zu erfassen, denn es "taucht überall auf: zwischen den Zeilen, im Tonfall, in der Wortwahl und in der Themenauswahl" (Birnthaler/Hagen 1989:87). Das berufliche Selbstverständnis deutet sich unter anderem in der verwendeten Berufsbezeichnung an. Im Rahmen dieser Arbeit ist von Interesse, auf welche Form die Landwirtinnen dabei in ihrer Darstellung Wert legen.

3.5.3.1 Gewählte Berufsbezeichnungen

Bei der Datenerhebung fand sich ein breites Spektrum an Berufsbezeichnungen. Die beobachteten und befragten Landwirtinnen benutzten sowohl die Begriffe Landwirt und Landwirtin als auch Bauer und Bäuerin für sich. Die Bezeichnungen differieren dabei nicht nur zwischen den Befragten, auch einzelne Frauen benutzten im Laufe des Gesprächs unterschiedliche Wörter. Der Tendenz nach findet sich die weibliche Form häufiger bei Frauen, die nicht aus der Landwirtschaft kommen, und solchen mit einem höheren Bildungsabschluß. Die Begriffe Bauer und Bäuerin werden von Frauen mit mittelgroßen Betrieben im süddeutschen Raum bewußt verwendet, um sich gegenüber Großbetrieben abzugrenzen, die so weit als möglich nach rationell-ökonomischen Gesichtspunkten ausgerichtet und vor allem in Nord- und Ostdeutschland zu finden sind.[75] Entsprechend benutzt sie auch

75 Auch Rudolph (1994) führt den 'Bauern' in Abgrenzung zum 'Unternehmer' ein. Er spricht den 'Bauern' seiner Befragung zu, stärker als die anderen ihre Entscheidungen gefühlsmäßig zu treffen und sie weniger genau zu berechnen (vgl. ebd.:170). Meines Erachtens lassen die relativ geringen Unterschiede es nicht zu, die Gruppe der Befragten auch noch in weiteren Aspekten nach diesen beiden Typen auszudifferenzieren. Sowohl bei seiner als auch bei meiner Untersuchung zeigt sich vielmehr, daß das Gros der Befragten als Mischtypen zu bezeichnen wären. Diejenigen, die sich als Bauer/Bäuerin bezeichnen, zeigen auch unternehmerische Aspekte in der Betriebsführung, andererseits geben Männer und Frauen, die sich als landwirt-

eine Diplomagraringenieurin aus Norddeutschland in politischen Zusammenhängen.

Die Frauen, die von sich ausschließlich als Landwirt sprechen, sind diejenigen, die beruflich sehr stark auf ihren Vater fixiert sind, was zu diesem Paradox beitragen könnte (vgl. Kap. 3.4.1). Dabei bemerkt Maria L. die Unstimmigkeit, wenn sie von sich in der männlichen Form spricht,

> "komisch, ne, ich sag auch immer Landwirt" (2105),

sie sucht die Begründung jedoch - nicht unberechtigterweise - in den Agrarinstitutionen:

> "In meine ganze Prüfungsbogen steht immer nur, Prüfung abgelegt als Landwirt" (2108).

Maria L. akzeptiert diese Handhabung allerdings selbst dann, als sie die Möglichkeit hat, Einfluß darauf zu nehmen.

> "Der Herr Müller hat mich damals bei der letzten Prüfung gefragt, ne, ob ich Wert drauf lege, ob da extra vom Ministerium ä extra Prüfungsurkunde angefordert wern muß, sag ich, nee, muß nit." (2113)

In diesem Fall nimmt sie die Chance nicht wahr, auf eine Gleichstellung der Geschlechter hinzuwirken. Es bleibt die Frage, ob sogenannte Vatertöchter ihren Einfluß nicht geltend machen, wenn sie die Möglichkeit haben, Frauen zu fördern und zu stützen.[76]

Doch auch andere Landwirtinnen erklärten auf Nachfrage, daß sie auf die Bezeichnungen keinen Wert legen. Ihnen sei wichtig, ihren Beruf ausüben zu können, nicht unter welchem Namen dies passiere. Dabei wird von ihnen verkannt, daß wir durch den alltäglichen Umgang mit der Sprache, oft unbewußt, daran mitwirken, bestehende Normen, die unseren Alltag strukturieren, immer wieder aufs Neue zu zementieren oder aber infragezustellen. Eine interessante Wortschöpfung erfand eine Frau, um sowohl ihre bäuerliche Zugehörigkeit als auch ihre feministischen Absichten auszudrücken. Sie führte die Begriffe Bauer und Bäuerin zusammen und sprach von sich als Bauerin. Auf diese Art und Weise sorgte sie bereits in vielen Fällen für Irritation und darauffolgende Diskussionen, in denen sie ihren Standpunkt aufzeigen konnte. Hingegen wird durch die Akzeptanz der männlichen Sprachform das bestehende System mit seinen einseitigen Zuschreibungen gestützt. Und Landwirtschaftslehrer und -direktoren, die die männliche Sprachform verwenden, um zu zeigen, daß es sich um eine männliche Do-

---

schaftliche UnternehmerIn charakterisieren, zu erkennen, daß sie sich auch von Gefühlen in ihren betrieblichen Entscheidungen leiten lassen.

76 Steinbrecher (1992) zufolge trifft das zu: "In einer Welt voller Vater-Töchter ist es dann auch nicht zu verwundern, daß es nur wenig Solidarität unter Frauen gibt, daß Frauen von Frauen nichts halten, sondern daß Frauen, genauso wie Männer, Frauen als Lückenbüßer benutzen." (ebd.:119)

mäne handelt, in der Frauen nichts zu suchen haben, können auch weiterhin das Meinungsbild prägen.

Nach wie vor scheinen die weiblichen Formen Landwirtin und Landwirtschaftsmeisterin in der Agrarverwaltung eher die Ausnahme zu sein, obwohl die offizielle Berufsbezeichnung Landwirt/-in ist. Die männlichen Berufsbezeichnungen auf den Urkunden und Zeugnissen der interviewten Frauen lassen auf die nach wie vor übliche sexistische Ordnung unserer Gesellschaft auch im Agrarbereich schließen. Den seitens vieler Ministerien angebotenen Sonderanfertigungen mit der weiblichen Berufsbezeichnung kommt dabei eine Alibifunktion zu. Frauen können damit auch weiterhin als Ausnahme in diesem Beruf gesehen werden. Entsprechend wird die Handhabung gerechtfertigt, daß jede Frau, die Wert auf eine Urkunde mit der weiblichen Sprachform legt, sich selbst darum bemühen muß. Nur wenige tun es, denn den meisten interviewten Frauen ist es zu viel Aufwand, den das Stück Papier ihrer Meinung nach letztlich doch nicht lohne. Es stellt sich die Frage, ob das als Zeichen einer unvollständigen Emanzipation gedeutet oder ob im Sinne von Giddens (1992) von einem nicht vorhandenen "diskursiven Bewußtsein" gesprochen werden sollte. Giddens unterscheidet in seiner Theorie der Konstitution der Gesellschaft zwischen einem praktischen und einem diskursiven Bewußtsein der AkteurInnen. "Was die Handelnden über ihr Handeln und die entsprechenden Handlungsgründe wissen - ihre Bewußtheit *(knowledgeability)* als Handelnde - ist ihnen weitgehend in der Form des praktischen Bewußtseins präsent. Dieses praktische Bewußtsein (*practical consciousness*) umfaßt all das, was Handelnde stillschweigend darüber wissen, wie in den Kontexten des gesellschaftlichen Lebens zu verfahren ist, ohne daß sie in der Lage sein müßten, all dem einen direkten diskursiven Ausdruck zu verleihen." (ebd.:36). Erst mit einem diskursiven Bewußtsein zeigt sich die Emanzipation der Landwirtinnen nicht nur in ihrem Verhalten, sondern auch in ihrer Sprache. "Diskursives Bewußtsein bezeichnet solche Erinnerungsformen, die der Handelnde sprachlich zum Ausdruck bringen kann." (ebd.:99f) Meiner Einschätzung nach ist es notwendig, beide Ebenen in Interpretationen zu berücksichtigen und grundsätzlich in Untersuchungen zur Veränderung gesellschaftlicher Verhältnisse einzubeziehen, um diese auch wirklich zu erfassen.

Weitere Hinweise darauf, daß zwischen diskursivem und praktischem Emanzipationsbewußtsein von Frauen unterschieden werden sollte[77], finden sich in den Aussagen einiger Landwirtschaftsmeisterinnen bzw. Diplom-

---

77 In Folge der aktuellen Ausdifferenzierung des Feminismus könnte sich auch eine eigene Form für Frauen im ländlichen Raum bzw. in der Landwirtschaft herauskristallisieren. Teather (1994:46) weist auf entsprechende Entwicklungen in englischsprachigen Ländern hin: "A particular form of feminism - 'bush feminism' - is developing that is tailored to rural society and focused on the farm sector. Recently established rural women's networks, therefore, contribute to the (re)construction, or continuing structuration, of rurality."

agraringenieurinnen, die ihre Titel gegenüber Behörden strategisch dann zur Geltung bringen, wenn sie etwas durchzusetzen haben. Mehrere konnten bereits wie Olga M. die Erfahrung machen, daß ihnen auf diesem Wege mehr Respekt entgegengebracht wird und sie leichter zu ihrem Ziel gelangen.

> "Zum Beispiel dann, wenn ein Widerspruch formuliert wird gegenüber ner Behörde, wo ich darauf hinweisen will, 'ich bin hier nicht so en ganz einfacher Bauer, den man übern Tisch ziehen kann. Ich weiß schon, mich zu wehren.' Dann setz ich den Titel ein." (Olga M. 650)

3.5.3.2 Vom Sich-beweisen-müssen zum Ausdruck der Selbstverständlichkeit

Durch die Befragung von Frauen unterschiedlicher Altersstufen und Entwicklungsphasen läßt sich für das berufliche Selbstbewußtsein der befragten Landwirtinnen eine idealtypische Entwicklung vom Zustand des Sich-beweisen-müssens der jüngeren Frauen zu Berufs- und Fachschulzeiten hin zu einer Selbstverständlichkeit als praktizierende Landwirtin in späteren Jahren rekonstruieren. Durch die Entwicklung im individuellen Lebenslauf einerseits und der Technologie in der Landwirtschaft andererseits gibt es dennoch immer wieder neue Situationen und Herausforderungen, denen sich die einzelnen Frauen zu stellen haben. Auch wenn diese zunächst einmal Unsicherheiten auslösen, lassen sich die Landwirtinnen mit zunehmender Berufserfahrung nicht mehr so leicht verunsichern. Ihre wachsende Souveränität beruht auf ihrem Wissen davon, was sie können und wofür sie kein Geschick haben.

> "Es ist ja nicht so, daß ich mir nix zutrau. Und ich bin inzwischen wirklich so weit, daß ich denk, das Meiste ähm könnt ich machen, wenn ich Zeit hab, mich da einzuarbeiten. Und die hat man ja meistens dann doch, ne." (Sonja C. 1595)

Es ist für die Frauen keine Frage, daß sie den Beruf LandwirtIn ebenso gut oder schlecht wie Männer ausüben können. Dabei vertrauen sie zum einen auf ihre Fähigkeiten, zum anderen stehen sie dazu, was sie nicht wissen oder beherrschen. In diesen Fällen besitzen sie den Mut, um Hilfe nachzufragen oder die entsprechenden Arbeiten zu delegieren.

Verwirrte einige der Landwirtinnen zu Beginn ihrer Berufsausbildung noch die Aufmerksamkeit, die sie erregten, so haben die Frauen im Laufe der Zeit gelernt, im Mittelpunkt zu stehen und die damit verbundene Spannung auszuhalten. Sie wissen, daß sie Unmut hervorrufen können, weil sie sich über die tradierte Arbeitsteilung hinwegsetzen. Mit wachsender Erfahrung verstehen sie es jedoch, entsprechende Angriffe zu kontern:

"Da sagt er zu mir (...) ob ich das gleiche verdienen würde wie die Männer? Guck ich ihn an, sag, das will ich doch schwer hoffen! Und ich sag, ich leiste doch das gleiche, ne." (Elke J. 344)

Umgekehrt können viele Landwirtinnen nach und nach die Bewunderung genießen, die ihnen in ihrer Sonderrolle zuteil wird.

"I moan, so wia i des gmacht hab, des is scho oiwei ebbes bsonders, so mit der Ausbildungsgenehmigung da und mit die Praktikantinnen damals, und dann die Umstellung hab i dann aa no gmacht auf biologischen Landbau (...) Ja, des bewundern sie eigentlich dann scho, i moan (...) des is scho ebbes, vielleicht mach i's desweg'n, vielleicht hab i's desweg'n gmacht, damit i bewundert werd. (Lachen)" (Rita D. 859)

Das professionelle Selbstverständnis scheint dann am größten zu sein, wenn die betrieblichen Gegebenheiten dem Bild am nächsten kommen, das sich die Frauen von ihrer Berufstätigkeit und der Landwirtschaft gemacht haben:

"Und in dem Joahr is dann d'Mama auf Kur ganga mal vier Wochen, und des war dann scho a Zeit, wo me so richtig taugt hat, wo mers so richtig guat ganga hat. (...) Da hab i dann scho das Gfühl ghabt, den Hof, den mach jetzt i mit junge Leut mitanander. (...) Und das war eigentle scho a schöne Zeit. Da bin i mer, also des war eigentlich die Zeit, wo i mi so richtig als Betriebsleiterin, wo i des so richtig war." (Rita D. 314)

Hier wird deutlich, daß es zum professionellen Selbstverständnis der Landwirtinnen gehört, Verantwortung zu tragen und die Betriebsleitung auszuüben[78]. Das zeigt sich sogar bei Sonja C., die als Angestellte eines Gutshofes bedauert, so wenig Einblick in die Betriebsführung zu bekommen:

"Und einfach weil wir ja hier schon nur Mitarbeiter sind, also wir haben hier keinerlei Entscheidung oder wir kriegen wenig so, also nicht so viel von der Organisation mit." (Sonja C. 246)

An anderer Stelle führt sie weiter dazu aus:

"Die Gedanken macht sich halt der Chef da drüber, ne. Ich mein, das find ich ja fast en bißchen schade, daß ich, da würd' ich schon eigentlich gern mehr mitkriegen, aber das ist halt wirklich Privatangelegenheit vom Eigentümer, das geht mich auch nichts an. Das seh ich auch ein, ne." (1239)

Was den angestellten Landwirtinnen ebenfalls verwehrt bleibt, ist der Besitzerinnenstolz, der zum Selbstverständnis der selbständigen Landwirtinnen gehört. Neben den Verpflichtungen, die sich für sie aus der Hofnachfolge ergeben, wird auch die Freude darüber erkennbar.

"I hab's dann scho aa eigentlich gern gnumma. (...) Ja, des hat me scho gfreit." (Rita D. 1825)

---

78 In diesen Aspekten gehen sie mit ihren männlichen Berufskollegen konform. "Der Bezugspunkt der Selbsteinschätzung ist durchweg der 'selbständige Unternehmer' im Sinne des selbständigen Handwerksmeisters bzw. Bauunternehmers. (...) Die Einordnung entspricht den Ergebnissen, die Planck 1982 gewonnen hat." (Rudolph 1994:156)

Der Stolz zeigte sich am offensichtlichsten während die Landwirtinnen mich vor oder nach dem Interview durch ihren Betrieb und in einigen Fällen auch über ihre bestellten Felder führten. Sehr ausführlich gingen sie dabei auf ihnen wichtige Details ein, was ihre Verbundenheit mit dem Hof noch unterstrich. Interessant ist die Tatsache, daß die Landwirtinnen bereits von 'meinem Hof' sprechen, wenn sie ihn von den Eltern gepachtet haben oder ihn gemeinsam mit den Eltern als GbR (Gesellschaft bürgerlichen Rechts) verwalten. Hierbei drückt sich die Selbstverständlichkeit aus, daß der Betrieb einmal ihr Eigentum sein wird. Daß der Berufswunsch Landwirtin und der zukünftige Hofbesitz eng miteinander verbunden sind, zeigte sich mir darüber hinaus in einem Gespräch, das sich im Rahmen der teilnehmenden Beobachtung mit der Schwester einer Landwirtin ergab. Die Schwester spielte den Gedanken durch, was wäre, wenn sie heute erklären würde, sie wolle den Betrieb weitermachen. Sie ist sich sicher: "Da würd' Tilly auf d' Barrikaden geh'n, denn das isch ihr Hof." (Rosi M. 65) Es war 'ihr Hof' seit dem Zeitpunkt, als sie ihren Berufswunsch Landwirtin immer offensiver vertrat.

Für Gerda H. ist es weniger der Besitzerinnenstolz als vielmehr der Status des Vollerwerbsbetriebes, der ihr Selbstwertgefühl als Landwirtin beeinflußt.

> "Ich hätte mich ja bei meinem Mann mitversichern können, und er hätte dann pro forma den Betrieb als Betriebsleiter gemacht, aber dann wären wir kein Vollerwerbsbetrieb gewesen, und das wollte ich also auf jeden Fall, also den Status wollt ich mir erhalten, und das ist mir auch die Sache wert." (Gerda H. 723)

Sie ist bereit, als selbständige Unternehmerin einen wesentlich höheren Sozialversicherungsbeitrag zu bezahlen als wenn sie über ihren Mann, einen selbständigen Handwerker, mitversichert wäre. Gerda H. läßt es sich etwas kosten, ihren Betrieb im Vollerwerb zu bewirtschaften. Der wesentliche Vorteil liegt in ihren Augen darin, größere Handlungsmöglichkeiten zu haben, wenn sie mit anderen Landwirten vor Ort um freiwerdende Flächen und Kontingente konkurriert[79]. Es soll noch einmal betont werden, daß sich den Landwirtinnen über den Besitz eines Hofes weitere Ressourcen erschließen, die zu ihrem professionellen Selbstbewußtsein beitragen können.

Stolz ist aber auch in anderen Zusammenhängen aus den Interviews herauszuhören, zum Beispiel, daß die Frauen stolz auf ihren Beruf sind:

> "Es ist auch schön, wenn man irgendwo hingeht, und man geht fort auf die Ämter oder so, und (...) wenn man sein Beruf sagt, daß dann en erstauntes 'Oohh' kommt oder so.

---

79 Nach Auskunft von Gerda H. wird in ihrem Landkreis zur Lenkung des Strukturwandels der Kauf/Verkauf von Ackerland und Kontingenten von der Agrarverwaltung kontrolliert. Dabei werden im Zuge der Umstrukturierung der Landwirtschaft Vollerwerbsbetriebe gegenüber Nebenerwerbsbetrieben bevorzugt. NebenerwerbslandwirtInnen können nur dann Flächen und Kontingente erwerben, wenn der/die gewählte OrtsvertreterIn der LandwirtInnen zustimmt.

(...) Es ist egal, wie man's ausdrücken mag. Ich bin stolz drauf, ich sag das immer, ich sag das bei jeder Gelegenheit, da kann ich stolz drauf sein." (Maria L. 2098)[80]

Sonja C. berichtet mit Stolz von ihren Erfolgen in der alltäglichen Zusammenarbeit auf dem Gutshof, ihrer Arbeitsstelle:

"Wenn wir dann da am Rumbasteln sind, hat mir eigentlich auch immer Spaß gemacht, da mit zu überlegen, was man machen kann. (...) Wenn dann ne Idee von mir kommt, die brauchbar ist, das ist dann natürlich auch immer toll. Das freut mich dann auch." (1299)

Hier wie in einem weiteren Beispiel wird deutlich, wie sich bei ihr der Stolz mit ihrer Freude am Gelingen der Arbeit vermischt:

"Dann bin ich losgefahrn und dann hab ich den ganzen Acker gesät und fand das ganz toll. (...) Auch jetzt, wenn ich dann so da hinten rumfahr, wo die Äcker sind und das Wintergetreide anguck, dann guck ich immer so, jaa, ganz gut, schön grade und so (Lachen). Das ist dann schon was, was auch Spaß macht einfach, ne." (Sonja C. 272)

Wenn die Frauen Erfolg mit ihrer Arbeit haben, dann wirkt das dabei empfundene Gefühl sehr lange nach. Maria L. erinnert sich noch lebhaft daran, wie sie ihre erste Milch gemolken hatte.

"Ich seh's heute noch, ich hab jetzt 17 Jahre die Landwirtschaft, wie ich mit meiner ersten Kuh, die ich damals hatt', ich hatt' da mit zwei Kühen angefangen, und da hab ich's, da waren die Kälber da, die erste hatte gekalbt und da hatt' ich so ne Fünfliterkanne gehabt, da ist noch früh und abend die Milch weggebracht worn, dann hab ich meine erste Kanne voller Stolz da hoch gebracht. Hei, war ich stolz auf meine Milch. (Lachen)" (388)

Mit zunehmender Berufserfahrung wird es für Maria L. wie auch für viele andere selbstverständlich, Landwirtschaft zu betreiben, und sie finden es nicht mehr erforderlich, ihre Arbeit als etwas Außergewöhnliches zu betrachten.

"Also für mi war des nia so was Besonderes, also so mit de Maschinen und des Bulldogfahren. I moan, Ausbildung scho, des, da hab i mer dann scho a bißl was drauf einbild (Lachen). Aber jetzt aa nimma. Jetzt denk i me aa, des is nix Bsonders." (Rita D. 1455)

Erwähnenswert war vielen Frauen jedoch der Spaß, den sie bei ihrer landwirtschaftlichen Arbeit erleben. Auffallend häufig thematisieren die Landwirtinnen in diesem Zusammenhang das Schlepperfahren oder Arbeiten mit

---

80 Von einem ausgeprägten Berufsstolz berichtet auch Rudolph (1994) in seiner Studie über JunglandwirtInnen. Er gibt jedoch zu bedenken, daß andererseits 17,7 % seiner Befragten angaben, bei einer Begegnung mit Nicht-Landwirten würden sie es vorziehen, sich nicht als Landwirte zu erkennen zu geben (ebd.:149). Entsprechende Befürchtungen wurden mir gegenüber nicht geäußert. Vielmehr berichteten die befragten Landwirtinnen über Erstaunen und Bewunderung seitens anderer Frauen und Männer angesichts ihrer außergewöhnlichen Berufswahl, was sie wiederum motiviert, sich offen über ihren Beruf zu äußern.

dem Schlepper. Auch bei meinen teilnehmenden Beobachtungen erlebte ich die Begeisterung der Frauen für das Schlepper- und Autofahren. Hanne P. fährt "leidenschaftlich gern" Schlepper und hat auch Spaß an den Reparaturen, "a weng zu baschtle" (178). Wie ihr Vater hinzufügt[81], sei das schon seit ihrer Kindheit so, "mit zehn Jahr is die scho Auto gfahrn, im Wald" (292). Die Leidenschaft kommt auch bei Elke J. zum Ausdruck, wenn sie erzählt, wie sie über dem Arbeiten die Zeit vergessen kann.

> "Ich arbeite nun mal auch gerne, und wenn ich, sag ich mal so, im Sommer presse, sitz den ganzen Tag auf der Presse, find ich das auch okay. Da stört mich das nicht, wenn ich bis nachts elf Uhr arbeite oder so. Oder ich hab gesät, da hab ich richtig Spaß da dran, mit so ner modernen Maschine hab ich bis nachts halbelf gesät, hatt ich Scheinwerfer überall." (Elke J. 792)

Auch Olga M. verknüpft mit Schlepperarbeiten, daß es ihr "dabei gut geht". Sie begründet es zum einen mit dem ungestörten Arbeitsablauf, bei dem sie ihren Gedanken nachhängen kann, zum anderen mit dem vorweisbaren Arbeitsergebnis. Beide Aspekte unterscheiden nach ihrer Meinung die Feldarbeit wesentlich von der Hausarbeit.

> "Das Stolzsein beim Treckerfahren, das hat sich noch in den ersten Jahren hier gehalten. Ich pflüge zum Beispiel gerne, oder mach auch mal andere Ackerarbeiten, weil, ich denke, ich kann am Abend sehen, was ich geschafft habe, man kann was vorweisen." (Olga M. 50)

Als Lieblingsbeschäftigung wird von den Frauen häufig die Saatvorbereitung und das Säen genannt.

> "Schlepperfahrn tu ich schon ganz gern, das kommt aber auch en bißchen drauf an, was. Also Säen tu ich gern, ja so Bodenbearbeitung mach ich eigentlich am liebsten, das ist zwar auch langweilig manchmal, aber es macht mir am meisten Spaß, also warum, kann ich jetzt gar nicht sagen." (Sonja C. 1290)
> "Ich fahr also auch recht gern Schlepper, muß ich sagen. (...) Also, was ich gerne mache, ist so Säen, ja, oder das Land fertigmachen zum Säen, das mach ich schon gerne, das ist ne schöne Arbeit." (Gerda H. 390)

Die Landwirtinnen rühren mit ihrer Begeisterung für Schlepperarbeiten an ein Sakrileg, zählt der Schlepper doch als Symbol der Männlichkeit. Gehen Frauen nun lustvoll und souverän damit um, dann dürfte das zu Auswirkungen im männlichen Selbstbewußtsein führen. Mit diesem Schritt ihrer Überschreitung der Geschlechtergrenze erwirken die Landwirtinnen nicht nur Veränderungen in der hierarchischen Arbeitsteilung sondern auch auf der symbolischen Ebene. In diesem Punkt verweigern sie die Reproduktion der tradierten Geschlechterzuschreibungen sehr weitreichend. Mit ihrem selbstverständlichen Tun tragen sie zu einer Verschiebung der Zuordnungen von Eigenschaften bzw. Merkmalen zu den Kategorien Frau und Mann bei.

---

81 Wie in Kapitel 3.4 erwähnt, waren Hanne P.s Eltern zeitweise beim Interview dabei.

Bei aller Begeisterung für den Umgang mit Schlepper und Maschinen erwarten die meisten der befragten Landwirtinnen allerdings, daß die Technik funktioniert. Nur wenige haben Spaß am Reparieren und Instandhalten der Maschinen. Viele sind wie Monika T. der Meinung:

> "Reparieren, nee also das muß ich nit unbedingt machen, ich hab zwar en Schweißlehrgang und kann auch, also kann schon was schweißen, so ist es nit, und, also so notdürftig kann ich mir was mach, daß ich weiterarbeiten kann, aber, (...) nee, irgendwo muß man dann auch was abgeben." (930)

Nur wenige würden Rita D. zustimmen, die bedauert, daß momentan, einhergehend mit einer anderen Arbeitsteilung aufgrund ihrer zwei Geburten, diese Arbeiten nicht mehr zu ihrem Aufgabenbereich zählen. Sie soll als eine der Ausnahmen zitiert werden:

> "Des hab i zuerst eigentlich a vui gmacht, also Ölwechsel, schmiern, schwoaßen wenn was kaputt ganga ist, waschen, Einwintern die Sachn, (...) also des vermiß i scho a bißl." (Rita D. 566)

Es scheint, daß der Instandhaltungsbereich der Landtechnik auch weiterhin den Männern überlassen bleibt und sich somit als letzte Bastion der Männerdomäne in der Landwirtschaft erweist.

Ein weiterer Aspekt, in welchem sich viele Landwirtinnen ihrer Meinung zufolge von ihren männlichen Berufskollegen unterscheiden, ist, daß sie es leid sind, die Art und Weise ihres Tuns jederzeit zu begründen. Sie wollen emotionsgeleitete Handlungen nicht (länger) rechtfertigen. Sehr deutlich zeigte sich dies bei einer Gruppendiskussion landwirtschaftlicher Betriebsleiterinnen. Eine Frau brachte ein, daß sie es satt habe, mit Zahlen und rationalen Argumenten ihre gefühlsmäßig getroffenen Entscheidungen zu verteidigen oder zu rechtfertigen. Sie erhielt von vielen der anwesenden Landwirtinnen Zustimmung, wenngleich sie zu bedenken gaben, wie schwierig damit im alltäglichen Zusammenarbeiten mit Männern umzugehen ist. Einfacher ist es für Landwirtinnen, die alleine einen Hof bewirtschaften oder deren Mann lediglich zuarbeitet.

> "Ich bin ja schon sehr emotional. Ich treffe meine Entscheidungen schon, wenn ich glaube, im Moment ist es richtig. Und ob ichs für mich richtig finde. Ich mein, es muß mir doch Spaß machen, und ich kann doch mein Moo in sein Beruf aach nit neireden, das würd ich aa niemals tun." (Maria L. 2141)

Gerda H. verläßt sich auf ihr Gefühl selbst dann, wenn sie mit Institutionen zusammenarbeitet, die ihre Legitimation auf ihr wissenschaftlich fundiertes Wissen stützen.

> "Dann ist es halt immer en bißchen mit dem Streuen und mit dem Güllefahren, das ist so, erfordert manchmal en bißchen Fingerspitzengefühl. (...) Wir sind zwar auch so in ner Arbeitsgemeinschaft integrierter Anbau, der rechnet uns das auch jedes Jahr aus, aber das kommt nit so ganz hin. (636)

Nach einigen Jahren Berufserfahrung steigt das Selbstvertrauen der Landwirtinnen in ihre fachliche Kompetenz und viele beginnen, die von Männern gesetzten Maßstäbe in Frage zu stellen.[82] Einerseits gehen sie davon ab, Landwirtschaft so wie die Männer betreiben zu wollen und dabei die Erfahrung zu machen, daß sie das nicht immer gut finden bzw. es ihnen nicht immer gut tut. Sie fangen an, die Unzulänglichkeiten der männlichen Berufskollegen ins Blickfeld zu nehmen und zu kritisieren, wie diese Landwirtschaft betreiben. Auf der anderen Seite werden sie ihrer vielseitigen Kompetenzen gewahr, die sie entwickeln (müssen), um den Mehrfachanforderungen gerecht zu werden, die sich daraus ergeben, daß sie Berufs- und Mutterrolle vereinbaren wollen (siehe hierzu ausführlich Kapitel 3.7). Eine landwirtschaftliche Betriebsleiterin bringt es auf den Punkt: "Ich muß für alles sorgen, vom Salatöl bis zum Hydrauliköl." (Werner 1994:50) Bleiben den Frauen auch viele Gründe, die Mehrfachbelastung zu beklagen, so fangen einige doch an, die Vorteile ihrer Vielfachsozialisation herauszustellen.[83] Sie wandeln ihre Befähigungen in Forderungen nach Anerkennung um, wie sich am Beispiel von Tilly F. zeigt. Im Beisein ihrer Mutter erklärt sie mir lachend, eigentlich hätte sie ja ein Junge sein sollen, wo sie doch schon zwei ältere Schwestern hatte. In ihrer Bemerkung:

> "Ob der dir wohl ä Suppe koche würd, wennst krank bischt?" (30)

klingt an, daß die Mutter froh sein solle, eine Tochter zu haben, die alle anfallenden Arbeiten verrichtet, was sie von einem Sohn nicht erwarten könnte. Im Rahmen der Gruppendiskussion formulierte eine Teilnehmerin provokant, Landwirtinnen könnten einen landwirtschaftlichen Betrieb gut alleine führen, denn sie seien für die Landwirtschaft ausgebildet und wüßten sich auch im Haushalt zu helfen. Männer hingegen seien nicht in der Lage,

---

82 Eine ähnliche Entwicklung scheint sich in Italien abzuzeichnen. Ventura (1994:33) schreibt: "In order to conceptualize new forms of feminine professionality in agriculture going beyond imitating the male pattern or the traditional pattern in which women either depended on men or replaced them, new research hypotheses are formulated. It seems to be of basic importance to realize that many farm women, especially the younger ones, are motivated to work in agriculture by a longing for new life styles and habits, that they actually can achieve in self-employed agricultural activities." Bei Haugen/Brandth (1994) hingegen fehlen entsprechende Hinweise. Sie betonen: "Women entering farming today with strong motivation and vocational training seem to be accepting present farming principles. (...) The farming models they have are masculine and women do not challenge the codes of the occupation into which they have been educated and socialized." (ebd.:225) Ich möchte zu bedenken geben, daß die von ihnen untersuchten 'neuen' Landwirtinnen vielleicht noch nicht lange genug eigenverantwortlich gewirtschaftet haben, um sich von den männlichen Modellen zu emanzipieren.

83 Vgl. Notz (1991:201), die auf die Zweischneidigkeit dieser Entwicklung hinweist: "Freilich sind die Frauen zu bewundern, die scheinbar nicht zu vereinbarendes unter den unterschiedlichsten Bedingungen dann doch vereinbaren. Die Heroisierung und Akzeptanz des Balanceaktes für die seiltanzenden Frauen ist jedoch gefährlich. Die Heroisierung der Seiltänzerinnen versperrt den Blick auf die Notwendigkeit, die Verhältnisse anzuprangern, die ihnen den gefährlichen Seiltanz zumuten."

langfristig die Landwirtschaft alleine zu betreiben. Sie würden am Leben scheitern und dem Suff verfallen. Die öffentlich gemachte Meinung dieser jungen Frau zeugt von einem starken beruflichen Selbstbewußtsein, welches unter den Landwirtinnen der vorliegenden Untersuchung weit verbreitet ist. Es kann daher akzentuiert werden, daß es diesen Frauen gelungen ist, sich die neben ihrer Ausbildung notwendigen Voraussetzungen für die erfolgreiche Landbewirtschaftung einerseits und die Durchsetzung ihrer Interessen gegenüber männlichen Berufskollegen andererseits zu erwerben.

3.6 Die Partnerschaften der Landwirtinnen - vor allem arbeitsorientiert?

Angesichts der dargestellten Veränderungen, die mit dem Anspruch von Frauen auf die traditionelle Männerrolle einhergehen, sind auch Einflüsse auf die Partnerschaften der Landwirtinnen zu erwarten. Allgemein betrachtet stellt Beck-Gernsheim (1986) fest: "Wie die sozialhistorische Forschung zeigt, hat im Übergang zur modernen Gesellschaft auch ein tiefgreifender Wandel von Ehe und Familie eingesetzt: Die Arbeitsgemeinschaft von einst nimmt immer mehr den Charakter einer Gefühlsgemeinschaft an." (ebd.:212) Im folgenden gehe ich der Frage nach, ob diese Entwicklung auch für die befragten Landwirtinnen Relevanz besitzt oder inwieweit bei ihnen Reste der Idee einer Lebensgemeinschaft vorzufinden sind, wie sie bis weit ins 20. Jahrhundert hinein in bäuerlichen Kreisen vorherrschte: "Was sich zusammengefunden hatte, waren Menschen mit bestimmten Erwartungen an die Arbeitsleistung und nicht mit der Disposition, sich wechselseitig glücklich zu machen." (Bock/Duden 1977:142f) Ist diese Haltung bereits in traditionellen bäuerlichen Kreisen im Laufe der letzten Jahrzehnte brüchig geworden[84], so könnte sie bei Landwirtinnen gänzlich obsolet werden. Sind sie doch mit ihren beruflichen Vorstellungen weniger auf die landwirtschaftlich ausgebildete Arbeitskraft eines Mannes zur erfolgreichen Bewirtschaftung ihres Hofes bzw. zur Ausübung ihres Berufes angewiesen als die traditionelle Bäuerin mit einer ländlich-hauswirtschaftlichen Ausbildung. Welchen Stellenwert haben also Beziehungen für sie?

84 Janshen u.a. (1984) zeigen im Rahmen ihrer Untersuchung des Dorfalltages von Frauen für die Frauen mittleren Alters, die in den 60er Jahren geheiratet haben: "Bei der endgültigen Wahl ihres Partners ließen sich die Frauen von ihren Eltern kaum mehr beeinflussen, sie setzten ihre Wahl auch gegen den Willen der Eltern durch. (...) Während also in der vorigen Generation, die noch in starkem Maße eine Zweckgemeinschaft darstellte - vergegenwärtigt man sich noch einmal die Bedingungen, die erfüllt sein mußten - so wurde für diese Generation mehr und mehr die Gefühls- und Partnerschaftsebene wichtiger." (ebd.:142f)

Als erster Anhaltspunkt soll dafür zunächst die quantitative Verteilung des Familienstandes der Frauen des Gesamtsamples angeführt werden:

Alter	*< 25 Jahre*	*25 - 35 Jahre*	*> 35 Jahre*	*gesamt*
Anzahl der Frauen	9	36	8	53
davon ledig	4	17	1	22
verheiratet	5	17	5	27
geschieden	-	2	2	4

Von den 53 befragten Frauen sind 22 ledig, von ihnen sind 15 sogenannte Single-Frauen, sieben haben eine Beziehung zu einem Mann. 27 Frauen sind verheiratet und vier geschieden. Wie sich zeigt, überwiegen unter den Landwirtinnen die Paarbeziehungen zu Männern. Unter den ledigen Frauen ist ein offenlebendes lesbisches Paar mitaufgeführt, doch könnte es sein, daß sich unter ihnen noch die eine oder andere Frau mit einer lesbischen Beziehung befindet, so daß der Anteil der Frauen, die in keiner Beziehung leben, niedriger liegen würde. Bezogen auf die Lebensführung ist darauf hinzuweisen, daß das Gros der 22 ledigen Frauen mit den Eltern zusammen einen Haushalt führt.[85]

Wird daneben die Altersverteilung unter den befragten Landwirtinnen berücksichtigt, dann fällt die große Zahl jüngerer Frauen auf, so daß davon ausgegangen werden kann, daß sich auch unter ihnen noch einige für eine Lebensgemeinschaft, der aufgezeigten Verteilung entsprechend überwiegend zu einem Mann, entscheiden werden.

Von den 53 Landwirtinnen waren zur Zeit der Befragung 34 mit einem Mann liiert. Von den betreffenden Männern haben 26 eine landwirtschaftliche Ausbildung. Siebzehn bewirtschaften zusammen mit ihrer Lebenspartnerin einen Hof, fünf haben einen eigenen landwirtschaftlichen Betrieb und vier arbeiten als Angestellte. Das häufige Vorkommen eines Partners mit einem landwirtschaftlichen Beruf fällt ins Auge. Auch in der Gegenwart sind Landwirtinnen demnach bei der Wahl ihres Partners nicht unabhängig von landwirtschaftsbezogenen Aspekten. Nicht nur die Verwirklichung einer Gefühlsgemeinschaft sondern auch einer Arbeits- bzw. Wirtschaftsgemeinschaft scheint für diese Frauen erstrebenswert zu sein. Zur qualifizierten Weiterbewirtschaftung des Hofes ist sie bei der fachlichen Qualifikation der Landwirtinnen nicht notwendig. Die gleiche Ausbildung läßt vielmehr ein Konkurrenz- und damit ein erhöhtes Konfliktpotential in der Beziehung erwarten[86]. Mithilfe des qualitativen Datenmaterials ist es mög-

85 Dies steht im Gegensatz zur Entwicklung im städtischen Umfeld, das in den letzten Jahren zunehmend von sogenannten Singlehaushalten geprägt ist. Auch wenn bei einer genaueren Analyse hinter diesem Terminus häufig Männer und Frauen sichtbar werden, die eine Paarbeziehung leben, trotzdem aber zwei Haushalte führen, so ist die Tendenz zur individuellen Lebensführung dennoch nicht von der Hand zu weisen.

86 So weist etwa Modelmog (1994:129) darauf hin, daß die traditionelle Arbeitsteilung in der Landwirtschaft den Frauen auch Vorteile bietet: "Da es zur Norm gehört, daß die Ehepartner in getrennten Bereichen Entscheidungen treffen, folgt daraus für die Frauen, daß sie ihr Leben

lich, vertiefende Einblicke in die Ausgestaltung der persönlichen Beziehungen der Landwirtinnen zu geben.

3.6.1 Die Annäherung an eine Lebensgemeinschaft

Bereits bei den Landwirtinnen mit einer Frauenhoftradition deutete sich an, daß sich ihre Annäherung an eine gemeinsame Lebensplanung mit einem Mann sehr langsam vollzog:

> "Also des hat scho a lange Zeit dauert, des Zamgeh mit'm Hans (...) des dauert ois anscheinend länger bei mir (Lachen)." (Rita D. 1921; vgl. auch Kap. 3.4.2).

Die Vorsicht oder Unentschlossenheit, sich an einen Mann zu binden, zeigt sich nicht nur bei ihr, sondern auch bei weiteren der interviewten Landwirtinnen. Die Haltung scheint unabhängig vom Beruf des Partners sowie davon zu sein, ob sie in oder außerhalb der Landwirtschaft aufgewachsen sind. So erzählte etwa Gerda H., die als sogenannte Vatertochter den Betrieb der Eltern weiterführt:

> "Ich hab damals ja auch relativ spät geheiratet (...) war da auch nich so zu haben dafür." (1228)

Und Sonja C., die in der Stadt aufgewachsen ist, berichtet:

> "Ich hab eigentlich fast immer nur mit Frauen zusammengewohnt (...) Als ich hochschwanger war, wollten wir schon zusammenziehen dann. (...) Und als wir dann hier waren, war einfach ganz schnell klar, daß wir jetzt en zweites Kind wollen, und dann ham wir hier auch geheiratet auf dem Hof, weil wir halt auch gsagt ham, okay, jetzt machen wir es doch mal offiziell." (836)

Was sich bei Sonja C. andeutet, kann auch für andere Landwirtinnen bestätigt werden: Eine gemeinsame Lebensplanung erfolgt in Verbindung mit dem Wunsch nach Kindern und wird mit der Heirat besiegelt. Für das Gros der Landwirtinnen scheinen Kinder eine Selbstverständlichkeit zu sein. Sie unterscheiden sich damit nicht von traditionellen landbewirtschaftenden Familien.[87]

---

großenteils unabhängig vom Ehemann organisieren und vice versa." Hier gilt einschränkend hinzuzufügen, daß diese Handhabung stark von der Betriebsgröße, -organisation und vor allem dem vorhandenen Arbeitskräftebesatz abhängig ist.

87 Fanden bereits Knirim/Krüll/Peters (1974:147) in diesen Familien eine erhöhte Kinderzahl, die sich signifikant von der anderer Familien unterschied, so wird das für die 90er Jahre von Vonderach u.a. (1993:176) bestätigt: "Erstaunlich ist indessen die überdurchschnittliche und dabei erst vorläufige Zahl von bereits 17 Kindern in den hier in Betracht kommenden sieben jungen Ehen und Partnerschaften. (...) Man kann vermuten, daß diese für die Gegenwart ungewöhnlich hohe Kinderzahl nicht der traditionellen Sorge um künftige Arbeitsressourcen und um eine Hofnachfolge entspringt, sondern eher der Entscheidung für das Konzept eines Lebens unter den günstigen Bedingungen des Aufwachsens von Kindern auf dem Hof." Die

In vier Fällen des engeren Untersuchungssamples, in denen einer unerwarteten Schwangerschaft die Heirat folgte, läßt sich vermuten, daß sich die Frauen dem sozialen Druck der Familie oder der dörflichen Gesellschaft beugten. Vielleicht hätten sie ohne diesen Zwang noch länger in einem losen Liebesverhältnis ihr Leben weitergeführt oder ohne Trauschein zusammengelebt. Wie sich zeigte, ist es für Landwirtinnen keine Seltenheit, daß sie zumindest vorübergehend unverheiratet mit einem Mann zusammenleben. Ledige Mütter hingegen sind rar. Von 24 Müttern sind 20 verheiratet, drei geschieden und lediglich eine von ihnen ist ledig. Die meisten haben wie Rita D. dann geheiratet, als sie Kinder hatten bzw. welche erwarteten.[88]

> "I glaub, daß i net gheirat hätt', bevor i net a Kind g'habt hätt'. (...) Des hab i mer eigentlich für mi net vorstelln kenna, da hab i eigentli koan so an Grund gsehgn, warum's sei muß. Durch d'Kinder ist des dann doch no amal anders worn." (1850)

Rita D.s Einstellung liegt einer Untersuchung von Nave-Herz (1989) zufolge im gesellschaftlichen Trend. "Bei denen, die 1980 geheiratet haben, erfolgte die Eheschließung ebenso häufig wegen des Grundes einer Schwangerschaft, aber - im stärkeren Maße als früher - auch wegen des Wunsches nach Kindern. (...) Somit wird heute überwiegend nur im Hinblick auf das Kind die Ehe mit ihrem gegenseitigen Verpflichtungscharakter eingegangen. Ehe und Familie wurden damit allein zur bewußten und erklärten Sozialisationsinstanz für Kinder." (ebd.:97) Auch Modelmog (1994) fand bei den von ihr untersuchten Bäuerinnen vor allem ein utilitaristisches Verständnis von Ehe. Für dörfliche Milieus könnte infolgedessen bei dem Entschluß zur Heirat von einer Verschränkung der beiden Gründe: sozialer Druck und Absicherung der Sozialisationsinstitution gesprochen werden.

Waren in früheren Zeiten Gefühle "nebensächlich für Gedeihen und Vermehrung des Hofbesitzes" (Weber-Kellermann 1983:80), wurde darüber hinaus Liebe "für eine Ehe als unangemessene, wenn nicht sogar hinderliche Gefühlsregung verstanden" (Bock/Duden 1977:142), so sind den Aussagen der befragten Landwirtinnen zufolge heute Gefühle der Ausgangspunkt und die Basis ihrer Partnerbeziehungen, womit die eingangs zitierte These von

---

Vermutung bestätigt sich in Anne R.s Aussage: "Das ist echt noch der beste Vorteil, ne, der wird mir eigentlich immer bewußter. (...) Ich konnte immer dann arbeiten, wenn die Kinder schliefen, ich konnte die mitnehmen, ne, oder wenn ich hier am Schreibtisch gearbeitet hab, haben die halt hier gespielt, ne, das ist en wahnsinnniger Vorteil, den ich hab als Landwirtin." (1962) Es soll jedoch nicht unterschlagen werden, daß sich auch Probleme aus diesem Lebenskonzept ergeben (vgl. Kap. 3.7).

88 Dieses Ergebnis findet eine Entsprechung in einer Untersuchung über Unterschiede von Paarbeziehungen im sozio-regionalen Vergleich. "Auch in dem von uns untersuchten Dorf im ländlichen Milieu in Südbaden machen sich Veränderungen bemerkbar. So ist es zum Beispiel nicht mehr völlig unüblich, daß junge Paare vor der Eheschließung eine gewisse Zeit zusammenleben. Sind allerdings Kinder geplant oder bereits gezeugt, dann ist die Heirat unausweichlich." (Burkart 1991:495)

Beck-Gernsheim (1986) auch für Landwirtinnen bestätigt werden kann.[89] Daß dennoch viele von ihnen einen Landwirt zum Partner wählen, könnte Ausdruck dafür sein, daß die persönliche Zuneigung und das fachliche Interesse unmittelbar miteinander verknüpft sind und aufeinander Einfluß nehmen. Hinzu kommt, daß sich viele in ihrer Freizeit in Kreisen bewegen, in denen es relativ wahrscheinlich ist, Landwirten zu begegnen. In der vorliegenden Arbeit wird der Aspekt der Gefühle nicht weiter vertieft. Dies soll nicht als Ausdruck seiner nebensächlichen Bedeutung in den Partnerbeziehungen der Frauen verstanden werden, sondern als Schwerpunktsetzung der Untersuchung auf die Berufsrolle der befragten Frauen. Für viele von ihnen ist der landwirtschaftliche Betrieb Lebens- und Arbeitsraum, den sie mit ihrem Partner teilen. Die Zusammenarbeit ist somit ein wichtiger Aspekt ihrer Beziehung und wird in den folgenden Ausführungen im Mittelpunkt stehen. Aspekte der Macht und der gegenseitigen Zuneigung und Unterstützung sind unmittelbar damit verwoben und gehen - wenn auch am Rande - unweigerlich in die Darstellung mit ein.

3.6.2 Partnerschaftlichkeit im landwirtschaftlichen Betrieb - Anspruch und Wirklichkeit

So wie die Gefühle füreinander den Ausgangspunkt vieler Beziehungen unter LandwirtInnen bilden, so steht für viele von ihnen am Anfang ihrer Arbeits- und Wirtschaftsgemeinschaft ein hohes Partnerschaftsideal.[90] Olga M. bringt es auf den Punkt:

> "Das ist immer mein Ziel gewesen. Das Leben auf dem Hof und das gemeinsame Planen, gemeinsame Entscheiden und gemeinsame Durchführen. Das finde ich sehr schön (...) Ich finde, das ist auch der absolute Vorteil im Vergleich zu anderen Berufen." (168)

---

89 Auch in der Befragung von Rudolph (1994:242) werden von etwa 90 % der befragten Junglandwirte "Zuneigung und Gefühle" als die wichtigsten Eigenschaften einer zukünftigen Partnerin genannt. Es zeigt sich also, daß nicht immer zwischen der historischen Entwicklung von Familienfunktionen und sozialen Phänomenen ein linear-kausaler Zusammenhang hergestellt werden kann, wie es bei Mitterauer/Sieder (1980) zu finden ist. Ihnen zufolge soll durch die "Funktionsentlastung" der Familie als Produktionsgemeinschaft die Trennung der Generationen, die freie Partnerwahl sowie eine stärkere Individualisierung des einzelnen möglich geworden sein.

90 Vonderach u.a. (1993) sehen die stärkere Partnerschaftlichkeit bei der Betriebsführung als eine Entwicklungsrichtung unter landbewirtschaftenden Paaren: "Insgesamt hat sich in unserer Studie die Hofführung der Landwirtepaare derzeit mittleren Alters der Tendenz nach zu einem auf das eigene Erwerbsleben beschränkten und im Vergleich zu früher stärker partnerschaftlich bestimmten Projekt entwickelt. (...) Der in der jungen Generation in der Gegenwart stärker gewordene Individualismus beider Geschlechter und der Anspruch junger Frauen auf eine gleichwertige berufsbiographische Entwicklung haben auch auf den Bauernhöfen Einlaß gefunden. Deren Konsequenz ist entweder die gleichberechtigte Mitwirkung der jungen Frau auf dem Hof oder aber ihre Nichtbeteiligung an der Hofbewirtschaftung." (ebd.:176/178)

Doch wie läßt sich das Ideal in der alltäglichen Arbeiten umsetzen? Die Aufteilung der vorhandenen Aufgaben funktioniert in den meisten Fällen so, daß Mann und Frau verschiedene Verantwortungsbereiche innehaben, in denen sie die Hauptarbeit verrichten und die/der andere ihnen bei Bedarf zuarbeitet. Die Trennlinien verlaufen häufig nicht zwischen großen Einheiten wie zum Beispiel der Tier- und der Pflanzenproduktion, sondern innerhalb dieser gibt es kleinere Zuständigkeitsbereiche. So kann eine Person für das Melken und eine für das Füttern der Milchkühe hauptverantwortlich sein. Die Zuordnung ist nicht für alle interviewten Frauen dieselbe und kann immer wieder variieren. Es zeigen sich keine eindeutigen Zuständigkeiten für bestimmte Tätigkeiten wie zum Beispiel die Versorgung der Kälber bei den traditionellen Bäuerinnen. Interessanterweise verbleiben dementsprechende Aufgaben auf den Betrieben von Landwirtinnen oft den mitarbeitenden Müttern bzw. Schwiegermüttern, so daß die traditionelle Arbeitsteilung letztlich nur ansatzweise durchbrochen wird.

> "Also Melken tua i. (...) Und die Mama hilft im Stoi, die macht dann Kaibl und des Jungvieh. (...) Der Hans geht eigentlich gar net in en Stoi, im Winter da is er scho a immer gange, aber jetzat da fangt er in de Friah gleich o mit de andern Sach'n, so Ladewagen herrichten oder Schmiern und so Sach'n." (Rita D. 535)

Unter den Paaren variieren die Zuständigkeiten genauso erheblich wie bei der Aufteilung zwischen Vater und Tochter (vgl. Kap. 3.4). Bis auf die Wartung und Reparatur von Maschinen, wofür sich nur wenige Frauen interessieren, kann den vorliegenden Aussagen zufolge nicht von einer geschlechtsspezifischen Aufgabenteilung für das Gros der landwirtschaftlichen Arbeiten gesprochen werden.[91] Die interviewten Frauen stellen vielmehr die persönliche Neigung und Erfahrung als zuweisendes Kriterium in den Vordergrund, wie am Beispiel von Heike B. zu sehen ist:

> "Wir ergänzen uns gut in unsern Fähigkeiten. Das Ökonomische und Finanzielle ist Dieters Sache, das kann er besser, da hab ich auch keinen Spaß mit. Genauso bei Problemen mit den Maschinen. Er ist Landmaschinenschlossermeister und ist da versiert. (...) Meine Aufgabe ist dagegen der Tierbereich, wo Dieter sowieso nur theoretisches Wissen hat. Ich hab die Tiere eingekauft und auch die Fleischvermarktung aufgezogen. Auch damals, als wir den Stall umbauten, bestimmte ich, was gemacht wurde. Durch das viele Bauen auf dem Hof vorher hab ich schon oft gemauert, betoniert und so was. Ich kenn mich damit einfach besser aus." (25)

Daneben gibt es Arbeiten, zum Beispiel die Saatbettvorbereitung, die sie je nach der alltäglichen Arbeitsbelastung gemeinsam oder im Wechsel erle-

---

91 Dieses Ergebnis fand auch Gasson (1980) für die Frauen in der Landwirtschaft, die sie neben 'the farm housewife' und 'the working farm wife' als dritten Typus 'the woman farmer' charakterisierte: "These women were farm centred rather than home centred and almost without exception they regarded farming as their most time consuming, most important and most enjoyable activity. (...) Division of responsibilities between husband and wife, if the woman's husband is also a farmer, is not necessarily on sex stereotyped lines." (ebd.:171)

digen. Auch im Krankheitsfall kann eine/r die Aufgabenbereiche der/des anderen übernehmen. Voraussetzung dafür ist, daß sowohl er als auch sie alle im Rahmen des eigenen Betriebes notwendigen Techniken und Arbeitsabläufe beherrschen und flexibel reagieren können. Die Ausgewogenheit bei der Arbeitsteilung kann sich auch im Büro zeigen, wo nicht nur auf dem Betrieb von Heike B. zwei Schreibtische stehen. Landwirt und Landwirtin verrichten die anfallenden Schreib-, Telekommunikations- und Verwaltungsarbeiten jeweils für ihren Verantwortungsbereich.

Neben den annähernd gleich vorhandenen technischen und handwerklichen Fertigkeiten der Beteiligten ist die gegenseitige Anerkennung der Fähigkeiten eine wichtige Voraussetzung für eine gelungene, partnerschaftliche Zusammenarbeit von Frau und Mann auf einem landwirtschaftlichen Betrieb. Dabei ist nicht so wichtig, daß sie sich dessen gegenseitig immer wieder versichern, sondern daß sie es in den entscheidenden Momenten auch in aller Öffentlichkeit zeigen. Olga M. ist gemeinsam mit ihrem Mann Gründungsmitglied eines agrarpolitischen Arbeitskreises. Hin und wieder engagiert sich eine/r von ihnen im Vorstand. Ihr ist dabei wichtig, als Frau in agrarpolitischen Zusammenhängen Signale zu setzen. Sie erzählt von einer Situation, in der sie sich von ihrem Partner positiv darin bestärkt fühlte.

> "Ich hab zum Beispiel bei ner Podiumsdiskussion teilgenommen, da hab ich also vor 700 Leuten geredet, vollkommen frei, ohne das abzulesen, und da sagte er hinterher, er wäre wahnsinnig stolz gewesen auf mich. (...) Das baute mich schon auf." (716)

Auch Heike B. führt ein Beispiel an, welches zeigt, wie sie die öffentlich geäußerte Unterstützung ihres Partners in ihrer Rolle als Landwirtin gestärkt hat. Sie und ihr Freund engagieren sich in einer ökologisch orientierten Arbeitsgruppe, die sich regelmäßig auf den Höfen der Mitglieder trifft und über Anbau- und Vermarktungsprobleme austauscht. Meistens ist Heike B. die einzige anwesende Frau, woran sie, aber auch die anderen sich mittlerweile gewöhnt haben. Die Akzeptanz zeigt sich unter anderem daran, daß mittlerweile von Heike und Dieters Hof gesprochen wird. Als sie neu in der Gruppe waren, wurde bei ihnen wie bei den anderen Mitgliedern lediglich der Name des Mannes als Hofname benutzt. Da gab es Probleme mit den Möhren auf Walters Hof, einen neuen Hofladen auf Konrads Hof oder eine Zwillingsgeburt auf Dieters Hof. Erst nachdem Heike B.s Freund mehrmals intervenierte und klarstellte, daß er und Heike B. den Hof gemeinsam gepachtet haben und als GbR bewirtschaften[92], weshalb sie doch

92 Die Manifestierung der Partnerschaftlichkeit im Rahmen dieser Unternehmensform findet sich immer häufiger. Auch Vonderach u.a. (1993:177) führen dies an: "der Anspruch auf gleichberechtigte Partnerschaft in der Betriebsführung [führte] zur unternehmensrechtlichen Fixierung in einer Gesellschaft bürgerlichen Rechts."

bitte von Heike und Dieters Hof sprechen möchten, berücksichtigten die anderen Gruppenmitglieder dies auch.

Insgesamt gibt es in den Interviews allerdings mehr Hinweise darauf, was die Frauen an ihren Arbeitspartnern wertschätzen und weniger, was diese ihnen zugutehalten. Es könnte ein Hinweis darauf sein, daß auch in den Beziehungen von Frauen, die beruflich die Geschlechtergrenze überschreiten, die Beziehungsarbeit den Frauen obliegt. Die übliche soziale Konstruktion der Geschlechter wäre damit in dieser Hinsicht nicht durchbrochen. Wie sich am Beispiel von Rita D. zeigt, wird die Anerkennung für den landwirtschaftlich ausgebildeten Partner in Beziehung zu den eigenen Fähigkeiten gesetzt:

> "Der Hans, der is a richtiger Profi einfach. Und des is scho a weng a Herausforderung für mi." (1733)

Dieses Muster findet sich häufig. Einige Landwirtinnen fühlen sich wie sie durch ihren Partner angespornt, das eigenen Wissen und Können zu erweitern, andere setzen sich unter Druck und ziehen Leistungsvergleiche, ob sie als Landwirtin genauso gut sind wie ihr Mann als Landwirt.

> "Das mit der Brennerei, ich hab erst gedacht, bei mir dauert das doppelt so lang als beim Martin, bis ich das kapiert hab. Obwohl ich eigentlich sonst nit davon ausgeh, daß ich schwerer von Begriff bin als der Martin (Lachen). Ja und dann, kurz es waren zwei Wochen und ich hab ihn immer wieder gfragt, wie lang es bei ihm gedauert hat. Also er war auch nit schneller." (Sonja C. 1318)

Erst wenn sich für Landwirtinnen wie Sonja C. herausstellt, daß sie genauso gut sind wie ihre Partner, sind sie beruhigt. Für sie möchte ich akzentuieren, daß sie in ihrem beruflichen Selbstbewußtsein nicht autonom, sondern von der Leistung und Anerkennung ihrer Partner abhängig sind. Wie sich bei der Gruppendiskussion zeigte, ist das einigen Frauen zwar bewußt, doch fällt es ihnen schwer, dies zu verändern. Eine Frau, die es geschafft hat, gibt anderen den Tip:

> "Erst wenn mir die Anerkennung von meinem Mann egal ist, bekomm ich sie auch, nicht solang ich hinterherhechel."

Da mit den Männern keine Interviews geführt und nur einzelne beobachtet wurden, kann nicht gesagt werden, inwieweit das Ungleichgewicht der gegenseitigen Bestätigung in der Alltagswirklichkeit derart besteht. Die Darstellung der Frauen kann sowohl Hinweise auf ein höheres Potential an Fähigkeiten bei den Männern als auch auf ihre eigene Bescheidenheit bzw. ihre sehr selbstkritische Haltung geben. Es ist auch denkbar, daß sie sich aus Liebe oder Freundlichkeit um eine positive Verstärkung ihrer Partner bemühen. Wie stark die jeweilige Landwirtin durch ihr Verhalten sich und ihr Können zurücknimmt und ihren Partner in der Öffentlichkeit aufbaut, müßte durch die teilnehmende Beobachtung vieler Paare erschlossen werden. Unter den Paaren, die ich vor oder nach dem Interview gemeinsam angetroffen und gesprochen habe, variierten in meiner zeitlich begrenzten Einsichtnahme die Dominanzverhältnisse erheblich. Unterstützende Männer waren dabei eher unter denjenigen vertreten, die einen anderen Beruf als ihre Partnerin ausüben. Das nicht vorhandene berufliche Konkurrenzverhältnis könnte zu dieser Verteilung beitragen.

3.6.3 Liebes-, Arbeits-, Konkurrenzverhältnisse

Den Landwirtinnen, die in einer Liebes- und Arbeitsbeziehung zu einem Landwirt stehen, bleiben die negativen Auswirkungen der Konkurrenz nicht erspart. Was Gerda H., die mit einem selbständigen Handwerksmeister verheiratet ist, sich fiktiv ausmalt,

> "wär sicher auch manchmal problematisch geworden, wenn ich jetzt en Mann gehabt hätte, der Landwirt und bei mir wär. Sicher nit so einfach (...) hätte halt auch mal Krach gegeben" (573),

davon wissen die betreffenden Frauen aus ihrem Alltag zu berichten: die Zusammenarbeit funktioniert nicht immer reibungslos, Streitereien bleiben nicht aus. Die Situation verschärft sich dadurch, daß Mann und Frau neben der Arbeit auch Tisch und Bett miteinander teilen. Das intensive Zusammensein auf vielen Ebenen, das in harmonischen Zeiten das Lebensglück steigert, erweist sich in schwierigen Zeiten als stark belastend. Darauf verweist beispielhaft die Aussage einer Teilnehmerin der Gruppendiskussion:

> "Eine Partnerschaft bei uns enthält beides: Geborgenheit und Sicherheit, wenn man sich versteht, und absolute Unsicherheit in Umbruchphasen."

Persönliche Auseinandersetzungen beeinflussen die Zusammenarbeit in Hof und Feld und umgekehrt wirken sich fachliche Diskrepanzen auf die Gefühle für den geliebten Menschen aus. Bereits Kleinigkeiten können dann unerwartete Reaktionen auslösen. So erlebe ich, wie Heike B. sehr barsch reagiert, als ihr Partner ihr das Auswechseln eines Ersatzteiles abnehmen will, nachdem es ihr nicht auf Anhieb gelingt (13). Gegenseitige Vorwürfe und Beleidigungen bleiben an solchen Tagen nicht aus. Ein "du reagierst immer so überzogen, so cholerisch" von ihr ruft dann ein "und du bekommst nur Falten" bei ihm hervor (41).

Manchmal fahren die LandwirtInnen besser damit, sich für eine begrenzte Zeit aus dem Weg zu gehen, so wie es Olga M. berichtet. Für gewöhnlich kann sie stehenlassen, daß ihr Partner eine andere Vorstellung als sie über die optimale Sauenfütterung hat. An kritischen Tagen jedoch führt dieser Punkt zu Reibereien in ihrer Zusammenarbeit.

> "Dann sag ich zum Beispiel: 'Nun füttere doch nicht so viel. Du siehst doch, sie hatte noch einen kleinen Rest drinnen von vorher.' Und dann sagt er: 'Du mußt dich doch nicht

immer einmischen. Ich füttere jetzt so, wie ich es will.' Dann ist es also auch ganz schwer, einen Kompromiß zu finden. Und da haben wir uns also schon manchmal so gefetzt, daß ich gesagt habe: 'Du, also dann füttere die Tiere alleine und ich gehe raus'. Und dann bin ich auch rausgegangen." (274)

Es dürfte charakterlich bedingt sein, wann und wie sich Frau und Mann danach wieder begegnen können und welche Form der Annäherung und Aussöhnung sie wählen. Doch kann unterstrichen werden, daß ohne Konflikt- und Kompromißbereitschaft eine Arbeitsgemeinschaft, die von einer persönlichen Beziehung getragen wird, auf Dauer nicht funktionieren kann.

Inwieweit sie partnerschaftlich ausbalanciert ist, zeigt sich insbesondere dann, wenn Entscheidungen über Veränderungen der Betriebsorganisation oder neue Investitionen zu treffen sind. An diesem Punkt wird offensichtlich, daß es sich bei ihrer Lebens- und Arbeitsgemeinschaft auch um ein Machtverhältnis handelt.[93] Zunächst einmal sagen alle Landwirtinnen, die mit ihrem Lebenspartner zusammen die Landwirtschaft betreiben, daß sie alle wichtigen Entscheidungen gemeinsam treffen. Erst wenn sie von einem konkreten Fall berichten oder ihre Zusammenarbeit detaillierter schildern, lassen sich Unterschiede ausmachen zwischen einer gleichberechtigten Partnerschaft und einer Arbeitsbeziehung, in der der Mann letztlich mehr Macht beansprucht.[94]

Wie oben angeführt, haben die untersuchten Paare klar getrennte Verantwortungsbereiche, in deren Rahmen sie die alltäglichen Entscheidungen alleine treffen, zum Beispiel, wann eine Besamung erfolgt oder welche Grubberzinken wann ausgetauscht werden. Dennoch nehmen die befragten Landwirtinnen häufig die gemeinsamen Mahlzeiten zum Anlaß, sich mit ihren Partnern darüber auszutauschen. Diese Gespräche dienen zum einen dazu, zu einer Einschätzung des eigenen Tuns zu gelangen und zum anderen, um den Partner über das Betriebsgeschehen auf dem Laufenden zu halten. In den gleichberechtigten Partnerschaften läuft dieser Austausch hin und her, so daß beide über alles im Betrieb informiert sind. Durch eine mangelnde Kommunikation kann sich jedoch bereits hier ein Machtgefälle aufbauen. Die betroffenen Frauen versuchen dem entgegenzuwirken, indem sie ihren Partnern viele Fragen stellen und Informationen einfordern. Den

93 O'Hara (1994:58) zeigt am Beispiel irischer Landfrauen auf, daß auch unter den Bedingungen traditioneller Arbeitsteilung sich hinsichtlich betrieblicher Einflußnahme Veränderungen abzeichnen: "On these farms there has been significant erosion of male authority so that the women have a considerable influence, not just on day-to-day production and consumption, but on the future of the family farm. This is signified by their involvement in decision-making and financial management."

94 Dies bestätigt die Skepsis, die Janshen u.a. (1984:71) in bezug auf die Partnerschaftlichkeit von Paaren mit einer traditionellen Arbeitsteilung in der Landwirtschaft äußern: "Unserer Ansicht nach wird das 'gemeinsam darüber reden' von den jungen Bäuerinnen vorschnell als Gleichheit mißverstanden. Denn im Verhältnis zur älteren Bäuerinnengeneration ist das gemeinsam über anstehende Investitionen reden schon ein Fortschritt."

Gesprächen mit ihnen entnehme ich, daß es zum Großteil an ihnen liegt, ihren Partnerschaftsanspruch umzusetzen. Ich möchte daher betonen, daß viele Männer alltäglich weniger zu einer partnerschaftlichen Beziehung beitragen als ihre Lebenspartnerinnen.

In Fragen der gesamten Betriebsorganisation und -leitung bedarf es längerer Aushandlungen zwischen den Landwirtinnen und ihren Partnern, wenn eine tatsächlich gleichberechtigte Arbeitsgemeinschaft verwirklicht werden soll. Selbst wenn sich durch den gemeinsamen Arbeits- und Lebensraum viele Möglichkeiten der Begegnung bieten, müssen die Beteiligten das Aushandlungsgespräch bewußt suchen. Zu Arbeitsspitzen ist die dafür nötige Zeit nicht immer vorhanden. Dann gilt es unkonventionelle Problemlösungen zu finden, so wie Olga M.:

> "Manchmal besprechen wir etwas zwischen Tür und Angel, wenn es sich gerade so ergibt, manchmal wenn wir abends nach getaner Arbeit hier in diesem Raum sitzen und uns nochmal so über den Tagesablauf oder die nächste Zukunft unterhalten. Während so größere Entscheidungen, meinetwegen jetzt zum Beispiel Schlepperkauf, da machen wir häufig ein gemeinsames Bad (Lachen) (...) Wir haben also schon wichtige Entscheidungen in der Badewanne getroffen." (65)

Für das Gelingen einer Zusammenarbeit, die beide zufriedenstellt, müssen auch beide etwas einbringen. Beide müssen bereit sein, Kompromisse einzugehen.

> "Da muß man schon sehen, daß man sich da einig bleibt." (Gerda H. 1361)

Wie fragil eine gleichberechtigte Partnerschaft in der Landwirtschaft sein kann, zeigt das Beispiel von Olga M. und ihrem Partner, denen die Verwirklichung der gemeinsamen Betriebsführung nur vorübergehend gelungen ist. Der Tendenz nach scheint der Mann das Betriebsgeschehen immer stärker zu bestimmen.

> "Wir haben wohl von meinem Anspruch her gleich angefangen, auch von der Ausbildung her, wir haben ja beide die gleiche Ausbildung. Doch war er immer stark und ich wurde irgendwie schwächer in dieser Ehe." (350)

Eine zunächst gelungene Umsetzung des partnerschaftlichen Gedankens scheint somit keine Gewähr dafür zu sein, daß sich die gleichberechtigte Betriebsführung auch etabliert und stabilisiert. Veränderungen scheinen über die Jahre hinweg immer wieder - und nicht nur durch Kinder - möglich zu sein. Neben betrieblichen und agrarpolitischen Momenten können auch persönliche Entwicklungen und Begegnungen eine Rolle spielen. Hadert Olga M. immer noch, so hat Anne R. die Vormachtstellung ihres Partners im Betrieb bereits akzeptiert. Es äußert sich darin, daß sie heute Entscheidungen ihres Mannes auch dann akzeptiert, wenn sie nicht davon überzeugt ist[95].

> "Es gibt so Sachen, wo ich sage, da hat mein Mann das letzte Wort, ne. Wenn er meint, er muß den Kappes für den Preis liefern, dann sag ich, 'okay, du hast das letzte Wort. Bitte, dann tu's', ne. Oder bei Maschineneinkauf, wenn er sagt, er braucht das, dann sag ich, 'dann kauf's dir', ne, das find ich schon okay so." (1113)

Die Verwendung des Ausdrucks 'dann kauf's dir' und nicht 'dann kauf es uns' ist ein weiterer deutlicher Hinweis darauf, daß Anne R. ihrem Mann die Vormachtstellung in der Betriebsführung einräumt.

Eine Strategie, sich dennoch die Lust an der Landwirtschaft zu bewahren, besteht für Frauen wie Anne R. darin, sich eigenständige Arbeitsbereiche aufzubauen, in die die Männer nicht hineinreden.

> "Dann wollte ich das mit den Himbeeren auch mal ausprobieren, ist klar, ne. Man wollte was eigenes mal machen. (...) Und in den Himbeeren bin ich ganz mein eigener Herr. Wenn ich sag, das muß dann gemacht werden, dann wird das auch dann gemacht, ne. Wenn ich sage, ich brauch das, dann brauch ich das, ne." (896)

Sowohl bei ihr als auch bei Olga M. handelt es sich um Arbeitsbereiche, die in landwirtschaftlichen Kreisen in der Mehrzahl von Frauen betreut werden: den Anbau von Beerenobst, den Aufbau einer Ziegenherde zur Direktvermarktung von Käse, die Bestellung eines großen Gemüsegartens. Daneben sind sie hauptverantwortlich für den Haushalt und die Kindererziehung. Dieses Verhalten kommt einem Rückzug auf traditionelle Bäuerinnenbereiche gleich. Es entspricht nicht den Vorstellungen, die sich die Frauen von ihrem Arbeitsfeld in der Landwirtschaft gemacht haben und wird von ihnen dementsprechend als Zugeständnis an ihren Lebenspartner gesehen. Da Anne R. und Olga M. zunächst weiter mit ihnen zusammenleben wollen, akzeptieren sie diese Entwicklung. Langfristig geben sie sich nicht damit zufrieden, wie sich heute bereits daran zeigt, daß sie nach anderen Formen der Selbstverwirklichung suchen (vgl. Kap. 3.7). Inwieweit sie Kompromisse in der Beziehung eingehen, um das Fortbestehen des landwirtschaftlichen Betriebes und damit ihrer beider Existenzgrundlage und Arbeitsplätze nicht zu gefährden, wurde nicht explizit angesprochen. Es kann daher nur vermutet werden.

Vier Frauen des Gesamtsamples waren nicht bereit, noch länger Zugeständnisse an ihre Lebens- und Arbeitspartner zu machen. Sie haben sich von ihnen scheiden lassen. So hat sich Monika T. von ihrem Mann als Landwirtin zwar akzeptiert gefühlt, doch erwartete er von ihr, daß insbesondere sie sich um Kind und Haushalt zu kümmern hätte, was ihr große Schwierigkeiten bereitete. In der relativ kurzen Zeit des Zusammenlebens

95 Dies kann als eine Variante des weiter oben beschriebenen "tradierten Patriarchats" in Form des "stillen Ritus" nach Modelmog (1994) betrachtet werden (vgl. Kap. 1.3)

haben sie es nicht geschafft, eine für beide befriedigende Arbeitsteilung auf ihrem elterlichen Hof zu installieren. Im Rückblick resümiert Monika T.:

> "Ich wär dann halt hinten runtergfallen irgendwie (Lachen) (...) Ich hätt mich dann wahrscheinlich, wenn das Bestand gehabt hätte, oder hatte angefangen, mich mehr in den häuslichen Bereich zurückzuziehen, aber war da sehr unzufrieden. (...) Und ich hätt das wahrscheinlich auch auf die Dauer nit ausgehalten, aber da war die Zeit einfach zu kurz." (1901)

Sehr schnell haben Monika T. und ihr Mann die Konsequenzen gezogen und sich getrennt. Je nach den finanziellen Gegebenheiten kann dieser Schritt die Existenz eines landwirtschaftlichen Betriebes gefährden oder infragestellen. Das dürfte einer der Gründe dafür sein, daß sich nach wie vor nur wenige Ehepaare in landwirtschaftlichen Kreisen zu einer Trennung entschließen.[96] Dennoch bleibt festzuhalten, daß das Thema Scheidung unter den Landwirtinnen allgemein als Möglichkeit durchaus diskutiert wird.

Wie stellt sich die Hof- und Arbeitssituation der betreffenden Landwirtinnen nach der Scheidung dar? Alle vier sind nach wie vor in ihrem Beruf tätig. In drei Fällen besitzen die Frauen den elterlichen Hof, so daß es keine Frage war, daß sie ihn auch weiter bewirtschaften; in zwei Fällen mithilfe der Eltern, auf einem Betrieb mithilfe eines Verwalters. Ich möchte die Vermutung festhalten, daß den Frauen die Scheidung leichter fällt, wenn ihnen der Hof gehört. Im vierten Fall bewirtschaftet die Landwirtin den relativ kleinen Pachtbetrieb mithilfe eines Praktikanten. Welche finanziellen Auswirkungen die Scheidung auf die betriebliche Situation jeweils hatte, ist mir nicht bekannt.

3.6.4 Die Zuspitzung der Problematik: beide haben einen Betrieb

Ein deutlich anders gelagertes Problem ist für die Frauen gegeben, die sich in einen Mann verlieben, der wie sie eine landwirtschaftliche Ausbildung und einen existenzfähigen Betrieb geerbt oder in Aussicht hat. Noch bevor sie überhaupt eine Lebens- und Arbeitsgemeinschaft begründen, haben sie schon Konkurrenzkonflikte auszutragen, die sich aus ihrer spezifischen

---

96 Herrmann (1993) formuliert dieselbe Vermutung im positiven Sinne: "Ein Unterschied zu der Funktionsteilung bei abhängig-beschäftigten Ehepaaren besteht (im Regelfall noch) hinsichtlich der Paarbeziehung. Sie ist arbeitsintegrierend und mehrfunktional, was Auswirkungen auf den *Verpflichtungs- und Verbindlichkeitscharakter der Institution Ehe* [Hervorhebung im Original, M.S.] hat und diesen vermutlich erhöht." (ebd.:134) Modelmog (1994) fand eine klar abwertende Haltung bei den in vielen Bereichen sehr aufgeschlossenen Bäuerinnen gegenüber Frauen, die sich scheiden lassen: "Weil sie sich in die Norm der Ehe fügen, erwarten sie ebenfalls von anderen Frauen, daß sie heiraten, treu sind, sich nicht scheiden zu lassen. (...) Da die Bestandssicherung des Hofes eine Priorität gegenüber den persönlichen Beziehungen einnimmt, betrachten sie das Ausscheren von Frauen aus der Ehegemeinschaft als 'falsch'." (ebd.:143f)

beruflichen Situation ergeben. Die Möglichkeit, beide Betriebe weiter zu bewirtschaften, ist abhängig von der räumlichen Nähe der Höfe, der Betriebsstruktur und -organisation sowie den involvierten Arbeitskräften. In den mir vorliegenden Fällen zeigt sich, daß eine parallele Betriebsführung in unserer (auto-)mobilen Gesellschaft möglich ist und solange funktionieren kann, solange die Eltern und eventuell die Geschwister, wie vorher gewohnt, auf beiden Betrieben mithelfen. Für eine/n der beiden HofnachfolgerInnen bedeutet es, von diesem Zeitpunkt an zum Arbeitsplatz zu pendeln und sich damit einem weitverbreiteten gesellschaftlichen Muster der Mobilität zwecks Arbeit anzupassen. Ein wesentlicher Vorteil des landwirtschaftlichen Betriebes als Arbeitsplatz ist damit nicht mehr gegeben.

"Es isch halt it so einfach wie mers vorher g'wöhnt war." (Claudia S. 241)

Und dies ist nicht der einzige Aspekt, der die Entscheidung für einen gemeinsamen Wohnort so schwierig macht. Es ist davon auszugehen, daß beide von emotionalen Bindungen an ihren Hof in der Diskussion geleitet werden. Sachliche Argumente wie ein bereits überschriebener Hof, vorhandener bzw. abtrennbarer Wohnraum, eine zentrale Hoflage treten meinen Beobachtungen zufolge in den Hintergrund. Es geht um das Aushandeln des Heimvorteils, es geht darum, wer von beiden zum Start ihrer Lebens- und Arbeitsgemeinschaft mehr Macht erhält. Aus der Außenperspektive wird leicht übersehen, daß mit einem Umzug sich nicht nur die Wohnsituation verändert. Für die Person, die sich für den Ortswechsel entschließt, heißt es Abschiednehmen vom bisherigen Lebensmittelpunkt, dem Platz, auf den sich bis dato seine/ihre gesamte Arbeitskraft und Zukunftsplanung gerichtet hatte. Dieser Entwicklungsschritt benötigt Zeit. So äußert auch Rita D. Verständnis für ihren Mann, der selbst nach einem langen Annäherungs- und Eingliederungsprozeß in ihren Betrieb und ihr privates Leben bislang den elterlichen Hof nicht umstrukturiert hat.

"Also er möcht einfach den Hof net lassen. Des versteh i aa guat, mir gangs aa net anders. Also i hätt mi wahrscheinlich net so leicht doa wia er, daß i mi da so abnabel." (1886)

Wenn die Person, die vom Hof weggeht, die Betriebsführung wie bisher aufrechterhält, kann dies auch ein Zugeständnis an die Eltern sein. Durch einen langsamen Umstrukturierungsprozeß haben sie die Chance, sich an die veränderte Hofperspektive zu gewöhnen. Dennoch kann das Verhältnis zwischen den beiden Generationen dadurch belastet sein, müssen die Beteiligten eventuelle Spannungen aushalten. Rita D. versucht sich in die Lage ihrer Schwiegereltern hineinzuversetzen, weiß aber auch keinen Ausweg:

"I bin mer net so ganz klar. I moan, dia san scho freindlich und mögen aa Kinder ganz gern. I glaub, daß ihnen scho a weh tuat, daß da Hans ganga ist, i moan, die zwoa, die san jetzt aa alloa auf ihrm Hof. (...) I dat vielleicht denka, de is schuld, wenn i an ihra Stell war, weil di ham ses wahrscheinlich aa anders ausgmalt." (1027)

Wenn ein Paar sich dafür entscheidet, die Tierhaltung zunächst auf beiden Betrieben weiterzuführen, so wird mit dem gewählten gemeinsamen Wohnort doch oft darüber entschieden, daß auch dort, in unmittelbarer Nähe und schnell erreichbar, zukünftig der Schwerpunkt der Tierhaltung sein wird. Mag die Entscheidung solange hinausgezögert werden wie die Eltern noch die Verantwortung für die Tiere tragen können, so wird sie unumgänglich, wenn zukünftige Investitionen anstehen. Sehr leicht bilden sich ein Haupt- und ein Nebenbetrieb heraus, was wiederum auf die Balance in der Beziehung Einfluß nehmen kann. Sind bei Rita D. bislang keine negativen Folgen davon zu spüren, so erfährt Olga M. sie hingegen im Streit mit ihrem Partner sehr massiv. Sie hat ihren elterlichen Betrieb verpachtet und bewirtschaftet mit ihrem Mann dessen elterlichen Hof im Rahmen einer GbR, wobei der Hof nach wie vor sein Eigentum ist. Hin und wieder versucht er das im Streit auszuspielen:

"Und dann ist ne ganz üble Sache, wenn er nicht mehr weiter weiß mit Argumenten, dann kommt das Argument: 'Das ist aber mein Hof!' 'Natürlich', sag ich, 'ist das dein Hof und den will dir auch keiner nehmen', sag ich (Lachen) und dann ist die Diskussion beendet, weil darauf kann ich nichts mehr sagen." (280)

An diesem Beispiel zeigt sich sehr deutlich, daß nicht nur das Liebesverhältnis unter LandwirtInnen Einfluß auf ihre Zusammenarbeit nimmt und umgekehrt, sondern daß darüber hinaus auch die Regelung der Besitzverhältnisse die Beziehung stabilisieren oder gefährden kann.[97]

Durch dieselbe Professionalisierung von Mann und Frau und das damit nicht selten verbundene, häufig ebenbürtige Hoferbe ist für die entsprechenden Paare eine stärkere Konkurrenzsituation entstanden als sie gegeben ist, wenn eine Person einheiratet und eine Abfindung vom elterlichen Hof in Form von Bargeld oder Ackergrundstücken in die Ehe einbringt wie das in der Vergangenheit auf vielen traditionellen Familienbetrieben zu finden war. Der patrilinearen Vererbung zufolge wurde dabei in den meisten Fällen den Frauen Mobilität und Neuorientierung abverlangt. Ihren begrenzten ökonomischen Verhältnissen entsprechend, hatten sie meistens keine andere Möglichkeit, als sich darauf einzulassen. Für Paare mit derselben landwirtschaftlichen Ausbildung und zwei existenzfähigen Betrieben sind zunächst einmal ökonomische Zwänge weniger zwingend gegeben. Es besteht theoretisch die Möglichkeit, daß jede/r den eigenen Betrieb bewirtschaftet. Die entscheidende Basis ihrer Beziehung sind somit die Gefühle füreinander, insofern kann auch hier das Eingangszitat bestätigt werden. Doch möchte ich zu bedenken geben, wie stark eine Liebesbeziehung sein muß, um den Erwartungen und Aufgaben, die unter solchen Umständen auf der Bezie-

97 In diesem Zusammenhang kann darauf hingewiesen werden, daß eine gemeinsame Kasse der beiden Partner sowohl für betriebliche als auch private Belange häufig anzutreffen ist. Es ist die Regel, daß beide Zugang zu den Bankkonten haben.

hung lasten, standzuhalten. Es wundert mich daher nicht, wenn die davon betroffenen Männer und Frauen ihre Beziehung über lange Zeit auf einem unverbindlichen Niveau halten und sich scheuen, eine gemeinsame Zukunft zu planen.[98] In einem Fall währte die Freundschaft bereits zwölf Jahre. Die parallele Betriebsführung wurde durch die Unterstützung von Eltern und Geschwistern ermöglicht. Da letztere zunehmend weniger dazu bereit sind und die Eltern älter und weniger leistungsfähig werden, läßt sich dieser Zustand nicht mehr lange aufrechterhalten. Als ich mit diesem Paar zusammentraf, waren sowohl die Frau als auch der Mann noch nicht in der Lage, eine verbindliche Entscheidung zu treffen.

In anderen Fällen sahen die Beteiligten nur die Möglichkeit, ihre Liebesbeziehung aufzukündigen, weil sie keine Lösung fanden, die beide zufriedengestellt hätte. Claudia S., die diese Erfahrung bereits einmal gemacht hat, ist nun ein zweites Mal mit diesem schwer zu lösenden Problem konfrontiert. Obgleich ihr durchaus bewußt ist, daß ihr die Entscheidung letztlich niemand abnehmen kann, meinte sie zu mir:

> "Do wär' i dankbar um jeden Rat von em Außestehenden." (231)

Vorbilder gibt es kaum für Landwirtinnen wie sie. Es handelt sich um ein neues Phänomen, das erst durch den Anspruch der Frauen auf die traditionelle Männerrolle und ihre darauf bezogene Professionalisierung möglich wurde. So müssen die Frauen auf sich gestellt nach passenden Wegen der Vereinbarkeit ihrer Berufs- und Hofbesitzerinnenrolle mit ihrer Rolle als Beziehungspartnerin und Mutter suchen, die Unterstützung ihrer Lebenspartner dazu einfordern und eventuelle Umwege und Sackgassen in Kauf nehmen.

---

98 Haugen (1994) macht für norwegische Landwirtinnen ebenfalls auf dieses schwerwiegende Problem aufmerksam: "Some of the girls have already established relationships with boys who have rights to succession and find themselves with a moral dilemma. (...) The challenges girls face are in many ways greater than previously; they are expected to solve the dilemma between ideology and practice." (ebd.:97) Doch anders als in der vorliegenden Untersuchung scheint es in Norwegen noch häufiger der Fall zu sein, daß die Frauen zu den Männern auf den Betrieb ziehen als umgekehrt: "Girls are willing to give up their home farms for the sake of 'love', while the boys would not consider doing so. This can be understood as an illustration of women's subordination; (...) If their own interests come in conflict with those of others, they are more ready to make a sacrifice, than to expect it of someone else. This way of thinking responsibly, that marks the modern farm woman's life project, makes freedom of choice paradoxical." (ebd.:97f)

3.7 Und die Arbeit in Haus und Familie, wer macht die?

Auf traditionell orientierten landwirtschaftlichen Familienbetrieben existiert auch heute noch eine am Geschlecht orientierte Arbeitsteilung. Die ordnenden Prinzipien sind die Geschlechterhierarchie, wonach dem Mann in seiner Funktion für den Betrieb eine größere Bedeutung zugeordnet wird als der Frau, und die Komplementarität von Mann und Frau als Arbeitskräfte mit getrennten Verantwortungsbereichen, wobei der Frau u.a. die Sorge- und Haushaltsarbeiten zukommen[99]. Wenn Landwirtinnen die traditionelle Männerrolle in der Landwirtschaft beanspruchen, bedeutet das, daß sie diese beiden Prinzipien nicht akzeptieren, obgleich das Gros von ihnen mit einem Mann oder den Eltern im Rahmen der Familienwirtschaft[100] arbeitet. Auseinandersetzungen über ihren Status und die Arbeitsorganisation sind die zwangsläufige Folge, denn beide Gefüge geraten durcheinander und müssen neu geordnet werden. Ist es einer Landwirtin gelungen, die Aufgaben der Männerrolle in der Landwirtschaft zu übernehmen, stellt sich die Frage, wer die traditionellen Frauenarbeiten auf dem Hof, und damit die reproduktiven Aufgaben, übernimmt. Durch die immer noch enge Verzahnung von Produktion und Konsumtion auf landwirtschaftlichen Familienbetrieben ist ihre Erledigung für die erfolgreiche Bewirtschaftung und das Überleben eines Hofes nach wie vor notwendig[101]. Der Landwirtin selbst ist es nicht möglich, diese Aufgaben auszuführen, ohne daß die von ihr beanspruchten Tätigkei-

---

99 Vgl. van Deenen/Kossen-Knirim 1981; Janshen u.a. 1984; Claupein/Günther 1991; Kaschuba/Reich 1994. Berlan Darque (1988) stellt für Frankreich fest: "The subordinate position of female farmers, a result of both the social and legal state of affairs, find both its expression and its legitimization in the sexual division of work between the couple." (ebd.:273) Ungeachtet der Diskussion, ob in der Landwirtschaft die geschlechtliche Arbeitsteilung nach führenden und ausführenden Tätigkeiten, Subsistenz- und Marktproduktion oder produktiven und reproduktiven Arbeiten erfolgt (vgl. Sachs 1983; Fink 1987; Whatmore 1991; O'Hara 1994), ist mein Anliegen darauf begrenzt zu zeigen, wer sich auf den Betrieben von Landwirtinnen um Haushalt und Familie zu kümmern hat. Dabei verwende ich die Begriffe Sorge- und Haushaltsarbeiten, Arbeiten in Haushalt und Familie, Reproduktionsarbeiten synonym.

100 Selbst von den vier Betriebsgemeinschaften können zwei zu dieser Bewirtschaftungsform gezählt werden. In Abwandlung der üblicherweise zwei Generationen bewirtschaften hier zwei befreundete Familien einen Betrieb gemeinsam.

101 So macht etwa Janshen (1989) darauf aufmerksam: "Eine Bäuerin ist so viel wert wie ein halber Bauernhof', besagt ein norwegisches Sprichwort. Mit anderen Worten: Ohne die Arbeit der Bäuerin sind die meisten Höfe nicht existenzfähig. Machtkonflikte zwischen den Ehepartnern dürfen also nicht in der Weise auf die Spitze getrieben werden, daß sie eine Trennung zur Folge haben könnten." (ebd.:29) Unter Bezugnahme auf Arbeiten aus Frankreich, Irland und USA streicht Shortall (1992) für irische Bäuerinnen heraus: "However, it also seems that the exploited labour of the farm wife is essential for the survival of the family farm with capitalism. Bouquet (1984), O'Hara (1987), Sachs (1983) and many others have emphasized this point. The persistence of the family farm in advanced industrial societies is enabled in part by the flexibility of the farming household - it allows the reliance on non-wage labour and provides a flexible labour force." (ebd.:447)

ten eine Beeinträchtigung erfahren oder ihre Überlastung damit einhergeht. Kann oder will sie sich im Zuge einer neuen Arbeitsordnung selbst nicht darum kümmern, müssen sie von anderen Personen übernommen werden.

Solange die befragten Landwirtinnen in der Ausbildung sind, scheint diese Problematik für viele von ihnen keine Relevanz zu besitzen. Die meisten haben noch keine eigene Familie und ihre Ausbildung absolvieren sie zum größten Teil in einem Familienbetrieb, wo sie mitversorgt werden.[102] Die nicht abgedeckten Tätigkeiten erledigen sie nebenher oder sie werden von der Mutter, Großmutter oder Schwester übernommen, wenn die Frauen auf dem elterlichen Betrieb arbeiten. Bis auf Ausnahmen müssen sie sich um reproduktive, häusliche Arbeiten nicht kümmern. So ist es auch nicht weiter verwunderlich, daß nicht wenige Landwirtinnen sich für diese Tätigkeiten kein Talent einerseits und kein Interesse andererseits zuschreiben. Einige von ihnen lehnen es ab, dafür in die Pflicht genommen zu werden, nur weil sie eine Frau sind. Andere beginnen erst spät, sich mit der Vereinbarkeitsproblematik ihrer beruflichen und familialen Interessen auseinanderzusetzen. Ihre diesbezügliche Einstellung und Handhabung erweist sich als abhängig von den persönlichen Lebensumständen, insbesondere vom Familienzyklus und den Erwartungen ihres Lebenspartners. Nicht selten findet sich eine Wahrnehmung der Problematik dann, wenn die Frauen durch eine unerwartete Schwangerschaft damit konfrontiert werden. Wie die Landwirtinnen in den unterschiedlichen Familienkonstellationen Berufs-, Haushalts- und Familieninteressen zu vereinbaren versuchen, wird im folgenden ausführlich dargestellt.

3.7.1 Die Unterstützung durch die Herkunftsfamilie

Wenn die Landwirtinnen zusammen mit ihren Eltern den Hof bewirtschaften, sind es weiterhin die Mutter, die Großmutter, vielleicht eine Schwester, die noch im Elternhaus lebt, die sich um das Kochen, Putzen, Wäsche waschen usw. kümmern. Als interessant hervorzuheben ist in diesem Zusammenhang das Selbstbewußtsein, mit dem diese Landwirtinnen dazu

---

102 Das erklärt auch den relativ hohen Anteil von 25 % der weiblichen landwirtschaftlichen Auszubildenden in der Untersuchung Riechels (1983), die noch keine Meinung zu dieser Frage haben, wobei es zwischen 39 % mit und 18 % ohne landwirtschaftlicher Herkunft zu differenzieren gilt. Parallelen zeigen sich darüber hinaus zu anderen Frauen, die einen Männerberuf wählen. Janshen/Rudolph u.a. (1987:125) fanden eine "Nichtwahrnehmung" des Problems der Vereinbarkeit von Beruf und Familie in der Jugendzeit und zu Ausbildungsbeginn bei jeder fünften interviewten Maschinenbau- und Elektro-Ingenieurin.Von den von mir befragten Agraringenieurinnen haben sich zum Zeitpunkt der Berufswahl ebenfalls nur ein Fünftel bereits Gedanken zur späteren Vereinbarkeit von Beruf und Familie gemacht (vgl. Schmitt 1988:62).

stehen, daß sie über die traditionellerweise von Frauen besorgten Arbeiten der ländlichen Hauswirtschaft kaum Bescheid wissen.

"Kochen tu ich zum Beispiel sehr gern, aber auch nur, wenn ich Zeit hab, und auch nur sonntags, aber so von Wäsche versteh ich also nit viel. Waschen und Bügeln das macht die Mutter. Und Stricken, Nähen, Flicken, das kann ich nit, also ich hab's nit gelernt, sagen wir mal so." (Monika T. 1239)

Für den Fall, daß ihre Mutter eines Tages diese Arbeiten nicht mehr erledigen kann, überlegt Monika T., eine Haushaltshilfe einzustellen:

"Wie gesagt, man kann einfach nit alles selbst machen (...) außerdem liegt mir das überhaupt nit." (ebd. 2103)

Das hat auch Maria L. durch ihre Erfahrungen als Ehefrau und Mutter festgestellt. Obwohl es ihr mit elterlicher Unterstützung gut gelungen ist, familiale und landwirtschaftliche Interessen zu verknüpfen, würde sie ihr Leben anders ausrichten, wenn sie noch einmal die Möglichkeit dazu hätte. Eindeutig bezieht sie Stellung:

"Ich mein, man muß sich als Frau entscheiden. Möchte man was oder möchte man Herd und Heimchen spielen. Und da war ich nie der Mensch dafür. Und wenn ich das so im Nachhinein überleg, ich mein, okay Kinder müssen sein, [gesellschaftlich gesehen, M.S.], find ich wichtig, wir müssen ja irgendwie versorgt werden, ne, aber lieber möcht ich mehr soziale Abgaben bezahlen." (455)

So wie viele der befragten Landwirtinnen, die zusammen mit ihren Eltern den Hof bewirtschaften, nichts mit Sorge- und Haushaltsarbeiten zu tun haben wollen, so halten sich, bis auf kleine Hilfsdienste abgesehen, auch die Männer auf diesen Höfen davon fern. Die traditionellen Frauenarbeiten verbleiben anderen Frauen[103] und damit auch dann im Frauenzirkel, wenn sich die Rahmenbedingungen verändert haben und eine Frau die Geschlechtergrenze überschritten hat. Interessanterweise hat keine der entsprechenden Landwirtinnen diese Tatsache problematisiert. Dies läßt die Schlußfolgerung zu, daß an der üblichen geschlechtsspezifischen Arbeitsteilung auf landwirtschaftlichen Familienbetrieben festgehalten wird, solange nur eine Frau auf dem Hof, die Tochter, die Grenze überschreitet. Sie wird im Männerterrain geduldet, solange sie nicht die traditionelle Arbeitsteilung grundsätzlich infragestellt oder ihre Umkehrung herausfordert. Es scheint, daß diese einzelnen Frauen ähnlich einer sogenannten 'Alibifrau' sich unter der Voraussetzung im traditionellen Männerberuf Landwirt verwirklichen kön-

103 Siehe dazu auch die Untersuchungsergebnisse von Rerrich (1993b:331): "Vieles spricht dafür, daß die neu sich etablierenden Scheidelinien zwischen Frauen den klassischen ungleichheitsrelevanten Dimensionen folgen: Bildung, soziale Herkunft, Rasse und Nation. Jüngere, höherqualifizierte, wohlhabendere einheimische Frauen (und natürlich auch Männer) werden durch ältere, gering qualifizierte, sozial benachteiligte und oft auch ausländische Frauen in der familialen Arbeit entlastet."

nen, daß ihr soziales Umfeld sein angestammtes geschlechtsspezifisches Verhalten nicht wesentlich zu verändern hat. Einer neuen Zuschreibung der anfallenden Tätigkeiten wird durch das Verharren in beziehungsweise dem Bestehen auf der existierenden Geschlechterhierarchie entgegengewirkt.

Es funktioniert solange, wie die Landwirtinnen allein mit ihren Eltern den Hof bewirtschaften. Es scheint aber auch dann noch tragfähig zu sein, wenn sie eine Beziehung zu einem Mann mit einem außerlandwirtschaftlichen Beruf eingehen. In den vorliegenden Fällen wird unter diesen Umständen die Reproduktionsarbeit weiterhin von den weiblichen Mitgliedern der jeweiligen Familie der Landwirtinnen getragen. Vorübergehende Veränderungen bringt die Geburt von Kindern für die Landwirtinnen mit sich. Von den 53 befragten Frauen des Gesamtsamples, von denen nur acht Frauen älter als 35 Jahre alt sind, sind bislang 24 Mütter. Während der Zeit des Stillens und der Kleinkindphase hatten sie ihre landwirtschaftliche Tätigkeit mit der Versorgungsarbeit der Kinder zu koordinieren. Auch hier sind es also die Mütter und nicht die Väter, die die Familienarbeit zu erledigen, zumindest zu organisieren haben. Unterstützung erhielten die betreffenden Landwirtinnen von ihrem Vater in der Außenwirtschaft und von weiteren Frauen ihrer Herkunftsfamilie bei der Familien- und Hausarbeit, was die Zuständigkeit der Frauen für den Reproduktionsbereich bestätigt.[104]

Am einfachsten gestaltet sich diese Zeit für die Landwirtinnen - und diese Erfahrung trifft auf alle Mütter unter ihnen zu -, die sich klar dazu äußern können, daß die berufliche Selbstverwirklichung einen hohen Stellenwert für sie besitzt. Es ist dann in erster Linie ein Organisationsproblem, die Kinderbetreuung und -versorgung an andere Frauen der Familie zu delegieren. Schwieriger ist es für die Landwirtinnen, die hohe Ansprüche an ein intensives Zusammenleben mit ihren Kindern haben, doch sich schwer damit tun, Prioritäten zu setzen. Sie fühlen sich hin- und hergerissen zwischen ihren landwirtschaftlichen und ihren Kinderinteressen und bleiben oft mit dem Gefühl zurück, keiner Seite Genüge getan zu haben. Sehr deutlich zeigt sich das bei Rita D., die noch auf der Suche nach einer sie befriedigenden Lösung ist:

> "Es is halt oiwei so a weng a Zwiespalt da. I moan, für die Kinder hab i eigentlich aa fast z'wenig Zeit, denk i mer manchmal. Und dann, wenn i aber wirklich an halben Tag herinnen bin bei de Kinder, dann geht's mer manchmal so, daß i mer denk, mein Gott naa, jetzt regt mi des scho wieder auf. (...) Ja, i müßt me vielleicht a bißl klarer wer'n, was i eigentlich möcht." (595)

---

104 Auf die Bedeutung der Unterstützung durch die Großfamilie verweist auch Ventura (1994:35) für Italien: "If a woman starts to run the farm, it leads undeniably to changes within the rural family in terms of relationships and the division of labour (...) a great help is given by elder relatives, especially the women contributing not only to the farm work but especially to the household tasks."

Insgesamt kann festgehalten werden, daß die Mütter unter den Landwirtinnen ihren Kindern und dem Zusammensein mit ihnen einen hohen Wert beimessen. Wenn die Kinder auch zeitweise hinter den Betriebsnotwendigkeiten zurückstehen müssen, so haben sie doch erste Priorität sowohl gegenüber eigenen Freizeitinteressen als auch Haushaltstätigkeiten.[105]

Am Punkt der Verantwortung für die Kindererziehung und -versorgung läßt sich im Vergleich von Frauen und Männern, die in landwirtschaftliche Betriebe einheiraten, sehr gut deutlich machen, daß die Zuschreibung gesellschaftlicher Aufgaben nach Geschlecht und unabhängig von Berufs- und Erwerbsstatus erfolgt. Anders als bei einheiratenden Frauen mit einem außerlandwirtschaftlichen Beruf, den die meisten von ihnen mit der Familienphase nur noch eingeschränkt ausüben oder ganz aufgeben, wird den einheiratenden Männern ermöglicht, ihren Beruf ohne Einschränkung weiter auszuüben. Trotz der eigenen Belastung im landwirtschaftlichen Betrieb nehmen die Landwirtinnen die Doppelbelastung durch die Familie auf sich, zum Teil nehmen sie sogar ihre Männer in Schutz:

> "Da ist es sieben, halbacht wenn der nach Hause kommt, dann kann ich wirklich nit verlangen, daß der mir noch die Wäsche bügelt." (Gerda H. 536)

Die Mithilfe der Männer im Familienbetrieb folgt in den vorliegenden Fällen der traditionellen Arbeitsteilung und beschränkt sich auf die Zuarbeit in Stall und Feld sowie handwerkliche Tätigkeiten; sie geschieht nicht im Bereich der Haus- und Sorgearbeit. Es ist daher zu akzentuieren, daß bis auf die Landwirtin selbst unter diesen Umständen auf den landwirtschaftlichen Betrieben an der traditionellen Aufgabenteilung und damit an der geschlechtsspezifischen Arbeitsteilung in unserer Gesellschaft durch die außergewöhnliche Berufswahl der Frauen nicht gerührt wird.

---

105 Nach Claupein/Günther (1991) ist diese Haltung auf dem Land weitverbreitet: "In der Literatur finden sich allerdings immer wieder Hinweise, daß sich junge Mütter in ländlichen Regionen gerne intensiver um ihre Kinder kümmern würden, daß dies aber häufig aufgrund mangelnden Verständnisses des Mannes, der Schwiegereltern und der dörflichen Bewohnerschaft vereitelt wird. Begründet wird dies oftmals mit der Vorrangigkeit betrieblicher Tätigkeiten. Dahinter steht aber auch die Einstellung, daß die Beschäftigung mit Kindern keine Arbeit, sondern Freizeitvergnügen sei (Hebenstreit-Müller und Helbrecht-Jordan 1988)." (ebd.:42) Priorität räumen auch die von Kaschuba/Reich (1994) interviewten Landfrauen ihren Kindern ein: "Ebenso hat sich der Stellenwert der Kindererziehung geändert. Kinder stehen heute mehr im Mittelpunkt. Besonders die jüngeren Bäuerinnen betonen, daß es ihnen wichtig ist, Zeit für die Kinder zu haben." (ebd.:94) Damit folgen die Landfrauen einem allgemeinen Trend, der im Zusammenhang mit der Pädagogisierung und Psychologisierung der Kindheit seit dem Zweiten Weltkrieg in Deutschland zu beobachten ist: "Hat das Hausfrauenleben der Vergangenheit immer beides gleichermaßen bedeutet - Mutterschaft und Hausarbeit im engeren Sinn -, so verlagert sich nun der Schwerpunkt deutlich hin zur unmittelbaren Beschäftigung mit dem Kind. Dabei verschiebt sich der Akzent weg von der Versorgung und hin zur Intensivierung der Beziehung und Auseinandersetzung mit dem Kind." (Rerrich 1993:130)

Diese These wird unter anderem dadurch bestätigt, daß bei den Landwirtinnen mit einer Partnerschaft die Umkehrung der geschlechtshierarchischen Arbeitsteilung, in deren Folge der Partner der Landwirtin die Reproduktionsarbeiten als Haus- und Familienmann übernimmt, im gesamten Sample nicht zu finden war. In einem Fall geschieht es zeitlich begrenzt, im jährlichen Wechsel mit der Landwirtin. Wenngleich sich das Beispiel nicht auf alle Landwirtinnen übertragen läßt, möchte ich dennoch ausführlich darauf eingehen, weil es zeigt, wie eine gleichberechtigte Partnerschaft im landwirtschaftlichen Milieu zwischen Mann und Frau während der Familienphase funktionieren kann.

3.7.2 Egalitär orientierte Partnerschaft in Haus, Hof und Feld

Sonja C. und ihr Mann sind beide außerhalb der Landwirtschaft aufgewachsen und ausgebildete DiplomagraringenieurInnen.[106] Sie haben keine Option, einen landwirtschaftlichen Betrieb zu erben. Im jährlichen Wechsel arbeitet jeweils eine/r von ihnen als Angestellte/r auf einem Gutshof und die/der andere kümmert sich um die Kinder und den Haushalt. Durch ihre gleiche berufliche Qualifikation und das Entgegenkommen ihres Arbeitgebers wird dieses in der Landwirtschaft unübliche Arrangement möglich. Als günstig erwies sich dabei die langsame Annäherung an das Modell. Im ersten Jahr arbeitete Sonja C.s Partner als Angestellter auf dem Gutshof, wo die Familie auch eine Wohnung bezog. Somit waren Sonja C. und ihr Chef sich nicht mehr fremd, als sie ein Arbeitsverhältnis begründeten. Dennoch hat es sie und ihren Mann Mut gekostet, ihren Wunsch des Rollentausches ihm gegenüber einzubringen.

> "Wir haben lang gezögert, bis wir uns getraut ham zu sagen, wir würden gern tauschen. (...) Wir haben ihn wirklich konfrontiert, deswegen ham wir das auch rausgezögert. So konnt' er schlecht nein sagen, wir hatten ja auch en gutes Verhältnis und weil er kein richtigen Grund gehabt hat, mich jetzt abzulehnen, nur weil ich ne Frau bin. Er hat dann halt gesagt, 'ja, wir könnens ja mal probieren'." (48)

Er war mit ihrer Arbeit zufrieden und daher einverstanden, daß Sonja C. und ihr Partner sich daraufhin jährlich abwechselten.

Der Vorteil des Angestelltenstatus liegt in der klar begrenzten Zeit, in der sich die jeweils erwerbstätige Person mit der landwirtschaftlichen Arbeit beschäftigt. Auch wenn sie je nach Jahreszeit und Arbeitsaufkommen variieren kann, bleiben immer freie Zeit- und Gedankenräume ohne jedweden Bezug zur landwirtschaftlichen Arbeit wie es in diesem Ausmaß bei der

---

106 Es ist Ergebnis vieler Studien, daß unter den Männern am ehesten Akademiker ein verändertes Selbstverständnis und die Bereitschaft zur geteilten Elternschaft aufweisen (vgl. Hoff/Scholz 1985; Metz-Göckel/Müller 1986; Busch u.a. 1988).

Verantwortung für einen eigenen Betrieb nicht gegeben ist. Sonja C. ist sich daher sicher:

"Es ist auch nochmal was anderes, wenn wir jetzt selber en Hof hätten und mein Mann würde den Haushalt und ich würde draußen die Sachen machen, weil da muß man selber überlegen, sich selber seine Sachen einteilen, sich um alles kümmern." (1230)

Es ist anzunehmen, daß unter den besonderen Bedingungen des selbständigen Arbeitens auf einem eigenen Betrieb die wechselnde Zuordnung von landwirtschaftlicher Erwerbs- und Reproduktionsarbeit zwischen Frau und Mann nicht so klar und einfach erfolgen könnte. Als wesentliches Moment für das Gelingen der egalitär orientierten Partnerschaft von Sonja C. und ihrem Mann kann der Erwerbsstatus herausgestellt werden.

Für die Verwirklichung des Modells der geteilten Erwerbs- und Familienarbeit im Wechsel ist ebenfalls nicht zu unterschätzen, wie wichtig es ist, daß die Beteiligten annähernd gleiche Ansprüche sowohl an ihre berufliche als auch ihre familiale Selbstverwirklichung haben, sich gegenseitig zugestehen und aufrechterhalten. Sonja C. und ihr Mann vergewissern sich in der ständigen Kommunikation darüber.

"Das war also auch irgendwie zwischen Martin und mir von Anfang an klar, daß wir uns das teilen." (189)

Dementsprechend hatten sie ausgehandelt,

"daß wir hierherkommen und daß wir uns beide drum kümmern, ne andere Zukunftsperspektive für uns zu finden" (335),

als Sonja C.s Partner die Stelle auf dem Gutshof antrat und sie zunächst Hausfrau wurde. Die Perspektive eröffnete sich mit der wechselnden Teilhabe an Erwerbs- und Familienleben vor Ort und ist genaugenommen auch bei ihnen auf ihren Nachdruck zurückzuführen:

"Also wenn ich jetzt nit drauf bestanden hätt, er wär schon lieber draußen geblieben, aber es war für ihn auch keine Frage, daß ich genauso en Recht hab, das zu machen, was ich gern möcht wie er, und die Lösung, daß wir tauschen, war einfach für beide akzeptabel." (371)

Im Vergleich mit anderen Frauen sieht Sonja C. ihre Regelung als großen Vorteil.[107] Sie und ihr Mann gelangen abwechselnd in die Vorzüge des Erwerbs- und Familienlebens und die jeweiligen Nachteile verteilen sich auf beide. Zwei Lebenswelten im Detail zu kennen und sich darüber austau-

107 Daß sich Sonja C. und ihr Partner in einer begünstigten Lage befinden, wird durch die Befunde von Jurczyk/Rerrich (1993:319) bestätigt: "Eine gleichberechtigte Verbindung von Elternschaft und Berufstätigkeit und partnerschaftliche Familienstrukturen brauchen mehr als den guten Willen aller Beteiligten. Sie brauchen Umsetzungsmöglichkeiten, die keine unzumutbaren Komplikationen für die alltägliche Lebensführung mit sich bringen, was derzeit aber nur selten gegeben ist."

schen zu können, erlebt Sonja C. bereichernd für sich und förderlich für das Verständnis füreinander.

> "Es ist ganz gut, daß wir das beide machen, man hat so wirklich den Vergleich, ne. Der Martin weiß jetzt wirklich auch eher wie das ist, wenn man diese Zerrerei da drinnen hat und ich weiß halt auch, wie's draußen sein kann. (...) Gerade dadurch, daß ich vorher eben mit den Kindern drinnen war, hab ich das auch genossen, selbst wenn's langweilig war, stundenlang auf'm Schlepper zu sitzen. Wenn ich dann da oben auf dem Buckel gefahren bin und so rüber zum Haus guck, dann hab ich mich oft gefreut, daß ich in Ruhe da jetzt bin." (1188)

In der augenblicklichen Familiensituation ist Sonja C. mit der von ihnen praktizierten Lösung sehr zufrieden. Über Veränderungen denkt sie für den Fall nach, daß ihr und ihrem Partner der Angestelltenstatus oder der mäßige Verdienst nicht mehr genügen und sie mit dem Größerwerden der Kinder mehr Freiräume erhalten werden. Doch auch in dem zu entwickelnden Konzept sieht sie nicht vor, mehr der verbleibenden Versorgungs- und Hausarbeit zu übernehmen als ihr Partner.

Wenn auch in dem vorgestellten 'Musterfall' an Gleichberechtigung der Einsatz der Frau insofern höher als der des Mannes liegt, indem die Initiative, eine Lösung für die Vereinbarkeit von Beruf und Familie für beide Elternteile zu finden, von der Frau ausging, so ist trotzdem die Bereitschaft des Mannes, ohne die das Projekt nicht denkbar wäre, nicht zu unterschätzen. Wie viele Untersuchungen zu diesem Thema zeigen, ist die Verwirklichung der geteilten Elternschaft - nicht nur im ländlichen Milieu - nach wie vor keine Selbstverständlichkeit.[108] Gewachsen ist der Anspruch vieler Frauen, sich die Reproduktionsarbeit mit ihrem (zukünftigen) Lebenspartner zu teilen. Bezogen auf die Äußerungen der befragten Landwirtinnen scheint diese Feststellung insbesondere für diejenigen unter ihnen zuzutreffen, die einen höheren Bildungsabschluß haben und/oder nicht in der Landwirtschaft aufgewachsen sind.[109]

---

108 So zeigen etwa Busch u.a. (1988:59/108) auf, "während für die Frauen die egalitäre Arbeitsteilung eine *grundsätzlich* wünschenswerte Lebensform darstellt, scheint sie für die Männer an ihre jeweils spezifische Partnerin gebunden zu sein und nicht auf eine gleich grundlegende Einstellung zu verweisen. (...) Im Endeffekt tendieren die Männer dahin, die Entscheidung für eine konkrete Form der Arbeitsteilung von den Interessen ihrer Frauen abhängig zu machen." Ebenso macht Hemmerich (1991:196) darauf aufmerksam, daß die Frauen die "treibenden Kräfte" für das Bemühen einer ausgeglicheneren Aufgabenteilung in der Familie und deren Einhaltung sind. Fehlt es auch an umgesetzten Beispielen, so kann für Frauen des ländlichen Raums zumindest auf eine veränderte Anspruchshaltung verwiesen werden. Kaschuba/Reich (1994), die Frauen der Jahrgänge 1945 bis 1960 befragten, stellen für diese fest: "Neu ist, daß diese Frauengeneration Ansprüche an die Mithilfe und die Mitverantwortung des Mannes in der Haus- und Familienarbeit formuliert, sich jedoch meist mit einer enormen Doppel- und Mehrfachbelastung arrangieren muß." (ebd.:112)

109 Darauf verweisen auch Riechel (1983:83/85) und Whatmore (1988:243), vgl. Kap. 1.3.

Etliche Landwirtinnen aus landbewirtschaftenden Familien hingegen bezeichnen die Haus- und Versorgungsarbeit zwar häufig als lästiges Übel, sehen es aber dennoch als ihre Pflicht an, in einer Partnerschaft die Hauptverantwortung dafür zu übernehmen.[110] Selbst wenn sich einige darüber beklagen, daß ihre Freunde oder Männer diesbezüglich sehr bequem seien,

> "der Manni, der staht auch nach 'em Essen oinfach auf und kümmert sich um nix" (Tilly F. 51),

unterlassen sie es, sie deshalb unter Druck zu setzen. Andererseits ist davon auszugehen, daß etliche ihrer Partner versuchen würden, an ihrem Vorrecht festzuhalten, von der Reproduktionsarbeit befreit zu sein.[111] So übernehmen diese Landwirtinnen trotz ihrer grenzüberschreitenden Berufswahl die den Frauen zugeschriebene Alltagsarbeit.[112] Einige versuchen sogar, sich Grundkenntnisse der ländlichen Hauswirtschaft anzueignen und besuchen entsprechende Kurse, die vom Landwirtschaftsamt bzw. der Landwirtschaftskammer angeboten werden. Andere lassen sich auf einen Vergleich mit kompetenten Frauen auf diesem Gebiet ein und geben damit ihr Einverständnis zu erkennen, daß sie sich als Frauen um die Haus- und Familienarbeit zu kümmern haben.

> "I moan an Hans sei Schwester, die ladt uns dann Ostern oder so öfters zum Essen ei. Jetzt hab i's a scho mal zum Essen eigladen, mir geht's halt da net so guat dabei, weil i mer dann denk, ja mei, die is in Hauswirtschaftsschui ganga, die kann's halt wirklich

---

110 Dieses Phänomen beobachteten sowohl Rudolph (1994:228) unter Landwirtschaftsschülerinnen in Baden-Württemberg, "selbst die weiblichen Befragten stellen die Rollenverteilung nur zum Teil in Frage und weisen sich diese Tätigkeit neben der Tätigkeit in der Landwirtschaft, die sie nach eigenen Aussagen ebenfalls ausüben wollen, zusätzlich zu", als auch Haugen/Brandth (1994:221) bei vielen Landwirtinnen ihrer Untersuchung in Norwegen: "On the other hand, they never actually questioned the gender division of labor in the domestic areas. It was rather a matter of how to manage a tight time schedule."

111 Wimer (1988) verweist auf dieses Vorrecht als Kennzeichen patriarchalischer Strukturen in landwirtschaftlichen Familien: "Die Selbstverständlichkeit, mit der sich die Männer bedienen lassen, ist deren unhinterfragtes Privileg, das beide Seiten akzeptieren." (ebd.:65) Aufgrund ihrer Interviews kommt sie zu der Schlußfolgerung: "Die Vorstellung, daß der Mann neben seinem erlernten Beruf als Landwirt in gleicher Weise im Haus arbeitet wie die Frau draußen, ist undenkbar." (ebd.:84) Jurczyk/Rerrich (1993) weisen darüber hinaus darauf hin, daß sich die Männer nicht nur um die Haus- und Familienarbeit drücken, sondern sich auch nicht um die Koordination und Organisation des Familienalltags kümmern. Sie "übernehmen durchaus pflichtbewußt die Verantwortung für die finanzielle Versorgung der Familie. Dabei verlieren sie aber häufig das Ganze des Alltags und vor allem auch die anderen, mit denen ihr eigener Alltag verbunden ist, aus den Augen: Sie überlassen es weitgehend ihren Frauen, das Alltägliche zu einem stimmigen Ganzen zusammenzufügen." (ebd.:292)

112 In den Fällen, in denen beide aus dem traditionellen landwirtschaftlichen Milieu kommen, könnte dies auf dort erlangte Selbstverständlichkeiten und Wissensvorräte zurückgeführt werden, die sie nicht einfach ablegen können, sondern solange in ihrem Alltag reproduzieren, bis sie den bewußten Versuch unternehmen, sie zu durchbrechen bzw. zu erweitern (vgl. Bourdieu 1990).

guat, und was mach i jetzt da, daß des aa was wird im Topf. Also da hab i dann meine Probleme a bißl, aber es is dann genauso gut ganga und gessen ham s'es aa." (Rita D. 1045)

Mittlerweile kann sie über sich lachen, wenn sie davon erzählt. Sie hat damit eine Form gefunden, ihr Selbstbewußtsein nicht von Fähigkeiten abhängig zu machen, die traditionellerweise von Frauen erwartet werden. Es soll jedoch nicht übersehen werden, daß dies nicht allen Frauen gelingt und damit nur bruchstückhaft an der traditionellen geschlechtsspezifischen Arbeitsteilung in der Landwirtschaft und der daran geknüpften Benachteiligung von Frauen gerüttelt wird.

3.7.3 Neue Arbeitsteilung zwischen Anspruch und Wirklichkeit

Eine neue selbstbestimmte Arbeitsteilung, die nicht mehr entlang der Geschlechtergrenze erfolgt, bedarf zum einen der Überzeugung seitens der Landwirtinnen, daß sie nicht nur traditionell männliche Arbeiten verrichten, sondern die sozialen Verhältnisse auf den Höfen verändern wollen, und zum anderen der Bereitschaft ihrer Partner hierzu.[113] Die räumliche Nähe der produktiven und reproduktiven Bereiche auf einem landwirtschaftlichen Hof bietet grundsätzlich günstige Voraussetzungen dafür. Der Status der Selbständigkeit und das Zusammenfallen von Planung und Ausführung der

113 Almås/Haugen (1988) weisen darüber hinaus auf die Notwendigkeit einer veränderten Sozialisation hin: "The fact that girls have started to participate in all types of farm work, indicates a new division of labour between men and women in tomorrow's farming. But this will at the same time demand that the boys receive training in the more traditional women duties both in the house and outside." (ebd.:9) Daß es in Deutschland daran mangelt, zeigt Rudolph (1994) mit seiner Befragung zukünftiger LandwirtInnen. Viele Männer wünschen sich eine Partnerin, die auf dem Hof die komplementäre Rolle zu ihnen im Rahmen der traditionellen Aufgabenteilung übernimmt. Die wenigen befragten weiblichen Auszubildenden hingegen wollen sich nur teilweise auf diese Rolle einlassen. "Zumindest andeutungsweise zeichnet sich ein Konfliktpotential in der Aufgabenteilung ab. So klaffen zum einen das Zukunftsbild und die Realität auseinander, zum anderen sind die Tätigkeitsbilder zwischen den männlichen und weiblichen Landwirtschaftsschülern in einigen zentralen Punkten nicht deckungsgleich." (ebd.:230) Bühler (1994) kommt im Rahmen eines Modellprojektes, bei dem "Männerbilder und Frauenbilder vom zukünftigen bäuerlichen Betrieb und Arbeitsaufteilungen erfragt und Lösungen erarbeitet" wurden, zu einem ähnlichen Resümee: "Die Rollenerwartungen zwischen Mann und Frau divergieren sehr deutlich." (ebd.:22) Jurczyk/Rerrich (1993) machen auf die Notwendigkeit der genauen Analyse scheinbar neuer Arbeitsteilungen zwischen Männern und Frauen auf dem Land aufmerksam: "'Wir helfen zusammen.' Diese Maxime bildet auf dem Land die Einfallspforte für ein gelegentliches Aufweichen der traditionellen Arbeitsteilung zwischen den Geschlechtern - besonders bei der Kinderbetreuung: Wenn es darauf ankommt, stehen die Männer ihren Frauen durchaus hin und wieder bei 'ihrer' Arbeit zur Seite - und umgekehrt. (...) Dieses Verhalten verdankt sich allerdings eher der ländlichen Norm, sich wechselseitig zu unterstützen, als einer grundsätzlichen Infragestellung der traditionellen Arbeitsteilungsmuster." (ebd.:283)

Tätigkeiten in der Landwirtschaft gibt weitere Gestaltungsfreiräume.[114] Unter solchen Umständen müßte es leichter gelingen, zwei Biographien aufeinander zu beziehen und in Einklang zu bringen, als es unter lohnabhängigen Bedingungen und den Anforderungen räumlicher Mobilität möglich ist (vgl. Beck-Gernsheim 1986). Der Benachteiligung der Frauen wäre auf zwei Ebenen vorgebeugt: es entfällt das Auseinanderfallen und die räumliche Trennung von Produktion und Reproduktion, ein Hauptargument sozialwissenschaftlicher Frauenforschung für die Ungleichverteilung von Rechten und Pflichten zwischen Männern und Frauen. Außerdem wäre die These vom Mann als Familienernährer aufgrund eines höheren Einkommens[115] obsolet, wenn Mann und Frau wirklich rechtlich gleichgestellt einen Hof bewirtschaften und gegenseitig auf ihre Arbeitskraft verwiesen sind. Die Lösung einer unkonventionellen Verteilung aller anfallenden Arbeiten scheint insbesondere dann günstig zu sein, wenn der Partner der Landwirtin ebenfalls eine landwirtschaftliche Ausbildung besitzt und somit beide die gleichen beruflichen Voraussetzungen für die traditionelle Männerrolle einerseits und fehlende professionelle Kenntnisse für die traditionelle Frauenrolle andererseits besitzen. Wie in Kap. 3.6 gezeigt wurde, sind diese Voraussetzungen unter den Landwirtinnen relativ häufig gegeben. Doch führen sie erst dann zu einer neuen Erwartungshaltung und Arbeitsteilung, unabhängig von einer geschlechtsspezifischen Zuordnung, wenn die Beteiligten dieses Ziel auch konkret verfolgen. Der erste Schritt dazu ist der Anspruch auf eine Verteilung aller anfallenden Tätigkeiten in Haus, Hof und Feld unabhängig vom Geschlecht. Wie bereits erwähnt, äußerten Landwirtinnen mit einem höheren Bildungsabschluß und/oder diejenigen, die außerhalb des landwirtschaftlichen Milieus aufgewachsen sind, den Wunsch nach einer unkonventionellen Arbeitsteilung. Am Beispiel von Heike B. wird nachfolgend aufgezeigt, wie sich dieser Anspruch in der landwirtschaftlichen Alltagswirklichkeit umsetzen läßt bzw. wo seine Grenzen liegen.

Als Heike B. zusammen mit ihrem Freund, der wie sie eine landwirtschaftliche und zusätzlich eine landtechnische Ausbildung hat, auf einem gepachteten Gutshof anfing, Landwirtschaft zu betreiben, war es für sie

---

114 Auch Herrmann (1993:134) verweist auf "die Einheit der Arbeits- und Lebenssphäre als Vorzug der landbewirtschaftenden Tätigkeit. (...) Des weiteren ermöglicht das die Lebensbereiche integrierende Element eine andere, von fixierten außerhäuslichen Arbeitszeiten freie, Gestaltung des familialen Alltags." Wie sich der Alltag im einzelnen für die Frauen und Männer der von ihr untersuchten Familien gestaltet, hat sie bedauerlicherweise nicht weiterverfolgt.

115 Vgl. Hemmerich (1991:28), die dies als "Ausdruck subtiler Machtmechanismen des gesellschaftlichen Wertes von Geld" und als entscheidendes Hemmnis einer egalitären reproduktiven Arbeitsteilung bezeichnet: "Denn der optimale ökonomische Nutzen legt den meisten familialen Lebensgemeinschaften nahe, die Arbeitsteilung traditionell zu organisieren, d.h. Männer verbleiben in der Rolle des besser verdienenden Familienernährers, Frauen sind weiterhin Hauptverantwortliche für Haus- und Familienarbeit und Zuverdienerinnen."

äußerst wichtig, daß sie sich nicht nur die Arbeiten in Hof und Feld, sondern auch im gemeinsamen Haushalt gerecht aufteilten. Dabei versuchten sie, Vorlieben zu berücksichtigen:

> "Ich machte die Wäsche, das macht mir nichts aus. Putzen hingegen mag ich nicht, da hat Dieter auch eine geringere Toleranzschwelle, deshalb putzte er das Bad oder auch die Böden. So große Sachen wie Fensterputzen machten wir gemeinsam." (26)

Und obwohl das Kochen ihr selbst leichtfällt, für ihn aber eine gewaltige Anstrengung bedeutet, beharrte sie zunächst darauf, daß er mindestens zweimal die Woche diesen Part übernahm.

Eine erste Veränderung der Zuständigkeiten erfolgte zunächst unter rationellen Gesichtspunkten. In Zeiten erhöhten Arbeitsdruckes wurde der Faktor Zeit relevant. Da Heike B. erheblich weniger Zeit zum Kochen benötigt als ihr Freund, beschlossen sie, daß sie diese Aufgabe vollständig übernimmt.

> "Dabei ist mir aufgegangen, daß es auch gut sein kann, um elf Uhr vom Acker nach Hause zu fahren und das Essen vorzubereiten. Wesentlich ist nur, daß das Kochen als Arbeit gesehen und anerkannt wird." (26)[116]

Die eigene Erfahrung mag dazu beigetragen haben, daß Heike B.s Freund ihr dafür seine Anerkennung zukommen läßt, wenngleich sie sie in der Alltagsroutine hin und wieder auch einfordern muß. Ihre gewonnene Einsicht, daß anerkannte Hausarbeit eine angenehme Abwechslung sein kann, war mit entscheidend dafür, daß sie sich auf die zweite Veränderung einließ, als sie schwanger war. Aus gesundheitlichen Gründen versuchte sie, ab dem dritten Schwangerschaftsmonat nur noch in Notfällen Schlepperarbeiten auf dem Feld zu übernehmen. Entsprechend wuchsen ihr verstärkt Arbeiten im Haushalt zu. In der Zeit des Stillens, in der ihr nur relativ kurze Zeitintervalle zwischen den Stillzeiten für andere Arbeiten blieben, boten sich dafür wiederum eher Haushalts- als Feldarbeiten an. Erschwerend kommt für sie hinzu, daß ihr Freund eigentlich kein Kind wollte und sich unter der Bedingung darauf eingelassen hatte, daß sie die volle Verantwortung dafür übernimmt. Dies führt dazu, daß Heike B. auch heute, wo die Zeit des Stillens längst vorüber ist, sich verstärkt um das Kind zu kümmern und den Einsatz ihrer Arbeitskraft danach auszurichten hat. Die Bereitschaft ihres Freundes,

---

116 Diese Sichtweise ist in landwirtschaftlichen Kreisen selten anzutreffen. Hausarbeit wird, wie Inhetveen/Blasche (1983) zeigen, oft auch von den Frauen selbst nicht so hoch bewertet wie landwirtschaftliche Arbeiten: "Genauso selbstverständlich wie Hausarbeit Frauensache ist, ist sie auf dem Bauernhof auch Nebensache. (...) Nur sehr selten fanden wir Frauen, die Betriebs- und Hausarbeit als völlig gleichwertig betrachteten und beiden Aufgabenbereichen dasselbe 'Recht' zubilligen" (ebd.:197f). Als Gründe werden die ökonomische Notwendigkeit, aber auch die Autorität des Mannes angeführt, der mit "größerer Ausschließlichkeit das Hofprinzip" (ebd.:200) vertritt, dem sich die Frauen fügen. Doch es ist ein allgemeines und von der Frauenforschung vielfach belegtes Faktum, daß Haus- und Familienarbeit in unserer Gesellschaft nachrangig bewertet wird (vgl. Bock/Duden 1977; Krüger u.a. 1987; Beer 1990b)

sich wieder stärker an der Erledigung von Haushaltsarbeiten zu beteiligen, ist nicht wieder auf das Maß angewachsen, das es zu Beginn ihrer Lebens- und Arbeitsgemeinschaft hatte. Obwohl ihm bewußt ist, daß sich zwischen Heike B. und ihm entgegen ihrer ursprünglichen Absicht nach und nach eine für die Landwirtschaft traditionelle Arbeitsteilung einschleicht und dabei ist, sich zu festigen, unternimmt er nichts dagegen. Die Art und Weise, wie er scheinbar ohne schlechtes Gewissen im Gespräch[117] seine diesbezügliche Unlust und Bequemlichkeit als Argument anführt, läßt darauf schließen, daß er bereit ist, dieser Entwicklung seinen Lauf zu lassen.[118]

Heike B. ist es unter diesen Voraussetzungen leid, ihren Partner immer wieder an ihre ursprüngliche Abmachung zu erinnern und seine Beteiligung an den reproduktiven Pflichten einzufordern. Sie akzeptiert, daß sie die Hauptverantwortung dafür zu tragen hat, ist aber nicht bereit, alle anfallenden Arbeiten selbst zu erledigen.[119] Nach Absprache mit ihrem Freund und einer Überprüfung der finanziellen Situation des Betriebes haben sie eine Haushaltshilfe eingestellt, die an fünf Tagen in der Woche stundenweise einen Teil der Hausarbeiten und die Kinderbetreuung übernimmt.[120] Der Entschluß zu diesem Schritt reifte in Heike B., als sie feststellte, daß sich bei ihr durch die fehlende Routine bei Maschinenarbeiten auf dem Feld ein Gefühl der Unsicherheit einstellte, das sie auf keinen Fall sich ausbreiten lassen wollte. Sie wollte auch nicht das Risiko eingehen, daß sie gegenüber ihrem Partner fachlich immer mehr ins Hintertreffen geriet. Auch wenn sie in Betriebsentscheidungen eingebunden und über die Betriebsentwicklung informiert blieb, fehlte es ihr an sinnlich-praktischen Erfahrungen, so daß sie diesbezüglich beruflich auf der Stelle trat oder sogar Rückschritte machte, während ihr Partner immer mehr Routine in den landwirtschaftlichen Tätigkeiten bekam und seine beruflichen Kompetenzen erweitern

---

117 Während meiner einwöchigen Anwesenheit auf dem Gutshof ergaben sich auch mit Heike B.s Lebens- und Arbeitspartner viele Gespräche.

118 Dieses Phänomen fand auch Notz (1991) bei Paaren unterschiedlichster Berufe einige Zeit nach der Geburt des ersten Kindes: "Die Männer selbst beschönigten in dieser Hinsicht nichts. Sie gaben allesamt zu, daß sie gut ohne Hausarbeit auskamen, diese nicht gerne machten, sich zur Entspannung was anderes vorstellen konnten, lieber mit dem Kind spielten. (...) Sie gaben auch unumwunden zu, daß sie sich weniger verantwortlich fühlten, oder sie sagten, daß sie sich wohl ihrer Verantwortung bewußt waren, viele Sachen aber nicht sehen wollten, gut abgeben konnten und in bezug auf die Handlungsfähigkeit Blockierungen unterlagen, sich drückten, wenn sie konnten, weil sie fanden, daß Hausarbeit keine interessante Tätigkeit sei." (ebd.:161f)

119 Dies ist ein bedeutender Unterschied zwischen vielen Landwirtinnen und traditionellen Bäuerinnen. Über letztere schreibt Wimer (1988): "Frauen entlasten Männer, indem sie das tun, was jene nicht gerne tun, füllen die Lücken, die die Männer aus Bequemlichkeit hinterlassen." (ebd.:86)

120 Dabei kann auch für die Familien von Landwirtinnen aufgrund der mir vorliegenden Aussagen Rerrichs These bestätigt werden, "daß ein nicht unwesentlicher Teil der bezahlten häuslichen Arbeitskräfte nicht Deutsche, sondern Ausländerinnen sind" (Rerrich 1993:98).

konnte. Da ihr ihre Rolle als Landwirtin ebenso wichtig ist wie ihre Rolle als Mutter und Beziehungspartnerin, suchte sie aktiv nach einer Möglichkeit, selbständig alles miteinander zu vereinbaren, als die Unterstützung ihres Partners dafür ausblieb. Die gefundene Lösung stellt sie in ihrer augenblicklichen Situation zufrieden.

Die Erfahrung, daß der Anspruch an eine Gleichverteilung aller anfallenden Arbeiten zwischen Mann und Frau in der Alltagswirklichkeit in Haus, Hof und Feld abbröckelt und langsam verloren geht, machten auch andere Landwirtinnen. Nicht allen gelang zum Zeitpunkt des Interviews wie Heike B., eine sie selbst zufriedenstellende Lösung zu finden. Einige wurden im Laufe der Zeit müde, um ihre Gleichberechtigung in Haus und Hof zu kämpfen und arrangierten sich mit den weniger geliebten Arbeiten in der Hoffnung, daß dieser Zustand nur solange währt wie die Kinder klein sind. Die zurückgehende Bereitschaft ihres Mannes zur Beteiligung an Sorgearbeiten stimmt auch Rita D. unzufrieden.

> "Also beim Fabian, der is dann in Herbst einikemma, und dann war eigentlich aa mehr Zeit, da hat en der Hans vui bod und aa gewickelt und gnumma. (...) In der Nacht ham mer halt immer Arbeitsteilung gmacht (Lachen). Da hab i gstillt und der Hans hat en gwickelt. (...) Aber seitdem der Andreas da is, mag er nimmer. Jetzt muß i's dann immer dreimal sagn, bis er aufwacht, und dann sagt er zwar immer 'ja', aber er schlaft immer glei weiter. (...) I woas net, entweder is er durch des nimmer so selbständig mit de Kinder, weil i immer gsagt hab, was er doa soll, oder es is einfach durch des jetz, weil er draus so eigspannt is und einfach aa mal froh is, daß er einigeh und aa mal hisetz'n kann." (650)

Wie viele andere Frauen entschuldigt Rita D. die zurückgehende Bereitschaft ihres Mannes mit dessen starker beruflicher Belastung. Dies ist nicht von der Hand zu weisen, weil er mit der Geburt der Kinder tatsächlich mehr Verantwortung und Arbeiten im landwirtschaftlichen Bereich übernommen hat. Insbesondere führt er die zeitintensiven Arbeiten der Landbewirtschaftung aus. Den Landwirtinnen hilft die Erklärung jedoch nicht aus ihrem Dilemma, welches Rita D. noch einmal aus einer anderen Seite beleuchtet:

> "Meiner Meinung nach hab i a bißl a unguate Stellung zur Zeit. Wenn se außen irgendjemand brauch'n, dann muß i draußen springen, wenn d'Mama sagt, du i möcht heit da hifahrn, bist du da, dann bin i halt da herinna. So springermäßig a weng und des is zur Zeit net so guat, naa." (571)

Für sie bleiben Arbeiten von kurzer Zeitdauer im landwirtschaftlichen Bereich, die sich mit den Stillzeiten und anderen Sorgearbeiten günstig vereinbaren lassen. Hinzu kommen nicht planbare Aushilfsarbeiten. Ähnlich den traditionellen Bäuerinnen, die ihre begonnene Arbeit in Haus oder Garten unterbrechen sollen, wann immer in der Außenwirtschaft ihre Arbeitskraft gebraucht wird, soll auch die Landwirtin dann einspringen, wenn eine weitere Person benötigt wird. Der Unterschied besteht darin, daß Frauen wie Rita D. als Landwirtschaftsmeisterinnen, staatlich geprüfte

Landwirtinnen usw. bestens für diese Arbeiten qualifiziert sind und darin ihre berufliche Selbstverwirklichung sehen. Somit erleben sie immer auch ein Gefühl des Unbefriedigtseins, wenn sie die Springerinnenrolle hochkompetent ausführen. Ihre Unzufriedenheit läßt sie nach einer besseren Rolle für sich suchen. Anregungen erhalten sie im Austausch mit anderen Landwirtinnen, die kleine Kinder haben. Wie sich im Rahmen der Gruppendiskussion zeigte, ist es ein Thema, das viele beschäftigt, für die meisten bislang aber zufriedenstellende Lösungen vermissen läßt.

3.7.4 Landwirtinnen in der Rolle der traditionellen Bäuerin

Bei der Vielfalt der Lebensbedingungen bleiben auch ernüchternde Beispiele nicht aus. So haben einige wenige Landwirtinnen schließlich akzeptiert, daß sich mit ihrem Partner eine gleichberechtigte Partnerschaft sowohl im land- als auch im hauswirtschaftlichen Bereich nicht verwirklichen läßt. Sie überlassen dem Mann die Hauptverantwortung und Führung des landwirtschaftlichen Betriebes. Die Männer lassen sich in den vorliegenden Fällen als sehr dominante und/oder wesentlich ältere Lebenspartner mit einer stark traditionellen Geschlechtsrollenfixierung charakterisieren. Für ihre Frauen ist es schwierig, sich ihnen gegenüber zu behaupten. Manchmal lernen sie erst im Laufe des Zusammenlebens, ihr Interesse einer gleichberechtigten Partnerschaft durchzusetzen, und dann kann es für deren Verwirklichung im land- und hauswirtschaftlichen Bereich zu spät sein. So bleibt etwa Olga M. nur, im Rückblick zu resümieren:

> "Ich glaube, ich hab's zu Anfang nicht energisch genug gefordert." (422)[121]

Frauen wie sie übernehmen schließlich den Part der traditionellen Frauenrolle in der Landwirtschaft vollständig, um das gemeinsame Betriebsprojekt nicht zu gefährden.[122] Hier ist herauszustellen, daß die Überschreitung der Geschlechtergrenze sowie ihre langfristige Etablierung Existenzsicherungsinteressen entgegenstehen kann und damit zu einer (über-)lebenswichtigen Frage für die betreffenden Frauen werden kann.

---

121 Die Neigung, die Verantwortung für die gelaufene Entwicklung zu übernehmen, scheint ein verbreitetes Bewältigungsmuster für Frauen zu sein. Dementsprechend fand auch Brandth (1994:141) unter norwegischen Landwirtinnen: "Our women agree that they have not made much progress with making their husbands participate more equally in housework. It is indeed a problematic area, and women accept much of the blame for the poor result."

122 Ausgehend von den drei dargelegten Rollenverteilungen in diesem Kapitel - a) Rollentausch in festgelegten Zeitabständen, b) Anspruch der annähernden Gleichverteilung, der sich auf Dauer nicht halten läßt, und c) Übernahme der traditionellen Frauenrolle in der Landwirtschaft - könnte in Anlehnung an das Modell von Hemmerich (1991) von drei Partnerschaftstypen gesprochen werden: der egalitär, ambivalent und traditionell orientierten Partnerschaft.

Bei Anne R. manifestierte sich die traditionelle Bäuerinnenrolle mit der Geburt ihrer Kinder, bei Olga M., die bis heute kinderlos ist, ihren Worten zufolge letztendlich dadurch, daß sie ihrem Wissenshunger nachgab und sich auch in der ländlichen Hauswirtschaft professionalisierte.

> "Dann hab ich ja die hauswirtschaftliche Ausbildung nebenbei gemacht, wo ich im Nachhinein sagen würde, das mit der Gehilfenprüfung war okay, weil ich da noch viele Dinge erfahren habe, während die Meisterprüfung würde ich nicht nochmal machen. (...) Es hat mir persönlich nichts gebracht und es hat mir im Nachhinein hier in bezug auf Arbeitsteilung mit dem Jupp einen Nachteil gebracht, insofern ich mir immer gewünscht habe, wir machen alles gemeinsam, sowohl Landwirtschaft als auch Haushalt. (...) Das klappt auch, wenn wir alleine sind, das klappt aber überhaupt nicht, sobald eine dritte Person, zum Beispiel ein Auszubildender, dabei ist. Dann heißt es eindeutig, 'du bist ja hier die Meisterin der Hauswirtschaft, nun mach mal'." (411)

An diesem Beispiel wird deutlich, welche Rolle dem sozialen Umfeld eines Paares und der herrschenden gesellschaftlichen Norm bei der Verwirklichung einer gleichberechtigten Partnerschaft zwischen Frau und Mann zukommt. Würden lediglich Olga M. und ihr Partner abgeschirmt von der Öffentlichkeit auf dem Hof agieren, wäre es für ihn wohl kein Problem, daß er sich stärker am Haushalt beteiligen und Arbeiten der Außenwirtschaft an sie abgeben würde. Eine wichtige Voraussetzung einer verwirklichten Gleichstellung auf allen Ebenen ist jedoch, daß sie von beiden Beteiligten auch nach außen vertreten wird. Erst dann ist die Reproduktion der Geschlechter in den tradierten Bahnen durchbrochen.

Positive Beispiele wären etwa Heike B. und ihr Partner, der die Anerkennung ihrer gleichgestellten Partnerschaft von Berufskollegen einfordert (siehe Kap. 3.6.2) oder Elke J. und ihr Mann, denen es keine Probleme bereitet, daß er beim Fensterputzen von DorfbewohnerInnen beobachtet wird und die unkonventionelle Arbeitsteilung anschließend Dorfgespräch ist.

> "Vor Ostern hat Jörg die ganzen Fenster geputzt. Ich hat nen Betrieb, wo ich lange arbeiten mußte[123] und bin nicht dazu gekommen. Und dann hat das einer von der Feuerwehr gesehen. Dann war Osterfeuer, 'ach, ich hab deinen Mann gestern Fensterputzen sehen.' 'Ja und', sag ich, 'ist da was dabei? Da arbeitete ich, wann soll ich das machen?' Denn der, der kriegt das überhaupt nicht geregelt, der wird von der Mutter noch so verhätschelt, das sind mir immer die Richtigen. Findet Jörg aber nicht schlimm." (1476)[124]

---

123 Elke J. arbeitet als Angestellte des Betriebshilfsdienstes.

124 Die Souveränität von Elke J. und ihrem Partner wird deutlich an einem Verweis Wimers (1988) auf den Zusammenhang von Arbeitsinhalt, Status und Geschlecht - interessanterweise ebenfalls am Beispiel des Fensterputzens: "Ein z.B. fensterputzender Mann wird zum 'Pantoffelhelden' - er sinkt in seinem Ansehen und noch mehr seine Frau, die ihre Pflicht nicht erfüllt. Dabei ist es nicht der Arbeitsinhalt allein, der eine Rangverschiebung nach unten verursacht, sondern die Tatsache, daß es sich um eine Arbeit von Frauen handelt." (ebd.:84) Folgt man der Argumentation Brandths (1994), dann können Elke J. und ihr Partner bezogen auf ihre Geschlechtsidentität als unabhängig von ihrem sozialen Umfeld bezeichnet werden. Brandth schreibt über norwegische Landwirtinnen: "they also have to ensure that their activities do not

Anders als im Fall von Elke J. ist es dem Partner von Olga M. nicht möglich, eine gleichberechtigte Partnerschaft mit seiner Frau auf allen Ebenen zu zeigen, denn Dritten gegenüber ist er sehr darauf bedacht, das Bild eines Mannes zu verkörpern, der unabhängig und bestimmt seine Entscheidungen trifft und sich nicht den Wünschen seiner Frau unterordnet. Dem hierarchischen Geschlechterverhältnis unserer Gesellschaft entsprechend gehört dazu, daß er es nicht nötig hat, die geringer bewerteten Arbeiten auszuführen, die den Frauen zugeschrieben werden. Olga M. hat es im Laufe der Zeit akzeptiert, sich dieser Haltung zu fügen, die ihn ergänzende Rolle der traditionellen Bäuerin anzunehmen und damit die herrschende soziale Konstruktion der Geschlechter zu reproduzieren.

Sowohl Olga M. als auch Anne R. geben sich auf Dauer allerdings nicht mit dieser Rolle zufrieden. Sie fangen an, ihre Selbstverwirklichung in einem anderen Bereich, auf einem anderen Gebiet zu suchen. Nachdem Olga M.s erster Versuch der Horizonterweiterung, die Professionalisierung in der ländlichen Hauswirtschaft und die Lehrlingsausbildung, sie nicht mehr befriedigte, hat sie angefangen, sich in agrarpolitischen und agrarsozialen Arbeitsgruppen zu engagieren. Durch das Unterwegssein, den Kontakt zu vielen Menschen und die Möglichkeit, ihnen zu helfen, fühlt sie sich bereichert. Die Abwechslung führt dazu, daß sie auch auf dem Hof wieder mehr Freude an ihrer Arbeit hat. Ganz auf die Landwirtschaft zu verzichten, kann sie sich nicht vorstellen. Ähnlich äußert sich Anne R.:

> "Ich würde immer ne Kombination suchen aus beidem, also ich würde Landwirtschaft nicht abgeben. Das ist so en Teil von mir, den möcht ich auch nicht missen." (1363)

Ansonsten hat sie begonnen, zur Bereicherung ihres landwirtschaftlichen Alltags, in dem sie ihre berufliche Selbstverwirklichung nicht durchsetzen konnte, ein weiteres Talent von sich auszubauen. Sie nimmt Gesangsunterricht, singt im Chor und ist mittlerweile als Solosängerin gefragt. Zeitlich und arbeitswirtschaftlich wird es ihr möglich, weil sie von ihrem Partner fordert, daß er sich stärker an der Kinderbetreuung beteiligt und sie stundenweise eine Haushaltshilfe eingestellt haben.

Eines ist allen Fällen, in denen Landwirtinnen zunächst den Anspruch auf eine gleichberechtigte Partnerschaft in Haus, Hof und Feld erheben, gemeinsam: die Entwicklung verläuft bis auf eine Ausnahme zu Lasten der beruflichen Selbstverwirklichung der Frauen. Dabei reicht das Spektrum von einer vorübergehenden Unterbrechung bis hin zur Abkehr. Die Frauen sind diejenigen, die Zeit und Energie aufbringen müssen, in den Anfangszeiten die Gleichverteilung aller anfallenden Arbeiten immer wieder einzufordern, sie sind es aber auch, die eine andere Organisation der Hausarbeit zu leisten

---

make their men less masculine. They are the ones who take on responsibility for their husbands' dignity since, if he is interpreted as being less masculine, they themselves become less feminine." (ebd.:142) haben, wenn das Partnerschaftsmodell sich nicht zufriedenstellend verwirklichen läßt. Lediglich eine der befragten Landwirtinnen, Sonja C., wurde von ihrem Partner maßgeblich darin unterstützt.[125] Auch unter denjenigen, deren Partner einen außerlandwirtschaftlichen Beruf haben, lag lediglich in einem Fall die Hauptverantwortung für den Haushalt beim Ehemann, und zwar vorübergehend zwischen Studienabschluß und Berufseinstieg. Daß es sich auch dabei nur um ein Zwischenspiel gehandelt haben dürfte, zeigt sich an den Zukunftsüberlegungen der betreffenden Landwirtin, in denen sie sich als Hauptverantwortliche für die Betreuung und Versorgung gemeinsamer Kinder imaginiert. Es soll daher noch einmal betont werden, daß ein selbstbestimmtes Leben mit der beruflichen Grenzüberschreitung der Landwirtinnen allein nicht verwirklicht werden kann. Zu sehr sind berufliche und private Sphäre auf einem landwirtschaftlichen Hof miteinander verwoben. Eine Veränderung der konventionellen Zuschreibung von Möglichkeiten und Tätigkeiten zu einem bestimmten Geschlecht wird erst dann erreicht, wenn die Frauen dies nicht nur für sich einfordern, sondern auch von ihrem sozialen Umfeld abverlangen. Einem männlichen Lebens- und Arbeitspartner in der Landwirtschaft kommt dabei insofern eine wichtige Rolle zu, weil über ihn sehr subtil die gesellschaftlich üblichen Rollenerwartungen wirksam werden können.

3.8 Freizeit zwischen Marginalisierung und Integration

Angesichts der vielfältigen Belastungen, mit denen die Landwirtinnen im Alltag konfrontiert sind, stellt sich unter dem Stichwort Freizeit die Frage, ob ihnen überhaupt freie Zeit für sich und ihre privaten Interessen bleibt.[126] Absolut verneint hat es keine der befragten Frauen, aber die verfügbare freie Zeit variiert unter den Landwirtinnen sehr stark. Unterschiede lassen sich auf vielen Ebenen finden: So haben die angestellten Landwirtinnen in der Regel eine feste Arbeitszeit und damit eine geregelte Freizeit. Auch Landwirtinnen, die mit einem Mann zusammenleben, der einen außerlandwirtschaftlichen Beruf ausübt, haben der Tendenz nach straffer organisierte Arbeits- und Freizeiten. Von größerer Selbstverständlichkeit ist Freizeit,

---

125 Die Situation der meisten Landwirtinnen stellt sich somit nicht anders dar als die vieler Frauen in der Landwirtschaft, unabhängig von der Ausbildung, der Bewirtschaftungsform und des Lebensraumes (vgl. Kap. 1.3). Beer (1990b:32) bringt es auf den Punkt: "Wo Frauen von Männern Reproduktionsleistungen in natura und Beziehungsqualitäten einzufordern beginnen, zeigt sich, daß wir es eigentlich schon immer mit einem Begriffspaar zu tun hatten: Weibliche Zuständigkeit/männliche Verweigerung."

126 Vgl. van Deenen/Kossen-Knirim (1981:102), die darauf hinweisen, daß die fehlende freie Zeit ein konstitutives Element bäuerlichen Selbstverständnisses ist.

insbesondere gebündelt als Urlaubszeit, den Landwirtinnen, die nicht im landwirtschaftlichen Milieu aufgewachsen sind.[127] Aufgrund ihrer Erfahrungen in ihrer Herkunftsfamilie räumen sie der Freizeit eine höhere Priorität ein als Frauen aus landbewirtschaftenden Familien. Doch auch bei diesen zeigen sich im Verhältnis zu ihren Eltern gestiegene Freizeit- und Urlaubsansprüche, die deshalb nicht selten zu Konflikten führen.

Ähnlich wie für viele anderweitig erwerbstätige Frauen ist die vielen Landwirtinnen zur Verfügung stehende freie Zeit eingeschränkt durch Reproduktionsleistungen, die sie zu erbringen haben. Insbesondere Frauen mit kleinen Kindern betonen und bedauern häufig, daß ihnen kaum noch freie Zeit bleibt. Daß es sich dabei nicht nur um ein unveränderbares Belastungsproblem sondern auch um eine Frage des Selbstverständnisses handelt, zeigt sich sowohl an positiven Gegenbeispielen unter den Landwirtinnen selbst, wie etwa Heike B. oder Sonja C., als auch daran, daß die Lebenspartner der stark belasteten Frauen nach der Geburt der Kinder ihre Freizeitaktivitäten bei weitem weniger einschränken. Oft werden sie noch von ihren Frauen darin unterstützt, diese beibehalten zu können, wie sich am Beispiel von Rita D. zeigt:

> "I denk mer manchmal scho, er hat eigentlich z'weng Zeit für d'Kinder, abe i segs dann halt aa, daß oft net anders geht mit dene Sachen. Kreisrat is er ja, und dann fangt des mit dem Wahlkampf wiada oo, und dann Bund Naturschutz, da hams jetzt sowas gmacht, so an Verein, an neia, Ökonetz, da is er dann dabei, und jetzt is er Pfarrgemeinderat worn in P, dann is er jetzt bei da Feuerwehr und der monatliche Stammtisch vom Bioclub. (...) Im Summer is net so vui, aber im Winter is dann scho oft vui, wenn dann die Versammlungen so san, aber er braucht aa des irgendwo. Also der Hans, der is so richtig der Typ dafür, für des öffentliche Leben, Diskussionen und Politik, und naja, er sagt dann, er hat eigentlich eh scho vui aufgeben. Und irgendwo stimmts aa. I moan, als mer mitenand ganga sand, is er eigentlich no vui mehr unterwegs gween." (1307)[128]

Es wird deutlich, daß Rita D. ihre Ansprüche einer gerechten Arbeitsteilung hinsichtlich der familialen Aufgaben zurückschraubt, um ihrem Mann sein

127 Für diese Gruppen trifft denn auch nur eingeschränkt zu, was Bühler (1993c:10) als Ergebnis eines Modellprojekts mit JunglandwirtInnen in Baden-Württemberg festhält: "Bewußtes Freizeitmanagement gibt es nur in wenigen Betrieben (klare Rhythmen, teilfreie Wochenenden, Arbeitspausen, Urlaub etc.)." Dies zeigt einmal mehr die Auswirkungen, die sich durch Menschen aus anderen sozialen Schichten im landwirtschaftlichen Milieu ergeben können.

128 Notz (1991:125) fand die gleiche Haltung bei Frauen im städtischen Milieu nach der Geburt des ersten Kindes: "Die meisten Väter achteten darauf, daß sie ihre sportlichen und sonstigen Aktivitäten aufrecht erhielten. Die Frauen hatten meist großes Verständnis für das Freizeitbedürfnis der Männer, auch dann, wenn sie selbst nicht über freie Zeit verfügten." Bei Nahr/Uttitz (1988:139), die einen Vergleich der Freizeitorientierung zwischen Landwirten und übrigen Berufstätigen (jeweils nur Männer) durchführten, findet sich nur eine teilweise Bestätigung: "Zwar sind in beiden Gruppen Alleinstehende aktiver als Verheiratete, dies bleibt jedoch bei den Landwirten das einzige Unterscheidungsmerkmal zwischen Aktiveren und Passiveren. Hingegen spielt bei der städtischen Bevölkerung das Alter, die Haushaltsgröße und die Zahl der Kinder eine Rolle."

öffentliches Engagement zu ermöglichen. Der unterschiedliche Freizeitanspruch, den sie sich und ihrem Mann zugesteht, zeigt sich auch, wenn sie von sich erzählt:

> "Also fortgange bin i scho vui am Wochenende, also vor allem zwischen 17 und 23, 24. (...) Mit der Bärbel geh i dann halt ab und zu amal fort, des is eigentlich die, wo am meisten blieben is, die Freindschaft jetzt mit der. Mit die Kinder, da is des jetzt doch wegfall'n, daß mer nimmer überall dabei is und mitkann." (891)

Werden die beiden Aussagen aufeinander bezogen, dann könnte die Zurücknahme eigener Interessen mit den unterschiedlichen Freizeitinhalten und einer von beiden getragenen Priorität öffentlichen Engagements begründet werden, was nach den Worten Rita D.s nicht ihre Stärke ist:

> "I hab aa irgendwo net des (Lachen) also des Politische so, oder daß i mi da so engagier (...) so im Arbeitskreis selber, so die Fragen bearbeiten und des, da bin i eigentlich aa nit so guat. Ja, liaber mehr so praktische Sachen." (740)

Berücksichtigt man jedoch das gesamte Interview, dann werden die Bescheidenheit und das Pflichtbewußtsein offensichtlich, die neben Rita D.s auch die Freizeitansprüche anderer Frauen aus landbewirtschaftenden Familien kennzeichnen.[129] So genießt Monika T. es zwar, in der Öffentlichkeit zu wirken, doch beschränkt sie sich auf zwei Aktivitäten:

> "Da fehlt mir, ehrlich g'sagt, die Zeit für, mich da noch anderweitig zu engagieren." (1221)

Auch wenn Frauen wie Monika T. zu Ruhm und Ehre in weiteren öffentlichen Ämtern gelangen könnten, verzichten viele zugunsten des eigenen Betriebes und der eigenen Familie darauf. Männer scheinen hingegen nicht geneigt zu sein, zugunsten der Familie ihr öffentliches Engagement einzuschränken, wie sich bei Rita D.s Mann zeigt. Eine Einschränkung findet sich eher, wenn der Erfolg des landwirtschaftlichen Betriebes darunter leidet, wovon Olga M. berichtet:

> "Er sagt selbst, wir müssen was verändern, es ist so zu viel Arbeit. Er sieht ja auch, wie lange er abends noch beschäftigt ist und möchte ja auch mal nichts tun. (...) Also er gibt

---

129 Im Sinne der Theorie von der sozialen Konstruktion der Geschlechter machen Jurczyk/Rerrich (1993:306) darauf aufmerksam, daß über den Freizeitanspruch hinaus weitaus mehr zwischen Frauen und Männern dabei ausgehandelt wird: "Es ist nicht zufällig, daß der Kampf um die Sicherung eigener Zeiten, in der Frauen die Verantwortung für das 'Dasein für andere' an andere abgeben und ihren 'Anspruch auf ein Stück eigenes Leben' (Beck-Gernsheim 1983) realisieren können, ins Zentrum von alltäglichen Aushandlungsprozessen zwischen Frauen und Männern rückt. Dabei wird nämlich über weit mehr als nur über die Zeitnutzung im Alltag entschieden. Es wird damit auch über neue Muster von familialer und letztlich auch gesellschaftlicher Über- und Unterordnung verhandelt (siehe auch Berk 1985). Ähnlich wie bei der Raumnutzung geht es in diesen Prozessen darum, die Geschlechterrollen auszuhandeln und zu definieren, das Geschlechterverhältnis neu zu konstituieren oder die bestehenden Hierarchien aufrechtzuerhalten."

jetzt im Moment en paar Ehrenposten ab. Das war im letzten Jahr also ganz arg, aber natürlich auch noch wegen dieser Schweinepest. Da war er jede Woche mindestens drei Mal weg abends und das ist also einfach zu viel. Und das merkt man dann auch beim Ackerbau, da sind dann bestimmte Arbeiten nicht rechtzeitig fertig geworden, zum Beispiel beim Pflanzenschutz kannste ja nur zu bestimmten Zeiten aktiv werden." (555)

Angesichts der Verknüpfung des landwirtschaftlichen Erfolges mit der eigenen Existenzsicherung ist es einsichtig, daß die Arbeit in Stall und Feld erste Priorität besitzt. Doch zeigt sich, daß einige Landwirtinnen in diesem Zusammenhang aufgrund ihrer Selbstbeschränkung zu kurz denken. Obwohl sich Monika T. durchaus bewußt ist, wie wichtig es für ihre Gesundheit wäre, regelmäßig schwimmen zu gehen, schafft sie es nur hin und wieder, ihrer Gesundheit den Primat vor der Arbeit zu geben:

"Ich hatte zeitweise starke Probleme mit dem Rücken (...) Schwimmen ist natürlich auch gut, gehn wir sonntags ab und zu, aber wie gesagt, die Zeit." (1577)

Auch wenn sie wie viele anderen Landwirtinnen weiß, daß die Erhaltung ihrer Arbeitskraft von einer ausreichenden Regeneration abhängig ist, nimmt sie sich dafür im Alltag nicht genügend Zeit.[130] Immerhin gelingt es ihr, in ihrem Urlaub einen gewissen Ausgleich zu schaffen:

"Ja, wenn man Streß hat, ich möcht also da nit groß was erleben im Urlaub. Ich möcht da gut essen und wo ich mich halt gut erholen kann zwei Wochen lang. Das braucht man dann schon." (Monika T. 818)

3.8.1 Arbeitsmoral als Verhinderungsfaktor

Neben der Bescheidenheit und dem Pflichtbewußtsein kennzeichnet Frauen wie Monika T. eine hohe Arbeitsmoral. In der vorliegenden Untersuchung findet sie sich in diesem Ausmaß bei Landwirtinnen aus landbewirtschaftenden Familien, nicht jedoch bei denen, die außerhalb der Landwirtschaft aufgewachsen sind. Nach wie vor scheint sie ein Kennzeichen bäuerlicher Tradition zu sein, unabhängig vom Alter,[131] wenngleich festzustellen ist, daß die Arbeit als Legitimation der eigenen Existenz nach dem Motto 'leben, um zu arbeiten' nur noch selten vorkommt. Freizeit ist auch den befragten

130 Auch Bühler (1993c:9) stellt in seinem Modellprojekt mit JunglandwirtInnen in Baden-Württemberg fest: "Zu einer neuen Schonhaltung, das heißt eines neuen Gesundheits-, Erholungs- und Entspannungsverhaltens ist es nicht gekommen. Die bäuerliche Arbeitsverteilung, die Fortdauer traditioneller Gesundheitskonzepte, der Selbständigen-Status und die Familienarbeitssituation scheinen dies zu verhindern."

131 Anhand meiner Ergebnisse findet sich keine Bestätigung für Kaschuba/Reichs Vermutung (1994:175): "Vielleicht haben die Jüngeren nicht das Legitimationsproblem wie die Älteren, die noch stärker von der Arbeitsmoral geprägt sind?"

Landwirtinnen durchaus kein Fremdwort mehr[132], doch unterscheidet sie sich nach Umfang und Voraussetzungen von der anderer Gesellschaftsschichten.[133]

Eine unter den Landwirtinnen gefundene Möglichkeit, trotz hoher alltäglicher Arbeitsbelastung an der Freizeitorientierung anderer DorfbewohnerInnen teilzuhaben, besteht für sie darin, an einigen Tagen in der Woche ihr Schlafpensum zu verringern. So fährt zum Beispiel Tilly F. mit mir am Abend gegen 23 Uhr noch einmal in die Kneipe im elf Kilometer entfernten Nachbarort, um sich mit FreundInnen zu treffen und ein Bier zu trinken. Ihren weiteren Erzählungen und der Reaktion der anderen kann ich entnehmen, daß dies keine Ausnahme darstellt.[134] Erst weit nach Mitternacht kommen wir nach Hause, so bleiben Tilly F. nurmehr fünf Stunden Schlaf, bis sie wieder aufstehen muß, um die Kühe zu melken (24). Von Freizeitbedingungen, die für Tilly F. mit 31 Jahren noch selbstverständlich sind, erzählt Rita D. im Rückblick auf ihre Jugendzeit:

> "da bin i aa oft um viere hoamkemma und um sechse wieder aufg'standen (Lachen). Also in Stoi bin i scho immer ganga." (906)

Das Freizeiterleben ist diesen Frauen nur im Sinne von 'kleinen Fluchten' auf Kosten ihres Schlafes, und damit über kurz oder lang auf Kosten ihrer Gesundheit möglich. Dieses Muster der Selbstausbeutung von Frauen in der Landwirtschaft ist aus früheren Zeiten aufgrund der Arbeitsüberlastung in Haus und Hof bekannt. Es erfährt nun eine Variation, in der die Frauen einen höheren Freizeitanspruch erheben. Auf diese Weise heben sich Verbesserungen hinsichtlich der Belastung wieder auf, die die Professionalisierung in der traditionellen Männerrolle den besagten Frauen unter Umständen gebracht haben.

---

132 Inhetveen/Blasche (1983:155) haben in ihrer Untersuchung von Frauen in der kleinbäuerlichen Landwirtschaft in Anlehnung an Ostner (1978) das Fehlen der Strukturkategorie 'Freizeit' als ein Merkmal der Arbeit und des Arbeitstages dieser Bäuerinnen bezeichnet. Auch im Standardwerk der Land- und Agrarsoziologie von Planck/Ziche (1979) ist Freizeit als Schlagwort im Sachregister (noch) nicht aufgeführt.

133 Nach einer repräsentativen Befragung von Meuther (1987:198) ist ein Ablehungsgrund junger Frauen, einen Landwirt zu heiraten: "Besonders nicht-hauswirtschaftlich/landwirtschaftlich ausgebildete Frauen stossen sich an der zu geringen Freizeitmenge. Auch Befragte, die noch nie mit einem Landwirt befreundet waren, betonen dieses Argument neben der Art der Arbeit." Rossier (1992:125f) schreibt in ihrer Untersuchung über Schweizer Bäuerinnen: "Als den mit Abstand grössten Nachteil ihres Berufes empfinden die Bäuerinnen die ständig notwendige Anwesenheit, die ein Landwirtschaftsbetrieb mit sich bringt."

134 Bezogen auf den Ort der Freizeitaktivitäten stellen Janshen u.a. 1984 bereits in ihrer Dorfuntersuchung fest, daß es für die jüngeren Frauen selbstverständlicher wird, ihre Freizeit in öffentlichen Lokalen zu verbringen: "Auch in der Gestaltung ihrer Freizeit haben die jungen Mädchen relativ viel Freiheit, sie sind am Wochenende entweder im 'Keller', wo sich eine Clique regelmäßig trifft, oder sie fahren zum Tanz in die umliegenden Ortschaften." (ebd.:148)

Wie anhand von Gegenbeispielen sichtbar wird, ist die Neigung zur Selbstausbeutung zwar auch auf ihre Sozialisation und die Arbeits- und Betriebsorganisation auf ihren Höfen zurückzuführen, doch ist nicht von der Hand zu weisen, daß die schlechte ökonomische Lage ihrer elterlichen Betriebe mit dazu beiträgt. Es läßt sich unter anderem daran erkennen, daß Tilly F. und Rita D. in ihrer Jugendzeit außerhalb der Landwirtschaft einen Job annahmen, um das ihnen zur Verfügung stehende 'Taschengeld' aufzubessern.

"I moan, i hab dahoam eigentlich nie an Lohn g'habt, (...) i hab dann scho immer g'schaut, daß i was dazuverdien. Also wenn i in d'Schul gangen bin, hab i Bafög kriegt, und dann hab i des Millimessen ogfangt, und dann beim Bertl draußen des Bediena." (Rita D. 1279)

Auch Tilly F. hat häufiger als Bedienung oder als Küchenhilfe in einem Gasthof ausgeholfen, was ihr neben dem Geld auch Spaß eingebracht hat. Als sie hingegen für kurze Zeit in einer Fabrik arbeitete, sei das furchtbar gewesen (16). Wie sich an den Beispielen zeigt, halten diese Landwirtinnen an der hohen Arbeitsmoral im Sinne bäuerlicher Tradition nach wie vor fest, denn sie rütteln nicht am Ausmaß ihrer ausgedehnten Arbeitszeit, um an Freizeitvergnügungen teilzuhaben. Es zeigte sich mir bei der teilnehmenden Beobachtung auch daran, daß Tilly F. am Tag nach dem nächtlichen Ausflug nicht davon sprach, daß sie müde sei, sondern stattdessen den Begriff 'faul' verwendete (35).

Wenn bei anderen befragten Frauen die hohe Arbeitsmoral auch weniger stark ausgeprägt ist, so ist doch nicht zu verkennen, daß der Arbeit ein hoher Stellenwert zukommt. Interessant ist dabei, daß die Landwirtinnen im Gespräch darüber neue Konnotationen zur Arbeit anführen. So erwähnt Monika T. die Schutzfunktion, die ein großes Arbeitspensum auf dem Hof haben kann:

"Ich mein, wenn man ständig aufeinander hängt, da gibt's mal Spannungen, das wär sonst nit normal, aber also nix Schlimmes, wir verstehn uns eigentlich gut. Und es hat jeder so viel zu tun, daß er gar nit auf so Sachen kommt (Lachen), jetzt zu streiten oder irgendwas." (1232)

In anderen Interviews fand sich die Einstellung, daß die landwirtschaftliche Arbeit einer Therapie gleichkomme. Darauf verweisen sowohl Maria L., deren Mann als Handwerker aus gesundheitlichen Gründen aller Voraussicht nach in Frühpension gehen wird:

"hinsetzen und Däumchen drehn kann er nit, dann muß man ihn halt en bißchen arbeiten lassen, weil er sonst launisch wird, logisch ne" (279),

als auch Gerda H., die diese Meinung in bezug auf ihre Tochter äußert, die den mütterlichen Betrieb einmal übernehmen will:

"Wenn sie die Schnauze so richtig voll hat von der Schule, dann sagt sie, 'Mutter, heut geh ich erst mal in den Stall'." (383)

Da die Ehemänner der beiden Frauen einen außerlandwirtschaftlichen Beruf haben, sind die Landwirtinnen bestrebt, einen feststrukturierten Arbeitstag mit einer klar abgegrenzten Freizeit zu leben. Dennoch kommt auch unter diesen Voraussetzungen der Arbeit hohe Bedeutung zu. Sie drückt sich allerdings in einer veränderten Argumentation aus. Beide Frauen verweisen auf die Geschwindigkeit, in der sie arbeiten, und rechtfertigen damit die Begrenzung ihrer Arbeitszeit im Sinne der hohen Arbeitsmoral bäuerlicher Tradition:

"Des muß flott gehn, die Schafferei, und dann muß me aach Zeit hab nachher für'n Gespräch, des muß einfach sein," (2013)

meint Maria L., und Gerda H. antwortet auf die Feststellung, daß bei ihr relativ früh Feierabend ist:

"Ja. Naja, dann muß ich auch sagen, wir sind eigentlich flotte Arbeiter, es wird da nit so rumgetrödelt. Es ist so, wenn ich arbeit, dann arbeit ich, und wenn ich fertig bin, dann ist's okay." (877)

3.8.2 Weniger Freizeit, dafür mehr Freiheit

Wird diesen Landwirtinnen über ihren Ehemann die in weiten Gesellschaftsschichten erfolgte Verschiebung von Arbeits- hin zu Freizeit vermittelt, so werden andere Frauen über die abhängig Beschäftigten, die in ihrem Umfeld wohnen, damit konfrontiert. Da der Arbeitsradius der Landwirtinnen relativ eng begrenzt ist, sie sich aber wegen der Felderbewirtschaftung viel darin bewegen, erhalten sie, wenn ihr Hof im Dorf oder dorfnah gelegen ist, einen guten Überblick im Sinne der sozialen Kontrolle darüber, wer wann wo zugegen ist und teilweise sogar, was die Einzelnen machen. Hinzu kommen Gespräche mit den anderen DorfbewohnerInnen über die jeweilige Lebenssituation, so daß es nicht ausbleibt, daß die Frauen ihre Lage mit der anderer vergleichen. Einige werden neidisch angesichts der freien Zeit, die anderen neben ihrer Erwerbsarbeit bei einem ausreichenden Einkommen bleibt.[135] Nicht wenige betonen jedoch die Vorzüge, die das Leben und

---

135 Wonneberger u.a. (1991:50) sprechen in ihrer Untersuchung zur Lebenswelt von Bäuerinnen in Anlehnung an Keupp (1988) von Minoritätenstreß: "das ausgedehnte Inszenieren der freien Zeit, wie es andere Berufsgruppen tun, können sich die Bäuerinnen nicht leisten. Es bedeutet für sie eine zusätzliche emotionale Streßsituation zu ihren sozialen und ökonomischen Belastungen." Herrmann (1993:141) verweist in diesem Zusammenhang auf eine verzerrte Wahrnehmung des Freizeitausmaßes der nicht-landwirtschaftlichen Bevölkerung seitens der landbewirtschaftenden Personen: "Auffallend ist, daß bei der 'Bemessung' des eigenen Freizeitvolumens ein Arbeitstag zugrunde gelegt wird, der weitestgehend der aktiven Tageszeit ent-

Arbeiten in der Landwirtschaft für sie hat und relativieren damit die Freizeit der anderen und die damit verbundenen Möglichkeiten. Rita D. führt zum Beispiel ihre Schwester an, die häufig Überstunden macht:

> "Dann is die zum Teil um sechs aufg'standen und um neine von d'Oarwat hoamkemma. Mei, hab i mir denkt, da hab i's eigentlich eh sche. (...) I moan, sie hat halt 's Wochenend, des hab i eigentlich net so g'habt, des is mia halt manchmal scho abganga, wenn ma gar nit wegkann." (173)

Andere Landwirtinnen führen im Zusammenhang mit der Freizeit das Moment der Freiheit ein, das sie mit ihrem Beruf verknüpfen, so daß ich mich frage, ob dieses Gefühl der Freiheit einen Ausgleich für die fehlende Freizeit der Landwirtinnen darstellen kann. Maria L. betont ihre Freiheit, beinahe jederzeit nach ihrem Belieben ihre Arbeit unterbrechen und eine Pause einlegen zu können.

> "Die Zeit nehm ich mir einfach immer (...) egal wer kommt und möchte was. Und des darf während dem Melken sein, da hör ich halt emal kurz auf, oder es darf während dem Füttern sei, egal was ich grad mach, die Zeit nehm ich mir, da gibt's bei uns überhaupt kee Diskussion." (2014)[136]

Gerda H. verweist darauf, daß sie niemanden fragen muß, wenn sie sich mal einen Tag freinehmen will:

> "Ich kann hier immer mal [wegfahren, M.S.], es gibt mal en Tag, wo's en bißchen ruhiger ist, oder ich mach mir mal nen freien Tag." (1068)

Von einer weiteren Freiheit gleich Freizeit erzählt Olga M. Gesteht sie es sich auch selten zu, so weiß sie es um so mehr zu schätzen, morgens spontan im Bett liegenzubleiben - nach Absprache mit ihrem Mann, mit dem sie gemeinsam den Hof bewirtschaftet (7). An diesen Beispielen zeigt sich, daß der mit der Landbewirtschaftung häufig verbundene Selbständigenstatus den Frauen zum Vor- und zum Nachteil gereichen kann. Einerseits können sie die daran geknüfte Besonderheit, gleichzeitig 'Herrin und Magd' zu sein, dazu nutzen, selbst über den Arbeitsablauf zu entscheiden, innezuhalten und weiterzumachen, wann es ihnen beliebt. Andererseits kann die Fülle der

---

spricht, also Zeiten, die z.B. der Reproduktion dienen, mit einbezieht und von Arbeit freie Zeit während des Tages außer acht läßt. Die 'Bemessungsgrundlage' für die Freizeit der nichtlandwirtschaftlichen Bevölkerung ist dagegen eine andere; sie wird durch die einfache Subtraktion der tariflich festgelegten Arbeitszeit für Nicht-Selbständige von der Gesamttageszeit 'errechnet'. Dadurch erhöht sich die subjektiv empfundene Benachteiligung."

136 Dieses Phänomen ist nicht auf die Landwirtinnen begrenzt, sondern ein Charakteristikum bäuerlicher Tätigkeit. Inhetveen (1988:196) spricht in diesem Zusammenhang vom "Gefühl einer relativen Zeitautonomie" bei Bäuerinnen und führt als Beispiel an: "Auch die alltägliche Erfahrung, daß eine Bäuerin ihre Arbeit oft bereitwillig zum kleinen Plausch über den Zaun mit der Nachbarin oder dem Hofkunden unterbricht, gehört zu dem Bild des bisweilen großzügig bis verschwenderisch, jedenfalls nicht strikt sparsam-rationell erscheinenden Umgangs der Bäuerin mit 'ihrer' Zeit."

Aufgaben zu ihrer Überlastung und Selbstausbeutung führen, wenn sie sie nicht günstig koordinieren und organisieren oder die finanziellen Mittel dazu fehlen. Beide Seiten der Medaille existieren auch für jede einzelne der interviewten Frauen. Ihre Zufriedenheit resultiert aus der selbstbestimmten Handlungsweise.

Einen Teil ihrer Freizeit verbringen die Landwirtinnen zuhause. Nicht selten bekam ich zu hören, daß sie an Abenden, wenn sie zu müde zum Weggehen sind und auch keine Lust mehr für anstehende Büro- oder Hausarbeiten haben, gerne auf dem Sofa die Füße hochlegen und fernsehen, lesen oder Musik hören. Oft sind sie so müde, daß sie bereits früh schlafen gehen. Im Gegensatz zu Gerda H. (vgl. Kap. 3.4.1) findet die Hälfte der interviewten Frauen eine Form der Entspannung auch im Garten.

> "En Garten ham wir auch. Ja, das mach ich auch sehr gern (...) nach Feierabend dann noch. Zum Relaxen braucht man das." (Monika T. 1301)

Sie betreut zusammen mit ihrer Mutter den Garten und stellt damit eine Ausnahme dar. Die übrigen Landwirtinnen lassen sich danach ausdifferenzieren, ob der Garten in ihrer Freizeit für sie selbst oder für ihre (Groß-)Mutter eine Rolle spielt. Entsprechend dem vorgefundenen Spektrum reichen die Aussagen von

> "ja, ich bin leidenschaftliche Gärtnerin" (Anne R. 1802) über "daß ich nebenbei en Garten mach, das ist auch, weil es mir halt Spaß macht" (Sonja C. 874) bis hin zu "wenn i an 'en Garten denk oder so, ja, i woaß halt wirklich net so vui davon" (Rita D. 1043).

Wenn der Garten für die Frauen nicht weiter von Belang scheint, wird er von den Müttern oder Großmüttern der Landwirtinnen bewirtschaftet, deshalb stellt sich die Frage, ob der Garten für sie nicht wichtig ist, weil es sie nicht interessiert oder aber, weil sie den älteren Frauen ihre Domäne nicht streitig machen wollen. Keine der interviewten Frauen berichtete davon, daß ein Mann die Verantwortung für den Garten trägt, doch arbeiten einzelne Männer zu. Dabei fällt auf, daß Arbeit nicht im Mittelpunkt ihrer Ausführungen in bezug auf den Garten steht. Neben den Aspekten Freude und Entspannung dient der Garten den Landwirtinnen ihrer Selbstversorgung. Die verschiedenen Elemente sind stets ineinander verwoben wie es auch Olga M. herausstellt:

> "Es ist mir auch wichtig, jetzt zum Beispiel jeden Tag morgens in den Garten zu gehen. Ich weiß dann schon, das und das wollen wir heute essen, meinetwegen en bunten Salat oder heute hatten wir nen Eintopf, dann nimm ich eine Schüssel mit und pflücke hiervon und ernte davon (Lachen) und, das ist also für mich absolut ein Stück Lebensqualität." (401)

Zur Lebensqualität gehört für viele dazu, auf ihrem Gartenland weitgehend auf chemische Dünge- und Pflanzenschutzmittel zu verzichten. Das trifft selbst für die Frauen zu, die eine intensive Landwirtschaft mit Einsatz chemischer Hilfsmittel betreiben. Als ich sie auf den Widerspruch aufmerksam machte, rechtfertigten sie ihr Verhalten mit ökonomischen Zwängen, die es ihnen nicht erlauben würden, ihren Betrieb auf die ökologische Wirtschaftsweise umzustellen.[137]

3.8.3 Arbeits- und Freizeitstrukturen als Integrations- und Ausschlußmoment

Füllt die zuhause verbrachte Freizeit oft die Lücken, die zwischen Momenten der Arbeitslust, Arbeitspflicht und Zeiten des Schlafes bestehen, so müssen die Frauen ihre geselligen Freizeitaktivitäten stärker organisieren. Im allgemeinen treffen die interviewten Landwirtinnen in ihrer Freizeit auf ein sehr weites Spektrum an Personen. Die einen Frauen verbringen ihre Freizeit mehr mit BerufskollegInnen, die anderen überwiegend mit Nicht-LandwirtInnen, unabhängig davon, ob sie selbst in der Landwirtschaft aufgewachsen sind oder nicht. Keine der interviewten Frauen schränkt sich in ihren Vergemeinschaftungsmöglichkeiten dadurch ein, daß sie die eine oder die andere Gruppe meiden würde.

> "Also, daß ich jetzt meine Freizeit unbedingt mit Landwirten verbringen muß, das ist also nicht so. Mein Freundeskreis ist eigentlich weniger, daß es jetzt ausgesprochen Landwirte sind, es sind schon Menschen, die jetzt mit dem Land verbunden sind." (Monika T. 94)

Ähnlich wie sie betont auch Gerda H. in bezug auf ihre Freizeitgestaltung ihre Offenheit gegenüber nicht-landwirtschaftlich orientierten Menschen:

> "Was jetzt so unseren Freundeskreis [anbelangt], sind eigentlich alles keine Bauern, muß ich sagen. Wir haben eigentlich schon so zu allen Schichten mal en bißchen Kontakt." (916)

Ist dies für Rita D. auch nicht ausgeschlossen und über die Direktvermarktung ihrer Produkte arbeitsbedingt gegeben, so verbringt sie ihre Freizeit doch größtenteils mit Frauen und Männern aus dem landwirtschaftlichen Milieu:

> "Mir ham aa öfter Hoffest scho a paar Mal g'habt, so mir vier Schwestern mitanander, daß mer einfach vui Leit eigladen ham, da kemman dann (...) scho vui aus der Landwirt-

---

137 Modelmog (1994) fand in ihrer Untersuchung von Bäuerinnen des Ammerlandes das gleiche Phänomen. Ihren Überlegungen zufolge vollziehen die Frauen eine Differenzierung in öffentliche und private Natur. "Private Natur geht aus dem Anspruch hervor, für sich selbst Naturprodukte herzustellen, die möglichst 'rein', also nicht durch zusätzliche künstliche Eingriffe 'vergiftet' sind. Sich diese Aufteilung leisten zu können, wird (...) als Statusprivileg angesehen gegenüber großen Teilen der Stadtbevölkerung, welcher die dafür notwendige Reproduktionsgrundlage in der Regel fehlt. Der Blumengarten, die Gemüsebeete oder die für den Eigenbedarf erforderliche Tierhaltung sind aus der öffentlichen Natur herausgenommen." (ebd.:220)

schaft (...) über d'Landjugend, von der Winterschui her und so, ja, aa mit Biobauern." (880)

Wie sich hier zeigt, sind die Kontakte insbesondere dann landwirtschaftlich geprägt, wenn die Landwirtinnen ihre Freizeit dazu nutzen, sich weiterzubilden oder die Landwirtschaft in der Öffentlichkeit zu repräsentieren und zum Thema zu machen. Nicht selten finden sich aber auch Freundschaften, aus denen eine landwirtschaftliche Zusammenarbeit erwachsen ist und umgekehrt entstehen Freizeitkontakte durch die Arbeit. Bei Monika T. ist es ein ehemaliger Lehrling,

"der ist jetzt bei einer Firma beschäftigt, und der nimmt sich dann immer ne Woche Urlaub [wenn ihre Eltern in Urlaub fahren], und das macht ihm en wahnsinnigen Spaß, wenn er mir da helfen kann. (...) Und wir sind auch so noch sehr gut befreundet, er ist sehr oft da, auch mit seiner Familie kommt er dann." (827)

Bei Rita D. entwickelte sich aus einer Schulfreundschaft eine zunehmend engere Zusammenarbeit im landwirtschaftlichen Bereich.

"Des is a ganz guata Bekannter, aa von der Winterschui her. (...) Da bin i die Woche oamoi owegfahrn mit dem Blockschneider und hab ihm Silo einegfahrn. Und dann war der unsre, der war scho ziemlich alt und is dann nimmer guat ganga (...) und dann ham mer ihm gsagt, kauf mer uns mitananda oan." (1189)

Das Ineinandergreifen von Arbeit und Freizeit ist unabhängig von der Herkunft, stärker jedoch unter den Landwirtinnen zu finden, die sich für die Belange des ökologischen Landbaus einsetzen.

Bezogen auf das Geschlecht zeigte sich unter den interviewten Landwirtinnen, daß aufgrund der vorhandenen, beruflich oder ländlich geprägten Gegebenheiten die gemischtgeschlechtlichen Gruppen überwiegen. Einige von ihnen betonen im Gespräch, daß sie aus ihrer Erfahrung in unterschiedlichen Zusammenhängen gemischtgeschlechtliche Gruppen vorziehen.

"Ich muß auch ehrlich sagen, (...) ne gemischte Gruppe ist mir lieber als ne Frauengruppe. Also Frauen sind viel problematischer, denk ich mal. (...) Wir haben hier zum Beispiel jetzt nen Gesangsverein für Frauen. Also da, was da so alles an Hakeleien ist, das würde es also niemals geben, wenn das ne gemischte Gruppe ist, denk ich mal so." (Gerda H. 277)

Eine derartige Einschätzung hält aber sowohl sie als auch andere Frauen nicht davon ab, in der Tat in reinen Frauengruppen zu agieren und etwas zu unternehmen. Sie sind zum Beispiel Mitglied in einer Gymnastikgruppe, einer Landfrauengruppe oder einem Gesprächskreis für Frauen. Dabei fällt auf, daß keine der Landwirtinnen hervorhebt, daß sie es genießt, ihre Freizeit nur mit Frauen zu verbringen. Auch nutzte keine ihre Freizeitkontakte gezielt dafür, die Idee der Überschreitung der Geschlechtergrenze weiterzutragen oder zu thematisieren. Es zeigt sich also ein Unterschied zwischen

Freizeit- und beruflicher Sphäre, wo die Landwirtinnen bedauerten, zu wenig fachlichen Austausch mit ihresgleichen zu haben (vgl. Kap. 3.5.2).

Treffen sich die befragten Frauen zu ihrer Unterhaltung im privaten Kreis, dann sind nicht selten gleichaltrige Kinder ausschlaggebend für das Zusammenkommen.

> "Eigentlich sind die Freundschaften durch die Kinder entstanden. (...) die Kinder ham sich gut verstanden, und dann hat man sich, äh, so hat sich das halt ergeben." (Monika T. 1731)

Ähnlich selbstverständlich entwickelte sich die Freundschaft zwischen Sonja C. und einer Freundin vor Ort:

> "Sie hat drei Kinder so im Alter von unsern, und die sind so, halt ganz dicke Freunde und wir verstehn uns auch gut." (356)

Die sogenannte beste Freundin, mit der die Landwirtinnen gemeinsam etwas unternehmen, findet sich nur in wenigen Fällen. Ein häufig genannter Verhinderungsgrund ist die räumliche Entfernung, die zu überwinden für einen Abend oft zu groß ist. Dabei liegt die diesbezügliche Toleranzgrenze nicht gerade niedrig. Mobilität ist für die befragten Landwirtinnen eine Selbstverständlichkeit. Der Verkehrsinfrastruktur ländlicher Räume angepaßt, verfügen sie alle über ein Auto und nehmen gelegentliche Anfahrten bis zu 100 Kilometern durchaus in Kauf, um sich die von ihnen favorisierte Freizeitgestaltung zu ermöglichen.

> "Das ist auch Gewohnheit, das ist auch Rauswollen." (Sonja C. 1836)

Die Frauen machen es vom Arbeitsanfall und ihrer körperlichen Konstitution abhängig, wie oft sie diesen Aufwand neben ihrem Arbeitsalltag auf sich nehmen. Dabei kommen sie ihren Erzählungen zufolge nicht umhin, in bezug auf ihr öffentliches Engagement zu akzeptieren, daß sie nicht bei allen Aktivitäten, Abstimmungen oder Beschlüssen dabei sein können. Umgekehrt erfordert dies seitens der übrigen Gruppenmitglieder die Akzeptanz dafür, daß sich Gruppenprozesse verzögern.

> "Ja, das kommt dann eigentlich oft vor, oder in der Regel, daß ich dann eigentlich die letzte bin bei solchen Treffen, oder daß es dann halt auch mal nicht klappt, ne. Auch wenn bei uns dann irgendwas ist, daß ich kurzfristig absage, weil wenn irgendwas im Stall ist, das geht dann einfach nit. Aber da gibt's eigentlich keine Probleme, das wird auch immer eingesehen dann." (Monika T. 102)

Ähnliche Äußerungen finden sich auch in anderen Interviews. Von Mißstimmungen aufgrund unregelmäßiger oder eingeschränkter Teilnahme berichtet keine Landwirtin. Selbst dann nicht, wenn sie wichtige Funktionen in Arbeitsgruppen oder Vereinen innehaben, was auf die Hälfte der interviewten Frauen zutrifft.[138] Sie sind zum Beispiel Landesvorsitzende bei der Landjugend, Ortsvorsteherin des Bauernverbandes, Vorsitzende eines agrarpolitischen oder ökologischen Arbeitskreises, Mitglied im Meisterprüfungsausschuß auf Regierungsbezirksebene, Ortsbeirätin in Vertretung eines eingemeindeten Dorfes, Ortsvorsitzende einer Partei oder im Vorstand des Sport- oder Gesangvereins.[139] Nicht selten sind die befragten Frauen in zwei oder drei Zusammenhängen aktiv, in einigen Fällen üben sie sogar parallel mehrere Funktionen aus.

Bei aller Rücksichtnahme kommen die Landwirtinnen letztlich nicht umhin, mit der Zeit zu gehen, das heißt, sich den Zeitstrukturen der Mehrheit in den Arbeitsgruppen, Clubs und Vereinen anzupassen. Kann auch hier in einigen Fällen der Selbständigenstatus die Anpassung erleichtern, so ist es, bedingt durch die Abhängigkeit von Naturzyklen, regelmäßig einzuhaltenden Arbeitsrhythmen wie dem Melken, nicht exakt vorherbestimmbare Ereignisse oder zu Arbeitsspitzen für die Frauen schwierig, flexibel zu reagieren. In landwirtschaftsbezogenen Gruppen bestimmen ihre Wünsche noch den Zeitpunkt des Zusammenseins, wenngleich auch hier je nach der Vielfalt der Betriebs- und Erwerbsformen einer Region unterschiedliche Bedürfnisse aufeinandertreffen können. Bedingt durch den Strukturwandel und der immer geringer werdenden Zahl von Beschäftigten in der Landwirtschaft wird es zum einen nötig, das Einzugsgebiet für landwirtschaftsbezogene Arbeitsgruppen auszudehnen, zum anderen sinkt auch ihr Anteil an der Dorfbevölkerung und damit ihr Einfluß auf die lokalen Freizeit- und Gemeinschaftsaktivitäten. In diesem Zusammenhang äußern viele Landwirtinnen Probleme der Zeitkoordination mit den nicht-landwirtschaftsgebundenen Mitgliedern. Die vorgegebenen Zeitstrukturen erweisen sich als das Ein- bzw. Ausschlußmoment, denn bis auf wenige Ausnahmen werden die Zeitstrukturen der Gemeinschaftsaktivitäten an Berufsgruppen mit geregelter Arbeits- und Freizeit, insbesondere einem freien Wochenende, orien-

---

138 Dieser hohe Anteil zeigt, daß sich viele Landwirtinnen aktiv einmischen und sich nicht mit der Rolle der "Helferinnen" zufriedengeben, wie es Janshen u.a. (1984) in ihrer Dorfstudie beschreiben: "An die Stelle solcher Gemeinsamkeiten traten, auch etwa seit Beginn der 50er Jahre, verstärkt die Vereinsaktivitäten der Männer und im Gefolge dessen Sänger-, Sport- und Schützenfeste, die vor allem die Bedürfnisse der Männer gestalten. Frauen tauchen hier als Helferinnen auf, sind weniger Festträger, vielmehr das Ambiente." (ebd.:124)

139 Ein ähnliches Vereinsspektrum findet sich auch bei den LandwirtInnen der Befragung Rudolphs (1994), allerdings kommt dort, wohl aufgrund der überwiegend männlichen Befragten, der 'Männerdomäne' Feuerwehr noch eine wichtige Rolle zu. "81.2 % der Befragten sind in einem oder mehreren Vereinen; (...) 55.7 % der Vereinsmitglieder sind bei der Feuerwehr. Als zweitwichtigster Verein rangiert die Landjugend mit 30.0 %. Die Zugehörigkeit zu Musikvereinen rangiert an dritter (25.3 %) und die zu Sportvereinen liegt an 4. Stelle mit 23.3 %." (ebd.:159f) Eine hohe Vereinszugehörigkeit von 41 % fand auch Riechel (1983:64) unter den weiblichen Auszubildenden in den Agrarberufen, wobei hier das Spektrum den sozialen Bewegungen dieser Zeit entsprechend um umwelt- und friedenspolitische Gruppen erweitert ist.

tiert.[140] Die Landwirtinnen bekommen sehr deutlich ihre Marginalisierung zu spüren, so etwa Monika T. über ihren Sohn, der eine sehr engagierte Lehrerin hat:

> "Da ist sie am Wochenende da, und da macht sie oft so Grillfest oder macht viel mit den Kindern, und da bin ich eigentlich immer dabei (...) [aber] grad so samstags, das fällt dann schon schwer, mit der Arbeit aufzuhören, ne." (1518)

Für Anne R., die nicht in landwirtschaftlichen Zusammenhängen aufgewachsen ist und auch heute noch oft ihre Freizeit mit FreundInnen und Bekannten aus der Stadt verbringt, hat es sehr lange gedauert, bis sie die Folgen der zeitlichen Gebundenheit ihrer Arbeit akzeptieren konnte.

> "Wir können natürlich längst nicht an allen Sachen teilnehmen, ne. (...) Wir müssen samstags den ganzen Tag arbeiten, und sonntags haben wir das Vieh, die Gebundenheit an das Vieh, das ist wirklich nicht zu vergleichen. Da gibt's oft Probleme und oft Dinge, daß wir da nicht dran teilnehmen. Eigentlich so, jetzt nach zehn Jahren hat man sich da ganz dran gewöhnt, ne, daß man das und das alles nicht kann, ne, aber so vor fünf, sechs Jahren war das schon für mich noch en größeres Problem, ne." (961)

Dennoch will sie, aber auch das Gros der Landwirtinnen auf Geselligkeit nicht verzichten. Sie benötigen diese gleichsam als Stärkungsmittel, um die augenblicklich schwierige soziale Lage, bedingt durch die technologischen und wirtschaftlichen Entwicklungen im landwirtschaftlichen Sektor, zu bewältigen. Olga M. kann die zunehmende Vereinsamung unter ihren BerufskollegInnen zum einen beobachten, zum anderen kommt sie mit ihnen darüber ins Gespräch. Ihre Einschätzung der Lage äußert sie mir gegenüber im Interview:

> "Sie fühlen sich wie ne Restgruppe, die immer weniger werden, und fragen sich selbst, ist das der richtige Weg, den sie eingeschlagen haben. (...) Ich finde, diese Unsicherheit und Resignation, die ist ganz stark verbreitet. (...) Und ich denke, diejenigen, die überbleiben, sind nicht unbedingt die Glücklichsten, weil der Druck so stark ist auf die Leute, die da arbeiten einerseits, und andererseits ja ne ganz starke Vereinsamung stattfindet. (...) Die Leute sitzen stundenlang auf ihrem Schlepper, haben niemanden, mit dem sie reden, wenn sie vielleicht mal von weitem einen Schlepper vorbeifahren sehen, dann heben sie kurz mal die Hand, und das war's dann auch schon. Und mir ist aufgefallen, daß ich in zunehmenden Maße also einen Hund auf dem Schlepper mitfahren sehe." (678)

---

140 Auch Rudolph (1994) weist darauf hin, daß die Anpassung zunehmend von den Personen, die in der Landwirtschaft arbeiten, geleistet werden muß. "Die Termine und Veranstaltungen fangen heute in den Dörfern meist zu einer Zeit an, wo die Landwirte an die Stall- und Hofarbeit gebunden sind. Auf den Landwirt wird bei vielen Veranstaltungen keine Rücksicht mehr genommen. Im Gegenteil: Der Bauer muß sich selbst an den neuen dörflichen Rhythmus anpassen, muß aufpassen, daß er mit dem Spritzen und der Gülleausfuhr nicht mit den Feiertagen und Freizeiten der Dorfbevölkerung ins Gehege kommt. (...) Hier zeichnet sich also ein Prozeß der 'kommunikativen Marginalisierung' als Aspekt der sozialen Marginalisierung ab." (ebd.:151)

Auch bei sich selbst beobachtet Olga M. das stärker werdende Bedürfnis nach Geselligkeit:

> "Es gibt Veranstaltungen, zu denen gehe ich auch alleine, wenn ich niemanden finde, aber ich mach's gerne mit andern Leuten zusammen, weil ich denke, ich bin bei der Arbeit so viel alleine. (...) So in meinem freien Raum bin ich halt gerne mit andern zusammen, und zwar in zunehmenden Maße, und das möchte ich auch nicht missen." (Olga M. 106)

Um das Zusammensein mit anderen zu erreichen, bleibt den immer weniger werdenden LandwirtInnen oft nur, sich an die Zeitvorgaben der anderen Gruppen- und Vereinsmitglieder anzupassen. Keinerlei Koordinationsprobleme damit haben ihren Aussagen zufolge lediglich zwei der interviewten Landwirtinnen. Bei Gerda H. erklärt es sich aus der, bezogen auf die Arbeitszeit, günstigen Betriebsart und -organisation ihres Schweinezucht- und -mastbetriebes, die es ihr in der Regel ermöglichen, Abendtermine ohne Probleme wahrzunehmen. Auf meine Frage danach ruft sie erstaunt:

> "Ach, um Gottes Willen, also wir haben, um fünf ham wir Feierabend. (...) Ich mein, in der Ernte ist das en bißchen anders, (...) [aber] ich weiß das dann ja auch den ganzen Tag, ich kann mir das ja auch einrichten." (333)

Bei Claudia S. beruhen die günstigen Voraussetzungen der Freizeitgestaltung auf ihrem Umfeld, das noch stark landwirtschaftlich geprägt ist. Demzufolge sind noch weitere Mitglieder ihres Musikvereins aus dem landwirtschaftlichen Milieu und durch dessen Zeitvorgaben gebunden. Darauf wird sowohl bei den zweimal wöchentlich stattfindenden Proben als auch sporadischen Aufführungsterminen Rücksicht genommen.

> "Mir send also mehre Landwirt', des isch a großer Vorteil. Und dann braucht's also nur ä Wort, wenn irgend ä Uftritt tagsüber isch und bis sechse ganget, dann könne mir sage, des goat bei uns it und dann wird's akzeptiert. Des isch halt doch in so re Landgemoinde no andersch als in Stadtnähe. (...) Und in de Sommermonat isch es [das Proben, M.S.] au bloß oi Mol, in d'r Erntezeit. Da isch dann soviel Verständnis do, und dann tätet so viel fehle, daß überhaupt nit machbar isch." (146)

Hat sich in der Region Claudia S.s bis heute die Akzeptanz und das Interesse an der Landwirtschaft gehalten, so deutet sich im Umfeld von Monika T. dies in letzter Zeit wieder neu an.

> "Viele junge Leute, deren Großväter meinetwegen mal landwirtschaftliche Betriebe hatten, (...) haben eigentlich Interesse dadran und teilweise sind die Hofstellen auch noch da. (...) Also ich weiß bestimmt bei uns jetzt fünf junge Leute, so im Alter von, ach so um die 30 kriegen die auf einmal den Öko-Koller, sag ich immer und wollen dann wieder ä weng was anfangen. (...) Dann nehmen die das Feld wieder zurück und betreiben da selbst ä weng Landwirtschaft. Ich find das für uns gut, die Leut ham ne andre Einstellung dann ganz einfach zur Landwirtschaft. Und die gehn dann auch in die Wirtschaft[141]

141 Regionalspezifischer Begriff für Kneipe.

und da wird ganz anders über die Landwirtschaft gesprochen. Da ist plötzlich wieder Landwirtschaft das Thema. Und das find ich so toll." (394)

Monika T.s Betonung, daß es sich dabei um 'junge Leute', und damit um Personen ihres Alters handelt, läßt darauf schließen, daß sie die Hoffnung hat, in ihrem sozialen Umfeld wieder mehr Gleichgesinnte zu treffen, wenngleich festzuhalten ist, daß bislang nur junge Männer diesen Weg gegangen sind. Von Frauen wußte Monika T. nichts Vergleichbares zu berichten. Auch wenn es sich hierbei um eine Ausnahme handelt, so zeigt sie doch, daß die marginalisierte Position der landbewirtschaftenden Bevölkerung nicht unabänderlich, sondern durchaus aufhebbar ist.

Bezogen auf das öffentliche Engagement ist auffällig, daß unter den interviewten Landwirtinnen keine ist, die eine Funktion im Rahmen der Kirche ausübt, einer traditionellen Domäne von Frauen. Sollten sie, die Anspruch auf die Männerrolle in der Landwirtschaft erheben, sich bewußt von 'Kinder, Küche, Kirche' distanzieren? Wenn sich die Frauen auch von den Ehrenämtern fernhalten, so ist die Kirche doch für viele von ihnen von Bedeutung, wenn auch für die einen mehr: "Kirche spielt eigentlich ä große Rolle" (Monika T. 1503), und für die anderen weniger. Dies ist unabhängig davon, ob sie der evangelischen oder katholischen Kirche angehören, ob sie im ländlichen oder städtischen Milieu aufgewachsen sind. Eine Erklärung dafür ist die Tatsache, daß das soziale Leben in vielen Dörfern nach wie vor von den kirchlichen Traditionen und dem Einfluß der Institution Kirche stark geprägt ist. Selbst Frauen, die sich als "eigentlich ungläubig" bezeichnen, bewegen sich im kirchlichen Kontext, weil sich da die DorfbewohnerInnen treffen, öffentliche Räume zur Verfügung stehen und viele soziale Dienste angesiedelt sind. Das von den Frauen in Anspruch genommene Spektrum reicht vom Kindergarten über den einzigen Chor vor Ort bis hin zum Eine-Welt-Laden. In seiner Bedeutung für die befragten Frauen dominiert der soziale Aspekt von Kirche eindeutig den religiösen, wenngleich die Frage des Glaubens aus den Interviews nicht eindeutig zu bestimmen ist. Es zeigt sich am Beispiel von Tilly F., die im Kirchenchor singt:

> "I bin eigentlich gern in d'Kirch gange, und weil i au Luscht zum Singe hab, bin i damals zum Kirchechor gange." (36)

Auf eine religiöse Grundeinstellung läßt die Selbstverständlichkeit schließen, mit der die verheirateten Frauen kirchlich geheiratet haben. Der sonntägliche Kirchgang dagegen spielt nicht mehr die große Rolle, die er früher einmal gehabt hat.[142] Kann auch nicht eindeutig beantwortet werden,

---

142 So scheint sich die Religionsausübung der Landwirtinnen von der traditioneller Bäuerinnen, wie sie unter anderem Horsch (1988:32) beschreibt, zu unterscheiden: "Die Frauen stellen bis heute den Hauptteil der Kirchenbesucher, und gerade die Bäuerinnen gelten bis heute sehr ihrer Kirche und deren Werten verpflichtet und tendieren zu einer konservativen Grundhaltung, was Fragen wie Abtreibung u.a. anbetrifft."

inwieweit das normabweichende Verhalten der Landwirtinnen ihre soziale Integration erschwert, so ist nicht zu verkennen, daß ihre Teilnahme am kirchlichen Leben integrationsfördernd wirkt, worauf auch Ute K. hinweist:

"Ich bin vielleicht nicht so fromm, (...) [aber] das Dorfleben, das hat eigentlich immer was mit der Kirche zu tun. Wenn man das dann ablehnt, ich weiß nicht, ist man irgendwie ganz außen." (45)

Der Aspekt der Integration zeigt sich insbesondere für Frauen, die wie Sonja C. zur Ausübung ihrer landwirtschaftlichen Tätigkeit den Wohnort gewechselt haben und damit Zugezogene sind:

"Also die evangelische Kirchengemeinde ist da sehr aktiv, (...) und vom Martin der Vater ist auch noch Pastor, (...) der hat dann hier unsere Tochter getauft, und der Martin geht auch hin und wieder in die Kirche und so, also das führt halt alles dazu, daß die Leut uns nicht mehr so als fremde Individuen da ansehen (...) daß wir eigentlich so ziemlich mit dazugehören, zwar en bißchen als Außenseiter, aber das ist mir auch recht." (430)

Wie sich in diesem Zitat bereits andeutet, ergeben sich für zugezogene Landwirtinnen leicht Kontakte über ihre Kinder, an die dann in weiteren Zusammenhängen angeknüpft werden kann. Landwirtinnen, die infolge einer Partnerschaft zu einem 'einheimischen' Mann neu in die Gemeinde kommen, haben zusätzliche Möglichkeiten der Integration über ihren Partner.[143] Lediglich für eine von ihnen, Anne R., die von der Stadt aufs Land gezogen sowie mit einem ortsansässigen Landwirt verheiratet ist und drei Kinder hat, brachten alle diese Faktoren keine Erleichterung. Selbst nach zwölf Jahren weiß sie von anhaltenden Schwierigkeiten der Akzeptanz in ihrem unmittelbaren Umfeld zu berichten. Ihre sozialen Integrationsprobleme vor Ort führt Anne R. auf unterschiedliche Mentalitäten zurück:

"Also hier die ländliche Bevölkerung ist einfach extremer, richtig ran kommt man an die Leute nie, ne. (...) Und jeder drümmelt hier vor sich her. (...) Da muß man sich erstmal verdammt zurechtfinden (Lachen), man lernt es schnell, ne, man lernt es eigentlich schnell, nur, es geht sicher dann auch wieder was verloren von einem selber, ne." (1914)

Von Problemen der sozialen Integration sprechen allerdings nicht nur Landwirtinnen, die in ein Dorf zugezogen sind. Je nach Familiengeschichte können durch besondere Umstände auch Landwirtinnen aus alt eingesessenen Bauernfamilien davon betroffen sein, wie sich am Beispiel von Rita D. zeigt, deren Vater gestorben ist, als sie ein Jahr alt war:

"Wir als Kinder san eigentlich ganz weng ins Dorf auffe kemma, also aa net bei Vereine gween und so. Des is vielleicht aa durch des a weng kemma, daß d'Mama, die hat se a bißl selber isoliert durch des, daß se mit am verheirat'n Moo beinand war. (...) Und

143 Trotzdem verbringen auch diese Frauen ihre Freizeit nicht häufiger mit ihrem Lebenspartner als andere Landwirtinnen. Allgemein zeigte sich eine annähernde Gleichverteilung zwischen Freizeitaktivitäten, welche die Frauen alleine durchführen und solchen, die sie gemeinsam mit ihrem Partner unternehmen.

irgendwia san halt mir mitisoliert worn. Und so, also so ist das jetzt ganz guat, und i moan, mer lernt Leit kenna, die wo mer scho lang kennelerna müssat, die wo mer scho lang kenna sollt." (843)

Erst in jüngster Zeit, bedingt durch ihren gesellschaftlich äußerst stark engagierten Ehemann und ihre Kinder, sucht und findet Rita D. auch selbst engeren Kontakt zu den EinwohnerInnen ihres Heimatdorfes. Inwieweit ihre außergewöhnliche Berufswahl und die damit verbundene Überschreitung der Geschlechtergrenze einen Aspekt der Erschwernis darstellt, kann nicht eindeutig beantwortet werden. Keine der interviewten Landwirtinnen brachte eventuelle Schwierigkeiten vor Ort in Zusammenhang damit.

3.8.4 Urlaub - eine Selbstverständlichkeit für Landwirtinnen?

Zum Schluß möchte ich noch auf die gebündelte Form von Freizeit, den Urlaub, eingehen. Inwieweit besteht unter den Landwirtinnen der Wunsch zu verreisen? Wenn er besteht, wie schaffen sie sich die dafür notwendigen Voraussetzungen? Hinsichtlich dem Selbstverständnis, für sich selbst Urlaub zu beanspruchen, läßt sich unter den interviewten Frauen eine Trennlinie nach der Herkunft feststellen. So ist es für alle Frauen, die nicht in der Landwirtschaft aufgewachsen sind, eine Selbstverständlichkeit, zumindest einmal im Jahr zu verreisen. Diese Grundhaltung äußert sich auch in Heike B.s Bemerkung:

"Ein Landwirt, der in Winterurlaub fährt, der ist mir schon allein deswegen sympathisch." (80)

Hingegen variiert der Urlaubsanspruch und dessen Verwirklichung unter den Frauen aus dem landwirtschaftlichen Milieu erheblich und reicht von jährlich zwei Wochen Urlaub plus einigen Wochenenden bis dahin, daß eine der interviewten Landwirtinnen meinte, daß sie seit 17 Jahren keinen längeren Urlaub mehr gehabt hätte.[144] Des öfteren findet sich eine zusammenhängende Urlaubsdauer von einer Woche, die im Vergleich mit anderen Gesellschaftsgruppen relativ niedrig liegt, aber den Gewohnheiten anderer Frauen und Männer in der Landwirtschaft nahekommt.[145]

---

144 Dies stellt in der vorliegenden Untersuchung eher die Ausnahme dar, war 1979 allerdings noch für die meisten jungen Frauen in der Landwirtschaft Realität. Planck (1982) fand im Vergleich der Situation der Landjugend zwischen 1954 und 1979: "Die Urlaubssituation der in der Landwirtschaft tätigen Jugendlichen hat sich (...) während der Berichtszeit insofern verbessert, als der Anteil, der überhaupt keinen Jahresurlaub hatte, bei den männlichen Familienarbeitskräften von 83 % auf 32 % und bei den weiblichen von 75 % auf 56 % zurückging." (ebd.:122)

145 Vgl. Mrohs (1983:79) sowie Claupein/Günther (1991), die in ihrer repräsentativen Studie angeben: "Die befragten Bäuerinnen machen durchschnittlich 7,5 Tage Urlaub im Jahr. Etwa ein Drittel (35 %) macht jedes Jahr Urlaub, ein weiteres Drittel (33 %) macht keinen

Ein wesentlicher Aspekt, der es nicht wenigen befragten LandwirtInnen, sicherlich aber auch männlichen Berufskollegen, erschwert, längere Zeit in Urlaub zu fahren, ist die Finanzierung. Für LandwirtInnen kommen zu den Reisekosten weitere Kosten für die Vertretung der eigenen Arbeitskraft hinzu, insbesondere dann, wenn Tiere zweimal täglich zu versorgen sind. Bei Anne R., für die Urlaub selbstverständlich ist, kommt es über diesen Punkt zu Auseinandersetzungen mit ihrem Mann:

> "Wie gesagt, es geht schon, nur, er ist einfach nicht bereit, dafür Geld zu investieren, und zwar richtig Geld. Wenn man ne Ersatzkraft haben will, (...) die kann man bekommen, natürlich, doch die kostet sehr viel Geld, das ist klar." (1620)

Fachlich qualifiziertes Vertretungspersonal wird über den Betriebshilfsdienst vermittelt. Bislang spielen Urlaubsvertretungen allerdings keine große Rolle, was vor allem mit der hohen finanziellen Belastung der LandwirtInnen, zum Teil aber auch mit personellen Engpässen zu erklären ist. Zwar wurde der landwirtschaftliche Betriebshilfsdienst mittlerweile in ganz Deutschland ausgebaut, doch sind die darüber verfügbaren Aushilfskräfte gerade zu den Arbeitsspitzen in der Landwirtschaft rar und in erster Linie zum Einsatz in Krankheits- und Todesfällen vorgesehen. Maria L. hat sich deshalb als Ortsvorsitzende der LandwirtInnen dafür eingesetzt, daß am Landwirtschaftsamt ihres Kreises ein Modellprojekt für Urlaubsvertretungen durchgeführt wird:

> "Jetzt hat das Amt für Landwirtschaft einen Milch-Service eingerichtet, und da sind drei junge Landwirtschaftsmeister spezialisiert aufs Melken, wird über 5-b-Stelle gefördert[146], daß wir als Landwirte auch emal en verlängertes Wochenende machen können. Die kommen und füttern und melken. (...) En Betriebshelfer muß man voll bezahlen, und diese Leute muß man nur en Drittel oder was bezahlen." (1216)

Das Gros der Frauen kann auf einen solchen Service nicht zurückgreifen und versucht deshalb, individuell ihre Urlaubsvertretung zu organisieren und eine kompetente und vertrauenswürdige Ersatzkraft für diese Zeit zu finden. Bewirtschaftet die Landwirtin ihren Betrieb zusammen mit anderen Personen im Rahmen einer Betriebsgemeinschaft oder mit den Eltern und besteht nicht der Wunsch, mit diesen gemeinsam zu verreisen, dann gestaltet sich die Vertretung relativ einfach, weil die BetriebspartnerInnen für kurze Zeit die Aufgaben der Landwirtin zumeist übernehmen können. Für Gerda H. gehört diese Erleichterung der Vergangenheit an, was auf die Bedeutung des Familienzyklusses für die Bewirtschaftung eines Familienbetriebes verweist:

Urlaub (...) Die Urlaubsdauer liegt bei über der Hälfte der befragten Bäuerinnen unter sieben Tagen, wobei knapp 16 % sich mit 1-3 Urlaubstagen begnügen. Knapp 40 % machen 8-14 Tag Urlaub und knapp 4 % gönnen sich 15-21 Tage." (ebd.:83)

146 Im Rahmen des Europäischen Strukturfonds.

"Als die Kinder klein waren, sind wir dann schon mal zusammen so 14 Tage weggefahren. Da war dann halt die Mutter, das ging dann noch besser. Also das kann ich im Moment nit machen. Und es geht halt jetzt auch nur, wenn die Kerstin [ihre Tochter] zuhause ist. (...) Wir fahrn dann meistens nur drei Tage und dann im Frühjahr und im Herbst. Und wenn es paßt, im Sommer mal so en verlängertes Wochenende." (1059)

Neben den heranwachsenden Kindern werden die Frauen zum Teil auch von ihren Geschwistern bzw. den Geschwistern des Partners unterstützt. Das verweist noch einmal - neben der Hilfe für reproduktive Arbeiten - darauf, daß auch unter modernen Produktionsbedingungen familienwirtschaftliche Elemente wesentlich zum Funktionieren der Landwirtschaft beitragen.

Heike B., die nicht auf diese Unterstützung zurückgreifen kann, würde sich gerne entsprechende Strukturen außerfamiliär organisieren. Sie wünscht sich

"eine Person, die fest am Betrieb lebt, sich auf das Landleben einläßt, eben gegen Wohnung und etwas Geld ein wenig mitarbeitet und so eingeweiht in den Betrieb ist, daß sie jederzeit einspringen und die laufenden Arbeiten machen kann." (19)

Im vergangenen Jahr konnte sie mit ihrem Partner, mit dem sie gemeinsam einen Pachtbetrieb bewirtschaftet, und ihrem Kind für 14 Tage Urlaub machen,

"da hat ein Azubi die Vertretung gemacht, aber dieses Jahr haben wir keinen mehr." (19)

Es ist eine unter den interviewten Frauen häufiger gefundene Lösungsmöglichkeit, durch (ehemalige) Auszubildende, die mit den Betriebsabläufen vertraut sind und daher die Landwirtin vertreten können, ihren Urlaubsanspruch zu verwirklichen. In diesem Zusammenhang macht sich die Professionalisierung der Frauen äußerst positiv bemerkbar, denn hätten sie keine Ausbildungsberechtigung, würden sie auch keine Auszubildende zu ihrer Urlaubsvertretung haben. Auf diese Art und Weise können Landwirtinnen in den Genuß von Freizeitmöglichkeiten kommen, die vielen ihrer BerufskollegInnen verwehrt bleiben. So erhielt Rita D. durch eine fachlich kompetente Praktikantin die für sie einzigartige Möglichkeit, für vier Wochen zu verreisen.

"Wia Dagmar da war, da bin i zum Beispiel amoi, vier Wochen war i in Senegal unten. Da ham mir mit der Landjugend so an Austausch g'habt. Und vier Wochen war i vorher nie furt und das hab i dann amoi scho ausgnützt, also daß i da mitkenna hab und daß Dagmar da war, daß das so paßt hat." (180)

Allen Lösungsvarianten ist gemeinsam, daß die Urlaubszeit mit Zeiten der Verfügbarkeit der unterstützenden Personen abgestimmt werden muß. Durch die Wetterabhängigkeit der Landbewirtschaftung und die jährlich wechselnden Witterungsbedingungen kann der optimale Zeitpunkt der Abwesenheit nur annäherungsweise bestimmt werden. Dies erfordert eine hohe Flexibilität seitens der Landwirtinnen sowie ihrer VertreterInnen.

Selbstverständlich ist dabei für die Landwirtinnen, in einer arbeitsärmeren Zeit zu verreisen, was je nach Betriebsart und angebauten Früchten variiert. Für Monika T. ist die Zeit um Pfingsten die günstigste Urlaubszeit:

> "Rüben ham wir nit, und insofern ist halt Pfingsten das meiste abgeschlossen. (...) später kann ich dann nit mehr fort. Und feriengebunden bin ich ja wegen meinem Sohn auch." (144)

Von den angestellten Landwirtinnen wird ebenfalls erwartet, und ihren Aussagen zufolge auch voll akzeptiert, daß sie bei ihrer Urlaubsplanung auf die Vegetationsrhythmen und die damit verbundenen Arbeitsspitzen in der Landwirtschaft Rücksicht nehmen.

> "Wenn grad die Ernte in vollem Gang ist, dann fahrn wir auch nit weg. Unsern Jahresurlaub, also wir fahrn halt zwei Wochen jedes Jahr weg, machen wir meistens im Frühjahr so, jetzt warn wir in den Osterferien." (Sonja C. 932)

Elke J., die beim Betriebshilfsdienst angestellt ist, verweist beim Thema Urlaub auf die notwendige Akzeptanz ihres Partners, der als Ingenieur arbeitet:

> "Er weiß eben, wie es in der Landwirtschaft aussieht und weiß, wenn ich jetzt Ernte hab, daß dann echt viel zu tun ist. Das ist, denk ich, sehr wichtig. Als er studiert hat, hatte er Semesterferien, war Ernte im Sommer, da konnt ich nie in Urlaub fahren. Bis wir mal zusammen in Urlaub fahren konnten, das dauerte schon etwas." (781)

Dennoch kann akzentuiert werden, daß der Angestelltenstatus den Frauen hinsichtlich der Möglichkeit zu verreisen eindeutige Vorteile bringt. Als besonders urlaubsfreundlich stellt sich dabei das Rollentauschmodell von Sonja C. und ihrem Partner heraus, bei dem jeweils eine(r) von ihnen als Angestellte(r) eines Gutshofes arbeitet und der/die andere sich um Kinder und Haushalt kümmert.

> "Das ist auch so, daß derjenige, der nicht arbeitet, dann auch noch mal Extra-Urlaub macht mit den Kindern. Der Martin war letztes Jahr drei Wochen mit den Kindern und seinen Eltern weg, (...) ich fahr jetzt im September nochmal mit den Kindern und meiner Freundin weg, und der Martin arbeitet dann halt." (937)

Auf diese Art und Weise kommen die Kinder gemeinsam mit einem Elternteil in den Genuß einer überaus langen Urlaubszeit, eine Seltenheit unter Beschäftigten in der Landwirtschaft.

In den Fällen, in denen Landwirtinnen sowohl schulpflichtige Kinder als auch einen eigenen landwirtschaftlichen Betrieb haben, berichten die Frauen von Konflikten zwischen ihren betrieblichen und familialen Interessen, die oft nur schwer und mit hohen Kosten in Einklang zu bringen sind. Letztendlich gehen meistens betriebliche Interessen vor, so daß die Kinder das Nachsehen und die Mütter ein schlechtes Gewissen ihnen gegenüber haben, daß sie ihnen eine Urlaubsreise nicht mit der gleichen Selbstverständlichkeit und Zuverlässigkeit wie andere Eltern bieten können. So fand sich nur eine Landwirtin, die sich über die wirtschaftlichen Zwänge aller Art hinweggesetzt und einer Urlaubsreise mit ihren Kindern oberste Priorität eingeräumt hat.

> "Für mich ist wichtig, die Kinder erleben einen ganz anders im Urlaub. Die haben eigentlich, grad im Sommer, wenn ich dann in den Himbeeren bin, die haben wirklich, ich bin ja wirklich kaum hier, immer unterwegs, ne, und irgendwo sind die Kinder mir sehr wichtig und ich denk, wenn ich denen, ne Woche wenn ich mich mit denen beschäftige und Zeit hab für die, das kann denen unheimlich viel geben, ne, und mir persönlich auch. Und dann, die Kinder werden so schnell groß, ich will das nicht verpassen, ne." (Anne R. 1635)

Es ist bezeichnenderweise eine Frau mit städtischer Herkunft, die mit diesem Entschluß einen grundsätzlichen Konflikt mit ihrem bäuerlich sozialisierten Mann, mit dem sie einen landwirtschaftlichen Pachtbetrieb gemeinsam bewirtschaftet, heraufbeschworen hat, indem sie allein mit ihren drei Kindern für eine Woche verreist ist,

> "mitten in der Weizenernte (Lachen), aber es ging nicht anders, ne. (...) Eigentlich war mein Mann ziemlich allein, aber das hatt' ich dem gesagt, ich fahr' dieses Jahr in Urlaub mit denen. (...) Er ist schon sauer, weil er hat dafür kein Verständnis, ne, er meint, er sieht nicht ein, warum Urlaub für mich so wichtig ist oder für die Kinder. (...) Aber wenn er in Urlaub ist, genießt er es sehr. Er ist der einzige, der nie an zuhause denkt und spricht, ne. Das ist so vorgeschoben, ne, ich denk', das ist richtig anerzogen und so en Spruch ist das einfach nur, (...) daß man das nicht braucht, nur die Städter brauchen das." (1604)

Mag auch das relativ hohe Alter von Anne R.s Ehemann für die Zuspitzung des Konfliktes eine Rolle spielen, so spiegelt dieser Fall doch die unterschiedlichen Wertehaltungen der Frauen aus landwirtschaftlichem und nicht-landwirtschaftlichem Milieu der Tendenz nach wider.[147]

Von einer anderen bemerkenswerten Entwicklung in bezug auf Urlaub erzählt Tilly F. Konnte sie es früher unbeschwert genießen, weg vom Betrieb und unterwegs zu sein, so stellt sich bei ihr mit zunehmendem Alter ein Gefühl der Verantwortung ein, das es ihr schwer macht zu verreisen:

> "Früher bin i oft es Wochenend zum Schifahr'n gange, aber heit geht mer's scho wia der Mama, daß i gar nimmer geara wegfahr, vor allem länger wegfahr, weil i Angscht hab, daß ebbes passiert, und was wär dann mit em Hof?" (74)

Dieses Beispiel zeugt von Resten eines traditionellen Hofdenkens, das sehr tief verwurzelt ist und damit auch in der Gegenwart noch dazu beiträgt, daß Landwirtinnen mit einer an modernen Gesichtspunkten orientierten Profes-

---

147 Da das Durchschnittsalter der befragten Landwirtinnen bei 30 Jahren liegt, kann kein Generationenvergleich durchgeführt werden. Von den drei interviewten Landwirtinnen, die über 40 Jahre alt und alle seit ihrer Kindheit landwirtschaftlich sozialisiert sind, ist für zwei der jährliche Urlaub selbstverständlich, wenn auch den jeweiligen Umständen entsprechend unterschiedlich lange. Die dritte von ihnen war dagegen seit 17 Jahren nicht mehr verreist.

sionalisierung nicht vollständig, sondern nur teilweise an den gesellschaftlichen Entwicklungen der zunehmenden Freizeitorientierung, Mobilisierung und Beschleunigung mit ihren Vor- und Nachteilen partizipieren. Bei Doris K. zeigt sich dasselbe Moment, wenn sie fragt:

> "Wohin soll ich fahren, ich will nicht weg." (173)

Während eines Auslandspraktikums hat sie so starkes Heimweh empfunden, daß sie seitdem nicht mehr das Bedürfnis hat, "groß von zuhause weg zu sein" (175). Wie auch immer dies für die einzelne Person einzuschätzen ist, nicht unerheblich ist die Tatsache, daß auf diese Art und Weise Reste einer Lebenskultur erhalten werden, die sich unter ökologischen Aspekten vielleicht noch einmal als sinnvoll herausstellen.

4. Die Landwirtschaft als Berufsfeld für Frauen. Zusammenfassende Überlegungen

Die vorliegende Studie läßt sich durch ein dreifaches Anliegen charakterisieren. Sie versteht sich als Beitrag zur Land- und Agrarsoziologie, die den Strukturwandel der Landwirtschaft und des ländlichen Raums aufmerksam verfolgt und versucht, den Forschungs- und Diskussionshorizont um bislang übersehene Gruppen und gesellschaftskritische Themen zu erweitern. Die theoretische Verortung der Untersuchung liegt in der sozialwissenschaftlichen Frauenforschung, die das hierarchische Geschlechterverhältnis als konstitutiv für die Organisation unserer Gesellschaft und die geschlechtsspezifische Aufteilung von Arbeit und Verantwortung als herrschaftsstabilisierend betrachtet. Das empirische Spektrum dieser Wirkungsmechanismen wird mit dem Fokus auf die Landwirtschaft und den Selbständigenstatus erweitert. Darüber hinaus lege ich mit dieser Arbeit den sozialen Ursprung von vielen Problemen offen, mit denen Grenzüberschreiterinnen in der Landwirtschaft konfrontiert sind. Damit möchte ich sie sowie zukünftige Landwirtinnen ermutigen, sich selbstbewußt und vehement für ein Leben nach ihren Vorstellungen und Wünschen einzusetzen.

Das erkenntnisleitende Interesse dieser Untersuchung ist die Frage, wie sich zum einen der Lebensalltag von Frauen in landwirtschaftlichen Betrieben und zum anderen das Geschlechterverhältnis in den landbewirtschaftenden Familien gestaltet, wenn die Frauen die traditionelle Männerrolle in der Landwirtschaft für sich beanspruchen. Vor dem Hintergrund der Theorie der sozialen Konstruktion der Zweigeschlechtlichkeit zeichnete ich zunächst am Beispiel der Ausbildung in der Landwirtschaft nach, welche Anstrengungen unternommen werden, die Geschlechtergrenze und damit die getrennten Arbeits- und Verantwortungsbereiche für Frauen und Männer in der Landwirtschaft aufrechtzuerhalten und so das Machtverhältnis zugunsten der Männer zu stabilisieren. In den darauffolgenden Darstellungen konnte gezeigt werden, daß Unverständnis bis hin zu Widerstand alltägliche Erfahrungen von Landwirtinnen sind, wenn sie nicht nur eine für Frauen in der Landwirtschaft unübliche Rolle mit erweiterten Möglichkeiten für ein selbstbestimmtes Leben beanspruchen, sondern damit weitgehend auch ablehnen, die den Frauen zugeschriebene Arbeit und Verantwortung zu übernehmen.

Ihre vom traditionellen Konzept der bäuerlichen Familienwirtschaft abweichenden Lebens- und Arbeitsvorstellungen haben sowohl Auswirkungen auf ihre eigene Biographie als auch auf ihr unmittelbares soziales Umfeld. Landwirtinnen müssen zur Verwirklichung ihrer Lebenspläne die Geschlechtergrenze in der Landwirtschaft überschreiten und werden damit zu Initiatorinnen eines gesellschaftlichen Wandels im landwirtschaftlichen

Milieu. Umgekehrt gilt es, nicht zu verkennen, daß die Reaktionen der Mitmenschen und strukturelle Bedingungen auf die beruflichen Gestaltungsmöglichkeiten der Landwirtinnen und den Verlauf ihrer Biographien einwirken. Erst die Berücksichtigung der Analysekategorie Geschlecht läßt diese Zusammenhänge offensichtlich werden.

In einer Gesellschaft, die von der Zweigeschlechtlichkeit geprägt und dem Gleichheitstabu bestimmt ist, entstehen Reibungen, wenn einzelne Gesellschaftsmitglieder mit ihrer Berufsentscheidung die bestehende Geschlechtergrenze nicht akzeptieren. Es konnte herausgearbeitet werden, daß sowohl Institutionen als auch Individuen als TrägerInnen, VermittlerInnen und ReproduzentInnen gesellschaftlicher Wertemuster eine wesentliche Rolle dafür zukommt, daß den Landwirtinnen während ihrer Berufsausbildung und -ausübung Probleme erwachsen, die mit der hierarchischen Geschlechterordnung und den davon bestimmten Geschlechtergrenzen zusammenhängen. Durch die Untersuchung hat sich erwiesen, daß die günstigen Bedingungen des Selbständigenstatus, der räumlichen Nähe von Produktions- und Reproduktionsarbeit, gleicher beruflicher Voraussetzungen und finanzieller Ebenbürtigkeit von Frau und Mann in einem landwirtschaftlichen Betrieb nicht ausreichen, Frauen ihre berufliche Selbstverwirklichung in einem ihnen nicht zugedachten Gebiet zu ermöglichen und ein selbstbestimmtes Leben zu führen. So verschieden die Konfrontationen und Umgangsmöglichkeiten mit den errichteten Geschlechtergrenzen sind, so unterschiedlich und teilweise widersprüchlich gestaltet sich auch das Leben der einzelnen Landwirtin als Grenzüberschreiterin vom Zugang über die Ausbildung bis hin zum beruflichen Selbstverständnis in der Landwirtschaft.

In diesem breiten Spektrum individueller Handlungsräume ließen sich mithilfe der verwendeten Forschungsmethode der Grounded Theory spezifische Zusammenhänge zwischen persönlichen Ressourcen, strukturellen Momenten und Interaktionsmustern aufdecken, die sich über Einzelfälle hinweg verallgemeinern lassen. Neben den Chancen und Risiken der Grenzüberschreitung für die Landwirtinnen konnte dabei fokussiert werden, wo in landwirtschaftlichen Kreisen Veränderungspotentiale in bezug auf das Geschlechterverhältnis liegen.

Mit der vorliegenden Studie ist es allerdings nicht möglich, allgemeine Aussagen zu treffen, die für bestimmte Gruppen von Landwirtinnen generalisierbar sind. Zwar lassen sich für einzelne Bereiche - wie der Zugang zum Beruf, Ausbildungserfahrungen oder Urlaubsansprüche - Unterschiede zwischen Frauen, die auf einem Hof aufgewachsen sind, und Frauen von außerhalb des landwirtschaftlichen Milieus finden. Aber diese Differenzierung erweist sich als nicht haltbar für alle Untersuchungsaspekte. Ebenso verhält es sich für die Unterscheidung der Töchter landbewirtschaftender Familien nach früh geförderten und denen, die zunächst berufliche Umwege gehen mußten. Eine Typisierung nach Altersgruppen ist unter zwei Aspekten hinfällig: zum einen angesichts des relativ neuen Phänomens professioneller Landwirtinnen und der geringen Repräsentanz von nur acht Frauen in meinem Sample, die älter als 35 Jahre sind (bei insgesamt 53 befragten Frauen). Zum anderen aufgrund meiner Fragestellung, die maßgeblich an Erfahrungen der Berufspraxis orientiert ist, an der es jungen Landwirtinnen oft noch mangelt.

Die vorliegende Untersuchung zeigt, daß sich mit der Überschreitung der Geschlechtergrenze in der Landwirtschaft für die Landwirtinnen neue Handlungsspielräume, aber auch Konfrontationen und Auseinandersetzungen verbinden. Mit diesem Schritt erweist sich ihr 'anderes' Geschlecht als einflußnehmendes, bestimmendes Moment für ihren weiteren Lebenslauf. Zunächst geben viele der befragten Frauen zu verstehen, daß für sie selbst ihre Geschlechtszugehörigkeit hinsichtlich ihrer beruflichen Vorstellungen nicht von Belang gewesen war, und sie sich von ihrem starken Interesse an den Inhalten der landwirtschaftlichen Arbeit leiten ließen. Allerdings verweisen zwei Ergebnisse auf die eingeschränkten Optionsmöglichkeiten der Töchter landbewirtschaftender Familien. Sie wurden insbesondere dann von Kind auf in ihren landwirtschaftlichen Ambitionen gefördert, wenn sie keine Brüder hatten, somit das konkurrierende männliche Geschlecht in der Familie nicht präsent war und auch keine Bevorzugung aufgrund von Traditionen erfahren konnte. In den meisten Fällen, in denen Frauen in ihren Ambitionen nicht unterstützt wurden, hatten sie erst dann die Chance, den elterlichen Betrieb zu übernehmen, wenn ihre Brüder keinen Anspruch (mehr) darauf erhoben. Dennoch weisen die Landwirtinnen zurück, Trägerinnen des traditionellen Hofdenkens zu sein und legen nachdrücklich Wert auf ihre individuelle Entscheidung für den Beruf der Landwirtin. Auch bezogen auf die Fortführung ihres eigenen Lebenswerkes ist festzustellen, daß nicht der Hof, sondern zunehmend das Individuum, wie die persönlichen Neigungen eines Kindes, im Vordergrund der Überlegungen zur Betriebsweiterführung stehen. Mit den Geschlechtsrollen scheint somit auch das Hofdenken gebrochen zu sein. Die Individualisierung verstärkt den Strukturwandel in der Landwirtschaft.

Die nach wie vor weitverbreitete Benachteiligung der Töchter landbewirtschaftender Familien zeigte sich desweiteren in bezug auf das Hoferbe. Bis auf eine Ausnahme durchbrachen die betreffenden Landwirtinnen erstmals die patrilineare Vererbungspraxis in ihrer Familie. Sie sind damit Privilegierte in unserer Gesellschaft, in der Frauen nach wie vor nur eingeschränkten Zugang zu Kapital und anderen Ressourcen haben. Als solche hatten sie denn auch zu erleben, daß sich an den Besitz eines Hofes nicht nur Gestaltungs- und Zugangsmöglichkeiten zu weiteren finanziellen Mitteln knüpfen. Einige, wenn auch wenige, Frauen bekamen Neid und Mißgunst von Männern in der Form zu spüren, daß diese versuchten, ihnen den Erwerb weiterer Produktionsmittel zu vereiteln. Es deutet sich an, daß Männer auf Männerbünde vertrauen können, um ihre Privilegien zu sichern, womit ein weiterer Hinweis auf die Bedeutung des Geschlechts als Mittel der Statuszuweisung gegeben ist.

Weitere diskriminierende Erfahrungen aufgrund ihres Geschlechts machten die Frauen in den Institutionen Arbeitsamt, Landwirtschaftskammer bzw. -amt und Berufsschule. Die Frauen, die nicht in der Landwirtschaft aufgewachsen sind und den Zugang zu diesem Berufsfeld über eine Ausbildung gefunden haben, machen hier ihre ersten Diskriminierungserlebnisse in landwirtschaftlichen Zusammenhängen. Es wurde offenbar, daß BeraterInnen und LehrerInnen nicht nur als VertreterInnen ihrer Institutionen, sondern auch als ReproduzentInnen des hierarchischen Geschlechterverhältnisses fungieren. Die angehenden Landwirtinnen unterstützen indirekt dieses System, wenn sie die Widersprüche zwischen ihrer Geschlechts- und Berufsrolle während der Ausbildung nicht wahrnehmen (wollen). Ein interessanter Nebeneffekt der Vorurteile gegenüber Frauen in der landwirtschaftlichen Ausbildung besteht darin, daß der Ehrgeiz der Frauen angestachelt wird und sich unter den Besten der AbsolventInnen häufig die wenigen Frauen eines Jahrgangs befinden.

Eine weitere Stabilisierung der existierenden gesellschaftlichen Verhältnisse kommt indirekt dadurch zum Tragen, daß die Professionalisierung ihres Interesses an der Landwirtschaft und das über die Institutionen vermittelte Bildungswissen unter den Frauen einen hohen Stellenwert genießen. Worin einige Frauen Pionierinnen sind, was sich meines Erachtens aber für zukünftige LandwirtInnen verallgemeinern läßt, ist die angesichts der schnellen Entwicklung der in der Landwirtschaft angewandten Arbeitstechniken und Technologien zunehmende Bedeutung von Datennetzwerken und audiovisuellen Medien, was eine Umdeutung des Erfahrungswissens zur Folge haben dürfte. Eine kritische Haltung gegenüber dem technologisch und wissenschaftlich orientierten ExpertInnenwissen war unabhängig von ihrer Herkunft und ihrer Ausbildung bei den Frauen zu finden, die sich für alternative Formen der Landbewirtschaftung interessieren. Es bedeutet nicht, daß sie auf die vom Markt zur Verfügung gestellten technischen Hilfsmittel verzichten, doch hinterfragen sie deren Nutzen stärker als ihre Berufskolleginnen. Wie bereits oben erwähnt, ist der Anteil der befragten Landwirtinnen, die ökologisch wirtschaften, mit 25 Prozent äußerst hoch. Er steht einem Anteil von einem Prozent ökologisch ausgerichteter Betriebe unter allen westdeutschen landwirtschaftlichen Betrieben gegenüber. Im Anschluß daran wurde die Hypothese herausgearbeitet, daß das verbindende Element des AußenseiterInnenstatus eine Erklärung dafür sein könnte, daß so viele Landwirtinnen ihren Betrieb nach Richtlinien ökologischer Anbauverbände bewirtschaften.

Hinsichtlich der Arbeitsbewältigung begegnen Landwirtinnen häufig Vorurteilen in bezug auf ihre Körperkraft. Ein selten bedachtes Argument ist, daß sich in Wirklichkeit die körperliche Leistungskraft nicht strikt nach Geschlechtern differenzieren läßt. In ihrem Berufsalltag konnten die befragten Frauen zum einen ihre körperliche Kondition steigern, zum anderen favorisieren sie eine unkonventionelle Organisation körperlich anstrengender Arbeiten und eine möglichst weitreichende Technisierung von Arbeitsgängen. In den Interviews erwähnten auffallend viele Frauen ihre Begeisterung für Schlepperarbeiten. Der versierte Umgang mit technischen Maschinen und Geräten gehört für sie, die Anspruch auf die traditionelle Männerrolle in der Landwirtschaft erheben, zu ihrem beruflichen Selbstverständnis. Mit ihrer diesbezüglichen Souveränität rühren sie an ein Tabu, zählt doch der Schlepper in landwirtschaftlichen Kreisen als Symbol für Männlichkeit. Es kann somit herausgestellt werden, daß an diesem Punkt für Frauen die Möglichkeit besteht, die Reproduktion der tradierten Geschlechterzuschreibungen zu verweigern und damit Einfluß auszuüben auf eine gesellschaftliche Entwicklung, welche die Zuordnungen zu den Kategorien Frau und Mann nachhaltig verändert. Einschränkend gilt hinzuzufügen, daß das Gros der befragten Frauen den Instandhaltungsbereich der Landtechnik auch weiterhin den Männern überläßt. Er erweist sich als letzte Bastion der Männerdomäne in der Landwirtschaft.

Ansonsten fand sich kein durchgängiges Muster der Aufteilung von Arbeit und Verantwortung, wenn eine Frau und ein Mann gemeinsam einen Betrieb bewirtschaften. Den interviewten Frauen zufolge beruht dies darauf, daß persönliche Neigung und Erfahrung als zuweisende Kriterien im Vordergrund stehen. Von einer geschlechtsspezifischen Aufgabenteilung in Stall und Feld kann also nicht gesprochen werden. Sie zeigt sich allerdings dann, wenn die reproduktiven Aufgaben in Haus und Familie sowie Freizeitaspekte in die Betrachtung miteinbezogen werden. Dies ist vor allem deshalb kritisch zu bewerten, weil viele Partner der befragten Landwirtinnen eine landwirtschaftliche Ausbildung haben, so daß beide die gleichen beruflichen Voraussetzungen für die traditionelle Männerrolle einerseits und fehlende professionelle Kenntnisse für die traditionelle Frauenrolle andererseits haben. Hinzu kommen in landwirtschaftlichen Betrieben wie bereits erwähnt der Selbständigenstatus, die Nähe von Produktion und Reproduktion und die häufig zu findende rechtliche und damit finanzielle Gleichstellung im Betrieb, die eine Gleichverteilung durchaus begünstigen. Doch wie sich herausstellte, ist der Anspruch der Frauen auf eine unkonventionelle Verteilung aller anfallenden Arbeiten wesentlich stärker als der ihrer Partner. Er fand sich durchgängig bei den Frauen mit einem höheren Bildungsabschluß und/oder denjenigen, die außerhalb des landwirtschaftlichen Milieus aufgewachsen sind. Nur wenigen gelingt es, mit ihren Partnern die Gleichverteilung auf Dauer zufriedenstellend zu praktizieren. So fand sich nur eine egalitär orientierte Partnerschaft, die alle Aufgabenbereiche umfaßte. Viele Paare hatten zunächst den Anspruch darauf, doch in der landwirtschaftlichen Alltagswirklichkeit, insbesondere nach der Geburt von Kindern, verlor er sich mehr und mehr. Einige Frauen haben schließlich akzeptiert, daß sich mit ihrem Partner eine gleichberechtigte Partnerschaft auf allen Ebenen nicht verwirklichen läßt. Um das gemeinsame Betriebsprojekt nicht zu gefährden, lassen sie sich immer stärker auf die traditionelle Frauenrolle in der Landwirtschaft ein, versuchen dabei jedoch, andere Talente von sich auszubauen. Somit bleibt festzuhalten: bis auf eine Ausnahme verlief die Entwicklung zu Lasten der beruflichen Selbstverwirklichung der Frauen. Über ihre Partner werden die gesellschaftlich üblichen Rollenerwartungen gegenüber Frauen und damit ihre Mehrfachbelastung sehr subtil wirksam. Wenn die Landwirtinnen bei Sorge- und Pflegearbeiten eine Entlastung erfahren, dann durch die weiblichen Mitglieder ihrer Herkunftsfamilie. Reproduktionsaufgaben bleiben somit in der Verantwortung von Frauen wie in vielen anderen sozialen Milieus auch.

Als hätten die Frauen dieses Manko geahnt, vollzog sich ihre Annäherung an eine gemeinsame Lebensplanung mit einem Mann auffallend häufig sehr langsam. Als eine Verschärfung des Problems erwies sich die von außen betrachtet günstige Lage, daß beide einen existenzfähigen Betrieb übernehmen konnten. Aus ihrer spezifischen beruflichen Situation ergaben sich Konkurrenzkonflikte, die dazu führten, daß beide sehr lange zögerten, in einigen Fällen sogar darauf verzichteten, eine Lebens- und Arbeitsgemeinschaft verbindlich einzugehen. Ich möchte akzentuieren, daß sich die Verknüpfung von Liebes-, Arbeits- und Besitzverhältnissen in einer Beziehung bei gleichen Voraussetzungen phasenweise als sehr befriedigend, aber auch als äußerst brisant und konfliktträchtig erweisen kann. Unter diesen Umständen ist eine noch höhere Auseinandersetzungs- und Kompromißbereitschaft erforderlich als in Beziehungen, die nicht auf einer derart engen Verknüpfung von Lebensbereichen basieren.

Auch im Rahmen ihrer Geschäftsbeziehungen ist der Kontakt zu Männern selbstverständlicher Bestandteil des beruflichen Alltags von Landwirtinnen. Im Gegensatz zur Komplexität der privaten Beziehungen scheint es für die Frauen hier leichter zu sein, das übliche Muster zwischen den Geschlechtern zu variieren. Mag es zu Beginn Männern in ihrer Funktion als Berater oder Geschäftspartner noch gelingen, die Frauen zu bevormunden bzw. ihnen gegenüber den eigenen Maßstab durchzusetzen, so variieren die Umgangsweisen mit zunehmender Berufserfahrung und Betriebsverantwortung der Landwirtinnen immer stärker und reichen soweit, daß auch die Frauen ihre Macht ausspielen.

Berufskolleginnen und Geschäftspartnerinnen sind selten. Im Unterschied zu den Ausbildungszeiten vermissen die Landwirtinnen in ihrem Berufsalltag das Zusammentreffen mit gleichgesinnten Frauen. Wie sich ihnen im Laufe der Zeit und mir im Laufe der Untersuchung immer stärker gezeigt hat, bedeutet es für sie als Frauen in unserer Gesellschaft etwas anderes als für Männer, den Beruf der LandwirtIn zu erlernen und auszuüben. Sie müssen ein eigenes professionelles Selbstverständnis entwickeln und ihre spezifische Rolle als Landwirtin gestalten. Eine eigene, fachliche sowie persönliche Gesprächskultur kann sich dafür als hilfreich erweisen. Wie sich insbesondere in der Gruppendiskussion herausstellte, können die Frauen über den Austausch ihrer spezifischen Probleme und Erfahrungen sich ihrer selbst als Landwirtin versichern und damit gegenseitig zur Stärkung ihres Selbstbewußtseins beitragen.

Beides ist wesentlich dafür, daß Frauen auch zukünftig Lust und Mut verspüren, den gesellschaftlich notwendigen Bereich der Landwirtschaft mitzutragen und mitzugestalten. Angesichts zurückgehender Auszubildendenzahlen einerseits und der Notwendigkeit gutausgebildeter LandwirtInnen für die mithilfe von Wissenschaft und Technik immer komplexer werdende Erzeugung von Lebensmitteln andererseits, zeichnen sich für Frauen gute Chancen im Berufsfeld Landwirtschaft ab. Es gilt jedoch zwei entscheidende Aspekte dabei zu berücksichtigen: In den letzten Jahrzehnten wurden die Rahmenbedingungen für die Landwirtschaft zunehmend von der europäischen Agrarpolitik festgelegt. Viele LandbewirtschafterInnen erleben diese Entwicklung als eine Bevormundung und eine Verschlechterung ihrer Arbeitsbedingungen. Auch ein massiver Strukturwandel, dem viele Betriebe zum Opfer fallen, ging und geht noch immer damit einher. Sollte sich die Eroberung der traditionellen Männerrolle in der Landwirtschaft als Berufsfeld für Frauen also eher als eine problematische denn eine wünschenswerte Emanzipationsmöglichkeit herausstellen? Der Vielfalt der beruflichen und betrieblichen Bedingungen der Landwirtinnen und meiner Einschätzung zufolge, hat ein Großteil der befragten Frauen durchaus gute Chancen, Trägerinnen der derzeitigen agrarpolitisch forcierten Entwicklung der Landwirtschaft zu sein und davon zu profitieren. Dies sind auf der einen Seite Frauen, die sich am technisch-innovativen, rationell-ökonomischen Fortschritt orientieren, und auf der anderen Seite relativ viele Frauen, die dem ökologischen Landbau zugeneigt sind. Den letztgenannten würde zugutekommen, wenn die zunehmenden Forderungen der VerbraucherInnen nach Lebensmitteln, die der Gesundheit förderlich sind, aber auch umweltverträglich produziert werden, weitere agrarpolitische Konsequenzen nachsichziehen würden. Dennoch steht zu erwarten, daß sich Industrie- und Wirtschaftsunternehmen des Lebensmittelbereichs weiterhin mit ihren Forderungen nach Rationalisierung und Technologisierung durchsetzen werden, so daß dem entgegengesetzten Pol ebenfalls Rechnung getragen würde. Ein spannungsgeladenes Spektrum an Möglichkeiten der Landbewirtschaftung wäre die Folge, in dem sich Landwirtinnen sowohl im Status der Selbständigen als auch der Angestellten Berufsgelegenheiten bieten. Inwieweit es den Frauen zum Vorteil gereichen könnte, bleibt eine Frage der agrarpolitischen Optionen, und diese sind sehr ungewiß, ein nicht kalkulierbarer Faktor.

Desweiteren ist zu erinnern, daß viele der Probleme und Hindernisse, die Landwirtinnen bei ihrer Berufsausbildung und -ausübung erleben, auf die geschlechtshierarchische Gesellschaftsordnung zurückzuführen sind. Die daran geknüpften Wertemuster werden seitens der Agrarpolitik, vieler Institutionen und Mitmenschen unterstützt und alltäglich reproduziert. Selbst Frauen, die wie die Landwirtinnen auf einem Gebiet dieses System boykottieren, wirken auf anderen Ebenen an seiner Stabilisierung mit. Es wurde gezeigt, daß Veränderungen nur ansatzweise, langsam und mühevoll seitens der Frauen in die Wege geleitet werden konnten, die an ihren ursprünglichen Vorstellungen von Gleichberechtigung festhielten. Es bedarf weiterer Beratungs- und Bildungsarbeit, um das Bewußtsein für diese Problematik bei Frauen und Männern zu schärfen und Umsetzungsmöglichkeiten eines selbstbestimmten Lebens für beide Geschlechter zu entwickeln und aufzuzeigen. Als Voraussetzung erscheint mir unabdingbar, das Geschlechterverhältnis im landwirtschaftlichen Milieu zu thematisieren und sich kritisch damit auseinanderzusetzen. Ein entsprechendes Angebot könnte von den Berufsvertretungen, Heimvolkshochschulen sowie von Landwirtschaftskammern bzw. -ämtern ausgehen. Außerdem ist es empfehlenswert, psychosoziale Aspekte bereits im Rahmen der Ausbildung zu erörtern. Auf die Schwierigkeiten unter den Bedingungen des Agrarstrukturwandels muß nicht nur mit einer ökonomischen, sondern auch mit einer umfassenden Lebensberatung reagiert werden. Neu zu überlegen ist, die sogenannte männliche und weibliche, die landwirtschaftliche und die ländlich-hauswirtschaftliche Ausbildung zusammenzuführen, um einerseits Frauen profunder in die landwirtschaftliche Betriebsführung und -leitung, und andererseits Männer stärker in Sorge- und Haushaltstätigkeiten einzubinden.

Zur Unterstützung solcher Bemühungen bedarf es weiterer Forschungen. Die hier präsentierten Untersuchungsergebnisse bieten Ansatzpunkte, die den Männern zugeschriebene Rolle in der Landwirtschaft neu zu bewerten. Das Geschlechterverhältnis in landbewirtschaftenden Familien gilt es anhand weiterer Facetten und aus der Sicht der Männer zu analysieren. Neue Aspekte der Grenzüberschreitung können sich auch aus der weiteren Beobachtung der Biographieverläufe der Landwirtinnen ergeben. Um die zukünftige Entwicklung besser einschätzen zu können, wäre zu fragen, welche Geschlechtsrollenbilder die Landwirtinnen an ihre Kinder weitergeben.

Keine Berücksichtigung fanden in der vorliegenden Arbeit Frauen, die aus der Berufslaufbahn Landwirtin ausgestiegen sind. Eine Untersuchung dieser Frauengruppe verspricht weiterführende Erkenntnisse über Verhinderungsstrukturen für Landwirtinnen. In der ostdeutschen Landwirtschaft arbeiteten die Frauen unter anderen Bedingungen, sowohl in sozialer als auch produktionstechnischer Hinsicht. Es stellt sich die Frage, welche Unterstützungs- und Verhinderungsmomente in ihren Biographieverläufen wirksam waren und ob die Annäherung der Agrarsituation in Ost- und Westdeutschland sich in den Biographien widerspiegelt.

Angesichts der schlechten Arbeitsmarktlage und der Propagierung von Existenzgründungsprogrammen besteht im Rahmen der sozialwissenschaftlichen Frauenforschung ein Bedarf für Untersuchungen zum Selbständigenstatus von Frauen, die sich im Anschluß an vorliegende Ergebnisse entwickeln ließen. Werden auch in anderen Bereichen die Wirkungsmechanismen der sozialen Konstruktion der Zweigeschlechtlichkeit offengelegt, lassen sich damit vielleicht noch mehr Menschen ermutigen, errichtete Geschlechtergrenzen zu überschreiten und ihr Leben unabhängiger von existierenden Normen zu gestalten.

Literaturverzeichnis

Aalten, Anna (1988) Female Entrepreneurship, Powerful Women? An Anthropological Perspective on Entrepreneurship and Feminity in the Netherlands. Paper for the 12th ICAES, 23-31 July, Zagreb.

Aalten, Anna (1990) Zakenvrouwen. Over de grenzen van vrouwelijkheid in Nederland sinds 1945. Amsterdam.

AGÖL (Arbeitsgemeinschaft ökologischer Landbau) (1995) Entwicklung des ökologischen Landbaus (AGÖL-Betriebe in Deutschland). In: Ökologie & Landbau 95, 23/3, S.83.

AGÖL (1996) Bedeutung der in der AGÖL zusammengeschlossenen Betriebe in der BR Deutschland (Stand 01.01.1996). In: Ökologie & Landbau 99, 24/3, S. 2.

Agrarberichte der Bundesregierung (1980 - 1997). Hrsg. vom Bundesministerium für Ernährung, Landwirtschaft und Forsten. Bonn.

Almås, R./Haugen, M.S. (1988) Norwegian Gender Roles in Transition. The Masculinization Hypothesis in the Past and in the Future. Trondheim.

Anonym (1994a) Auf gute Zusammenarbeit. In: Bayerisches Landwirtschaftliches Wochenblatt, Heft 9, S. 56.

Anonym (1994b) Hofnachfolge ungeklärt. In: Bayerisches Landwirtschaftliches Wochenblatt, Heft 44.

Arnreiter, Maria/Breyer, Gertrud/Nöbauer, Christine/Queteschiner, Ingrid (1987) Das Ansehen der Bäuerin. Sonderheft 'Die Bergbauern', Nr. 109/110/111. Wien.

Aulenbacher, Brigitte/Goldmann, Monika (Hg.) (1993) Transformationen im Geschlechterverhältnis. Frankfurt a.M./New York.

Backes, Gertrud/Lucke, Doris (1987) Alternative: 'Männerberuf'? Beschäftigungschancen und Rückkehrperspektiven für Frauen. Schriftenreihe des Bundesministers für Jugend, Familie, Frauen und Gesundheit, Band 210. Stuttgart/Berlin/Köln/Mainz.

Backhausen, Ursula (1965) Die Schulen für die weibliche Jugend. In: Hudde, Wilhelm/ Schmiel, Martin (Hg.): Handbuch des landwirtschaftlichen Bildungswesens. München/Basel/Wien. S. 353-363.

Baethge, Martin (1991) Arbeit, Vergesellschaftung, Identität - Zur zunehmenden normativen Subjektivierung der Arbeit. In: Soziale Welt 13, S. 6-19.

Baldauf, Elisabeth (1932) Die Frauenarbeit in der Landwirtschaft. Borna-Leipzig.

Barbic, Ana (1988) Farm Women in Decision-making Processes: Yugoslav Experience. In: Sociologia Ruralis 28/4, S. 293-299.

Bayerisches Landwirtschaftliches Jahrbuch der Jahre 1980; 1990; 1995. München.

Bayerisches Landwirtschaftliches Wochenblatt der Jahrgänge 1994 und 1995.

Becker-Schmidt, Regina/Knapp, Gudrun-Axeli/Schmidt, Beate (1984) 'Eines ist zuwenig - beides ist zuviel.' Erfahrungen von Arbeiterfrauen zwischen Familie und Fabrik. Bonn.

Becker-Schmidt, Regina (1987) Frauen und Deklassierung. Geschlecht und Klasse. In: Beer, Ursula (Hg.): Klasse Geschlecht. Feministische Gesellschaftsanalyse und Wissenschaftskritik. Bielefeld. S.187-235.

Becker-Schmidt, Regina/Knapp, Gudrun-Axeli (Hg.) (1995) Das Geschlechterverhältnis als Gegenstand der Sozialwissenschaften. Frankfurt a.M./New York.

Beck-Gernsheim, Elisabeth/Ostner, Ilona (1979) Mitmenschlichkeit als Beruf. Eine Analyse des Alltags in der Krankenpflege. Frankfurt a.M./New York.
Beck-Gernsheim, Elisabeth (1983) Vom "Dasein für andere" zum Anspruch auf ein Stück "eigenes Leben": Individualisierungsprozesse im weiblichen Lebenszusammenhang. In: Soziale Welt 3, S. 305-340.
Beck-Gernsheim, Elisabeth (1986) Von der Liebe zur Beziehung? Veränderungen im Verhältnis von Mann und Frau in der individualisierten Gesellschaft. In: Berger, Johannes (Hg.): Die Moderne - Kontinuitäten und Zäsuren. Soziale Welt, Sonderband 4. Göttingen. S. 209-233.
Beer, Ursula (Hg.) (1987) Klasse Geschlecht. Feministische Gesellschaftsanalyse und Wissenschaftskritik. Bielefeld.
Beer, Ursula (1990a) Geschlecht Struktur Geschichte. Soziale Konstituierung des Geschlechterverhältnisses. Frankfurt a.M.
Beer, Ursula (1990b) Kapitalismus und Patriarchat. Die doppelte Vergesellschaftung von Frauen. Ein Gespräch mit Ursula Beer. In: Zeitschrift für sozialistische Politik und Wirtschaft, 5/55, S. 23-34.
Beer, Ursula/Chalupsky, Jutta (1993) Vom Realsozialismus zum Privatkapitalismus. Formierungstendenzen im Geschlechterverhältnis. In: Aulenbacher, Brigitte/ Goldmann, Monika (Hg.): Transformationen im Geschlechterverhältnis. Frankfurt a.M./New York. S. 184-230.
Behr, Mary/Wonneberger, Eva (1986) Bäuerinnen. "... und an wem bleibt's hange? Bloß an den Frauen!" Über die soziale Situation der Bäuerin in Baden-Württemberg. Hrsg. von Den Grünen im Landtag von Baden-Württemberg. Stuttgart.
Benard, Cheryl/Schlaffer, Edit (1979) Notizen über Besuche auf dem Lande. Wien.
Bendixen, Ernst O./Schulz, Willi (1989) Hofnachfolge. Bestimmungsgründe für die Übergabe und Übernahme landwirtschaftlicher Betriebe. Agrarsoziale Gesellschaft-Materialsammlung Nr. 182. Göttingen.
Berk, Sarah F. (1985) The Gender Factory: The Apportionment of Work in American Households. New York.
Berlan Darque, Martine (1988) The Division of Labour and Decision-making in Farming Couples: Power and Negotiation. In: Sociologia Ruralis 28/4, S. 271-292.
Bichler, Sepp (1988) Umstellung, nicht nur ein Problem der Produktionstechnik. In: Gödde Hugo/Voegelin Dieter (Hg.): Für eine bäuerliche Landwirtschaft. Schriftenreihe des FB Stadtplanung/Landschaftsplanung der Gesamthochschule Kassel, Band 14. S. 143-145.
Bidlingmaier, Maria (1918) Die Bäuerin in zwei Gemeinden Württembergs. Diss. Tübingen.
Bioland (Hg.) (1989) Frauen im ökologischen Landbau. Uhingen.
Birnthaler, Julia/Hagen, Michaela (1989) Frauen in alternativ bewirtschafteten landwirtschaftlichen Betrieben. Hrsg. von der Agrarsozialen Gesellschaft, Kleine Reihe Nr. 37. Göttingen.
BMBW (Bundesministerium für Bildung und Wissenschaft, Hg.) (1994) Berufsbildungsbericht. Bonn.

BMELF (Bundesministerium für Ernährung, Landwirtschaft und Forsten, Hg.) (1960-1995) Statistiken über die praktische Ausbildung in der Landwirtschaft. Bonn.

Bock, Bettina (1994) Livelihood Strategies. Women and the Future of Umbrian Family Farms. In: Burg, Margreet v.d./Endeveld, Marina (eds): Women on Family Farms. Gender Research, EC Policies and New Perspectives. Wageningen (NL). S. 83-90.

Bock, Gisela/Duden, Barbara (1977) Arbeit aus Liebe - Liebe als Arbeit: Zur Entstehung der Hausarbeit im Kapitalismus. In: Frauen und Wissenschaft. Beiträge zur Berliner Sommeruniversität, Juli 1976. Berlin. S. 118-199.

Böhnisch, Lothar/Funk, Heide/Huber, Josef/Stein, Gebhard (Hg.) (1991) Ländliche Lebenswelten. Fallstudien zur Landjugend. München.

Bohler, Karl Friedrich/Hildenbrand, Bruno/Jahn, Walther/Schmitt, Reinhold (1988) Bauernfamilien heute - sieben Fallstudien. Fredeburger Hefte Nr. 21. Fredeburg.

Boss, Elsbeth (1994) Landwirtin - Traumberuf und Selbstverwirklichung. In: Eidgenössische Kommission für Frauenfragen (Hg.): Frauenfragen/Questions au féminin/Problemi al Femminile 17/3, S. 38-39.

Bouquet, Mary (1984) Women's Work in Rural South-west England. In: Long, Norman (ed): Family and Work in Rural Societies. London.

Bourdieu, Pierre (1990) La domination masculine. In: Actes de la recherche en sciences sociales 84, S. 2-31.

Brandth, Berit/Bolsø, Agnes (1991) "New" Women Farmers and their Use of Technology. Paper to the conference 'Rural European Women on New Paths'. Essen.

Brandth, Berit (1994) Changing Feminity. The Social Construction of Women Farmers in Norway. In: Sociologia Ruralis 34/2 u.3, S. 127-149.

Bridenthal, Renate (1994) Die Rolle der organisierten Landfrauen bei der konservativen Mobilmachung in der Weimarer Republik. In: Feministische Studien 12/1, S. 110-121.

Brose, Hans-Georg/Wohlrab-Sahr, Monika/Corsten, Michael (1993) Soziale Zeit und Biographie. Opladen.

Brück, Brigitte/Kahlert, Heike/Krüll, Marianne/Milz, Helga/Osterland, Astrid/ Wegehaupt-Schneider, Ingeborg (1992) Feministische Soziologie. Eine Einführung. Frankfurt a.M./New York.

Brückmann, Dieter (1989) Gedanken zu Entwicklungen in der Berufsausbildung. In: Ausbildung und Beratung in der Land- und Hauswirtschaft, 42/1, S. 14-15.

Brüggemann, Beate/Riehle, Rainer (1986) Das Dorf. Über die Modernisierung einer Idylle. Frankfurt a.M./New York.

Bücking, Elisabeth (1994) Gentechnik in der Landwirtschaft - eine Frauenfrage? In: beiträge für feministische theorie & praxis 17/38, S. 49-58.

Bühler, Josef (1993a) Berufsorientierung in der Landwirtschaft. In: Ausbildung und Beratung 46/12, S. 206-207.

Bühler, Josef (1993b) Heute jung - morgen Unternehmer/in - ich weiß, warum ich Landwirt werde! Arbeitshilfe für Berufsorientierungsseminare. Bad Waldsee.

Bühler, Josef (1993c) Innovative berufsständische Landjugendarbeit: Soziale Beratung und Bildung von Junglandwirten als Selbsthilfe und unter Vernetzung bestehender Institutionen im ländlichen Raum (1991-1993). Bad Waldsee.

Bühler, Josef (1994) Frauen und Landwirtschaft - Ein kompliziertes Verhältnis. In: Pro Regio 15, S. 22-23.

Büscher, Lydia (1993) Landwirtschaftliche Berufsbildung in Zahlen. In: Ausbildung und Beratung 46/11, S. 184-186.

Büttner, Eva (1978) Einstellungen von Landfrauen zur Ausbildung der jüngeren Generation und die Ausbildung ihrer Kinder. Schriftenreihe der Forschungsgesellschaft für Agrarpolitik und Agrarsoziologie, Nr. 246. Bonn.

Burg, Margreet van der/Endeveld, Marina (eds) (1994) Women on Family Farms. Gender Research, EC Policies and New Perspectives. Circle für Rural European Studies. Wageningen, NL.

Burkart, Günter (1991) Treue in Paarbeziehungen. Theoretische Aspekte, Bedeutungswandel und Milieu-Differenzierung. In: Soziale Welt 42, S. 489-509.

Burkart, Günter (1992) Lebenszeitperspektiven - Ergebnisse qualitativer Milieustudien. In: Gräbe, Sylvia (Hg.): Alltagszeit - Lebenszeit. Zeitstrukturen im privaten Haushalt. Frankfurt a.M./New York. S. 139-164.

Busch, Gabriele/Hess-Diebäcker, Doris/Stein-Hilbers, Marlene (unter Mitarbeit von Marianne Krautmacher) (1988) Den Männern die Hälfte der Familie - den Frauen mehr Chancen im Beruf. Weinheim.

Claupein, Erika (unter Mitarbeit von Hans-Joachim Günther) (1991) Lebens- und Arbeitssituation von Bäuerinnen. Ergebnisse einer bundesweiten Befragung von Mitgliedern der Landfrauenverbände im Frühjahr 1988. Schriftenreihe des Bundesministers für Ernährung, Landwirtschaft und Forsten. Angewandte Wissenschaft Heft 398. Münster-Hiltrup.

Cockburn, Cynthia (1988) Die Herrschaftsmaschine. Geschlechterverhältnisse und technisches Know-how. Berlin/Hamburg.

Commins, P./Kelleher, C. (1973) Farm Inheritance and Succession. Dublin.

Deenen, Bernd van (1971) Wandel im Verhalten, in den Einstellungen und Meinungen westdeutscher Landwirte zu Beruf, Familie und Gesellschaft. Schriftenreihe der Forschungsgesellschaft für Agrarpolitik und Agrarsoziologie, Nr. 211. Bonn.

Deenen, Bernd van/Kossen-Knirim, Christa (1981) Landfrauen in Betrieb, Haushalt und Familie - Ergebnisse einer empirischen Untersuchung in acht Dörfern der Bundesrepublik Deutschland. Schriftenreihe der Forschungsgesellschaft für Agrarpolitik und Agrarsoziologie, Nr. 260. Bonn.

Deenen, Bernd van/Planck, Ulrich/Painvin, Rose-Marie/Berlan, Martine/Dentzer, Marie-Thérèse/Bach, Hans/ Kozakiewicz, Mikolaj/Tryfan, Barbara/Kasberg, Nils-Erik/Andersson, Rosmarie/Répássy, Helga/ Vagvölgyi, András (1982) Europäische Landfrauen im sozialen Wandel. Ergebnisse empirischer Untersuchungen einer internationalen Arbeitsgruppe. Band I und II. Schriftenreihe der Forschungsgesellschaft für Agrarpolitik und Agrarsoziologie, Nr. 258. Bonn.

Deutscher Bundestag (1989) Antrag der Abgeordneten Frau Flinner, Kreuzeder und der Fraktion Die Grünen zur Verbesserung der sozialen Situation der Bäuerinnen vom 03.05.89. Drucksache 11/4468. Bonn.

Diezinger, Angelika (1991) Frauen: Arbeit und Individualisierung. Chancen und Risiken. Eine empirische Untersuchung anhand von Fallgeschichten. Opladen.

Diezinger, Angelika/Kitzer, Hedwig/Anker, Ingrid/Bingel, Irma/Haas, Erika/ Odierna, Simone (Hg.) (1994) Erfahrung mit Methode. Wege sozialwissenschaftlicher Frauenforschung. Freiburg i.Br.

Dihlmann, Wolfgang (1965) Die Lehre in der Landwirtschaft. In: Hudde, Wilhelm/Schmiel, Martin (Hg.): Handbuch des landwirtschaftlichen Bildungswesens. München/Basel/Wien. S. 208-217.

Dirscherl, Clemens (1989) Bäuerliche Freiheit und genossenschaftliche Koordination. Ein Beitrag zur Stellung des landwirtschaftlichen Produktionsbereiches in der vertikalen Integration. Wiesbaden.

Douglas, Mary (1991) Wie Institutionen denken. Frankfurt a.M.

Duden (1974) Fremdwörterbuch. Duden Band 5. Mannheim/Wien/Zürich.

Dyhrenfurth, Gertrud (1916) Ergebnisse einer Untersuchung über die Arbeits- und Lebensverhältnisse der Frauen in der Landwirtschaft. Schriften des ständigen Ausschusses zur Förderung der Arbeiterinneninteressen, Heft 7. Jena.

Eckart, Christel (1988) Töchter in der 'vaterlosen Gesellschaft'. Das Vorbild des Vaters als Sackgasse. In: Hagemann-White, Carol/Rerrich, Maria S. (Hg.): FrauenMännerBilder. Männer und Männlichkeit in der feministischen Diskussion. Bielefeld. S. 170-193.

Ehlers, Tracey B. (1987) The Matrifocal Farm. In: Chibnik, Michael (ed): Farm Work and Fieldwork. American Agriculture in Anthropological Perspective. Ithaca, USA. S. 145-163.

Elder, Glen H. Jr. (1991) Lives and Social Change. In: Heinz, Walter R. (ed): Theoretical Advances in Life Course Research. Weinheim.

Endeveld, Marina (1994) Introduction. In: Burg, Margreet v.d./Endeveld, Marina (ed): Women on Family Farms. Gender Research, EC Policies and New Perspectives. Wageningen (NL). S. VII-XII.

Ennen, Edith (1985) Die Frau in der Landwirtschaft. Vom Mittelalter bis zur Frühen Neuzeit. In: Pohl, Hans (Hg.): Die Frau in der deutschen Wirtschaft. Stuttgart. S. 18-29.

Errington, Andrew/Tranter, R.B. (1991) Getting out of Farming? Part Two: The Farmers. Reading University Farm Management Unit. Study No. 27.

Fennell, Rosemary (1981) Farm Succession in the European Community. In: Sociologia Ruralis 21/1, S. 19-42.

Fink, Deborah (1987) Farming in Open Iowa: Women and the Changing Farm Economy. In: Chibnik, Michael (ed): Farm Work and Field Work. American Agriculture in Anthropological Perspective. Ithaca, USA. S. 121-144.

Fischer, R. (1982) Der andere Landbau. Hundert Bio-Bauern und Gärtner berichten über ihre Beweggründe, Arbeitsweisen und Erfahrungen. Zürich.

Fischer, Wolfram/Kohli, Martin (1987) Biographieforschung. In: Voges, Wolfgang (Hg.): Methoden der Biographie- und Lebenslaufforschung. Opladen. S. 25-49.

Flick, Uwe/Kardorff, Ernst von/Keupp, Heiner/Rosenstiel, Lutz von/Wolff, Stephan (Hg.) (1991) Handbuch Qualitative Sozialforschung. Grundlagen, Konzepte, Methoden und Anwendungen. München.

Frevert, Ute (1982) Frauen und Ärzte im späten 18. und frühen 19. Jahrhundert - Zur Sozialgeschichte eines Gewaltverhältnisses. In: Kuhn, Anette/Rüsen, Jörn (Hg.): Frauen in der Geschichte. Band 2. Düsseldorf. S. 177-207.

Friedl, Ludwiga (1991) "1,2,3 - Landwirt lern' ich nebenbei". Agrarpolitischer Tag der Bayerischen Jungbauernschaft zum Thema Ausbildung. In: Bayerisches Landwirtschaftliches Wochenblatt 50, S. 45.

Funk, Heide (1993) Mädchen in ländlichen Regionen. Theoretische und empirische Ergebnisse zur Modernisierung weiblicher Lebenslagen. München.

Funk, Heide/Kaschuba, Gerrit (1994) Setzen Frauen neue Maßstäbe? Für einen Perspektivewechsel in der Regionalforschung. In: Pro Regio, Nr. 15, S. 4-13.

Gätjen-Rund, Anna (1988) Die Reise zum Vater. In: Kuckuck, Anke/Wohlers, Heide (Hg.): Vaters Tochter. Reinbek. S. 52-63.

Gasson, Ruth (1980) Roles of Farm Women in England. In: Sociologia Ruralis 20/3, S. 165-180.

Gasson, Ruth (1987) Careers of Farmer's Daughters. In: Farm Management, No. 6/7, S. 309-317.

Gasson, Ruth (1988) Changing Gender Roles. A Workshop Report. In: Sociologia Ruralis 28/4, S. 300-305.

Gasson, Ruth/Errington, Andrew (1993) The Farm Family Business. Wallingford, U.K.

Geissler, Birgit/Oechsle, Mechtild (1994) Lebensplanung als Konstruktion: Biographische Dilemmata und Lebenslauf-Entwürfe junger Frauen. In: Beck, Ulrich/Beck-Gernsheim, Elisabeth (Hg.): Riskante Freiheiten. Individualisierung in modernen Gesellschaften. Frankfurt a.M. S. 139-167.

Geluk-Geluk, Anjo (1994) The Position of Farm Women in the Netherlands. In: Burg, Margreet v.d./Endeveld, Marina (eds): Women on Family Farms. Gender Research, EC Policies and New Perspectives. Wageningen (NL). S.13-20.

Gensberger, Anja (1995) Selbst ist die Frau. Kenntnisse in der Landtechnik sind für Bäuerinnen unentbehrlich. In: Bayerisches Landwirtschaftliches Wochenblatt 6, S. 67-68.

Giddens, Anthony (1992) Die Konstitution der Gesellschaft. Grundzüge einer Theorie der Strukturierung. Frankfurt a.M./New York.

Gildemeister, Regine/Wetterer, Angelika (1992) Wie Geschlechter gemacht werden. Die soziale Konstruktion der Zweigeschlechtlichkeit und ihre Reifizierung in der Frauenforschung. In: Knapp, Gudrun-Axeli/Wetterer, Angelika (Hg.): TraditionenBrüche. Entwicklungen feministischer Theorie. Freiburg i. Br. S. 201-254.

Girtler, Roland (1984) Methoden der qualitativen Sozialforschung. Anleitung zur Feldarbeit. Wien/Köln/Graz.

Girtler, Roland (1989) Bergbäuerliche Familien der Vor- und Nachkriegszeit - Ihre Lebenswelt im Wandel. In: Herlth, Alois/Strohmeier, Klaus-Peter (Hg.): Lebenslauf und Familienentwicklung. Opladen.

Glaser, Barney G./Strauss, Anselm (1967) The Discovery of Grounded Theory. Strategies for Qualitative Research. Chicago.

Glaser, Barney G./Strauss, Anselm L.(1979) Die Entdeckung gegenstandsbezogener Theorie: Eine Grundstrategie qualitativer Sozialforschung. In: Hopf, Christel/ Weingarten, Elmar (Hg.): Qualitative Sozialforschung. Stuttgart. S. 91-111.

Glaser, Barney G. (1992) Basics of Grounded Theory Analysis. Mill Valley, California.

Glitsch, Kristina/Horstkotte, Gesa/Inhetveen, Heide (1995) DiplomagraringenieurInnen in Studium und Beruf. Materialien zur Strukturdiskussion. Universität Göttingen.
Goffman, Erving (1977) The arrangement between the sexes. In: Theory and Society, Heft 4, S. 301-331.
Graefe zu Baringdorf, Friedrich Wilhelm (1982) Arbeitserziehung und Sozialisation junger Bauern. Eine Untersuchung über die Verbindung zwischen Arbeitserziehung und Produktivkräften sowie den Produktionsverhältnissen in der historischen Entwicklung der deutschen Landwirtschaft. Bielefeld.
Grimm, Jakob und Wilhelm (1877) Deutsches Wörterbuch. Leipzig.
Hagemann-White, Carol (1984) Sozialisation: weiblich - männlich? Opladen.
Hagemann-White, Carol (1988) Wir werden nicht zweigeschlechtlich geboren ... In: Hagemann-White, Carol/Rerrich, Maria (Hg.): FrauenMännerBilder. Männer und Männlichkeit in der feministischen Diskussion. Bielefeld. S. 224-235.
Hagemann-White, Carol (1993) Die Konstrukteure des Geschlechts auf frischer Tat ertappen? Methodische Konsequenzen einer theoretischen Einsicht. In: Feministische Studien, Heft 2, S. 68-78.
Hansen, Ferdinand (1993) Höfe ohne Erben? In: Ausbildung und Beratung 46/12, S. 208-209.
Hansen, Roland/Rolff, Hans-Günter (1990) Abgeschwächte Auslese und verschärfter Wettbewerb - Neuere Entwicklungen in den Sekundarschulen. In: Rolff, Hans-Günter/Bauer, Karl-Oswald/Klemm, Ulrich/Pfeiffer, Hermann (Hg.): Jahrbuch der Schulentwicklung. Band 6. Weinheim. S. 45-79.
Hastings, M. (1984) Succession on Farms. Cranfield Institute of Technology. Unpublished MSc Thesis.
Haugen, Marit S. (1990) The New Generation of Women in Norwegian Agriculture. Center for Rural Research, Paper No. 4. Trondheim.
Haugen, Marit S./Brandth, Berit (1994) Gender Differences in Modern Agriculture. The Case of Female Farmers in Norway. In: Gender & Society 8/2, S. 206-229.
Haugen, Marit S. (1994) Rural Woman's Status in Family and Property Law: Lessons from Norway. In: Whatmore, Sarah/Marsden, Terry/Lowe, Philip (eds): Gender and Rurality. London. S. 87-101.
Hebenstreit-Müller, Sabine/Helbrecht-Jordan, Ingrid (1988) Junge Mütter auf dem Land - Frauenleben im Umbruch. Bielefeld.
Hebenstreit-Müller, Sabine/Helbrecht-Jordan, Ingrid (Hg.) (1990) Frauenleben in ländlichen Regionen. Individuelle und strukturelle Wandlungsprozesse in der weiblichen Lebenswelt. Bielefeld.
Hemmerich, Wera (1991) (K)eine Chance für ein neues Geschlechterverhältnis? Widersprüche und Ambivalenzen im partnerschaftlichen Alltag. Bielefeld.
Herrmann, Vera (1993) Handlungsmuster landbewirtschaftender Familien. Bamberg.
Herstatt, Walther/Kamp, Otto (1894) Die hauswirtschaftliche Unterweisung der Landmädchen und Frauen in Deutschland und im Ausland. Grundzüge der bestehenden Einrichtungen und Anleitung zur Schaffung ähnlicher Vorkehrungen. Wiesbaden.

Hildenbrand, Bruno (1988) Modernisierungsprozesse in der Landwirtschaft und ihre Bewältigung. Vergleich einer 'schizophrenen' mit einer 'normalen' Familie. In: Lüscher, K./Schultheis, F./Wehrspaun, M. (Hg.): Die postmoderne Familie. Konstanz. S. 297-311.

Hildenbrand, Bruno/Bohler, Karl Friedrich/Jahn, Walther/Schmitt, Reinhold (1992) Bauernfamilien im Modernisierungsprozeß. Frankfurt a.M./New York.

Hildenbrand, Bruno (1994) Vorwort. In: Strauss, Anselm L.: Grundlagen qualitativer Sozialforschung. München. S. 11-17.

Hillebrand, Henk/Blom, Ursula (1993) Young Women on Dutch Family Farms. In: Sociologia Ruralis 33/2, S. 178-189.

Hörning, Karl H./Knicker, Theo (1981) Soziologie des Berufs. Eine Einführung. Hamburg.

Hoff, Andreas/Scholz, Joachim (1985) Neue Männer in Beruf und Familie: Erstauswertung von 64 Intensivinterviews mit Teilzeitarbeitnehmern und Hausmännern zwischen 28 und 54 Jahren und ihren Partnerinnen. Berlin.

Hopf, Christel/Weingarten, Elmar (Hg.) (1984) Qualitative Sozialforschung. Stuttgart.

Horsch, Gerlinde (1988) Veränderungen gesellschaftlicher Wertmaßstäbe im bäuerlichen Lebenszusammenhang. In: Gödde, Hugo/Voegelin, Dieter (Hg.): Für eine bäuerliche Landwirtschaft. Schriftenreihe des FB Stadtplanung/ Landschaftsplanung der Gesamthochschule Kassel, Band 14. S. 30-33.

Horstkotte, Angelika (1985) Mädchen in der Provinz. Opladen

Hradil, Stefan (1987) Sozialstrukturanalyse in einer fortgeschrittenen Gesellschaft. Von Klassen und Schichten zu Lagen und Milieus. Opladen.

Hudde, Wilhelm (1965) Zur Geschichte des landwirtschaftlichen Bildungswesens. In: Hudde, Wilhelm/Schmiel, Martin (Hg.): Handbuch des landwirtschaftlichen Bildungswesens. München/Basel/Wien. S. 83-136.

Hutson, J. (1987) Fathers and Sons: Family Farms, Family Businesses and the Farming Industry. In: Sociology 21, S. 215-229.

Iffland, Theodor (1956) Die Arbeit der Bäuerin und die Frauenarbeit in bäuerlichen Familienbetrieben Niedersachsens. In: Berichte über Landwirtschaft, Heft 34, S. 630-667.

Imhof, Arthur E. (1984) Die verlorenen Welten. Alltagsbewältigung durch unsere Vorfahren - und weshalb wir uns heute so schwer damit tun. München.

Inhetveen, Heide/Blasche, Margret (1983) Frauen in der kleinbäuerlichen Landwirtschaft. "Wenn's Weiber gibt, kann's weitergehn...". Opladen.

Inhetveen, Heide (1988) "Schöne Zeiten, schlimme Zeiten" - Zeiterfahrungen von Bäuerinnen. In: Zoll, Rainer (Hg.): Zerstörung und Wiederaneignung von Zeit. Frankfurt a.M. S. 193-222.

Inhetveen, Heide (1990) Biographical Approaches to Research on Women Farmers. In: Sociologia Ruralis 30/1, S. 100-114.

Inhetveen, Heide (1994) Die Landfrau und ihr Garten. Zur Soziologie der Hortikultur. In: Zeitschrift für Agrargeschichte und Agrarsoziologie, Jg. 42, S. 41-58.

Jacobeit, Sigrid (1979) Arbeits- und Lebensbedingungen der Bäuerin in Klein- und Mittelbetrieben: ein Beitrag zur Lebensweise der Frau auf dem Lande in der Zeit der faschistischen Diktatur des deutschen Imperialismus 1933-1939. Diss. Berlin.

Janshen, Doris/Aßfalg, Margarete/Mingels, Martina/Pretzsch, Hanne-Lore (1984) Dorfalltag von Frauen im Wandel der industriellen Gesellschaft. Abschlußbericht. Technische Universität Berlin.

Janshen, Doris/Rudolph, Hedwig u.a. (1987) Ingenieurinnen. Frauen für die Zukunft. Berlin/New York.

Janshen, Doris (1989) So viel wert wie ein halber Bauernhof. In: Vorwärts Nr.15, S. 26-31.

Jødahl, Turid (1994) Farm Women in the Nordic Countries. In: Burg, Margreet v.d./Endeveld, Marina (eds): Women on Family Farms. Gender Research, EC Policies and New Perspectives. Wageningen, NL. S. 21-26.

Jurczyk, Karin/Rerrich, Maria S. (Hg.) (1993) Die Arbeit des Alltags. Beiträge zu einer Soziologie der alltäglichen Lebensführung. Freiburg i. Br.

Karsten, Maria Eleonora (1985) Landfrauen zwischen Tradition und Technik. In: Karsten, Maria Eleonora/Waninger, Heidemarie (Hg.): Haus und Hof - Bildung und Beruf. Landfrauen zwischen Tradition und Fortschritt. Bielefeld. S. 7-45.

Kaschuba Gerrit/Reich, Wulfhild (1994) "Fähigkeiten täten in mir schon stecken..." Lebensentwürfe und Bildungsinteressen von Frauen in ländlichen Regionen. Frankfurt a.M.

Keating, N.C./Little, H.M. (1991) Generations in Farm Families: Transfer of the Family Farm in New Zealand. Lincoln University, Agribusiness and Economics Research Unit. Research Report No. 208.

Keitel, Ernst (1983) Die landwirtschaftlichen Berufsschulen. In: Heimerer, Leo-Herigar/Selzam, Johann (Hg.): Berufliche Bildung im Wandel. Beiträge zur Geschichte des beruflichen Schulwesens in Bayern von 1945 bis 1982. Bad Homburg. S.192-208.

Kempf, Rosa (1912) Probleme der landwirtschaftlichen Frauenarbeit im bäuerlichen Betrieb. In: Bäumer, Gertrud (Hg.): Der Deutsche Frauenkongreß Berlin, 27. Febr. bis 2. März 1912. Leipzig/Berlin. S. 72-88.

Keppelhoff-Wiechert, Hedwig (1981) Anforderungen der Frauen an Ausbildung, Weiterbildung und Beratung. In: Agrarsoziale Gesellschaft (Hg.): Die Frau in der Landwirtschaft. Göttingen. S. 63-67.

Kessler, Suzanne J./McKenna, Wendy (1978) Gender. An Ethnomethodological Approach. New York.

Keupp, Heiner (1988) Riskante Chancen. Heidelberg.

Kickbusch, Ilona (1987) Die Familialisierung der weiblichen Arbeit. Konstanz.

Kittel, Günther/Hebertshuber, Martin/Heintel, Guido/Seebacher, Anneliese (1991) "Des muaß amol wieda aundas werdn!" Bildung und Strukturwandel in der Landwirtschaft. München/Wien.

Knirim, Christa/Krüll, Marianne/Peters, Richard (1974) Familienstrukturen in Stadt und Land. Eine Untersuchung der Rollenbeziehungen zwischen den Ehegatten, den Eltern und Kindern und den Generationen. Schriftenreihe der Forschungsgesellschaft für Agrarpolitik und Agrarsoziologie, Nr. 222. Bonn.

Knon, Anna (1995) Bäuerinnen und Europa. Bundesbäuerinnentag in Österreich. In: Bayerisches Landwirtschaftliches Wochenblatt 10, S. 63-65.

Koalitionsvereinbarung (1990) der Landesverbände der Sozialdemokratischen Partei Deutschlands und Die Grünen von Niedersachsen vom Juni 1990. Hannover.

Kölsch, Oskar (1988) Soziale Probleme bei der Umstellung auf ökologischen Landbau. In: Gödde, Hugo/Voegelin, Dieter (Hg.): Für eine bäuerliche Landwirtschaft. Schriftenreihe des FB Stadtplanung/Landschaftsplanung der Gesamthochschule Kassel, Band 14. S. 149-151.
Kölsch, Oskar (1990) Die Lebensform Landwirtschaft in der Modernisierung. Grundlagentheoretische Betrachtungen und empirische Deutungen zur Agrarkrise aus der Lebenswirklichkeit von konventionell und ökologisch wirtschaftenden Landwirten aus Niedersachsen. Frankfurt a.M./Bern/New York/Paris.
Kohli, Martin (1985) Die Institutionalisierung des Lebenslaufs. Historische Befunde und theoretische Argumente. In: Kölner Zeitschrift für Soziologie und Sozialpsychologie 37, S. 1-22.
Kohli, Martin (1989) Institutionalisierung und Individualisierung der Erwerbsbiographie. In: Brock, Ditmar/Leu, Hans-Rudolf/Preiß, Christine/Vetter, Hans Rolf (Hg.): Subjektivität im gesellschaftlichen Wandel. München. S. 249-278.
Kortzfleisch, Ida von (1895) Der freiwillige Dienst in der Wirtschaftlichen Frauen-Hochschule. Hannover.
Kortzfleisch, Ida von (1909) Unsere 12jährigen Erfahrungen in den wirtschaftlichen Frauenschulen auf dem Lande. Göttingen.
Kowalczuk, Iwona (1994) Women on Family Farms in Poland. In: Burg, Margreet v.d./Endeveld, Marina (eds): Women on Family Farms. Gender Research, EC Policies and New Perspectives. Wageningen, NL. S. 41-46.
Kreil, Mathilde (1988) Arbeiten, um zu leben oder leben, um zu arbeiten? In: Deutsches Jugendinstitut (Hg.): Wie geht's der Familie? München. S. 345-354.
Kreil, Mathilde (1995) Leben in unterschiedlichen Welten. Bäuerlich sozialisierte Jugendliche zwischen traditioneller Hoforientierung sowie neuen Anforderungen und Möglichkeiten. Diss. Tübingen.
Krüger, Helga/Born, Claudia/Einemann, Beate/Heintze, Stine/Saifi, Helga (1987) Privatsache Kind - Privatsache Beruf. "... und dann hab ich ja noch Haushalt, Mann und Wäsche." Zur Lebenssituation von Frauen mit kleinen Kindern in unserer Gesellschaft. Opladen.
Krüger, Helga (Hg.) (1991) Frauen und Bildung. Wege der Aneignung und Verwertung von Qualifikationen in weiblichen Erwerbsbiographien. Gutachten für die Enquete-Kommission 'Zukünftige Bildungspolitik - Bildung 2000" des 11. Deutschen Bundestages. Bonn.
Lamnek, Siegfried (1989) Qualitative Sozialforschung. Band I und II. München.
Langbehn, Cay (1989) Der bäuerliche Familienbetrieb - Fossil oder Zukunft unserer Landwirtschaft. In: Agrarwirtschaft 38/5, S. 133-134.
Lasch, Vera (1995) Arbeit und Belastung bei Bäuerinnen. Hrsg. von der Arbeitsgemeinschaft ländliche Entwicklung im Fachbereich Stadt- und Landschaftsplanung der Gesamthochschule Kassel.
Lehrplan "Erziehung und Unterricht in den landwirtschaftlichen Berufs- und Fachschulen" (1940) herausgegeben vom Reichsministerium für WEV. Langensalza-Berlin.
Leidner, Robin (1991) Serving Hamburgers and Selling Insurance: Gender, Work, and Identity in Interactive Service Jobs. In: Gender & Society 5/2, S. 154-177.
Lenz, Ilse (1984) Kapitalistische Entwicklung, Subsistenzproduktion und Frauenarbeit. Der Fall Japan. Frankfurt a.M./New York.

Luckmann, Thomas/Sprondel, Walter Michael (Hg.) (1972) Berufssoziologie. Köln.
Mathieu, Jon (1992) Agrargeschichte der inneren Alpen (15. bis 18. Jahrhundert). Zürich.
Meillassoux, Claude (1976) "Die wilden Früchte der Frau." Über häusliche Produktion und kapitalistische Wirtschaft. Frankfurt a.M.
Metz-Göckel, Sigrid/Müller, Ulla (1986) Der Mann: die Brigitte-Studie. Weinheim.
Metz-Göckel, Sigrid (1993) Mächtige Frauen und Macht der Frauen. Unveröffentlichtes Manuskript. Dortmund.
Meuther, Anke (1987) Warum heiratet man (k)einen Landwirt? Ergebnisse einer empirischen Untersuchung zur Partnerwahl in der Landwirtschaft. Bonn.
Meyer-Mansour, Dorothee/Breuer, Monika/Nickel, Bettina (1990) Belastung und Bewältigung. Lebenssituation landwirtschaftlicher Familien. Frankfurt a.M.
Modelmog, Ilse (1994) Versuchungen. Geschlechtszirkel und Gegenkultur. Opladen.
Mrohs, Edmund (1983) Landwirte in der Gesellschaft. Soziale Schichten im Vergleich. Schriftenreihe der Forschungsgesellschaft für Agrarpolitik und Agrarsoziologie, Heft 265. Bonn.
Müller, Julius Otto (1964) Die Einstellung zur Landarbeit in bäuerlichen Familienbetrieben. Ein Beitrag zur ländlichen Sozialforschung. Bonn.
Müller, Karl (1913) Die Frauenarbeit in der Landwirtschaft. Mönchengladbach.
Müller, Ulla (1994) Feminismus in der empirischen Forschung: eine methodologische Bestandsaufnahme. In: Diezinger, Angelika u.a. (Hg.) Erfahrung mit Methode. Wege sozialwissenschaftlicher Frauenforschung. Freiburg i. Br.
Nahr, Heinrich/Uttitz, Pavel (1988) Freizeitorientierung als Differenzierungsfaktor? - Landwirte und übrige Berufstätige im Vergleich. In: Forschungsgesellschaft für Agrarpolitik und Agrarsoziologie (Hg.): Landwirtschaft im Wandel. Bonn. S. 129-142.
Nave-Herz, Rosemarie (1989) Veränderungen in der familialen Umwelt - Partizipation seit 1950. In: Herlth, Alois/Strohmeier, Klaus-Peter (Hg.): Lebenslauf und Familienentwicklung. Mikroanalysen des Wandels familialer Lebensformen. Opladen. S. 95-110.
Neldert, Lore/Pieper, Ingrid/Kappus, Werner (1981) Berufswünsche und -vorstellungen von Jugendlichen aus landwirtschaftlichen Familien unter besonderer Berücksichtigung der Situation von Hofnachfolgern. Hrsg. von der Agrarsozialen Gesellschaft, Göttingen.
Nelius, Annemarie (1961) Historisch-systematische Untersuchung zum ländlich-hauswirtschaftlichen Fachschulwesen in Deutschland seit dem Ende des 19. Jahrhunderts. Diss. Bonn.
Nickel, Hildegard M. (1995) Soll und Haben. In: Mitbestimmung 7, S. 23-25.
Notz, Gisela (1991) Du bist als Frau um einiges mehr gebunden als der Mann. Die Auswirkungen der Geburt des ersten Kindes auf die Lebens- und Arbeitsplanung von Müttern und Vätern. Bonn.
Oberbeck, Herbert/Oppermann, Rainer (1994) Agrarwirtschaft und Dörfer am Scheideweg. Erfahrungen von Landwirten mit dem Wandel gesellschaftlicher Akzeptanz der landwirtschaftlichen Intensivproduktion. In: Soziale Welt 45/3, S. 259-278.

Oechsle, Mechtild (1993) Weibliche Erwerbsorientierungen: Sozialisationsprozesse junger Frauen im Kontext institutioneller Steuerung und individueller Lebensplanung. Ein Vergleich zwischen alten und neuen Bundesländern. Unveröffentlichtes Manuskript.

Österreichische Bergbauernvereinigung (Hg.) (1991) Die anderen lassen wie sie sind. Hofübergabe: Mit den 'Jungen' zusammensein dürfen, nicht müssen. In: Die Bergbauern, Nr. 152, S. 12.

O'Hara, Patricia (1987) Approaches to Understanding Women's Involvement in Family Farming. Paper presented at the Third International Interdisciplinary Conference of Women. Dublin.

O'Hara, Patricia (1994) Out of the Shadows. Women on Family Farms and their Contribution to Agriculture and Rural Development. In: Burg, Margreet v.d./Endeveld, Marina (eds): Women on Family Farms. Gender Research, EC Policies and New Perspectives. Wageningen, NL. S. 49-66.

Ostner, Ilona (1978) Beruf und Hausarbeit. Die Arbeit der Frau in unserer Gesellschaft. Frankfurt a.M./New York.

Ostner, Ilona (1990) Das Konzept des weiblichen Arbeitsvermögens. In: Autorinnengemeinschaft des Arbeitskreises Sozialwissenschaftliche Arbeitsmarktforschung (SAMF): Erklärungsansätze zur geschlechtsspezifischen Strukturierung des Arbeitsmarktes. Paderborn. S. 22-39.

Pascher, Peter (1981) Entwicklungschancen landwirtschaftlicher Haupterwerbsbetriebe. Ergebnisse einer Befragung von 1.505 Betriebsleitern in der Bundesrepublik Deutschland 1980. Forschungsgesellschaft für Agrarpolitik und Agrarsoziologie, Nr. 257. Bonn.

Pevetz, Werner (1983) Lebensverhältnisse von Altbauern und Altbäuerinnen. Wien.

Planck, Ulrich (1964) Der bäuerliche Familienbetrieb. Zwischen Patriarchat und Partnerschaft. Stuttgart.

Planck, Ulrich (1970) Landjugend im sozialen Wandel. Ergebnisse einer Trenduntersuchung über die Lebenslage der westdeutschen Landjugend. München.

Planck, Ulrich/Ziche, Joachim (1979) Land- und Agrarsoziologie. Eine Einführung in die Soziologie des ländlichen Siedlungsraumes und des Agrarbereichs. Stuttgart.

Planck, Ulrich (1982) Situation der Landjugend. Die ländliche Jugend unter besonderer Berücksichtigung des landwirtschaftlichen Nachwuchses. Münster-Hiltrup.

Planck, Ulrich (1984) Die Stellung der altenativ wirtschaftenden Landwirte in ihrer sozialen Umwelt. In: Bach, Hans (Hg.): Pro und Contra Alternative Landwirtschaft. Schriftenreihe für Agrarpolitik und Agrarsoziologie, Band 35. Graz. S. 9-41.

Planck, Ulrich (1987) The Family Farm in the Federal Republic of Germany. In: Galeski, Boguslaw/Wilkening, Eugene A. (eds): Family Farming in Europe and America. Boulder, Colorado. S. 155-191.

Plastrotmann, Gudula Maria (1987) Zwergschule, Pudding-Abitur und Alma Mater. In: Becker, Baerbel (Hg.) Unbekannte Wesen. Frauen in den sechziger Jahren. Berlin. S. 57-62.

Platon (1973) Politeia, Buch V, Kapitel 5. Frankfurt a.M.

Pohle-Hauss, Heidi (1977) Väter und Kinder. Zur Psychologie der Vater-Kind-Beziehung. Frankfurt a.M.

Pongratz, Hans (1987) Bauern - am Rande der Gesellschaft? Eine theoretische und empirische Analyse zum gesellschaftlichen Bewußtsein von Bauern. In: Soziale Welt 38/4, S. 522-544.

Pongratz, Hans/Schmitt, Mathilde (1990) Perspektiven der Berufsbildung in der Landwirtschaft. In: Berichte über Landwirtschaft, Vol. 68, S. 567-581.

Pongratz, Hans (1992) Die Bauern und der ökologische Diskurs. Befunde und Thesen zum Umweltbewußtsein in der bundesdeutschen Landwirtschaft. München/Wien.

Poppinga, Onno (Hg.) (1979) Produktion und Lebensverhältnisse auf dem Land. Opladen.

Putlitz, Elly zu (1914) Arbeits- und Lebensverhältnisse der Frauen in der Landwirtschaft in Brandenburg. Jena.

Rabe-Kleberg, Ursula (1987) Frauenberufe - Zur Segmentierung der Berufswelt. Bielefeld.

Rabe-Kleberg, Ursula (Hg.) (1990) Besser gebildet und doch nicht gleich! Frauen und Bildung in der Arbeitsgesellschaft. Bielefeld.

Rerrich, Maria S. (1993a) Auf dem Wege zu einer neuen internationalen Arbeitsteilung der Frauen in Europa? Beharrungs- und Veränderungstendenzen in der Verteilung von Reproduktionsarbeit. In: Schäfers, Bernhard (Hg.): Lebensverhältnisse und soziale Konflikte im neuen Europa. Verhandlungen des 26. Deutschen Soziologentages in Düsseldorf 1992. Frankfurt a.M./New York. S. 93-102.

Rerrich, Maria S. (1993b) Gemeinsame Lebensführung: Wie Berufstätige einen Alltag mit ihren Familien herstellen. In: Jurczyk, Karin/Rerrich, Maria S. (Hg.): Die Arbeit des Alltags. Beiträge zu einer Soziologie der alltäglichen Lebensführung. Freiburg i. Br.

Riechel, Johanna (1983) Zur Situation von weiblichen Auszubildenden in den Agrarberufen Landwirt/Landwirtin, Winzer/Winzerin, Tierwirt/Tierwirtin. Diplomarbeit, Universität Stuttgart-Hohenheim.

Rieger, Elmar (1995) Der Wandel der Landwirtschaft in der Europäischen Union. Ein Beitrag zur soziologischen Analyse transnationaler Integrationsprozesse. In: Kölner Zeitschrift für Soziologie und Sozialpsychologie 47/1, S. 65-94.

Rooij, Sabine de (1994) Work of the Second Order. In: Burg, Margreet v.d./Endeveld, Marina (eds): Women on Family Farms. Gender Research, EC Policies and New Perspectives. Wageningen, NL. S. 67-78.

Rosenfeld, Rachel A./Tigges, Leann M. (1988) Marital Status and Independent Farming: The Importance of Family Labor Flexibility to Farm Outcomes. Chapel Hill (N.C.).

Rossier, Ruth (1992) Schweizer Bäuerinnen. Ihre Arbeit im Betrieb. Tänikon.

Rudolph, Martin (1994) Zur Lebenslage und sozialer Beratung von jungen Landwirten. Eine empirische Studie zu Fachschulabsolventen von Landwirtschaftsschulen in Baden-Württemberg. Diss. Tübingen.

Sachs, Caroline (1983) The Invisible Farmers. Women in Agricultural Production. Totowa, USA.

Sachs, Reinhold E.G. (1972) Wirtschafts- und Sozialverhalten von Landwirten. Hannover.

Saint-Exupéry, Antoine de (1949) Flug nach Arras. Bad Salzig/Boppart a. Rh.

Schmiel, Martin (1970) Fachschulen im Handwerk: eine Untersuchung zur Situation und Weiterentwicklung der Fachschulen im Handwerk. Laasphe in Westfalen.

Schmitt, Mathilde (1988) Lebens- und Arbeitssituation von Diplomagraringenieurinnen. Diplomarbeit, Technische Universität München-Weihenstephan.

Schmitt, Mathilde/Ziche Joachim (1989) Diplomagraringenieurinnen - Lebens- und Arbeitssituation in einer 'Männerdomäne'. In: Berichte über Landwirtschaft 67, S. 31-44.

Schmitt, Mathilde (1994a) Women Farmers and the Influence of Eco-feminism on the Greening of German Agriculture. In: Whatmore, Sarah/Marsden, Terry/Lowe, Philip (eds): Gender and Rurality. London. S. 102-116.

Schmitt, Mathilde (1994b) Über die Situation professioneller Landwirtinnen. In: Ausbildung und Beratung in Land- und Hauswirtschaft 47/10, S. 174-175.

Schmitt, Mathilde (1996) Landwirtinnen als Grenzüberschreiterinnen. Chancen und Risiken von Frauen in einem traditionellen Männerberuf. Diss. Essen.

Schmitt, Mathilde (1996) Überschreiten und was dann? Die vielfältigen Auswirkungen der Nichtakzeptanz einer konstruierten Geschlechtergrenze am Beispiel der Landwirtinnen. In: Fischer, Ute Luise/Kampshoff, Marita/Keil, Susanne/ Schmitt, Mathilde (Hg.): Verschiebungen wagen - Spannungen aushalten. Empirische Ergebnisse und theoretische Konsequenzen der Kritik an der Kategorie Geschlecht. Opladen.

Schmitt, Mathilde (1997) Mit Mut und Pioniergeist. Frauen entdecken die Landwirtschaft als Berufsfeld. In: Evangelische Kommentare 4/97, S. 194-196.

Schmitt, Mathilde (1997) Women Farmers - the New Challenge to Family Farms. In: Mollinga, Peter P./Douwe van der Ploeg, Jan (eds.): Labour, Power and Labour Power. Wageningen (NL).

Schmitt, Reinhold (1988) Hofnachfolger, weichende Erben und moderne Schwiegertöchter. Aspekte der internen Strukturveränderung bäuerlicher Milieus. In: Zeitschrift für Agrargeschichte und Agrarsoziologie 36/1, S. 98-115.

Schubert, Doris (1984) Frauenarbeit 1945-49. Quellen und Materialien. In: Kuhn, Annette (Hg.): Frauen in der deutschen Nachkriegszeit. Band 1. Düsseldorf.

Schunter-Kleemann, Susanne (Hg.) (1992) Herrenhaus Europa. Geschlechterverhältnisse im Wohlfahrtstaat. Berlin.

Seufert, Hans (1914) Arbeits- und Lebensverhältnisse der Frauen in der Landwirtschaft in Württemberg, Baden, Elsaß-Lothringen und Rheinpfalz. Jena.

Shortall, Sally (1992) Power Analysis and Farm Wives: An Empirical Study of the Power Relationships Affecting Women on Irish Farms. In: Sociologia Ruralis 32/4, S. 431-451.

Statistisches Bundesamt (Hg.) (1995) Berufliche Bildung. Fachserie 11, Bildung und Kultur, Reihe 3. Wiesbaden.

Statistisches Jahrbuch der Bundesrepublik Deutschland (1995) Hrsg. vom Statistischen Bundesamt. Wiesbaden

Steinbrecher, Sigrid (1992) Die Vaterfalle. Die Macht der Väter über die Gefühle der Töchter. Reinbek.

Steinrücke, Margareta/Frerichs, Petra (1992) Klasse und Geschlecht als Medien der Chancenzuweisung. In: Daheim, Jürgen/Heid, Helmut/Krahn, Karl (Hg.): Soziale Chancen.. Forschungen zum Wandel der Arbeitsgesellschaft. Frankfurt a.M./New York. S. 55-79.

Stiegler, Barbara (1982) Frauen in untypischen Berufen und Positionen. In: Mohr, Gisela/Rummel, Martina/Rückert, Dorothee (Hg.): Frauen. Psychologische Beiträge zur Arbeits- und Lebenssituation. München/Wien/Baltimore. S. 78-87.

Stratmann, Karlwilhelm (1988): Sozioökonomische Bedingungen und Prozesse in der Entwicklung der beruflichen Bildung - Fallbeispiel Bundesrepublik Deutschland. In: Kraayvanger, Geert/Onna, Ben van/Strauß, Jürgen (Hg.): Berufliche Bildung in der Bundesrepublik Deutschland und in den Niederlanden. Nijmegen. S. 13-29.

Strauss, Anselm L. (1994) Grundlagen qualitativer Sozialforschung. Datenanalyse und Theoriebildung in der empirischen soziologischen Forschung. München.

Sturm, Gabriele (1994) Wir forschen Frauen? Überlegungen zur Entscheidung für qualitatives oder quantifizierendes Vorgehen. In: Diezinger, Angelika u.a. (Hg.): Erfahrung mit Methode. Freiburg i. Br. S. 85-104.

Teather, Elizabeth (1994) Contesting Rurality: Country Women's Social and Political Networks. In: Whatmore, Sarah/Marsden, Terry/Lowe, Philip (eds) Gender and Rurality. London. S. 31-49.

Teubner, Ulrike (1989) Neue Berufe für Frauen. Modelle zur Überwindung der Geschlechterhierarchie im Erwerbsbereich. Frankfurt a.M./New York.

Thiede, Günther (1994) Deutschland unter den Musterschülern. In: Bayerisches Landwirtschaftliches Wochenblatt, Nr. 40. S. 12.

Thürmer-Rohr, Christina (1987) Vagabundinnen. Feministische Essays. Berlin.

Tölke, Angelika (1987) Historische Ausgangssituation und Veränderungen im Ausbildungs- und Erwerbsverhalten junger Frauen in der Nachkriegszeit. In: Voges, Wolfgang (Hg.): Methoden der Biographie- und Lebenslaufforschung. Opladen. S. 389-411.

Ventura, Flaminia (1994) Women in Italian Agriculture. Changing Roles and Arising Problems. In: Burg, Margreet v.d./Endeveld, Marina (eds): Women on Family Farms. Gender Research, EC Policies and New Perspectives. Wageningen, NL. S. 27-40.

Vonderach, Gerd (Hg.) (1990) Sozialforschung und ländliche Lebensweisen. Beiträge aus der neueren europäischen Landsoziologie. Bamberg.

Vonderach, Gerd (unter Mitwirkung von Hajo Timmermann und Eileen Beyer) (1993) Milchbauern in der Wesermarsch. Eine empirisch-soziologische Untersuchung. Bamberg.

Vonderach, Gerd (1995) Geschichtenhermeneutik. "Was der Mensch sei, sagt ihm nur seine Geschichte" (Dilthey). In: Hitzler, Ronald/Honer, Anne (Hg.): Sozialwissenschaftliche Hermeneutik. Opladen.

Wald, Renate/Gatzmaga, Ditmar/Mutz, Kerstin/Wisnefski, Vera (1986) "Was will die denn hier?" Berufseinmündung und Berufsverlauf von Frauen mit Weiterbildung in gewerblich-technischen Berufen. Marburg

Weber, Max (1972) Wirtschaft und Gesellschaft. Tübingen.

Weber-Kellermann, Ingeborg (1983) Frauenleben im 19. Jahrhundert. München.

Weber-Kellermann, Ingeborg (1988) Landleben im 19. Jahrhundert. München.

Werner, Dorothee (1994) Vier Jahre Betriebsleiterinnentreffen in Hohebuch. In: Evangelisches Bauernwerk in Württemberg e.V. (Hg.) Hohebucher Jahresbrief 1994. S. 49-51.

West, Candace/Zimmerman, Don H. (1987) Doing Gender. In: Gender & Society 1/2, S. 125-151.

Wetterer, Angelika (1991) Hierarchie und Differenz im Geschlechterverhältnis. Theoretische Konzepte zur Analyse der Marginalität von Frauen in hochqualifizierten Berufen und Professionen. In: Wetterer, Angelika (Hg.): Profession und Geschlecht. Über die Marginalität von Frauen in hochqualifizierten Berufen. Frankfurt a.M./New York. S. 13-40.

Wetterer, Angelika (1995) Die Konstruktion von Geschlecht in Professionalisierungsprozessen. Frankfurt a.M./New York.

Whatmore, Sarah (1988) From Women's Roles to Gender Relations. Developing Perspectives in the Analysis of Farm Women. In: Sociologia Ruralis 28/4, S. 239-247.

Whatmore, Sarah (1991) Farming Women: Gender, Work and Family Enterprise. London.

Whatmore, Sarah/Marsden, Terry/Lowe, Philip (eds) (1994) Gender and Rurality. Critical Perspectives on Rural Change Series VI. London.

Whatmore, Sarah (1994) Theoretical Achievements and Challenges in European Rural Gender Studies. In: Burg, Margreet v.d./Endeveld, Marina (eds): Women on Family Farms. Gender Research, EC Policies and New Perspectives. Wageningen, NL. S. 107-120.

Wichterich, Christa (1995) Bericht zur Weltfrauenkonferenz. In: Die Tageszeitung (taz) vom 10.08.95, S.13.

Wiedemann, Peter (1991) Gegenstandsnahe Theoriebildung. In: Flick, Uwe u.a. (Hg.): Handbuch qualitative Sozialforschung. Grundlagen, Konzepte, Methoden und Anwendungen. München. S.440-445.

Williams, Christine L. (1989) Gender Differences at Work. Women and Men in Nontraditional Occupations. Berkeley/Los Angeles/London.

Williams, Christine L. Introduction. In: Williams, Christine L. (ed): Doing "Women's Work". Men in Nontraditional Occupations. London/New Delhi. S. 1-9.

Willms, Angelika (1980) Die Entwicklung der Frauenerwerbstätigkeit im Deutschen Reich. Eine historisch-soziologische Studie. Nürnberg.

Willms, Angelika (1983) Grundzüge der Entwicklung der Frauenarbeit von 1880 bis 1980. In: Müller, Walter/Willms, Angelika/Handl, Johann: Strukturwandel der Frauenarbeit 1880 bis 1980. Frankfurt a.M./New York. S. 25-54.

Willms-Herget, Angelika (1985) Frauenarbeit. Zur Integration der Frauen in den Arbeitsmarkt. Frankfurt a.M./New York.

Wimer, Mara (1988) Zweierlei Leut'. Patriarchalische Strukturen in landwirtschaftlichen Familien. Witzenhausen.

Winkel, Harald (1985) Die Frau in der Landwirtschaft (1800-1945). In: Pohl, Hans (Hg.): Die Frau in der deutschen Wirtschaft. Stuttgart. S. 89-102.

Witten, Elfi (1986) "Du mußt schon genau wissen, was du willst ...". Frauen in 'männlichen' Handwerksberufen. In: Rudolph, Hedwig/Mayer, Christine/Ostendorf, Helga/Rabe-Kleberg, Ursula (Hg.): Berufsverläufe von Frauen. Lebensentwürfe im Umbruch. München. S. 167-186.

Witzel, Andreas (1982) Verfahren der qualitativen Sozialforschung. Frankfurt a.M.
Wohlgemuth, Marta (1913) Die Bäuerin in zwei badischen Gemeinden. Volkswirtschaftliche Abhandlungen der Badischen Hochschulen, Heft 20. Karlsruhe.
Wolff, Mathilde (1930) Die Frau und das Studium der Landwirtschaft. In: Mitteilungen des Reichsbundes akademisch gebildeter Landwirte, 11/9, S. 78-80.
Wonneberger, Eva/Lasch, Vera/Mlasowsky, Bärbel/Elger, Ulla (1991) "Gesund muß man schon sein - zum Schaffen". Untersuchung zur Lebenswelt von Bäuerinnen. Arbeitsbericht des Fachbereichs Stadtplanung und Landschaftsplanung der Gesamthochschule Kassel. Heft 94.
Wonneberger, Eva/Lasch, Vera/Elger, Ulla (1994) Stress, coping and disease among German farm women. In: Sociologia Ruralis 34/2 u. 3, S. 150-163.
Wonneberger, Eva (1995) Modernisierungsstreß in der Landwirtschaft oder was hat die abgepackte Milch mit den Bäuerinnen zu tun? Pfaffenweiler.
Wunder, Heide (1986) Die bäuerliche Gemeinde in Deutschland. Göttingen.
Wunder, Heide (1993) Jede Arbeit ist ihres Lohnes wert. Zur geschlechtsspezifischen Teilung und Bewertung von Arbeit in der Frühen Neuzeit. In: Hausen, Karin (Hg.): Geschlechterhierarchie und Arbeitsteilung. Zur Geschichte ungleicher Erwerbschancen von Männern und Frauen. Göttingen. S. 19-39.
WVL (Working Group 'Women in Agriculture') (1993) She is the Farmer. Video. Wageningen (NL).

Anhang

Tabelle 1

Zahl der Auszubildenden in der Landwirtschaft in Westdeutschland

Jahr	insgesamt	davon Frauen absolut	in %
1960	16.573	18	0,1
1965	19.535	16	0,1
1970	22.401	8	0,04
1971	17.242	12	0,1
1972	15.522	21	0,1
1973	13.998	25	0,2
1974	14.382	51	0,4
1975	15.959	50	0,3
1976	17.633	138	0,8
1977	18.275	190	1,0
1978	19.707	262	1,3
1979	19.760	453	2,3
1980	19.330	556	2,9
1981	18.175	696	3,8
1982	18.098	935	5,2
1983	18.331	1.134	6,2
1984	18.471	1.128	6,1
1985	17.292	1.119	6,5
1986	15.446	1.002	6,5
1987	12.293	840	6,8
1988	9.795	699	7,1
1989	8.185	627	7,7
1990	7.379	585	7,9
1991	6.908	513	7,4
1992	6.029	441	7,3
1993	5.299	366	6,9
1994	4.823	358	7,4

Mathilde Schmitt
Quelle: Statistik über die praktische Berufsausbildung in der Landwirtschaft 1960-1995, Bundesministerium für Landwirtschaft, Ernährung und Forsten.

Tabelle 2

Zahl der AbsolventInnen mit erfolgreich bestandener GehilfInnenprüfung in Westdeutschland

Jahr	insgesamt	davon Frauen absolut	in %
1960	5.282	16	0,3
1965	3.083	8	0,3
1970	10.114	4	0,04
1971	10.582	5	0,05
1972	7.547	3	0,04
1973	6.337	11	0,2
1974	5.744	11	0,2
1975	5.602	nicht ausgewiesen (n.a.)	
1976	5.895	n.a.	
1977	6.325	n.a.	
1978	6.801	75	1,1
1979	7.044	112	1,6
1980	7.821	160	2,1
1981	7.464	199	2,7
1982	7.995	292	3,7
1983	7.668	390	5,1
1984	7.903	556	7,0
1985	7.833	514	6,6
1986	7.939	558	7,0
1987	7.545	482	6,4
1988	6.627	368	5,6
1989	5.270	347	6,6
1990	4.446	296	6,7
1991	3.708	296	8,0
1992	3.543	258	7,3
1993	3.212	220	6,9
1994	2.946	178	6,0

Mathilde Schmitt
Quelle: Statistik über die praktische Berufsausbildung in der Landwirtschaft 1960-1995, Bundesministerium für Landwirtschaft, Ernährung und Forsten.

Tabelle 3

SchülerInnen der Höheren Fachschulen für Landwirtschaft in Westdeutschland
(Höhere Landbauschule, Technikerschule, Fachakademie u.ä.)

Jahr	insgesamt	davon Frauen absolut	in %
1970	596	-	-
1980	1.052	13	1,2
1985	1.685	63	3,7
1990	1.654	72	4,4
1991	1.456	51	3,5
1992	1.064	52	4,9
1993	1.064	52	4,9
1994	1.150	62	5,4

Mathilde Schmitt
Quelle: Statistik der Fachschulen in der Land-, Forst- und Hauswirtschaft 1970-1995, Bundesministerium für Landwirtschaft, Ernährung und Forsten.

Tabelle 4

Zahl der AbsolventInnen mit bestandener Meisterprüfung in der Landwirtschaft in Westdeutschland

Jahr	insgesamt	davon Frauen absolut	davon Frauen in %
1960	1.149	-	-
1965	929	1	0,1
1970	960	-	-
1971	1.197	2	0,2
1972	1.398	2	0,1
1973	1.442	-	-
1974	1.792	-	-
1975	1.609	n.a.	
1976	1.706	n.a.	
1977	1.428	n.a.	
1978	1.368	2	0,2
1979	1.386	2	0,1
1980	1.630	2	0,1
1981	1.548	5	0,3
1982	1.746	5	0,3

Zahl der TeilnehmerInnen an der Meisterprüfung in der Landwirtschaft in Westdeutschland

Jahr	insgesamt	davon Frauen absolut	davon Frauen in %
1983	1.924	6	0,3
1984	2.353	8	0,3
1985	2.425	18	0,7
1986	2.237	19	0,9
1987	2.466	20	0,8
1988	2.167	28	1,3
1989	1.961	31	1,6
1990	1.766	29	1,6
1991	1.600	17	1,1
1992	1.195	13	1,1
1993	1.112	21	1,9
1994	1.038	19	1,8

Mathilde Schmitt
Quelle: Statistik über die praktische Berufsausbildung in der Landwirtschaft 1960-1995, Bundesministerium für Landwirtschaft, Ernährung und Forsten.
Die getrennte Auflistung ergibt sich aus dem vorhandenen Zahlenmaterial.

GPSR Compliance

The European Union's (EU) General Product Safety Regulation (GPSR) is a set of rules that requires consumer products to be safe and our obligations to ensure this.

If you have any concerns about our products, you can contact us on ProductSafety@springernature.com

In case Publisher is established outside the EU, the EU authorized representative is:

Springer Nature Customer Service Center GmbH
Europaplatz 3
69115 Heidelberg, Germany

Batch number: 10809466

Printed by Printforce, the Netherlands